1re

géographie

PROGRAMME 1997

Sous la direction de
JEAN-ROBERT PITTE

Coordination pédagogique
OLIVIER LAZZAROTTI

GÉRARD-FRANÇOIS DUMONT
Recteur de l'Académie de Nice
Chancelier des Universités

ANDRÉ HUMBERT
Professeur de Géographie
à l'Université de Nancy II

OLIVIER LAZZAROTTI
Agrégé de Géographie
Maître de conférences à
l'Université de Picardie (Amiens)

JEAN-PAUL LE BACON
Agrégé de Géographie
Professeur au lycée Lesage
de Vannes

ÉDOUARD LEGANGNEUX
Agrégé de Géographie
Professeur au collège Musselburgh
de Champigny-sur-Marne

LOUIS MARROU
Agrégé de Géographie
Maître de conférences
à l'Université de La Rochelle

BRUNO MELLINA
Ancien élève de l'ENS
de Saint-Cloud
Agrégé de Géographie,
IPR de l'Académie de Créteil

BERNADETTE MÉRENNE-SCHOUMAKER
Professeur de Géographie
à l'Université de Liège

JEAN-ROBERT PITTE
Agrégé de Géographie
Professeur à l'Université
de Paris-Sorbonne (Paris IV)
Président du Comité National
Français de Géographie

GEORGES PRÉVÉLAKIS
Maître de conférences
à l'Université de Paris-Sorbonne
(Paris IV)

YANN RICHARD
Agrégé de Géographie
Université de Paris-Sorbonne
(Paris IV)

JEAN-FRANÇOIS STASZAK
Ancien élève de l'ENS
de Fontenay-Saint-Cloud
Agrégé de Géographie
Maître de conférences
à l'Université de Picardie (Amiens)

NATHAN

PROGRAMME DE GÉOGRAPHIE 1re

Bulletin officiel de l'Éducation nationale n° 12 du 29 juin 1995

La France en Europe et dans le monde

Le programme de la classe de Première porte sur l'étude de la France en Europe et dans le monde. Il se situe dans la logique du programme de la classe de Seconde et doit déjà préparer au programme de la classe Terminale.

Dans chacune des trois parties du programme, une cohérence d'ensemble s'établit par une démarche commune : le changement d'échelle qui permet une meilleure compréhension des espaces emboîtés. En évoluant de l'échelle locale aux échelles régionale, nationale, européenne et mondiale, on mettra en lumière des distributions et des dynamiques spatiales. Ainsi l'accent sera mis sur l'approche géographique plutôt qu'économique. L'outil cartographique s'en trouve naturellement privilégié et la télédétection, entre autres, pourra offrir de riches possibilités.

L'étude des questions du programme doit s'organiser autour d'une problématique spécifique. En structurant le travail, elle permet d'en dégager les points essentiels. Elle invite les élèves à adopter une attitude active dans la construction du savoir et dans la maîtrise des apprentissages. La réflexion contribue ainsi à la formation civique des élèves en leur permettant d'acquérir les connaissances et les repères essentiels à l'exercice de leur citoyenneté.

Les évaluations horaires proposées (8 à 10 heures pour la première partie, 12 à 15 heures pour la deuxième partie, 16 à 20 heures pour la troisième partie) concernent les élèves de la série S. L'horaire des séries L et ES doit permettre des approfondissements.

I. La France en perspective
(8 à 10 heures)

- **1. L'Europe**
- **2. La France en Europe : des milieux différents, des cultures différentes, une construction historique**
- **3. La France dans le monde**

II. Le territoire français et son organisation
(12 à 15 heures)

À chaque étape, il conviendra de singulariser la France dans l'ensemble européen

- **1. La population et les trames du peuplement**
- **2. Organisation et dynamiques de espaces agricoles, industriels et urbains**
- **3. L'aménagement du territoire**

III. États et régions en France et en Europe
(16 à 20 heures)

- **1. Régionalisations et politiques régionales**
- **2. Régions et ensembles régionaux**
- **3. Deux États européens**

AUX ÉLÈVES

La géographie a longtemps pâti d'une image rébarbative. Il était courant de la réduire à l'apprentissage par cœur de connaissances factuelles bien éloignées des réalités vécues. La discipline a changé, ainsi que la manière de l'enseigner. Vous l'avez remarqué en Seconde, les questions abordées sont désormais celles auxquelles chacun d'entre nous est confronté dans ses actions quotidiennes ou dont il prend connaissance en ouvrant un journal, un poste de radio ou de télévision. La géographie aide à mieux comprendre les relations de l'humanité avec son environnement et à mieux maîtriser celui-ci pour le plus grand bénéfice de tous. Elle décrit la diversité terrestre et plonge dans ses causes profondes en invitant à la considérer comme une richesse. Elle éclaire la vie internationale, ses réussites et ses drames, dans des domaines aussi variés que l'économie, la politique, les migrations, les conflits armés, les manières de vivre et de penser, etc. Elle donne enfin à chacun les moyens de se comporter en citoyen responsable vis-à-vis de son environnement naturel et social.

Le programme de Première le démontre tout particulièrement. Consacré à la France et à l'Europe, il permet d'appliquer à toutes les échelles (locale, régionale, nationale, transfrontalière et continentale) le « savoir-penser l'espace » acquis en classe de Seconde. La construction européenne se conforte et concerne désormais quinze nations. Celles-ci sont moins sûres d'elles-mêmes que naguère. En effet, l'européanisation et la mondialisation économiques et culturelles ont pour effet de renforcer les identités régionales traditionnelles. Il en résulte parfois un dynamisme nouveau : en Alsace, en Savoie, en Catalogne par exemple. Mais la remise en cause des cohésions régionales s'accompagne dans certains cas de troubles politiques comme en Belgique ou en Italie du Nord, voire de violences, comme en Irlande, en Corse ou au Pays basque espagnol. Cependant, aux portes de l'Union européenne, des guerres civiles bien plus dramatiques déchirent l'ex-Yougoslavie, l'Albanie ou la Tchéchénie. Le livre dans lequel vous travaillerez cette année vous donne des clés pour comprendre la région, le pays, le continent dans lequel vous vivez et leurs relations avec le reste du monde.

Afin de commencer à vous préparer au baccalauréat, ce manuel comporte des pages « Vers le bac » consacrées aux nouvelles épreuves mises en place à partir de la session 1999. Les pages de « Travaux dirigés » sont composées de documents variés analogues à ceux qui devront être commentés dans le cadre de l'épreuve « Étude de documents de géographie ». Des cartes nationales ou régionales synthétiques et facilement mémorisables sont là pour vous initier à la future épreuve de réalisation d'un « croquis de géographie ». Toutes les techniques et méthodes acquises en Première vous faciliteront le travail en Terminale. Cependant, l'esthétique n'a pas été sacrifiée au profit de l'efficacité. La géographie se dit aussi avec des cartes expressives et de beaux paysages, de la poésie et de l'émerveillement. Que cette année de géographie vous ouvre des horizons nouveaux tout en vous procurant autant de plaisir qu'un bon film ou un bon roman.

JEAN-ROBERT PITTE

Le Pont de Normandie, inauguré en 1995 et d'une longueur de 2 141 mètres, est le plus long pont à haubans du monde. Il relie la haute Normandie (Le Havre) à la basse Normandie (Honfleur). Situé à mi-estuaire de la Seine, il vient renforcer les relations directes entre la France du Nord et la France de l'Ouest.

À la découverte de votre manuel

Structure d'un chapitre

OUVERTURE DE CHAPITRE

CARTES

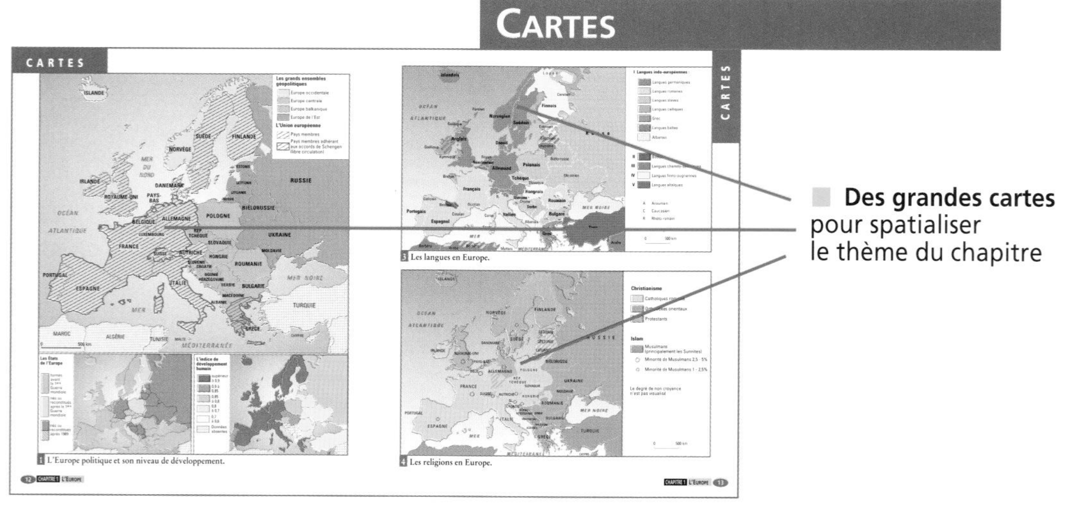

LES 22 RÉGIONS MÉTROPOLITAINES

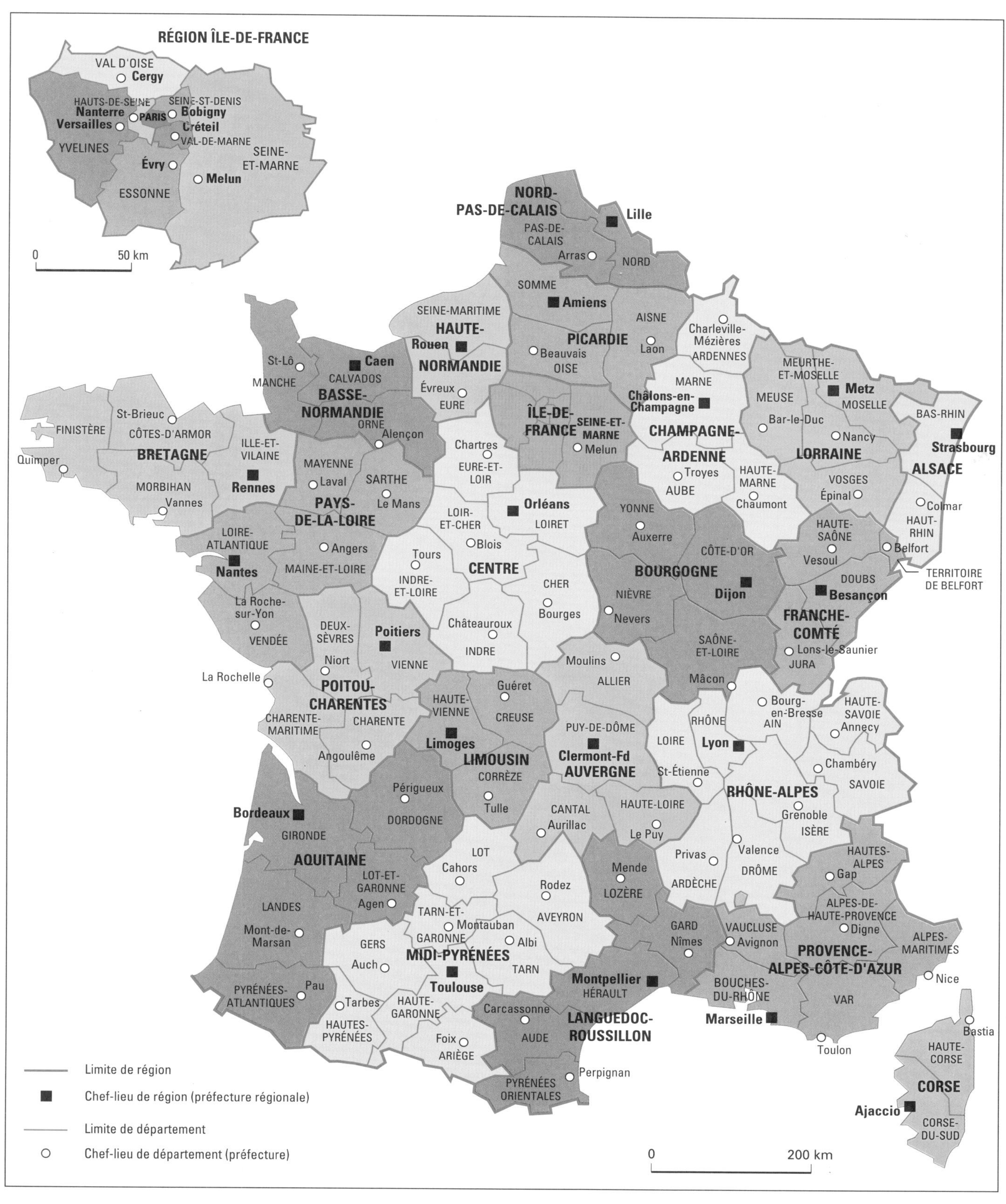

Cours et documents

Les objectifs pour comprendre les grands enjeux du cours

Un cours simple et structuré

Le vocabulaire pour comprendre et retenir les termes géographiques importants

Des documents accompagnés de questions pour décrire et analyser les documents

Travaux dirigés

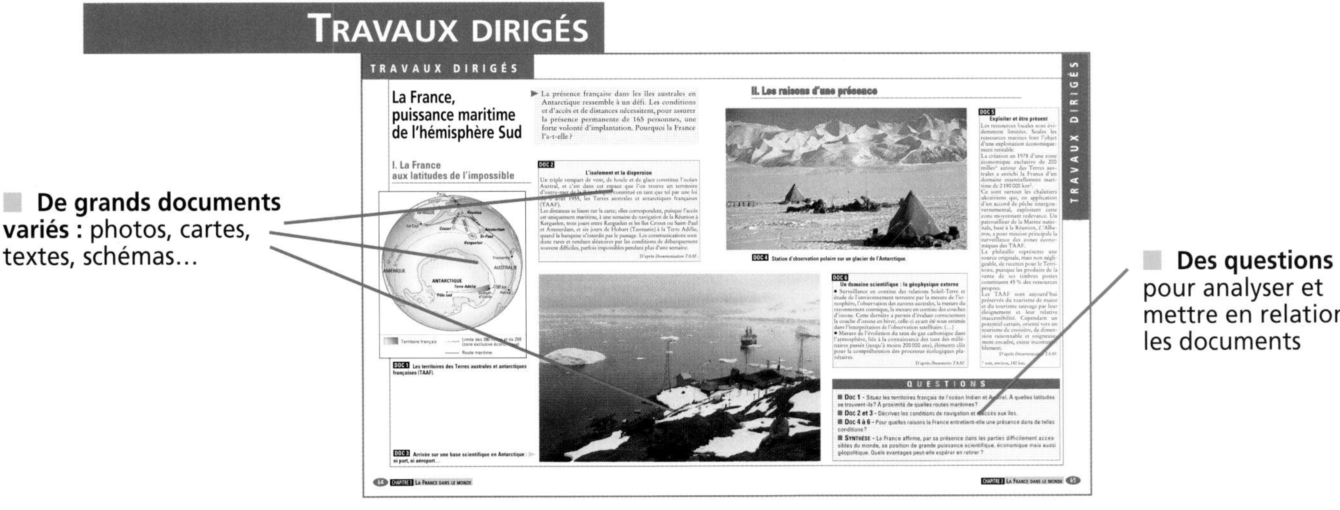

De grands documents variés : photos, cartes, textes, schémas...

Des questions pour analyser et mettre en relation les documents

Travaux dirigés

Synthèse

Un texte de méthode pour acquérir un savoir-faire

À la fin du manuel

- Vers le bac
- des fonds de cartes à décalquer
- un index
- la liste des principales cartes

L'essentiel : un texte concis pour retenir les principales idées du chapitre

Les notions clés pour retenir les termes géographiques importants

Les chiffres clés

SOMMAIRE

PREMIÈRE PARTIE La France en perspective

1. **Le Conseil de l'Europe à Strasbourg.**
Le Parlement de l'Union européenne et le Conseil de l'Europe siègent actuellement dans le même bâtiment. Dans ces instances se bâtit progressivement une Europe plus unie politiquement, juridiquement, économiquement, culturellement.

3. **L'île de Bora-Bora en Polynésie.**
De son immense empire colonial, la France conserve quelques départements et territoires d'outre-mer dans toutes les parties du monde. L'île de Bora-Bora est l'un des fleurons touristiques du Pacifique Sud.
Son lagon dominé par un volcan est d'une extraordinaire beauté.

2. **Noël 1992 à Sarajevo en Bosnie.**
La péninsule des Balkans (ex-Yougoslavie ; Albanie) ou l'ex-URSS connaissent depuis l'effondrement du bloc de l'Est des guerres civiles face auxquelles l'Europe voisine en construction est encore impuissante.

CHAPITRE 1

L'Europe

▶ Le continent européen constitue un ensemble territorial complexe, en profonde mutation. Sa recomposition récente souligne que l'Europe est un espace de vieille civilisation, traversé de multiples clivages. Pourtant, aujourd'hui, de nouvelles convergences et solidarités ne l'emportent-elles pas sur les divers facteurs de division ?

▶ À l'ouest du continent, l'Union européenne apparaît plus que jamais comme l'instance fédératrice et le pôle organisateur majeur du continent. Mais comment concilier la volonté inégale de ses États membres d'approfondir ses structures et sa cohésion avec des élargissements successifs au reste de l'Europe qui affaiblissent sa cohérence initiale ?

▶ Son poids commercial et son rayonnement culturel font de l'Union européenne un des pôles de la triade mondiale. Parviendra-t-elle à se doter des atouts d'une grande puissance pour mieux s'affirmer face à la concurrence ?

PLAN DU CHAPITRE

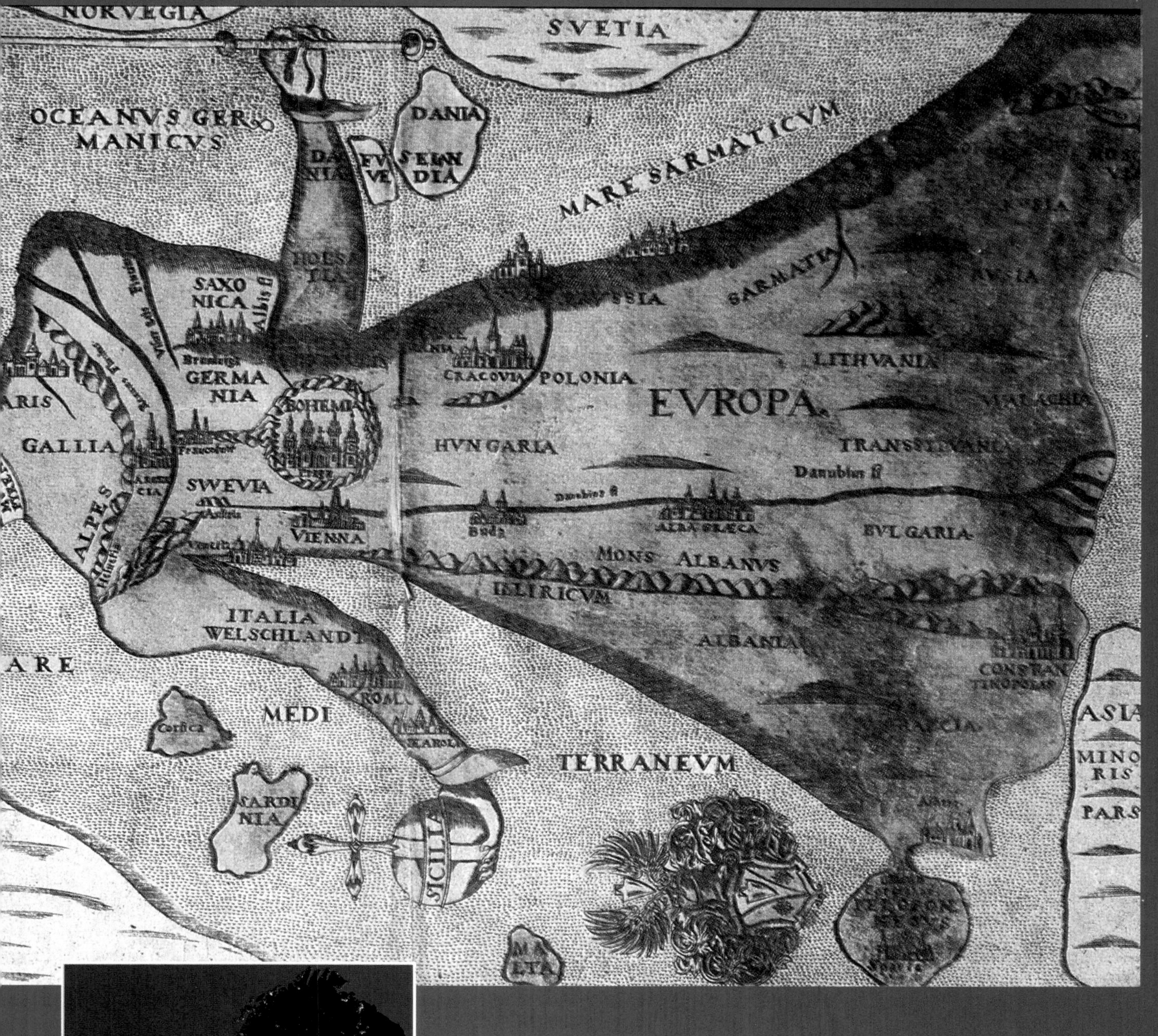

Deux perceptions de l'Europe :
– une représentation allégorique d'après *Le Traité* de Henrich Bunting de 1592 à Prague. Cette vision anthropomorphique souligne l'existence d'une identité et d'une personnalité européennes liant les royaumes chrétiens et quelques grandes métropoles politiques, marchandes, intellectuelles du continent de l'époque. Plus qu'une géographie précise de l'Europe du XVIe siècle, elle révèle une représentation centrée sur le royaume de Bohême d'une Europe essentiellement continentale, structurée par les axes rhénan et danubien, peu étendue à l'est et limitée à quelques royaumes ou pays.
– une image satellite de l'Europe actuelle la nuit. L'éclairement fournit des indications sur la densité de peuplement et l'urbanisation.

Quelles sont les permanences et les mutations intervenues ?

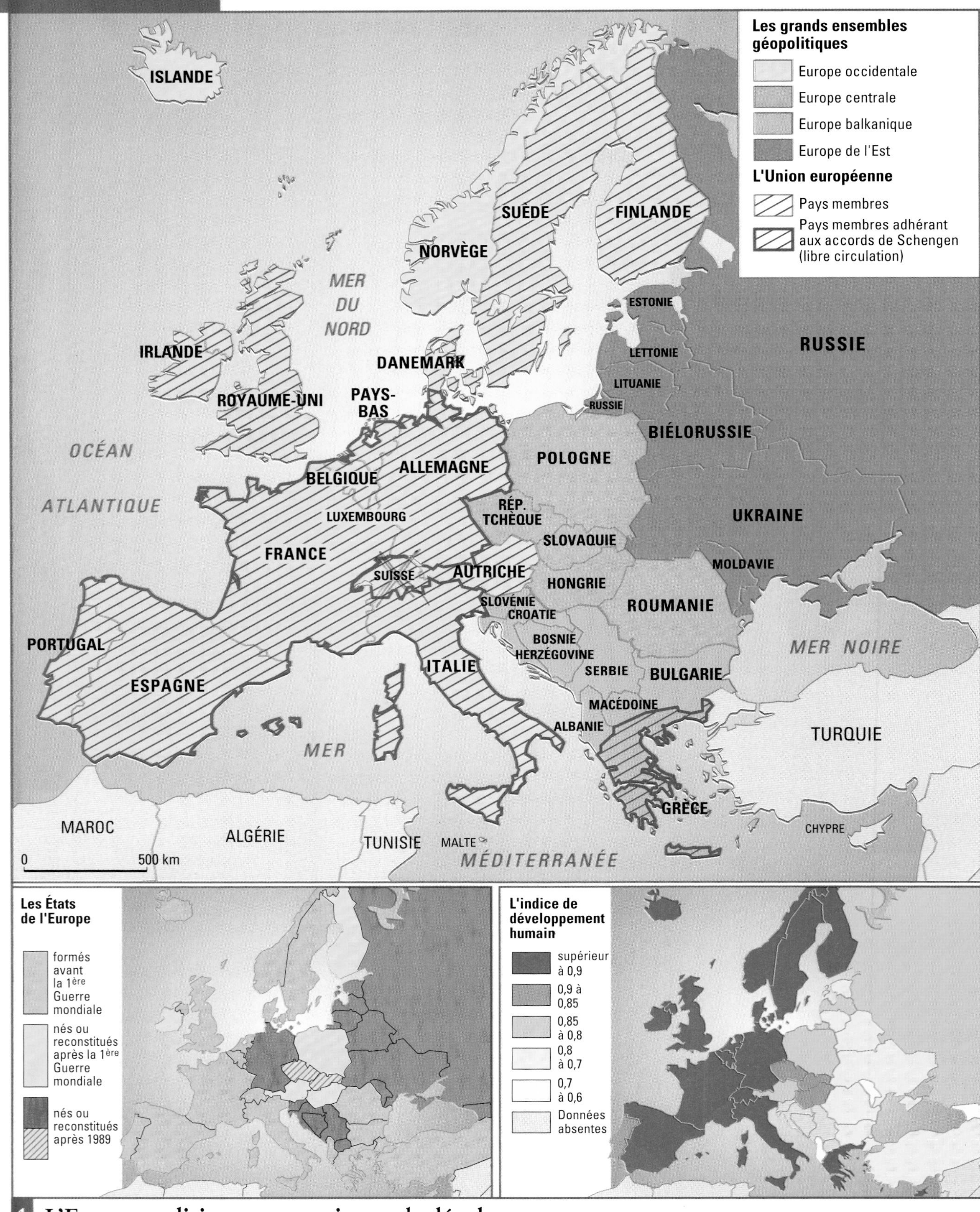

1 L'Europe politique et son niveau de développement.

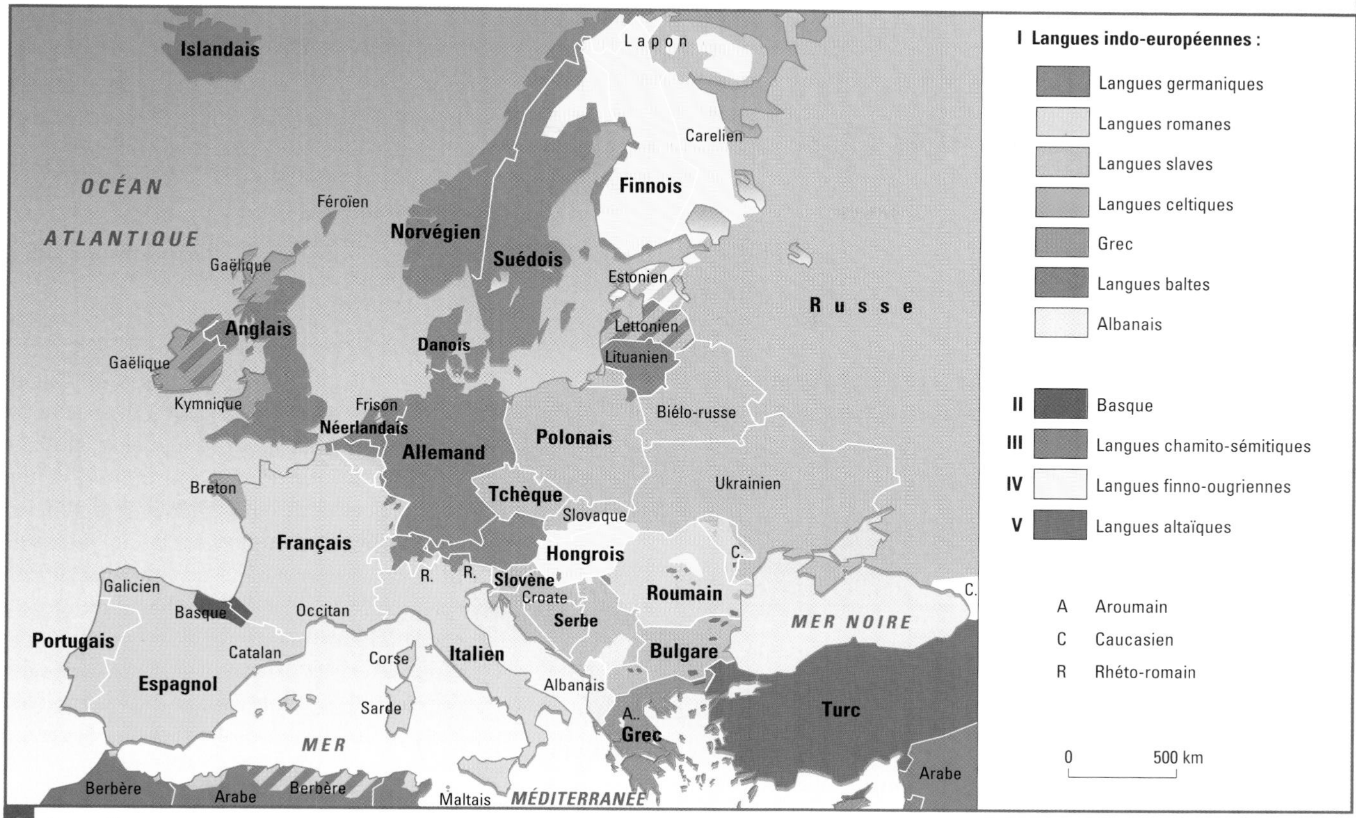

I Langues indo-européennes :
- Langues germaniques
- Langues romanes
- Langues slaves
- Langues celtiques
- Grec
- Langues baltes
- Albanais

II Basque
III Langues chamito-sémitiques
IV Langues finno-ougriennes
V Langues altaïques

A Aroumain
C Caucasien
R Rhéto-romain

0 500 km

3 Les langues en Europe.

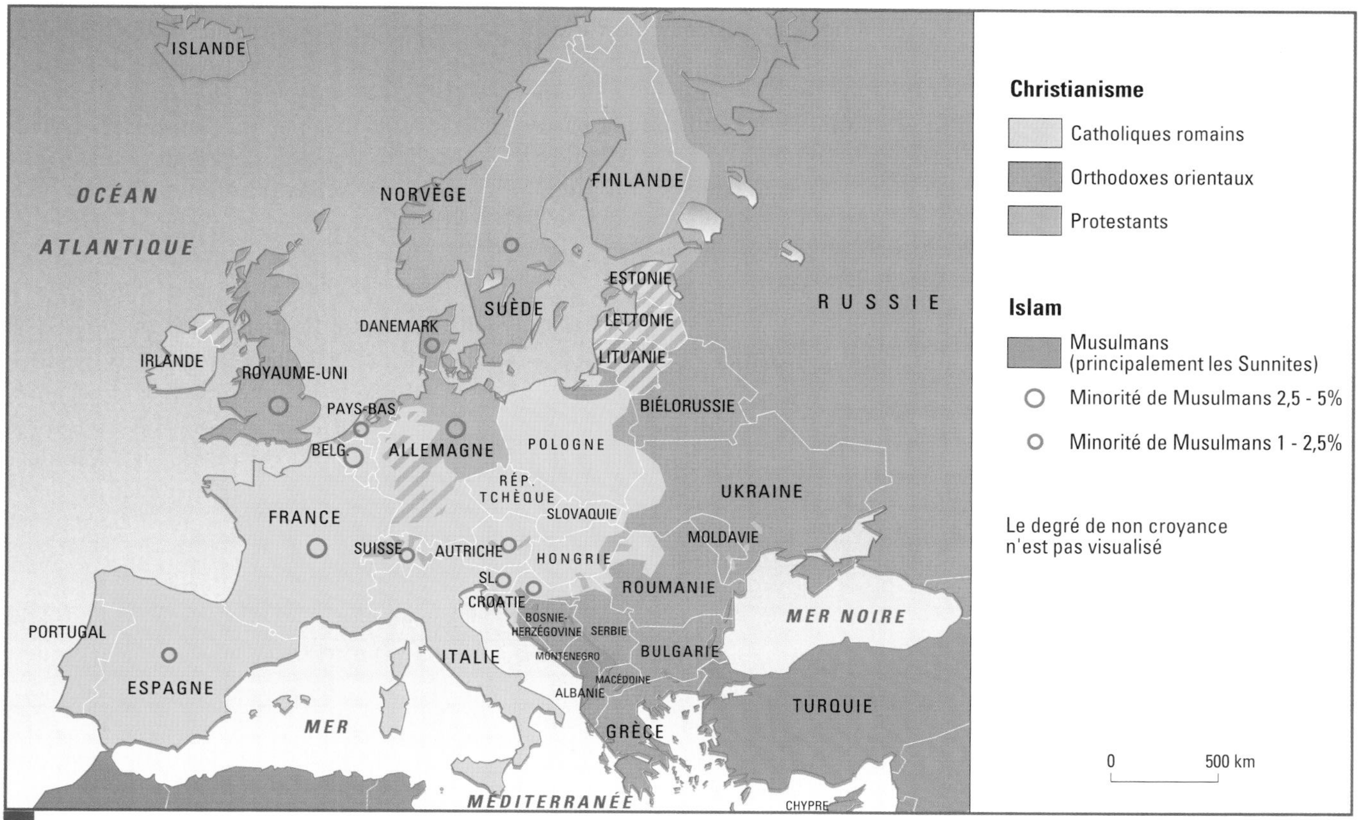

Christianisme
- Catholiques romains
- Orthodoxes orientaux
- Protestants

Islam
- Musulmans (principalement les Sunnites)
- Minorité de Musulmans 2,5 - 5%
- Minorité de Musulmans 1 - 2,5%

Le degré de non croyance n'est pas visualisé

0 500 km

4 Les religions en Europe.

1 Qu'est-ce que l'Europe ?

OBJECTIFS

Connaître, à la fois, le morcellement étatique et le maillage institutionnel de l'Europe

Définir l'Europe revient à poser le problème de l'identité européenne et des limites de son territoire.

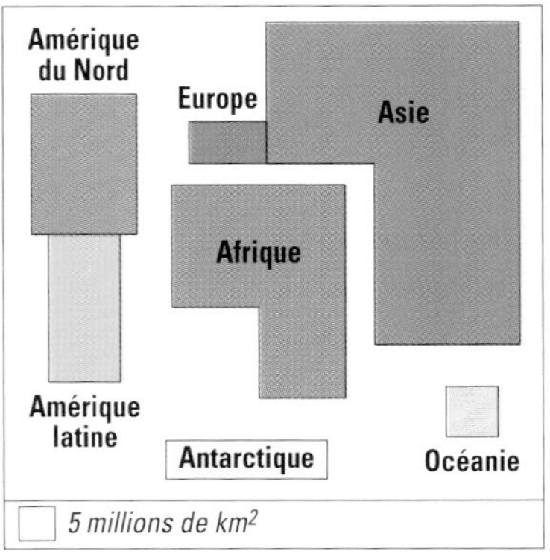

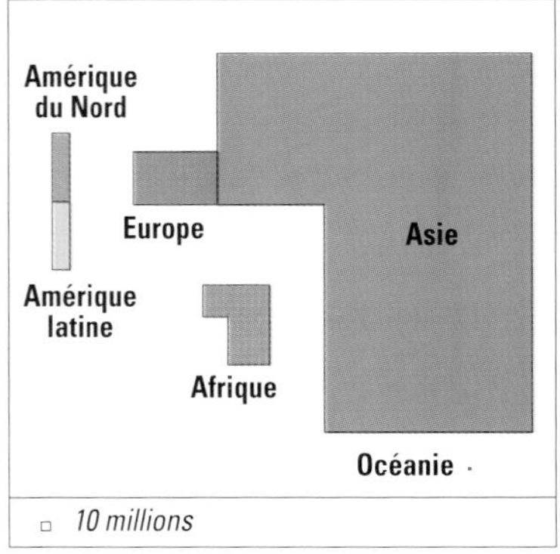

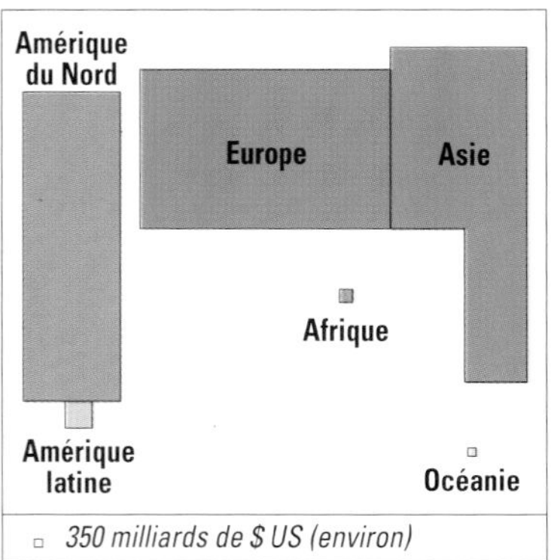

DOC 1 Le « poids » comparé du continent européen par rapport aux autres continents : superficie, population et PNB.

A - Un continent aux limites arbitraires

▶ Avec moins de 10 **millions de km²**, soit **7 % des terres émergées,** l'Europe est le plus petit des cinq continents (doc.1). Comprise entre l'Atlantique et la ligne de crête de l'Oural, entre Méditerranée et océan Glacial arctique, elle se réduit à une péninsule occidentale du bloc asiatique.

▶ Ces limites arbitraires soulignent le **flou des frontières du continent européen.** Ainsi, à l'est, l'Oural et le Caucase forment une limite conventionnelle que la nature et l'histoire n'ont jamais clairement distinguée. La Russie, partagée par ce tracé, a souvent hésité entre l'Europe et l'Asie.

Ces incertitudes soulignent qu'un espace géographique ne prend de sens que par son appropriation par les hommes. Comme l'histoire l'a montré, **l'Europe n'a pas de frontières intangibles** (doc.2 et 3). Elle est avant tout ce qu'en ont fait les Européens.

B - Une identité culturelle aux frontières fluctuantes

▶ Parler d'Europe revient à savoir s'il existe une **identité européenne**. Celle-ci s'est forgée autour de caractères culturels définis au cours de l'histoire et diffusés à travers le monde. L'identité européenne s'enracine dans la tradition, pour le moins millénaire, du **christianisme** qui a marqué la civilisation du continent. Elle puise aussi dans la **philosophie des Lumières** avec des modes de pensée rationnels, scientifiques et des valeurs humanistes. La révolution industrielle née en Europe assure quelque temps au vieux continent une **suprématie technique, économique, intellectuelle et politique**.

▶ Ces marques culturelles ont connu une extension variable selon les époques. Elles ont contribué à définir des sous-ensembles européens aux limites éphémères. Ainsi, l'effondrement récent du bloc soviétique oblige, à nouveau, à distinguer dans l'ancienne « Europe de l'Est » communiste une **Europe centrale** constituée d'ex-démocraties populaires qui souhaitent intégrer l'Union européenne, d'une **Europe orientale,** héritée de l'ex-URSS. Soumise à toutes les influences, l'Europe n'a cessé d'exporter les siennes dans le monde. Aussi, aujourd'hui moins que jamais, ne peut-on lui définir des frontières rigides.

C - Un espace en recomposition

▶ L'Europe de la seconde moitié du XXe siècle jusqu'en 1989 présentait une géographie stable, figée dans une **opposition idéologique Est-Ouest,** avec ses conceptions sociales et politiques, ses territoires et une organisation différenciée des espaces. Depuis la chute du mur de Berlin, s'ouvre une **période de recompositions où les nationalismes** s'exacerbent en conflits ouverts dans les **Balkans** et le **Caucase**. Le nombre d'États-nations s'est amplifié (plus de 45).

▶ Le **morcellement politique,** avec la constitution d'États issus des ex-Tchécoslovaquie, URSS et Yougoslavie, règne en Europe centrale et orientale. À l'ouest, les progrès de l'Union européenne s'accompagnent d'une tendance à reconnaître l'autonomie de certaines régions. Le continent est de plus en plus maillé par un **réseau d'institutions multi-États** (doc.4), interdépendantes, en extension croissante qui forgent une nouvelle identité européenne.

▶ Dans cette recomposition contemporaine de l'Europe, la construction pacifique, respectueuse des États et des citoyens, qu'est l'Union européenne propose un **modèle fédérateur** que beaucoup veulent rallier.

DOC 2 Les héritages politiques et culturels de l'Europe.
Si des États nationaux sont progressivement édifiés en Europe, leur espace reste souvent marqué de divisions diverses (ethniques, culturelles, économiques...).

DOC 3

Des limites fluctuantes

Seule une mauvaise géographie qui ne tient pas compte du temps attribue à l'Europe des contours fixes. Car ceux-ci ont beaucoup bougé. Et seule une histoire qui oublie ses propres principes confère à l'Europe un contenu unique et invariable qu'il soit religieux, juridique, économique, éthique ou culturel. Car l'Europe a toujours été investie de contenus multiples, différents, parfois incompatibles et dont les poids respectifs, les manifestations et les effets se transforment dans le temps et varient dans l'espace.

L'histoire de l'Europe est celle de ses frontières (...). C'est donc une histoire de conflits. Des conflits entre l'Europe et ce qui, de l'extérieur, la contenait, voire la refoulait. Et du conflit interne à l'Europe entre les tendances qui la poussaient vers l'unité et l'uniformisation et celles qui divisaient et diversifiaient.

Krzysztof Pomian, *L'Europe et ses nations*, Gallimard, 1990.

DOC 4 Le maillage de l'Europe par le réseau des institutions multi-États.

■ Peut-on retrouver un réseau d'institutions aussi dense maillant un autre continent ?

■ Quelle(s) institution(s) et quels États semblent constituer le noyau fédérateur de l'Europe actuelle ?

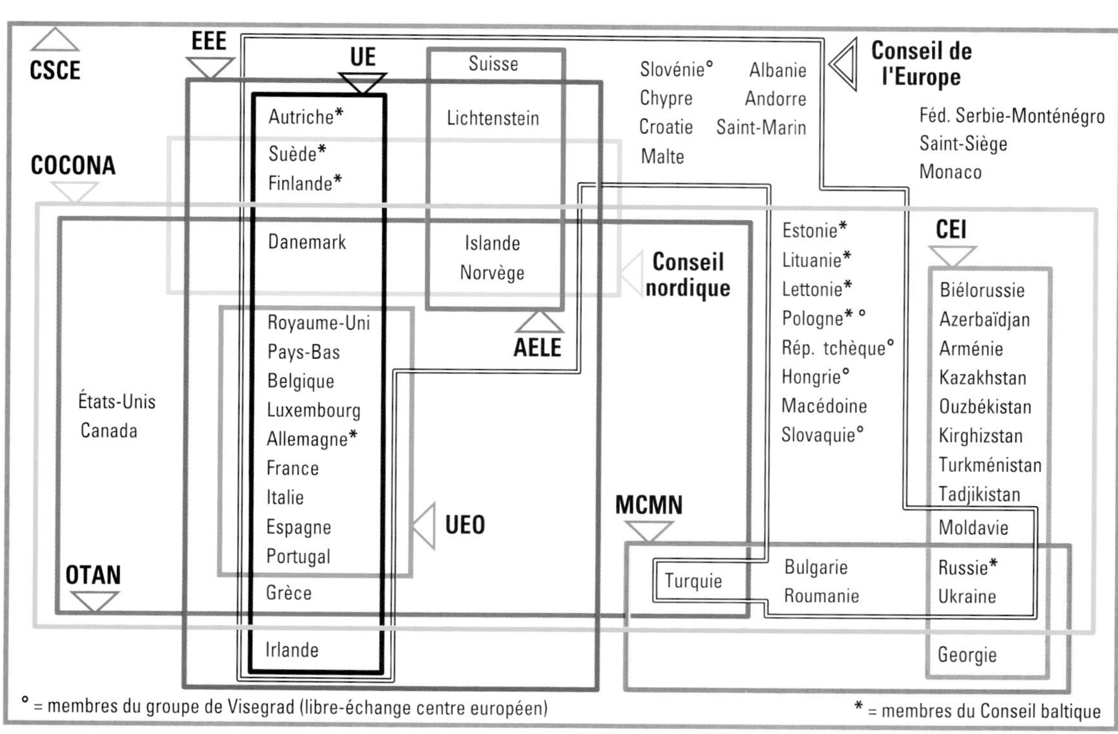

CSCE : Conférence sur la sécurité et la coopération en Europe.
COCONA : Conseil de coopération nord-atlantique.
UEO : Union de l'Europe occidentale.
MCMM : Marché commun de la mer Noire.

2 Convergences dans le puzzle européen

OBJECTIFS

Connaître la situation et les tendances de l'évolution démographique du continent européen

Comprendre la structuration spatiale, humaine et économique de l'Europe

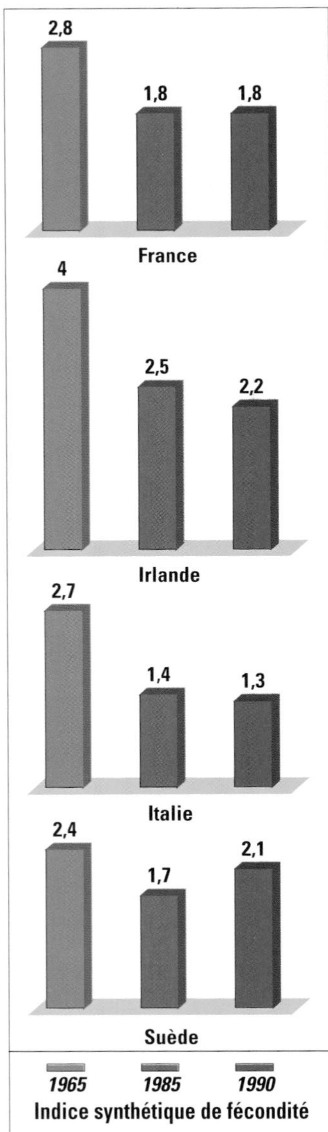

DOC 1 La convergence démographique en Europe : l'exemple de l'indice synthétique de fécondité entre 1965 et 1990.

De fortes disparités, héritées du passé, marquent l'Europe. Mais des évolutions convergentes et un centre organisateur semblent se dégager.

A - Vers une convergence démographique ?

▶ Forte de **750 millions d'habitants,** l'Europe est l'un des principaux foyers de peuplement de la planète. Elle est marquée par une **forte disparité des densités et du peuplement. L'Europe du Nord-Ouest,** héritière des révolutions industrielles, connaît les plus **fortes concentrations urbaines.** Dès qu'on s'en éloigne, les villes s'espacent et l'occupation de l'espace rural perd en intensité. Les États-nations qui se partagent l'espace européen révèlent l'existence d'une véritable **mosaïque de peuples** avec persistance de minorités nationales.

▶ Malgré cette diversité, des tendances communes se dessinent : une **forte urbanisation** qui va croissant ; la transition démographique, née en Europe, s'achève ou est achevée ; les populations évoluent lentement vers un **vieillissement généralisé** qui résulte d'une baisse de la fécondité (doc.1) et d'une augmentation de l'espérance de vie. Certes, des contrastes Est-Ouest et Nord-Sud subsistent, les situations démographiques ne sont pas au même stade, mais elles tendent, dans l'ensemble, **vers un modèle ouest-européen**.

B - Vers une convergence culturelle et économique ?

Avec la fin de la coupure géopolitique Est-Ouest, un certain **alignement sur les systèmes politiques et économiques de l'Ouest européen** semble s'opérer.

▶ Si l'ensemble de l'Europe adhère aux **principes de l'économie de marché**, il subsiste bien des nuances dans l'application. Aussi l'espace économique européen est-il loin d'être homogène. En outre, la **crise économique** durable qui touche l'Europe, et particulièrement certaines de ses régions, combinée à une restructuration parfois chaotique de l'économie des États de l'ancien « bloc de l'Est », provoque des bouleversements économiques et sociaux dont le chômage est l'expression la plus sensible (doc.3).

▶ L'Europe regroupe malgré tout un ensemble d'États développés avec des différences : un gradient décroissant apparaît de l'Europe du Nord-Ouest vers le Sud-Est et les périphéries. La **bigarrure culturelle des langues, des religions, des modes de vie...** subsiste mais les comportements et les mentalités semblent peu à peu converger vers un modèle ouest-européen.

C - Vers un centre organisateur ?

▶ L'organisation de l'espace européen repose sur une **division centre-périphérie,** héritée de plusieurs siècles et renforcée par la révolution industrielle.

▶ Le cœur et le **centre de commandement de l'Europe correspondent** à **l'Europe peuplée et urbanisée** qui va de l'Angleterre à la plaine du Pô, en passant par la région parisienne, l'Europe rhénane et la Bohême (doc.2). Les grandes agglomérations y concentrent pouvoirs de décision, activités à haute valeur ajoutée, capacités d'innovation et de conception. Autour, de l'Irlande au sud et jusqu'à l'est de l'Europe, les centres de commandements sont moins nombreux et moins puissants.

▶ À une autre échelle, cette opposition se retrouve aussi à l'intérieur des territoires des États entre des régions capitales (Angleterre, région parisienne ou moscovite) et une périphérie nationale où se mêlent espaces ruraux dépeuplés, régions en reconversion, villes à moindre pouvoir de commandement.

▶ L'**Ouest européen** apparaît donc comme un **pôle organisateur** et un modèle qui focalise les **convergences continentales**.

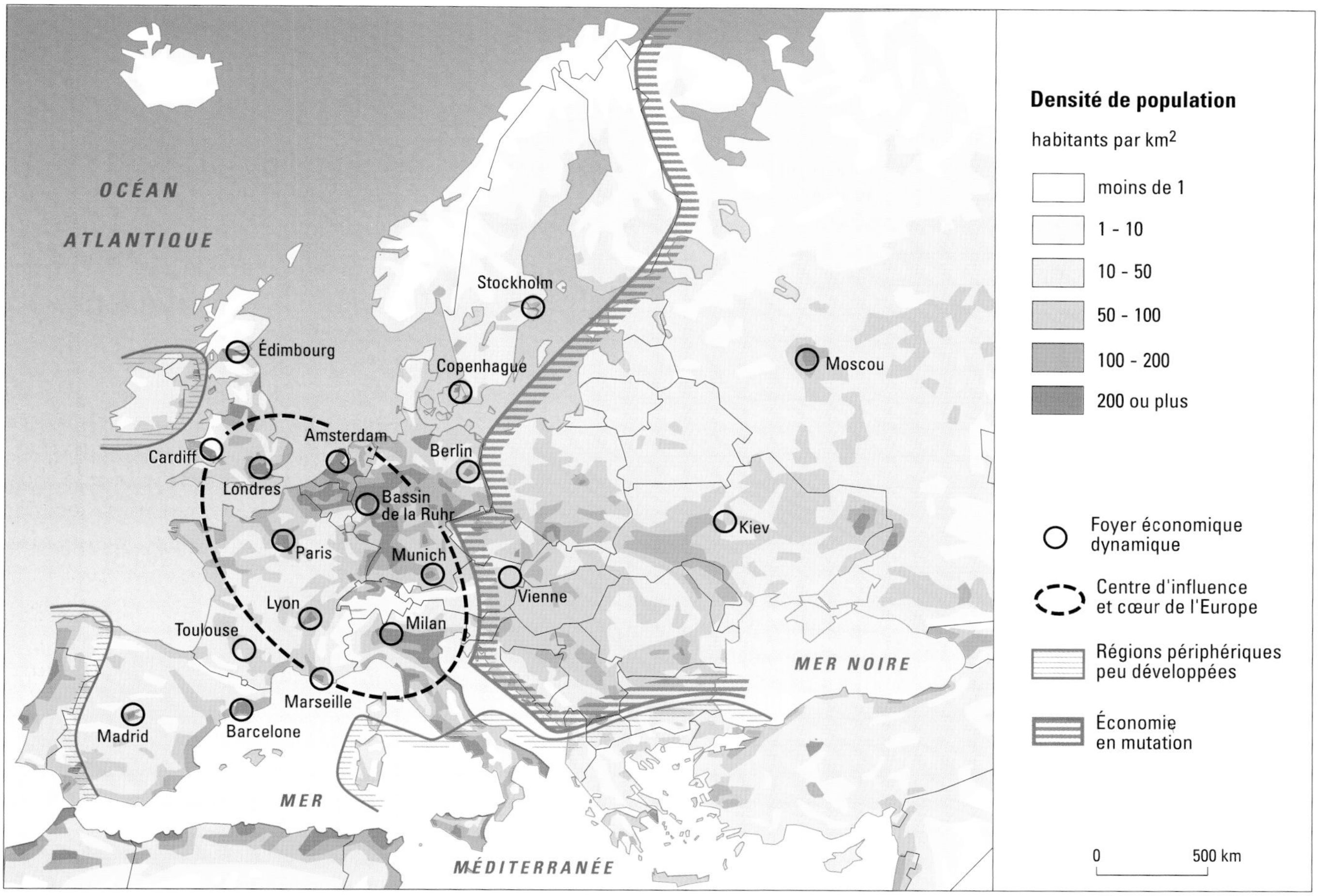

OCÉAN
ATLANTIQUE
Stockholm
Édimbourg
Copenhague
Moscou
Amsterdam
Cardiff
Londres
Berlin
Bassin de la Ruhr
Paris
Kiev
Munich
Vienne
Lyon
Milan
Toulouse
Marseille
Madrid
Barcelone
MER NOIRE
MER
MÉDITERRANÉE
Densité de population
habitants par km2
moins de 1
1 - 10
10 - 50
50 - 100
100 - 200
200 ou plus
Foyer économique dynamique
Centre d'influence et cœur de l'Europe
Régions périphériques peu développées
Économie en mutation
0 500 km

DOC 2 **Densités de population et organisation de l'espace européen.**

■ Quels facteurs peuvent rendre compte des fortes densités humaines ?

DOC 3 **Le chômage en Europe en 1995.**

■ Quelles sont les régions les plus touchées par le chômage ? Quelles en sont les causes ?

ISLANDE
FINLANDE
NORVÈGE
SUÈDE
RUSSIE
ESTONIE
MER DU NORD
LETTONIE
IRLANDE
DANEMARK
LITUANIE
RUSSIE
ROYAUME-UNI
PAYS-BAS
BIÉLORUSSIE
OCÉAN
ATLANTIQUE
BELGIQUE
ALLEMAGNE
POLOGNE
LUXEMBOURG
RÉP. TCHÈQUE
UKRAINE
SLOVAQUIE
FRANCE
SUISSE
AUTRICHE
MOLDAVIE
HONGRIE
SLOVÉNIE
ROUMANIE
CROATIE
BOSNIE HERZÉGOVINE
SERBIE
PORTUGAL
MER NOIRE
BULGARIE
ESPAGNE
ITALIE
MACÉDOINE
ALBANIE
TURQUIE
MER
GRÈCE
MÉDITERRANÉE
CHYPRE
Part de la population active au chômage (en %)
moins de 5
de 5 à 8
de 8 à 11
de 11 à 15
plus de 15
données non disponibles
Source = *Images économiques du monde*
0 500 km

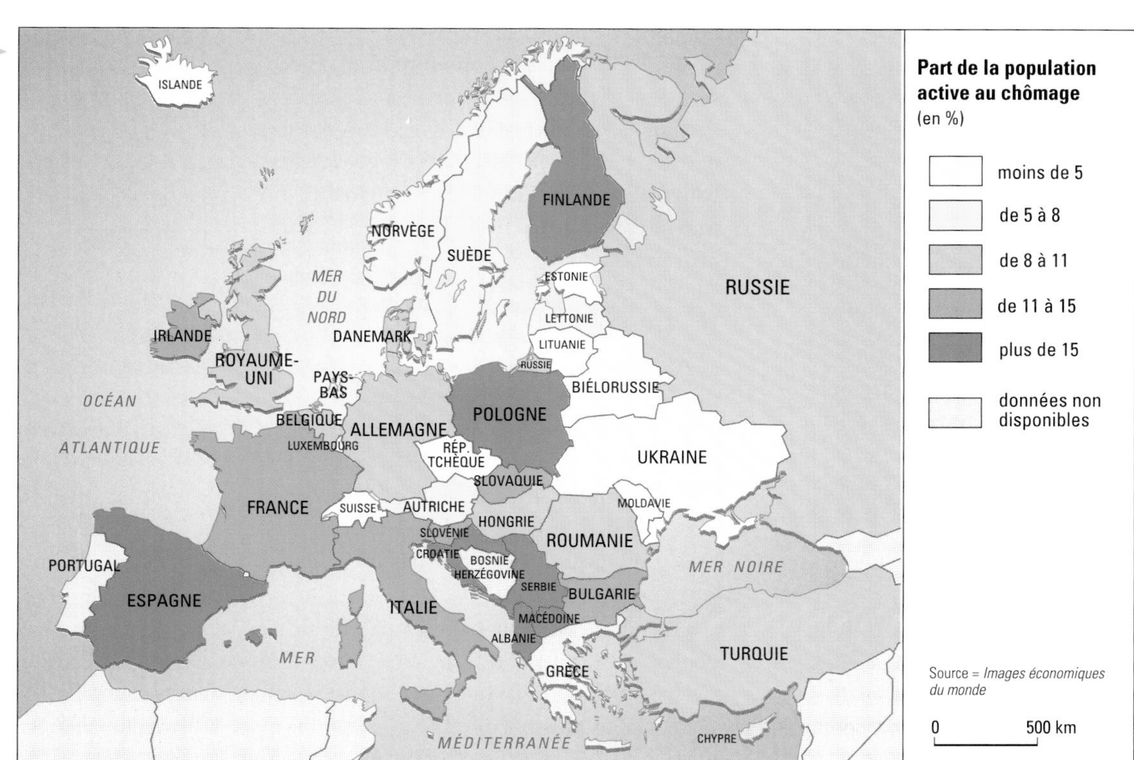

3 Des Europe à l'Europe

OBJECTIFS

Connaître les bases et les étapes de la construction européenne

Comprendre les possibilités d'évolution de l'Union européenne

Dans la recomposition actuelle de l'Europe, l'Union européenne s'affirme comme un élément fédérateur. Jusqu'où ira-t-elle dans la voie de l'intégration ?

A - Le choix de l'intégration économique

▶ Après 1945, face à une Europe en ruine, les **vieux rêves d'unification du continent** recommencent à prendre corps. Pourtant, les clivages deviennent radicaux et partagent l'Europe en deux. Au plan militaire, hormis quelques États, l'**Ouest capitaliste et libéral,** sous influence américaine, adhère au **Pacte atlantique** (1949) et forme l'**OTAN,** alors que **le centre et l'Est de l'Europe,** dans l'orbite du communisme soviétique, s'organisent dans le **pacte de Varsovie** (1954).

▶ Activement soutenue par les États-Unis, **la construction européenne s'ébauche surtout à l'ouest.** Amorcée dès 1948 par la création de l'OECE* (l'Est réplique en 1949 par le CAEM*), puis l'année suivante par le Conseil de l'Europe, elle se consolide avec l'apparition de la **CECA en 1951** où six États mettent en commun leurs ressources en charbon et en fer. Elle débouche, en **mars 1957,** avec la signature, par ces six, des **traités de Rome** sur l'**instauration de la CEE** pour construire un **marché commun** et la création de l'**Euratom** pour l'énergie nucléaire.

B - Des élargissements successifs

▶ À la **logique de l'intégration économique de la CEE,** le Royaume-Uni répond par la **logique de la coopération** en créant, avec six autres pays, l'**AELE*, simple zone de libre-échange.** Très vite la CEE s'avère un succès. Elle met en place une **politique agricole efficace** et réalise son **union douanière.**

▶ Dès lors, elle ne cesse d'attirer de **nouveaux adhérents** (doc.1) : en 1973 elle s'élargit à trois pays de l'Europe du Nord-Ouest **(Royaume-Uni, Irlande et Danemark).** Dans les années 1980, elle s'étend davantage à l'Europe méditerranéenne (**Grèce** en 1981, **Espagne** et **Portugal** en 1986). Avec la chute du mur de Berlin, elle poursuit son extension vers l'Est et le Nord (intégration de la RDA à la RFA en 1990; adhésion de l'**Autriche,** de la **Suède** et de la **Finlande** en 1995).

▶ La CEE devenue l'**Union européenne** (UE) au 1er janvier 1993, avec l'application du **traité de Maastricht,** approfondit son intégration en se donnant des perspectives politique et monétaire à réaliser.

C - L'UE : quelle Europe ?

L'ouverture de l'Europe pose la question de la dimension de l'Union européenne, de sa nature et de ses objectifs.

▶ Aujourd'hui, l'**UE** reste de taille réduite et est encore très **cantonnée à l'Europe de l'Ouest.** Mais de nombreux pays souhaitent rallier cet ensemble prometteur et sont candidats à l'entrée dans l'UE. Par ailleurs, l'UE a su étendre son champ d'influence en établissant des **associations avec divers types de pays** : constitution de l'**Espace économique européen** (EEE) avec l'AELE, accords avec les Pays d'Europe centrale et orientale (PECO).

▶ Les élargissements multiples et les divergences internes nuisent à la qualité de l'intégration communautaire (doc.2). La notion « d'**Europe à plusieurs vitesses** » n'est-elle pas devenue une réalité avec, par exemple, une Europe sociale à onze, un « espace Schengen* » à neuf ? Combien de pays composeront l'Europe monétaire ?

▶ Se pose aujourd'hui la question de savoir à quel rythme conduire l'élargissement de l'Union et l'approfondissement de ses structures. Face au dynamisme des deux autres éléments de la triade*, l'Europe craint le danger des retards et des freins internes.

VOCABULAIRE

AELE : Accord européen de libre échange. Il a regroupé à partir de 1958, à l'initiative du Royaume-Uni, les pays européens ne souhaitant pas adhérer à la Communauté européenne instaurée par les traités de Rome. Il ne compte plus aujourd'hui que 4 membres : Islande, Liechtenstein, Norvège, Suisse.

CAEM : Conseil d'assistance économique mutuelle (COMECOM en anglais) créé en 1949. C'était le « marché commun » des pays communistes organisés autour de l'URSS. Il a été dissous en 1991.

Espace Schengen : les accords de Schengen signés en 1990 par 9 pays de l'Union européenne (Danemark, Irlande et Royaume-Uni ne les ont pas signés) permettent la libre circulation des personnes entre les États signataires et définissent des mesures communes pour contrôler l'immigration. L'espace Schengen a vu le jour en 1995.

OECE : Organisation européenne de coopération économique créée en 1948 pour favoriser la reconstruction de l'Europe par l'aide américaine. En 1960, elle s'élargit aux pays d'économie de marché et se transforme en OCDE (Organisation de coopération et de développement économique). Elle compte aujourd'hui 28 membres, dont 7 se situent hors d'Europe.

Triade : ensemble de trois pôles dominants de l'économie mondiale, constitué par les États-Unis, le Japon et l'Union européenne.

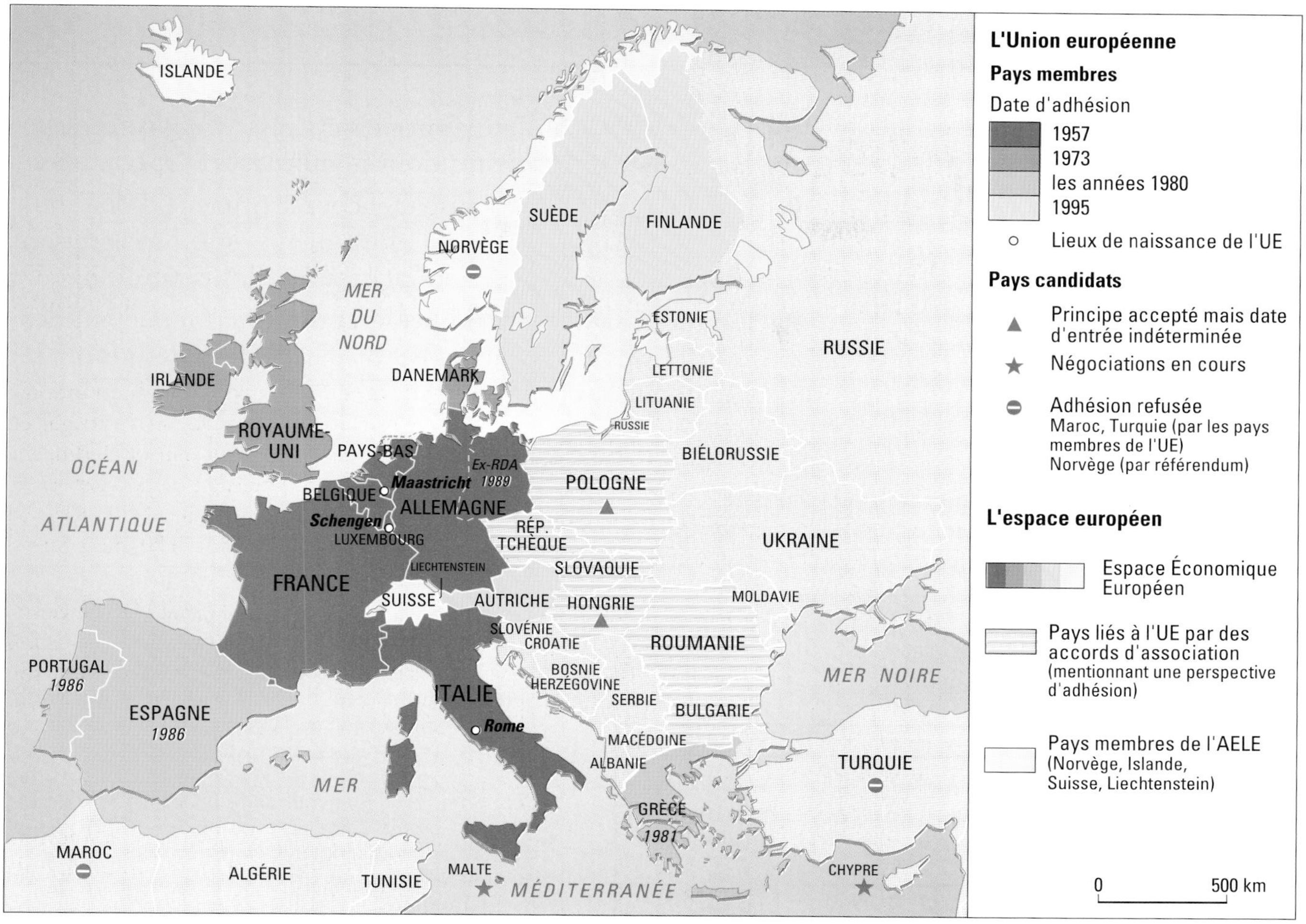

L'Union européenne
Pays membres
Date d'adhésion
1957
1973
les années 1980
1995
Lieux de naissance de l'UE
Pays candidats
Principe accepté mais date d'entrée indéterminée
Négociations en cours
Adhésion refusée
Maroc, Turquie (par les pays membres de l'UE)
Norvège (par référendum)
L'espace européen
Espace Économique Européen
Pays liés à l'UE par des accords d'association (mentionnant une perspective d'adhésion)
Pays membres de l'AELE (Norvège, Islande, Suisse, Liechtenstein)
0
500 km
ISLANDE
SUÈDE
FINLANDE
NORVÈGE
MER DU NORD
ESTONIE
RUSSIE
LETTONIE
IRLANDE
DANEMARK
LITUANIE
RUSSIE
ROYAUME-UNI
PAYS-BAS
BIÉLORUSSIE
OCÉAN ATLANTIQUE
Ex-RDA 1989
POLOGNE
BELGIQUE
Maastricht
ALLEMAGNE
Schengen
LUXEMBOURG
RÉP. TCHÈQUE
UKRAINE
LIECHTENSTEIN
SLOVAQUIE
FRANCE
SUISSE
AUTRICHE
HONGRIE
MOLDAVIE
SLOVÉNIE
CROATIE
ROUMANIE
PORTUGAL 1986
BOSNIE HERZÉGOVINE
MER NOIRE
SERBIE
ITALIE
BULGARIE
ESPAGNE 1986
Rome
MACÉDOINE
ALBANIE
TURQUIE
MER
GRÈCE 1981
MAROC
ALGÉRIE
TUNISIE
MALTE
MÉDITERRANÉE
CHYPRE

DOC 1 **L'Union européenne et la future Europe.**

- En quoi peut-on dire que l'Union européenne est une synthèse des Europe de l'Ouest ?
- L'espace géographique de l'Union européenne est-il continu et regroupé ? Quels en sont les inconvénients ?

L'Europe des cercles
Elle divise les pays membres en « clubs » selon leur centre d'intérêt.
L'Europe du « noyau solide »
Elle unit cinq pays ayant décidé d'avoir la même monnaie et donc la même politique économique.
Cercle militaire
Cercle monétaire
Union européenne
Noyau solide monétaire et politique
Belgique
France
Allemagne
Pays-Bas
Luxembourg
Cercle politique
Élargissements futurs
(Pays de l'Est et de la Méditerranée)

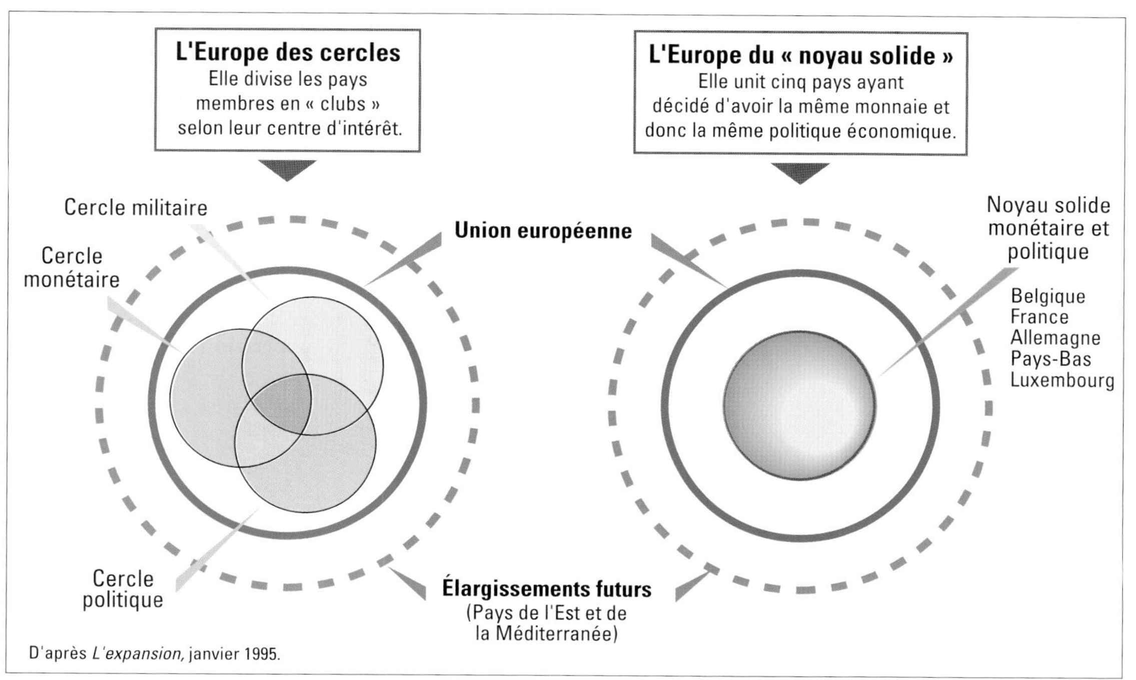

D'après *L'expansion*, janvier 1995.

DOC 2 **Les deux hypothèses sur le devenir de l'Union européenne : noyau dur ou géométrie variable ?**

- Comment et sous quels aspects peut-on intégrer les dimensions sociale et culturelle dans ces deux schémas ?

Un appareil institutionnel à la mesure de l'Union européenne

- La construction d'une Europe sans cesse élargie nécessite la mise en place d'institutions nombreuses et spécialisées.
- Les pays européens refusent encore le principe d'une souveraineté supranationale, alors même que l'intégration progresse dans les faits, les pratiques et les institutions.
- La question de l'organisation et du fonctionnement des institutions européennes est bien celle de la définition de l'Union européenne elle-même.

I. La complexité des institutions

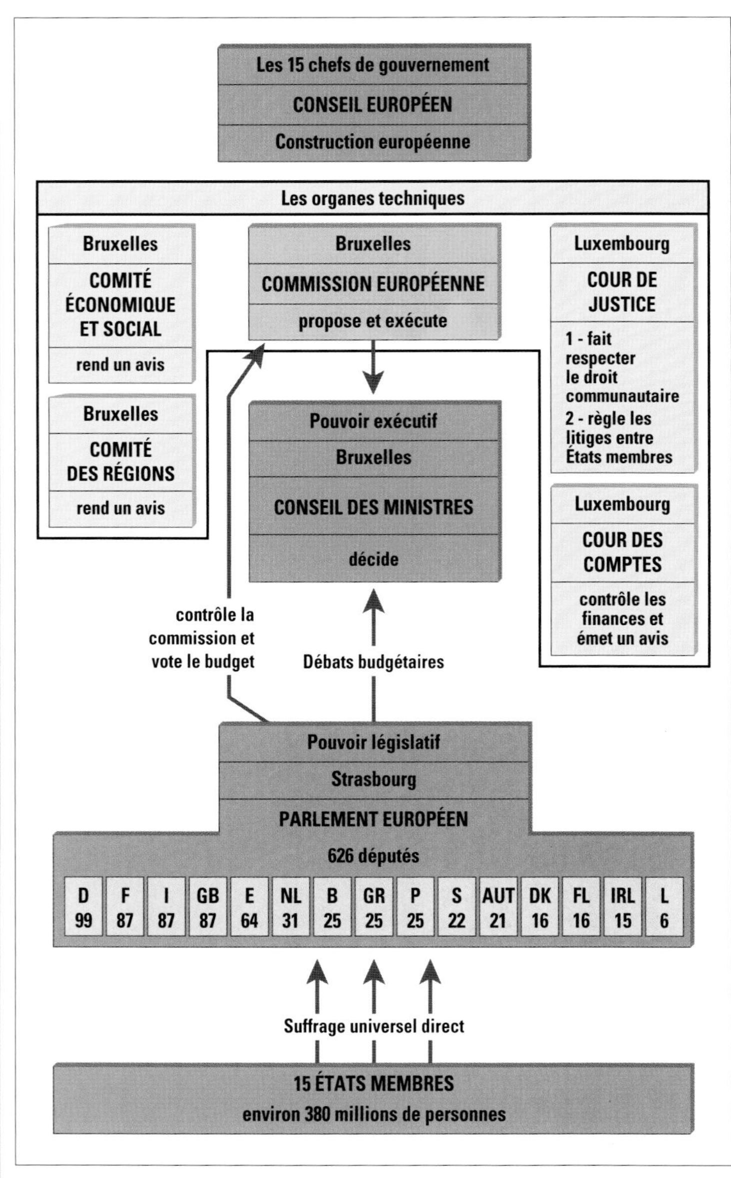

DOC 1 Les institutions de l'Union européenne : une répartition fine des compétences.

DOC 2

La Commission européenne, le cœur de l'Europe

Le rôle et les responsabilités de la Commission européenne placent cette institution au cœur même du processus de décision de l'Union européenne. (...)

Sans les vingt commissaires qui la composent et les 15 000 personnes qui travaillent pour la Commission, l'Union ne fonctionnerait pas. Le Conseil et le Parlement ont besoin d'une proposition de la Commission avant de pouvoir adopter les actes législatifs. La Commission veille au respect des lois et à l'intégrité du marché unique; les politiques menées dans les secteurs de l'agriculture et de l'aménagement régional sont soutenues, gérées et élaborées par la Commission, de même que la coopération en matière de développement avec les pays d'Europe centrale et orientale, de l'Afrique, des Caraïbes et du Pacifique. Les programmes de recherche et de développement technologiques indispensables à l'avenir de l'Europe sont orchestrés par la Commission.

La Commission, en étroite collaboration avec le Conseil européen, donne l'impulsion au processus d'intégration dans les moments cruciaux. (...)

La Commission gère le budget annuel de l'Union (559 milliards de francs en 1996), qui est dominé par les dépenses agricoles allouées au Fonds européen d'orientation et de garantie agricole (...)

L'efficacité de l'Union dans le monde est accrue par le rôle de la Commission en tant que négociateur des accords de commerce et de coopération avec des pays ou groupes de pays tiers.

Office des publications officielles des Communautés européennes.

II. Un arsenal législatif qui permet une direction commune

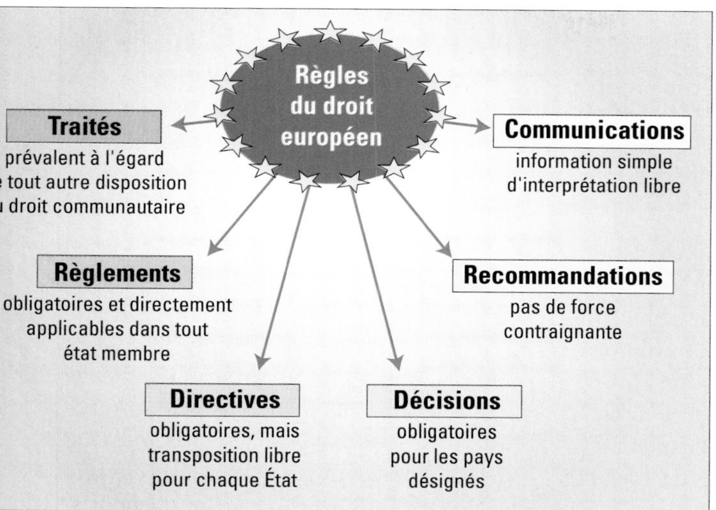

DOC 3 La valeur légale des décisions prises par les institutions européennes.

QUESTIONS

■ **Doc 1** - Comment expliquer les différences dans le nombre de sièges attribués à chacun des pays du Parlement européen ?

■ **Doc 1** - Comment les institutions européennes se distribuent-elles géographiquement ?

■ **Doc 2** - Comment résumer l'action de la Commission européenne au centre du système institutionnel ?

■ **Doc 3** - Quelle est la part des mesures dont l'application est obligatoire dans l'arsenal des règles du droit européen ?

■ **Doc 4 et 5** - L'Europe démographique correspond-elle à l'Europe économique ? Quels sont les États membres qui fondent le cœur de l'Union et en assurent la cohésion ?

■ **SYNTHÈSE** - L'Union européenne semble évoluer à la fois vers une ouverture plus large et une intégration plus poussée : cela peut-il poser un problème institutionnel ? Le passage à la monnaie unique ne concerne d'abord que quelques pays européens : ce type d'accord partiel peut-il être une réponse ?

III. Un centre fort qui fonde un ensemble cohérent

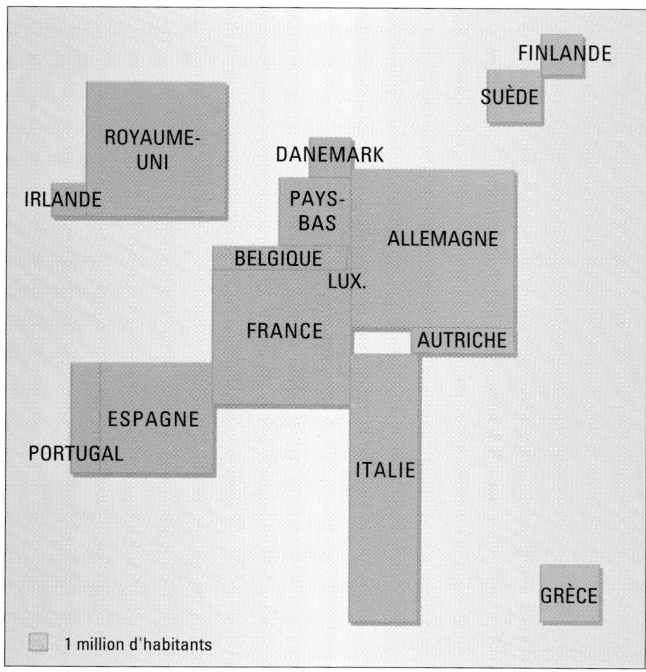

DOC 4 Anamorphose du poids démographique des pays de l'UE.

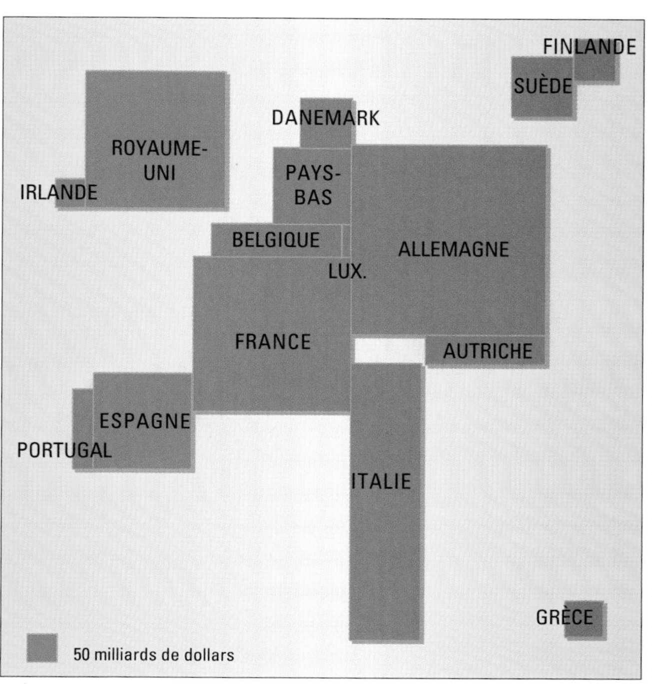

DOC 5 Anamorphose du poids économique des pays de l'UE.

4 L'Union européenne : supermarché ou grande puissance ?

OBJECTIFS

Connaître la force d'organisation et d'intégration régionale de l'Union européenne

Comprendre les limites de la puissance de l'Union européenne

La CEE a unifié le marché intérieur. L'UE qui lui a succédé vise à étendre l'intégration. Bâtira-t-elle pour autant une grande puissance européenne ?

A - Vers un marché intérieur intégré ?

▶ Avec la réalisation de la libre circulation des personnes, des capitaux et des marchandises en 1993, **l'UE est devenue un grand marché unifié de 372 millions d'habitants.** La constitution d'un espace intérieur intégré se poursuit. L'harmonisation des conditions de fonctionnement du marché, fondée sur les **principes du libéralisme,** conduit de plus en plus à supprimer les monopoles d'État ... et à ouvrir ces secteurs à la concurrence privée et internationale. Cela touche des pays qui, comme la France, ont une forte tradition de services publics. En outre, les fusions qui s'opèrent entre sociétés privées et les aides des États aux entreprises en difficulté sont plus strictement surveillées.

▶ Dans le domaine des services et des communications, **l'aménagement de l'espace se fait désormais dans une perspective européenne.** Ainsi, dans le secteur des transports, parmi onze grands projets est prévue la réalisation de **lignes ferroviaires à grande vitesse** pour relier des métropoles de plusieurs États membres (doc.1).

B - Le champ des politiques communes s'élargit

▶ Les **politiques de coopération et d'intégration** sont poursuivies ou réformées. Elles s'étendent à des domaines nouveaux et visent une plus grande cohésion économique et sociale. Elles se fondent sur **deux principes** : la **subsidiarité*** et la **solidarité.**

▶ La **politique agricole commune** (PAC) qui a permis de moderniser les structures agricoles, de stabiliser les marchés, qui a assuré des prix raisonnables aux agriculteurs et aux consommateurs a été réformée pour en alléger son coût tout en lui conservant sa compétitivité. Les **organismes d'aide aux régions** (FEDER*, FSE*, FEOGA*, IFOP*) ont été renforcés pour développer les régions en retard, reconvertir des régions industrielles, moderniser des zones rurales, combattre le chômage...

▶ **Les actions communautaires s'étendent à tout le cadre de vie du citoyen :** protection de l'environnement (établissement de normes, aides financières de mise en conformité), santé, sécurité dans les transports, éducation, accès à la culture... L'UE a aussi renforcé son aide à la recherche et au développement technologique.

C - Limites et faiblesses de la puissance

▶ Pour devenir une grande puissance, l'Union européenne doit dépasser le stade de grand marché et poursuivre son intégration, comme le prévoit le traité de Maastricht. Si la **création d'une monnaie unique** (« l'euro ») et d'une banque centrale s'ébauche, l'**union politique piétine** dans l'élaboration d'une politique étrangère et de sécurité communes (PECS). La forme de cette Europe politique reste aussi à définir.

▶ Pour maintenir sa puissance économique face à la concurrence internationale, l'Union européenne doit aussi **surmonter ses faiblesses structurelles** (coûts salariaux élevés...) et **redonner de la compétitivité à ses secteurs menacés ou en reconversion** (sidérurgie, textile...). L'exemple de programmes de coopération (Ariane, Airbus) montre que des solutions communautaires existent (doc.2).

▶ **Europe des peuples ou Europe des marchands ?** L'Union européenne, qui a dépassé le stade d'un marché commun, chemine vers une union politique dont on ne sait si elle est souhaitée par tous.

VOCABULAIRE

FEDER : Fonds européen de développement régional.

FEOGA : Fonds européen d'orientation et de garantie agricole.

FSE : Fond social européen.

IFOP : Instrument financier d'orientation de la pêche.

SUBSIDIARITÉ : l'Union européenne n'agit, dans les domaines qui ne sont pas spécifiquement de sa responsabilité, que lorsque son action est plus efficace qu'une action au niveau national.

À l'horizon de 2010

- Lignes nouvelles (vitesse supérieure à 250 km/h)
- Lignes aménagées (vitesse comprise entre 200 et 250 km/h)
- Lignes nouvelles ou aménagées (tracé indéterminé)
- Principales liaisons modernisées de l'Europe centrale et orientale

0 250 km

DOC 1 Le réseau des liaisons ferroviaires TGV à l'horizon de 2010 : vers une intégration de l'espace européen.

■ Quels seront, malgré tout, les espaces les mieux desservis ?

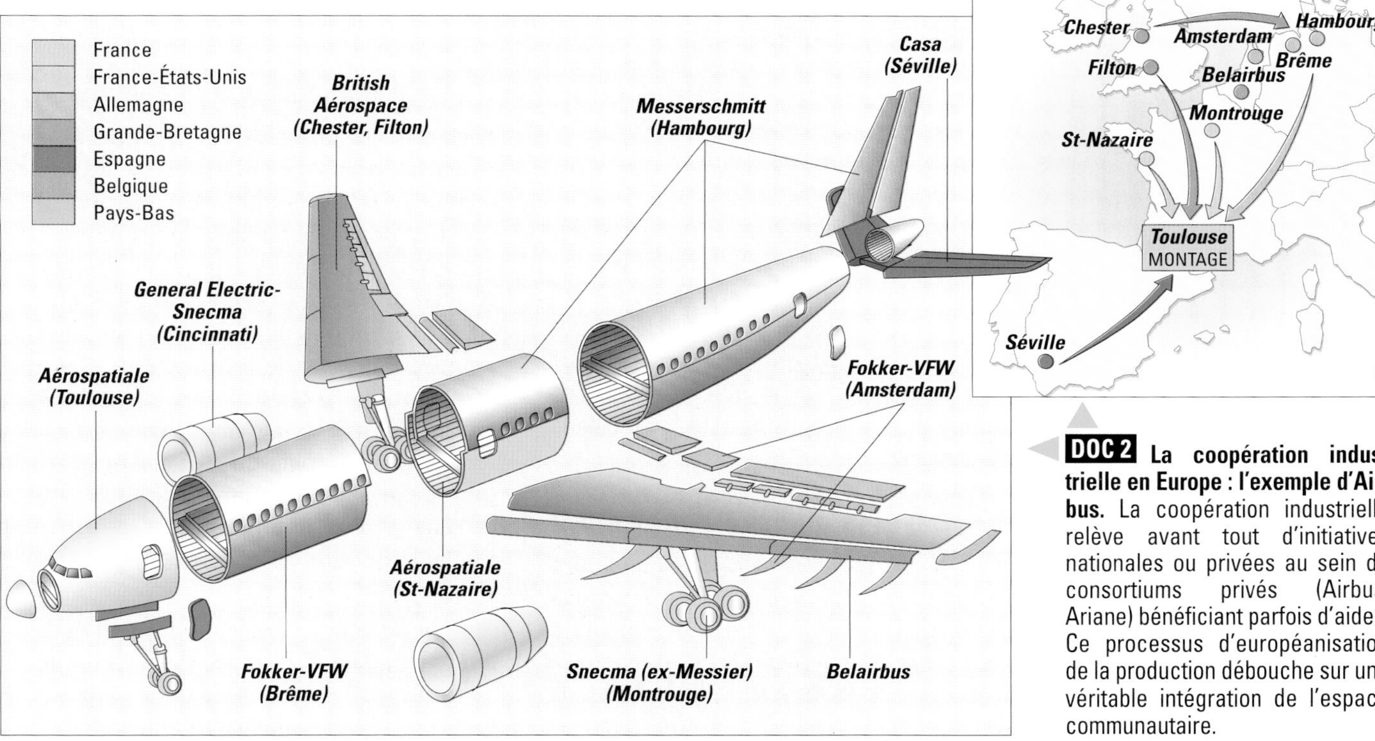

DOC 2 La coopération industrielle en Europe : l'exemple d'Airbus. La coopération industrielle relève avant tout d'initiatives nationales ou privées au sein de consortiums privés (Airbus, Ariane) bénéficiant parfois d'aides. Ce processus d'européanisation de la production débouche sur une véritable intégration de l'espace communautaire.

5 L'Union européenne et le monde

OBJECTIFS

Connaître le rayonnement de l'Union européenne et ses limites

Comprendre le rôle de l'Union européenne en Europe et dans le monde

Première puissance commerciale du monde et pôle d'aide pour des pays tiers, l'Union européenne peine cependant à affirmer son influence mondiale.

A - Un rayonnement mondial concurrencé

▶ L'UE représente le **premier pôle commercial de la triade*** avec **40 % du commerce mondial** (dont 16 % pour le commerce extra-communautaire). Ces échanges planétaires concernent à 60 % des pays développés à économie de marché, et sont en hausse avec les PVD* et les pays d'Europe centrale et orientale (doc.1). Le marché européen, en expansion, attire aussi les capitaux des firmes américaines ou asiatiques.

▶ L'UE bénéficie du rayonnement mondial que ses États membres ont hérité de l'histoire. Elle possède une **présence planétaire** par l'existence de territoires outre-mer (français et britanniques), **par l'usage très répandu de langues d'origine européenne** (anglais, espagnol, français), **par l'implantation de filiales de grands groupes européens à travers le monde,** par l'assistance militaire et technique auprès de pays tiers. La représentativité de l'Union commence à être reconnue internationalement : elle possède un **représentant au G7*** à côté de ceux des quatre pays de l'UE.

▶ Malgré une vive concurrence mondiale, l'UE est un **foyer culturel essentiel** avec ses universités, ses artistes, ses écrivains, ses chercheurs, ses créateurs. Le « modèle culturel européen » est toutefois soumis à une concurrence des autres pôles de la triade, comme la télévision (doc.2) et le cinéma le démontrent.

B - Une aide au développement

▶ L'UE manifeste sa **solidarité planétaire** par une **aide très variée aux pays les plus démunis** (doc.3). Cette action s'ajoute à celle de ses États membres : coopération financière et technique à des projets de développement, achat de produits industriels et agricoles des PVD sans droits de douane à l'entrée de l'UE, aide alimentaire pour soulager des problèmes de sous-alimentation, aide d'urgence en cas de catastrophe. Le système de coopération le plus exemplaire est celui de la **convention de Lomé*,** sans cesse renouvelée, avec 70 pays d'Afrique, des Caraïbes et du Pacifique.

▶ **L'UE est un espace attractif.** Malgré une politique de fermeture des frontières, elle attire toujours des migrants venus des pays du Sud et, de plus en plus, d'Europe de l'Est. De nombreux pays souhaitent entrer dans l'UE. Aussi des **accords de coopération** ont-ils été signés avec des **pays d'Europe centrale** (PHARE*) **et de la Méditerranée** pour faciliter leur développement et leur intégration progressive au marché communautaire. Ces investissements, particulièrement en Europe centrale et orientale, contribuent à organiser l'espace européen.

C - Pôle fédérateur de l'Europe ?

▶ **Le rôle organisateur de l'UE dans l'espace européen** pose le problème de son ouverture. Assise sur des institutions conçues pour un nombre limité d'États membres, comment l'UE peut-elle s'élargir au reste de l'Europe sans affaiblir sa capacité de décision et diluer une personnalité politique en cours de construction ? Cette **perspective aléatoire d'une UE élargie** présuppose que les membres actuels acceptent de lui faire jouer un rôle moteur dans tout le continent et participent, sans trop de réserves, aux ambitions de la construction politique globale qui s'esquisse depuis le traité de Maastricht.

▶ Actuellement, le poids mondial de l'UE tient autant à sa cohérence et à sa volonté politique qu'à l'action individuelle de ses États membres les plus importants.

VOCABULAIRE

Convention de Lomé (capitale du Togo en Afrique) : cette convention, signée pour la sixième fois, porte sur la période 1989-2000. Elle garantit aux pays ACP signataires (Afrique-Caraïbes-Pacifique) le libre accès (sans droit de douane ni contingentement) de la presque totalité de leurs produits d'exportation sur le marché européen et sans obligation de réciprocité. Les accords prévoient aussi des aides au développement.

G7 : groupe des 7 pays les plus industrialisés de la planète (États-Unis, Japon, Allemagne, France, Royaume-Uni, Italie, Canada). Le président de l'UE y est associé.

PHARE : Programme d'aide à la reconstruction économique de la Pologne et de la Hongrie signé en 1989 et étendu peu à peu aux autres pays d'Europe centrale (Rép. tchèque, Slovaquie, Bulgarie, Roumanie, les trois États baltes, Albanie et quelques pays issus de l'ex-Yougoslavie).

PVD : pays en voie de développement.

Triade : voir p. 18.

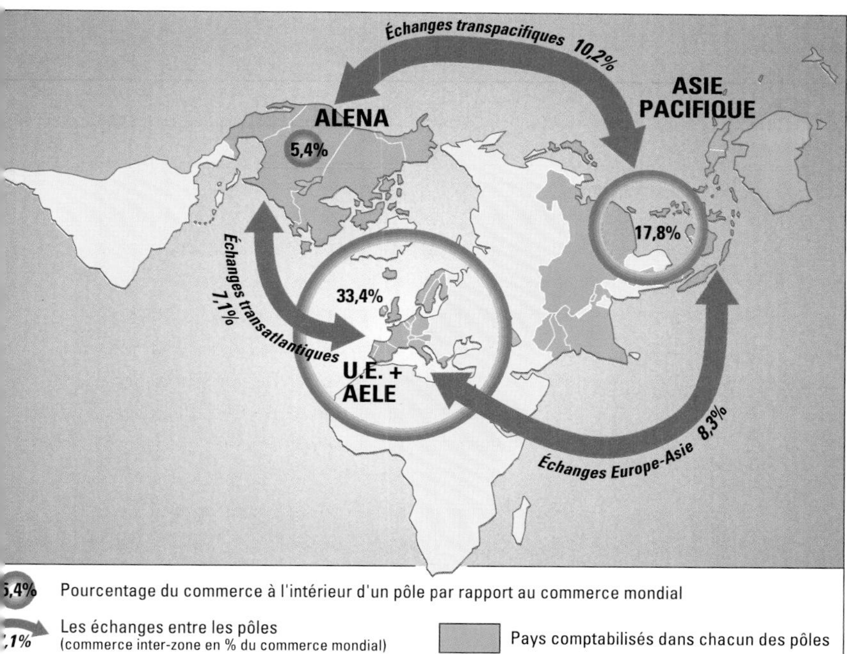

Échanges transpacifiques 10,2%
ALENA
5,4%
ASIE PACIFIQUE
17,8%
Échanges transatlantiques 7,1%
33,4%
U.E. + AELE
Échanges Europe-Asie 8,3%
5,4% Pourcentage du commerce à l'intérieur d'un pôle par rapport au commerce mondial
7,1% Les échanges entre les pôles (commerce inter-zone en % du commerce mondial)
Pays comptabilisés dans chacun des pôles
du commerce mondial : 3 500 milliards de dollars
Total des trois pôles : 76,2% du commerce mondial (intrazone et échanges entre pôles)

DOC 1 **Le poids de l'Union européenne dans les échanges mondiaux.**

euro
news
euro
news

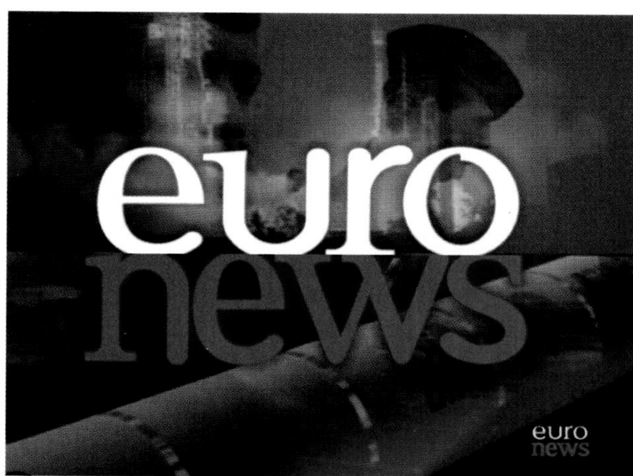

DOC 2 **Un outil du rayonnement culturel de l'Europe : Euronews.**

Cette chaîne européenne d'information émet en plusieurs langues à partir d'un satellite. Elle est concurrencée en Europe et dans le monde par la chaîne américaine CNN.

■ En quoi la télévision est-elle un moyen de communication important dans le rayonnement culturel d'un pays ou d'un ensemble de pays ?

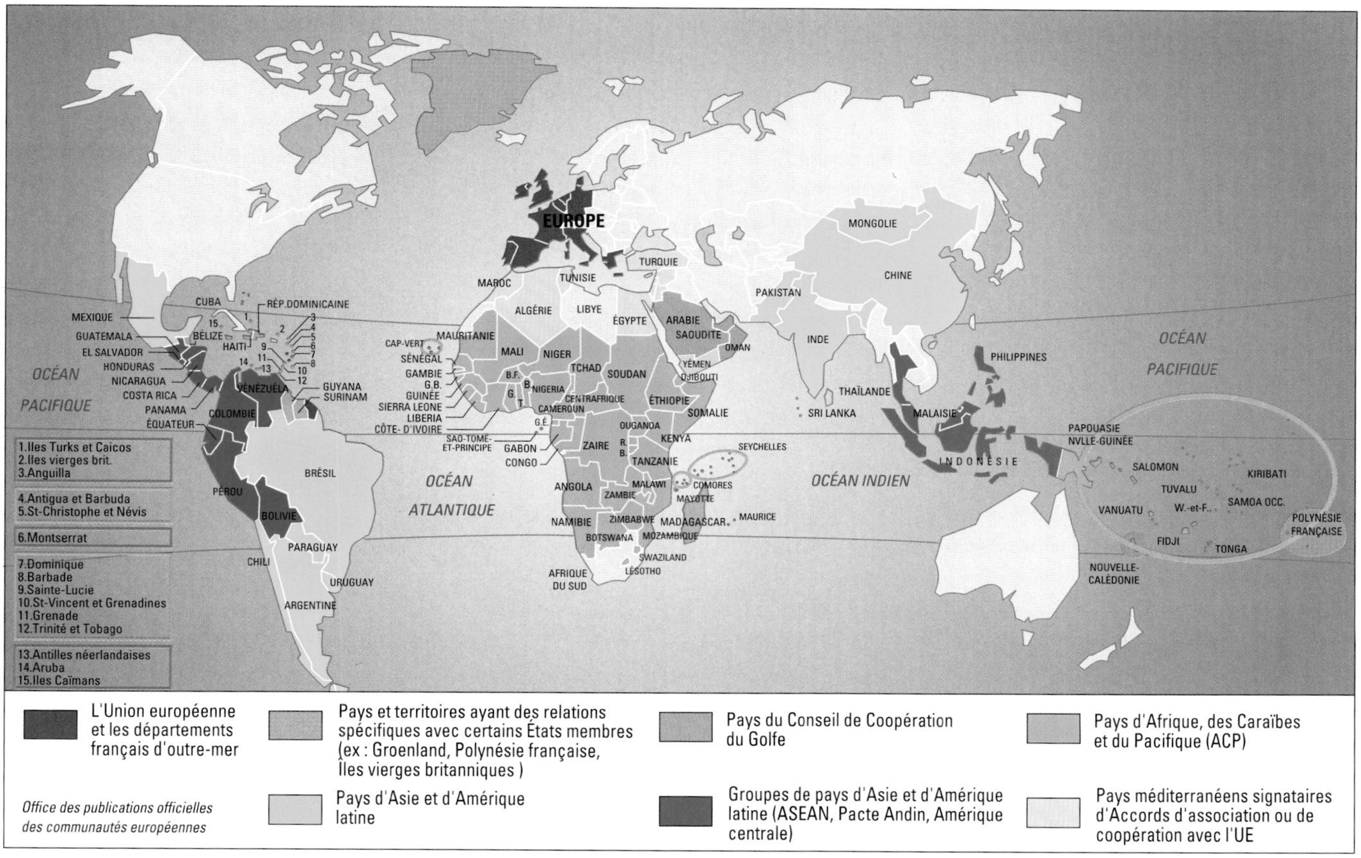

EUROPE
TURQUIE
MAROC
TUNISIE
ALGÉRIE
LIBYE
ÉGYPTE
ARABIE SAOUDITE
OMAN
YÉMEN
DJIBOUTI
MONGOLIE
CHINE
PAKISTAN
INDE
SRI LANKA
THAÏLANDE
PHILIPPINES
MALAISIE
INDONÉSIE
PAPOUASIE NVLLE-GUINÉE
SALOMON
KIRIBATI
TUVALU
SAMOA OCC.
VANUATU
W.-et-F.
POLYNÉSIE FRANÇAISE
FIDJI
TONGA
NOUVELLE-CALÉDONIE
OCÉAN PACIFIQUE
OCÉAN INDIEN
OCÉAN ATLANTIQUE
CAP-VERT
MAURITANIE
SÉNÉGAL
GAMBIE
G.B.
GUINÉE
SIERRA LEONE
LIBERIA
CÔTE-D'IVOIRE
MALI
NIGER
B.F.
G.
T.
B.
NIGERIA
TCHAD
SOUDAN
CENTRAFRIQUE
CAMEROUN
ÉTHIOPIE
SOMALIE
G.É.
SAO-TOMÉ-ET-PRINCIPE
GABON
CONGO
ZAIRE
OUGANDA
KENYA
R.
B.
TANZANIE
SEYCHELLES
COMORES
MAYOTTE
ANGOLA
ZAMBIE
MALAWI
NAMIBIE
ZIMBABWE
MADAGASCAR
MAURICE
BOTSWANA
MOZAMBIQUE
SWAZILAND
LESOTHO
AFRIQUE DU SUD
MEXIQUE
GUATEMALA
EL SALVADOR
HONDURAS
NICARAGUA
COSTA RICA
PANAMA
ÉQUATEUR
CUBA
RÉP. DOMINICAINE
BÉLIZE
HAITI
VENEZUELA
COLOMBIE
GUYANA
SURINAM
PÉROU
BRÉSIL
BOLIVIE
PARAGUAY
CHILI
URUGUAY
ARGENTINE
1.Iles Turks et Caicos
2.Iles vierges brit.
3.Anguilla
4.Antigua et Barbuda
5.St-Christophe et Névis
6.Montserrat
7.Dominique
8.Barbade
9.Sainte-Lucie
10.St-Vincent et Grenadines
11.Grenade
12.Trinité et Tobago
13.Antilles néerlandaises
14.Aruba
15.Iles Caïmans
L'Union européenne et les départements français d'outre-mer
Pays et territoires ayant des relations spécifiques avec certains États membres (ex : Groenland, Polynésie française, Iles vierges britanniques)
Pays du Conseil de Coopération du Golfe
Pays d'Afrique, des Caraïbes et du Pacifique (ACP)
Office des publications officielles des communautés européennes
Pays d'Asie et d'Amérique latine
Groupes de pays d'Asie et d'Amérique latine (ASEAN, Pacte Andin, Amérique centrale)
Pays méditerranéens signataires d'Accords d'association ou de coopération avec l'UE

DOC 3 **Les réseaux d'accords de coopération entre l'Union européenne et les pays en développement.**

Quelques disparités dans l'espace européen

▶ L'Europe ne constitue pas un espace homogène. L'inégal dynamisme des ses États et de ses régions peut être perçu et analysé au moyen de deux critères : l'un démographique (le taux d'accroissement naturel de la population) avec les cartes 1 et 3, l'autre économique (le produit intérieur brut) avec les cartes 2 et 4.

▶ L'analyse à deux échelles (nationale et régionale) permet de cerner plus finement les inégalités spatiales et les ensembles moteurs de l'Europe et de l'Union européenne.

I - À l'échelle des États

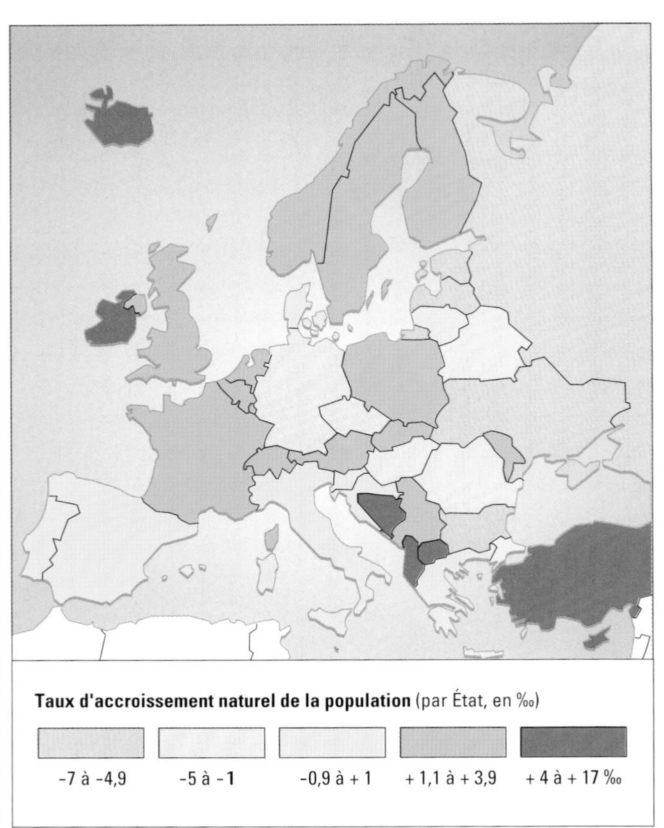

DOC 1 **Le taux d'accroissement naturel de la population par État en 1995.**

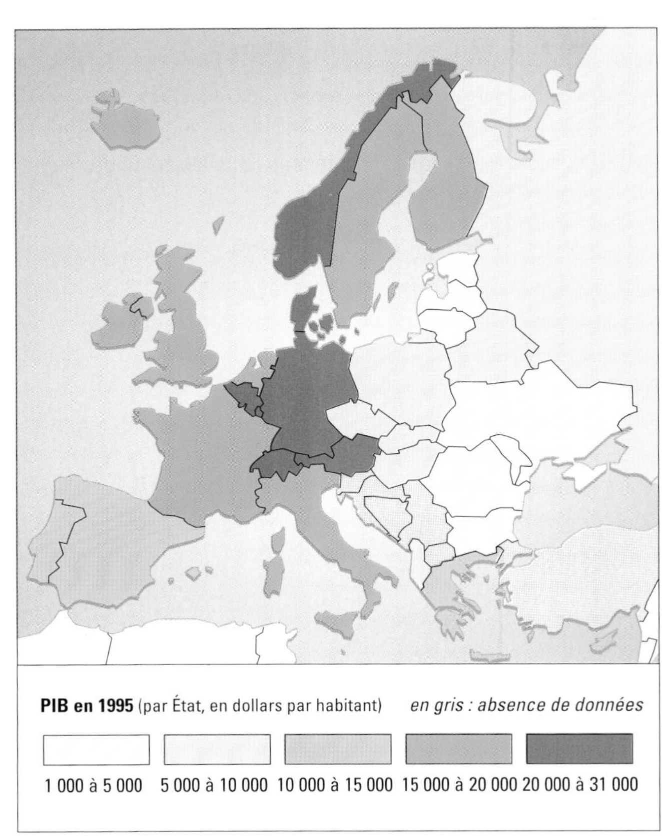

DOC 2 **Le produit intérieur brut par État en 1995.**

II - À l'échelle des régions

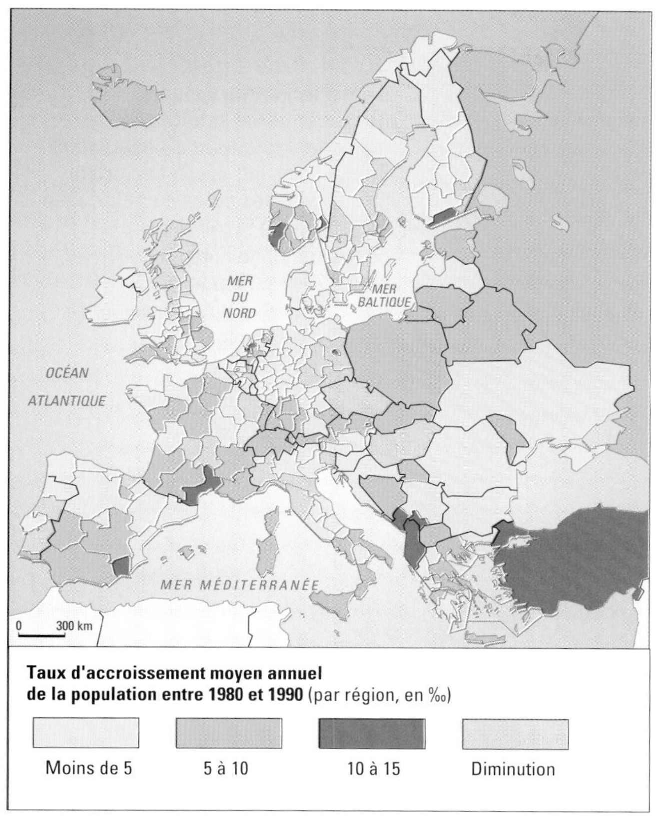

DOC 3 **Le taux d'accroissement naturel de la population par région entre 1980 et 1990.**

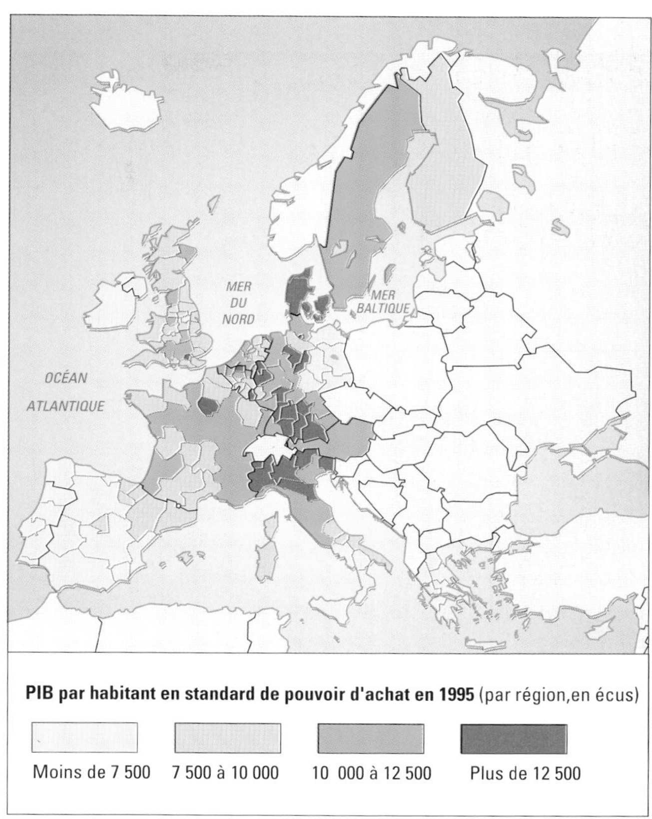

DOC 4 **Le produit intérieur brut par région en 1995.**

QUESTIONS

■ **Carte 1** - À partir de cette carte, distinguez sur un croquis, ou en établissant une liste d'États, trois ensembles démographiques différents en Europe (accroissement naturel fort, faible, en recul). À quelle situation démographique répond chacun de ces ensembles ? Les États d'un même ensemble ne peuvent-ils appartenir à des sous-types différents ? Lesquels ?

■ **Carte 3** - Hormis le changement d'échelle amené par un découpage régional, quelle donnée supplémentaire la carte 3 fournit-elle par rapport à la carte 1 ? Par un croquis ou en établissant une liste des régions, distinguez trois ensembles de régions au dynamisme démographique différent (accroissement naturel fort, faible, en diminution). Comment situer chacun de ces groupes de régions dans le modèle de la transition démographique ?
Comment peut-on analyser et comprendre les différences régionales de dynamisme démographique observées entre les ensembles des cartes 1 et 3 ?

■ **Carte 2** - Que mesure le PIB ? À l'aide d'un croquis ou en établissant une liste d'États, distinguez trois ensembles spatiaux en fonction du volume de production. Comment peut-on expliquer cette distribution spatiale inégale ? Où se situe l'ensemble le plus productif par rapport à l'Europe, par rapport à l'Union européenne ?

■ **Carte 4** - Quelles sont les régions au plus fort PIB par habitant de l'Union européenne ? Où se situent-elles ? Quelles sont les régions de plus faible production par habitant ? Où se situent-elles ?

■ **Cartes 3 et 4** - En confrontant les cartes par région de l'accroissement naturel et du PIB/hab., quels types de situations peut-on dégager ? Comment peut-on les expliquer ? Peut-on établir des relations entre accroissement naturel et PIB/hab. ?

Image satellite de l'Europe

DOC 1 **Cette image a été enregistrée au mois de février par le satellite SPOT (Système Probatoire d'Observation de la Terre), qui décrit une orbite passant par les pôles à une altitude de 830 km. La résolution, ou précision de l'image, est de 20 m x 20 m au sol : c'est le pixel (« *picture element* » ou point de l'image).**

Méthode

Savoir lire une image satellite

- Chaque objet terrestre réfléchit les radiations solaires vers les capteurs du satellite d'observation avec une intensité qui lui est propre. À chaque intensité est affectée une valeur numérique. Le satellite ne photographie pas, il enregistre une **image numérique**.
- Le satellite d'observation enregistre les intensités dans trois ou quatre couleurs différentes, qu'il combine. Certaines sont cependant invisibles pour l'œil humain, il est nécessaire d'en choisir d'autres pour composer l'image. L'image satellite ne présente **pas de couleurs naturelles**.
- L'image de l'Europe a subi un traitement afin d'adopter les couleurs les plus proches possible de la réalité. **L'image peut ici être analysée comme une photographie**.

QUESTIONS

- Différencier les principaux types d'occupation du sol : urbanisation, forêts, espaces agricoles...
- Sur un calque, localiser les grands éléments physiques qui organisent l'espace européen :
  – les grands massifs montagneux (l'arc alpin, la chaîne pyrénéenne...) ;
  – les grands bassins (le bassin aquitain...) ;
  – des éléments plus précis : l'agglomération parisienne, la vallée du Rhin.
- **SYNTHÈSE** - Confrontez cette photo satellite de l'Europe avec les deux autres images de l'Europe (pages 10 et 11).

L'Europe

Les notions clés

- AELE
- FEDER
- FEOGA
- Identité européenne
- Intégration communautaire
- Subsidiarité
- Triade
- Union européenne

voir Vers le bac n° 5 *p. 326*
Vers le bac n° 6 *p. 328*

L'essentiel

▶ L'Europe se définit comme un espace de civilisation plus que par ses limites arbitraires trop artificielles. C'est un petit continent comptant de nombreux États de création récente et en pleine recomposition depuis peu.

▶ Malgré une grande diversité héritée de l'histoire, des convergences y apparaissent d'ordre démographique, économique et d'organisation géographique.

▶ Elle est maillée par un réseau d'institutions multi-États en extension croissante. L'Union européenne est la construction la plus poussée qui, après avoir constitué un grand marché intérieur entre ses États membres, tente de poursuivre l'intégration dans les domaines monétaire et politique. Mais son élargissement vers le reste de l'Europe affaiblit sa cohérence initiale.

▶ Elle constitue un pôle de la triade mondiale dont l'influence culturelle et politique est entravée par l'absence des instruments d'une grande puissance cohérente qu'elle ne forme pas encore.

Les dates clés

Les grandes étapes de la construction européenne

1951 : Traité de Paris instituant la **Communauté européenne du charbon et de l'acier** (CECA) signé entre la France, la République fédérale d'Allemagne, la Belgique, l'Italie, le Luxembourg et les Pays-Bas.

1957 : Traités de Rome donnant naissance à la **Communauté économique européenne** (CEE) et à la Communauté européenne de l'énergie atomique (EURATOM).

1962 : Création de la **Politique agricole commune** (PAC) et du Fonds européen d'orientation et de garantie agricole (FEOGA).

1968 : Union douanière.

1973 : Europe des Neuf : adhésion du Danemark, du Royaume-Uni et de l'Irlande.

1979 : Création du SME (Système monétaire européen).

1981 : Europe des Dix : adhésion de la Grèce.

1986 : Europe des Douze : adhésion de l'Espagne et du Portugal.

1990 : Accords de Schengen (Luxembourg) : suppression totale des contrôles aux frontières entre la France, l'Allemagne, la Belgique, les Pays-Bas et le Luxembourg.

1992 : Traité de Maastricht (Pays-Bas) : création de l'**Union européenne**.

1994 : Création de l'**Espace économique européen** (EEE)

1995 : Europe de Quinze : adhésion de l'Autriche, la Finlande, la Suède.

CHAPITRE 2

La France en Europe

- Au contact des mondes atlantiques, méditerranéens et continentaux, des civilisations celtiques, germaniques, gréco-romaines et judéo-chrétiennes, la France a toujours joué jadis et joue encore un rôle central dans la géographie et l'histoire du continent européen. En quoi la personnalité géographique de la France reflète-t-elle ces différentes composantes ?
- Cette position n'est pas toujours confortable; elle confère cependant à la nation française une richesse culturelle qui explique un rayonnement hors de proportion avec sa superficie et sa population. Quels avantages la France en a-t-elle tirés ? Quel doit être son rôle dans la poursuite de la construction européenne ?

PLAN DU CHAPITRE

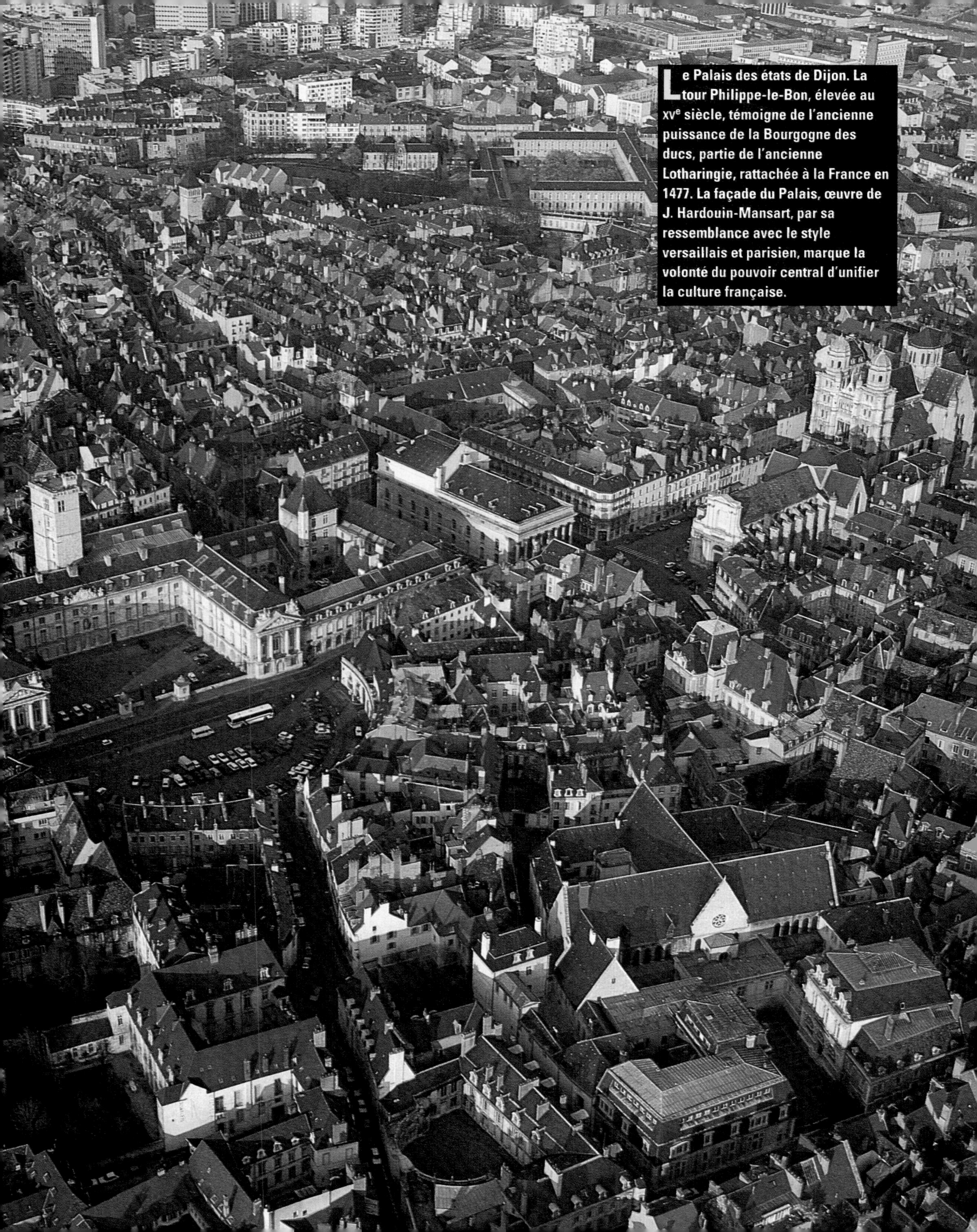

Le Palais des états de Dijon. La tour Philippe-le-Bon, élevée au XVe siècle, témoigne de l'ancienne puissance de la Bourgogne des ducs, partie de l'ancienne Lotharingie, rattachée à la France en 1477. La façade du Palais, œuvre de J. Hardouin-Mansart, par sa ressemblance avec le style versaillais et parisien, marque la volonté du pouvoir central d'unifier la culture française.

FLANDRE
Lille
ARTOIS
PICARDIE
Compiègne
Reims
DUCHÉ DE NORMANDIE
Paris
COMTÉ DE CHAMPAGNE ET DE BRIE
BARROIS
Bar-le-Duc
DUCHÉ DE BRETAGNE
Rennes
COMTÉ DU MAINE
Orléans
D. DE TOURAINE
DUCHÉ DE BOURGOGNE
Dijon
Frontières :
843 (traité de Verdun)
996
1422
1483
COMTÉ DE POITOU
VICOMTÉ DE LIMOGES
DUCHÉ D'AUVERGNE
LYONNAIS
Lyon
COMTÉ DE PÉRIGORD
Grenoble
DAUPHINÉ
DUCHÉ DE GUYENNE
COMTÉ DE TOULOUSE
GASCOGNE
Avignon
Toulouse
COMTÉ DE PROVENCE
BÉARN
C. DE FOIX
LANGUEDOC
Marseille
987 Hugues Capet
996
1180 Philippe-Auguste
1285
1422
1461
1483 Louis XI
Principautés vassales du Roi de France en 1483

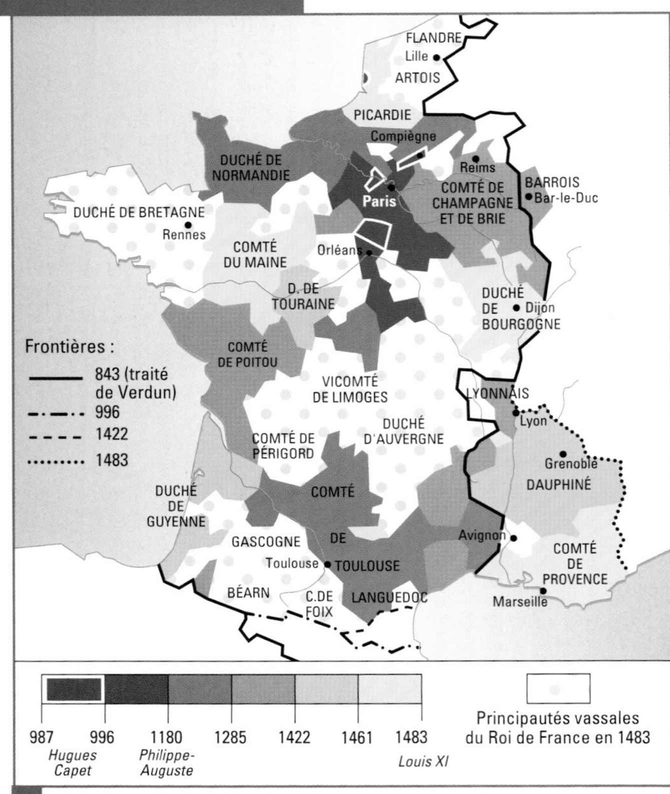

1 Extension du domaine royal de 987 à 1483.

FLANDRE
Lille
ARTOIS
PICARDIE
Compiègne
Reims
DUCHÉ DE NORMANDIE
Paris
COMTÉ DE CHAMPAGNE ET DE BRIE
BARROIS
Bar-le-Duc
DUCHÉ DE BRETAGNE
Rennes
COMTÉ DU MAINE
Orléans
D. DE TOURAINE
DUCHÉ DE BOURGOGNE
Dijon
Frontières :
843 (traité de Verdun)
996
1422
1483
COMTÉ DE POITOU
VICOMTÉ DE LIMOGES
DUCHÉ D'AUVERGNE
LYONNAIS
Lyon
COMTÉ DE PÉRIGORD
Grenoble
DAUPHINÉ
DUCHÉ DE GUYENNE
COMTÉ DE TOULOUSE
GASCOGNE
Avignon
Toulouse
COMTÉ DE PROVENCE
BÉARN
C. DE FOIX
LANGUEDOC
Marseille
987 Hugues Capet
996
1180 Philippe-Auguste
1285
1422
1461
1483 Louis XI
Principautés vassales du Roi de France en 1483

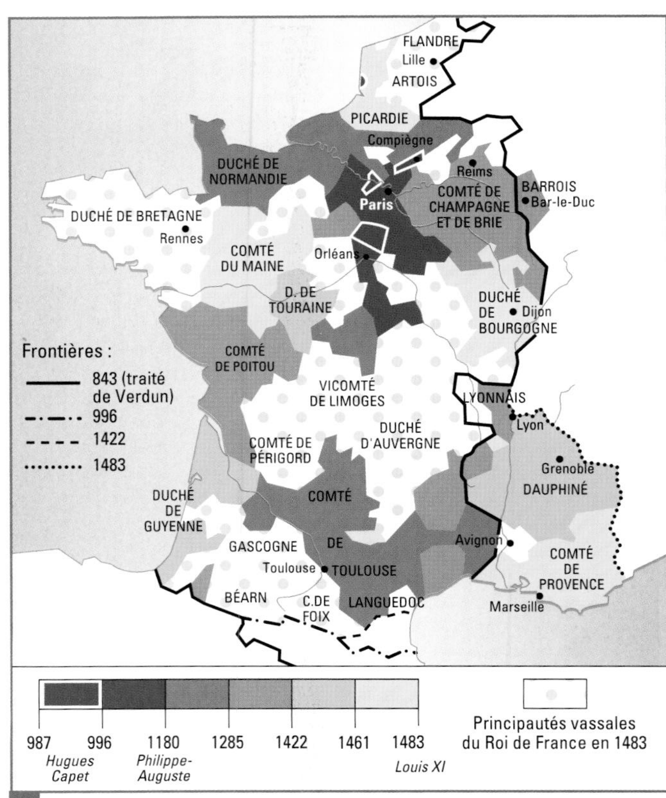

2 De 1483 à aujourd'hui.

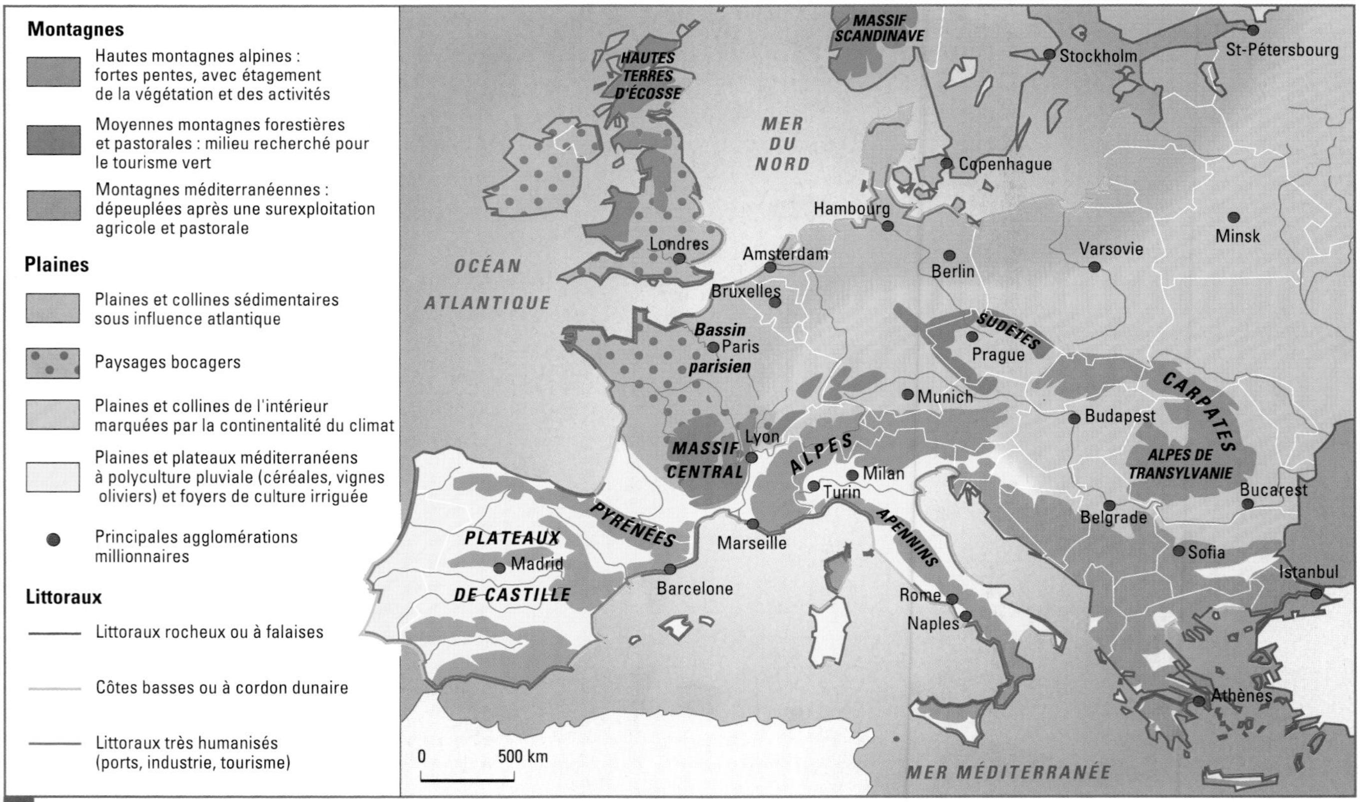

Montagnes
Hautes montagnes alpines : fortes pentes, avec étagement de la végétation et des activités
Moyennes montagnes forestières et pastorales : milieu recherché pour le tourisme vert
Montagnes méditerranéennes : dépeuplées après une surexploitation agricole et pastorale
Plaines
Plaines et collines sédimentaires sous influence atlantique
Paysages bocagers
Plaines et collines de l'intérieur marquées par la continentalité du climat
Plaines et plateaux méditerranéens à polyculture pluviale (céréales, vignes oliviers) et foyers de culture irriguée
Principales agglomérations millionnaires
Littoraux
Littoraux rocheux ou à falaises
Côtes basses ou à cordon dunaire
Littoraux très humanisés (ports, industrie, tourisme)
MASSIF SCANDINAVE
Stockholm
St-Pétersbourg
HAUTES TERRES D'ÉCOSSE
MER DU NORD
Copenhague
Hambourg
Minsk
Londres
Amsterdam
Varsovie
Berlin
OCÉAN ATLANTIQUE
Bruxelles
SUDÈTES
Bassin parisien
Paris
Prague
CARPATES
Munich
Budapest
MASSIF CENTRAL
Lyon
ALPES
ALPES DE TRANSYLVANIE
Milan
Turin
Bucarest
PYRÉNÉES
APENNINS
Belgrade
Marseille
PLATEAUX DE CASTILLE
Madrid
Sofia
Barcelone
Istanbul
Rome
Naples
Athènes
0
500 km
MER MÉDITERRANÉE

3 Les milieux en Europe.

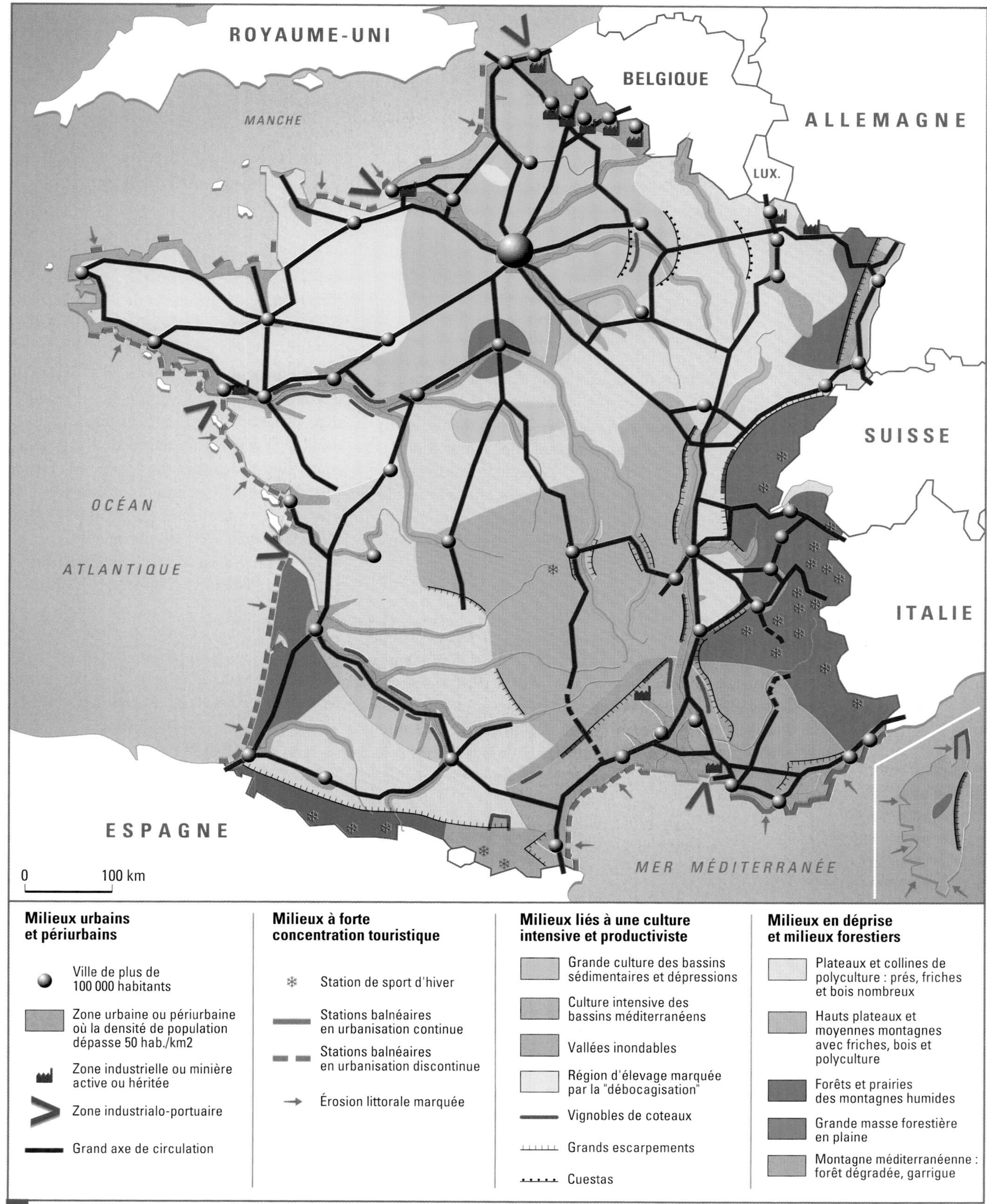

4 Les milieux français.

1 Les avantages d'une position d'isthme

OBJECTIFS

Comprendre l'importance stratégique de l'isthme européen au cours de l'histoire

Évaluer ses avantages économiques actuels

La France s'est construite sur un relatif rétrécissement de l'Europe occidentale, sorte d'isthme* qui a grandement facilité les échanges entre l'Atlantique, la Manche et la Méditerranée.

DOC 1 **Le vase de Vix** (musée de Châtillon-sur-Seine, Côte-d'Or). Ce bronze géant, retrouvé dans la tombe d'une princesse gauloise du Ve siècle av. J.-C., a été fabriqué en Étrurie (Italie).

A - D'intenses courants préhistoriques et antiques

▶ À vol d'oiseau, il y a **650 km du Havre à Marseille** et **300 de Bordeaux à Narbonne**, ces deux itinéraires ne rencontrant pas de montagnes, contre 1000 km de Hambourg à Venise, avec l'obstacle des Alpes (doc.2). C'est la raison pour laquelle les peuples qui ont successivement occupé le territoire de la future France ont profité de cette disposition des terres émergées qui invitait aux **échanges**.

▶ Dès l'époque du bronze, l'étain nécessaire à la fabrication de cet alliage était acheminé depuis les îles Britanniques où il est abondant vers la Méditerranée par les **vallées de la Seine, de la Saône, de la Loire, du Rhône, de la Garonne**. Ces courants se sont intensifiés durant l'Antiquité du fait des besoins des grandes civilisations méditerranéennes (Égyptiens, Phéniciens, Grecs, Étrusques, Romains).

▶ La **facilité de ces voies de passage** était une invitation à la conquête de la Gaule par Rome, ce qui fut accompli en deux étapes : en 125-121 av. J.-C. pour la Province (Midi) et en 52 av. J.-C. pour le reste.

B - De Charlemagne à Napoléon : comment contrôler l'isthme ?

▶ La puissance d'un État peut s'acquérir sur mer ou par la constitution d'un empire colonial. Venise, le Portugal ou l'Angleterre y sont parvenus. Mais les pays européens d'une certaine taille ont tous cherché à maîtriser également un **large pan du continent**, avec des **accès aux deux grandes façades maritimes**. Ainsi s'expliquent les expansionnismes anglais (Aquitaine au Moyen Âge), allemand (en direction de l'Autriche et de l'Italie au XXe siècle), russe, vers la mer Noire et la Méditerranée, depuis des siècles.

▶ La construction territoriale réussie par Charlemagne au IXe siècle fut passagère, mais efficace. Plus fragile et moins appréciée se révéla la tentative de Napoléon, pour ne pas parler de celle de Hitler (doc.3). Les nations acceptent moins facilement d'être soumises à la fin du deuxième millénaire qu'à la fin du premier.

▶ En revanche, **les Capétiens réussirent à contrôler l'isthme européen** et à organiser sur ce territoire des échanges intenses qui ont fait de la France un intermédiaire nécessaire en Europe et donc un pays prospère. Les XIXe et le XXe siècles en ont recueilli les fruits économiques et politiques.

C - Un avantage de mieux en mieux utilisé

▶ Au fil des siècles, le réseau de voies de communications a permis des **liaisons de plus en plus faciles entre les deux façades maritimes** de la France, même si son objectif stratégique principal était de **mettre l'ensemble du territoire en relation étroite avec la capitale.** Dès la fin du XVIIIe siècle, une semaine suffisait pour gagner Marseille depuis Dunkerque en diligence. À la fin du XIXe siècle, il ne fallait plus qu'une journée en train et, aujourd'hui environ 6 heures grâce au TGV. Les seuils de Bourgogne et du Lauraguais sont empruntés par des **autoroutes sillonnées de flux de voyageurs et de marchandises.** Des millions de touristes venus de l'Europe du Nord se pressent sur l'axe autoroutier Metz-Lyon-Marseille dans leur migration estivale vers le soleil.

VOCABULAIRE

ISTHME : partie étroite de terre émergée entre deux mers.

DOC 2 La facilité et le coût des transports en Europe occidentale. Cet indice prend en compte tous les types de transports.

■ Expliquez cette zonation en utilisant divers critères (relief, population, urbanisation, communications, économie, histoire, etc.).

■ Quels sont les caractères géographiques de la zone centrale (indice inférieur à 100) ?

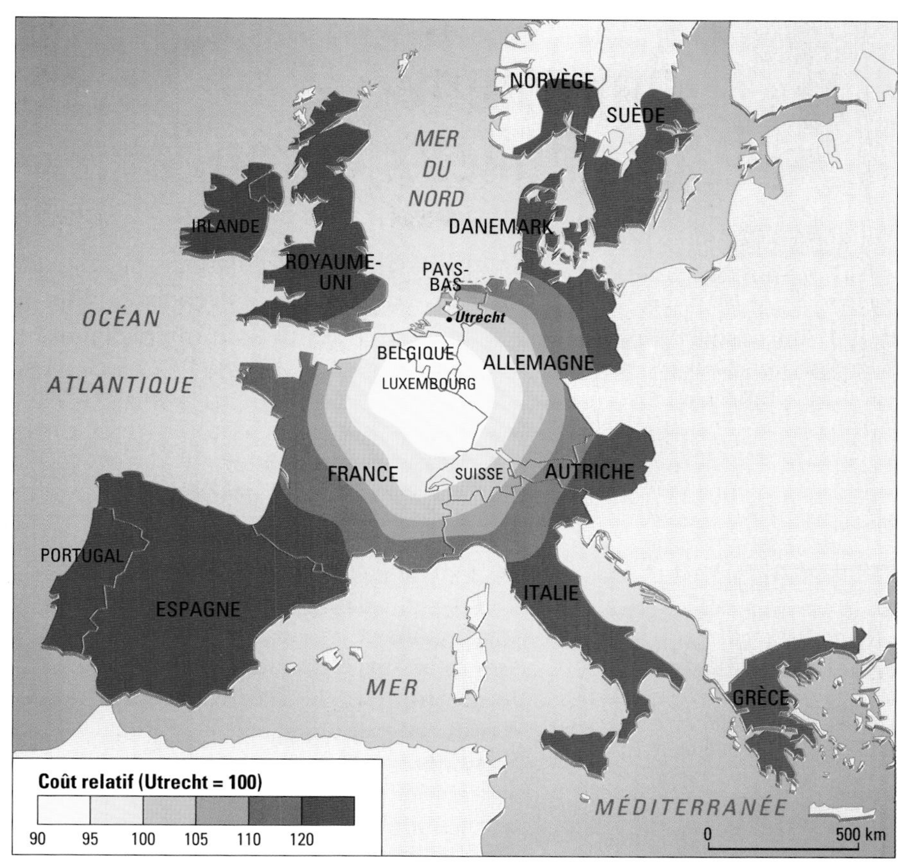

DOC 3 L'empire de Charlemagne, l'empire de Napoléon, l'Europe conquise par Hitler en 1943 : trois préfigurations de l'Union européenne. Les deux dernières ont suscité de violentes résistances et d'innombrables victimes. La dernière s'appuyait, en outre, sur une idéologie totalitaire et raciste. Elle ne pouvait qu'échouer, mais le traumatisme qu'elle avait créé a sans nul doute facilité la construction volontaire de la CEE à 6, puis de l'Union européenne d'aujourd'hui.

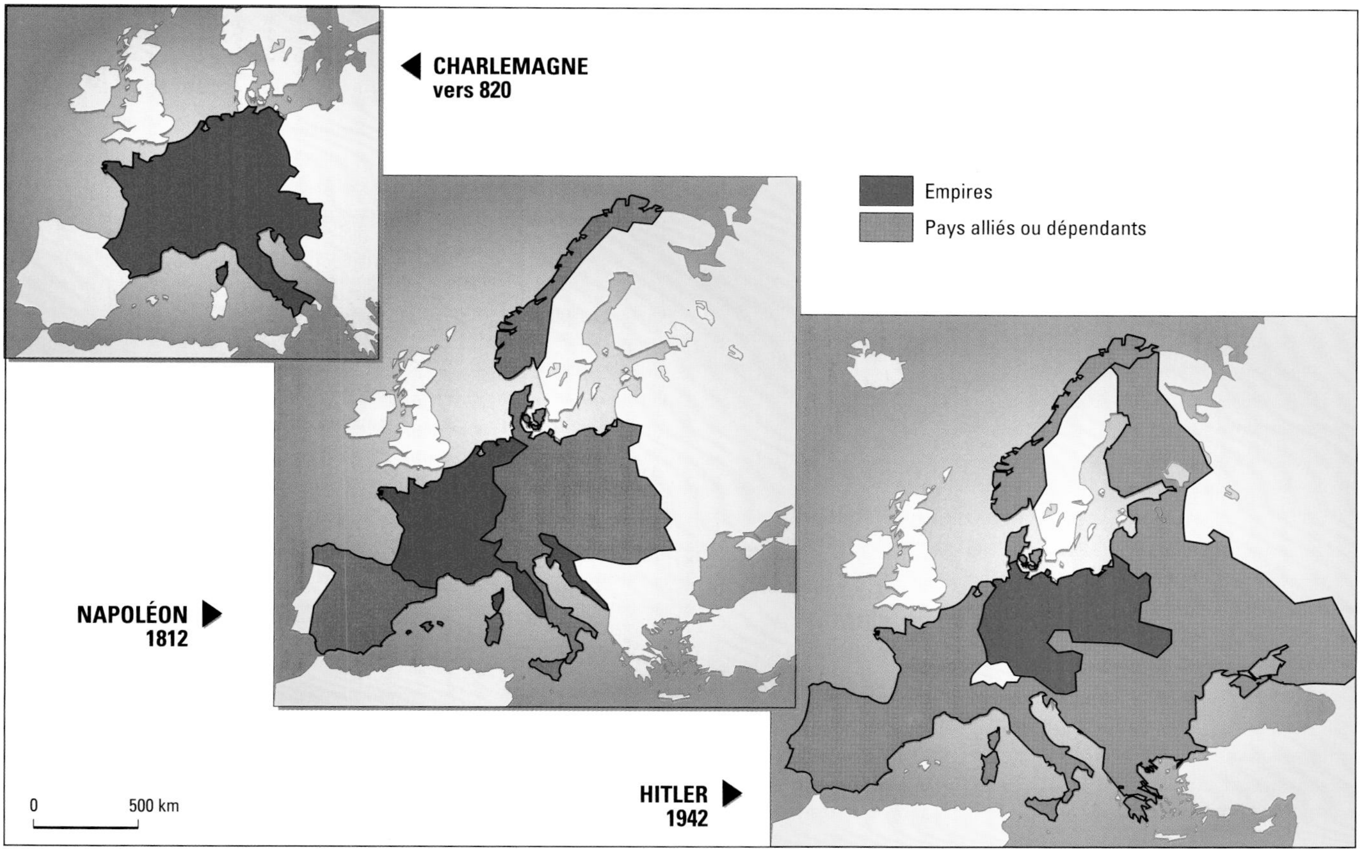

CHARLEMAGNE vers 820

Empires

Pays alliés ou dépendants

NAPOLÉON 1812

HITLER 1942

0 500 km

2 Un résumé des milieux européens

OBJECTIFS

Connaître l'ancienneté du peuplement de la France

Comprendre les origines de la diversité des milieux français

Peuplée depuis la Préhistoire, la France est l'un des territoires de la planète où sous les pas des vivants repose le plus grand nombre de morts. C'est dire que les milieux* français sont intensément humanisés. En outre, ils constituent une sorte de modèle réduit de l'Europe, tant ils sont variés.

A - Tous les reliefs et tous les climats de l'Europe

▶ Sur un vieux socle hercynien* rajeuni* au Tertiaire (Ardennes, Vosges, Massif armoricain, Massif central, massifs centraux alpins et pyrénéens), se sont déposées en bassins d'épaisses couches de sédiments formant le **Bassin parisien**, le **Bassin aquitain**, les **plaines du Rhin**, de la Saône, du bas Rhône et du Languedoc. Au sud-est et au sud-ouest, deux grandes chaînes soulevées et plissées forment les plus hautes montagnes d'Europe : les **Alpes**, précédées du **Jura**, et les **Pyrénées**. Cette complexe histoire géologique confère une physionomie très contrastée au centre-ouest de l'Europe : tous les reliefs, des altitudes étagées, des sols de tous types y sont présents.

▶ À cela s'ajoute une position aux **latitudes moyennes** et en bordure Ouest de continent, avec de larges **ouvertures maritimes**, c'est-à-dire des conditions idéales de **variabilité climatique en fonction des saisons et des régions**. La végétation, la faune, les paysages agraires reflètent pleinement ce kaléidoscope.

B - Une humanisation lâche, mais continue

▶ Moins densément peuplée que ses voisins, la France est un pays dans lequel l'**espace rural** tient une place essentielle. Cela induit d'abord une **vocation agricole affirmée**. Toutes les cultures et toutes les formes d'élevage pratiquées en Europe s'y rencontrent. Par ailleurs, ce caractère est éminemment attractif pour nos voisins de l'Europe surpeuplée qui voient dans notre pays un poumon vert, image qui vient s'ajouter à celle du « bien-vivre » et qui constitue un **riche potentiel touristique**.

▶ Par rapport à d'autres régions de la planète, **la France est plutôt moins exposée à des risques de cataclysmes naturels** (doc.2 et 3). Cependant, ceux-ci peuvent toujours se produire : tremblements de terre, avalanches de pierres ou de neige, inondations, tempêtes, sécheresses, grands froids, invasions parasitaires sur les plantes, constituent des éventualités que l'on prend de mieux en mieux en compte. Les imprudences existent encore cependant, par exemple dans le choix d'implantation des constructions ou des aménagements.

▶ **L'environnement des Français** peut être amélioré, mais il fait tout de même partie des mieux gérés du monde.

C - Les milieux les moins humanisés

▶ La France métropolitaine et les DOM-TOM contiennent de **vastes espaces peu peuplés** (doc.1), souvent appelés (à tort) « naturels ». Les plus pittoresques ont été protégés comme **réserves naturelles** ou parcs (nationaux ou régionaux), en vertu de lois et de règlements mis en place à partir de l'entre-deux-guerres. Outre les mesures de sauvegarde et les subventions qui les accompagnent, ces classements constituent une publicité internationale et attirent de **nombreux visiteurs**, par conséquent des ressources, mais aussi parfois une **surfréquentation dommageable à l'environnement**. Malheureusement, le soin apporté à protéger ces espaces ne trouve pas son équivalent dans les pratiques d'aménagement des villes et des campagnes du reste du pays.

VOCABULAIRE

Échelle MSK (ou de Mercalli) : elle évalue l'intensité d'un séisme en fonction des dégâts provoqués. L'échelle comprend 12 degrés, par exemple :
VI - Fissuration des murs.
VII - Fissuration des routes.
VIII - Effondrement des murs, chute des cheminées, des tours, des monuments. Destruction générale des bâtiments.
IX - Panique générale. Dégâts importants à de nombreux bâtiments.
X - Destruction générale des bâtiments ; ponts, barrages, digues sont gravement endommagés.

Milieu : les milieux résultent de l'interaction de la **nature** et des **civilisations**. Cette notion est utilisable à toutes les échelles, de l'aiguille de pin à la zone bioclimatique, en passant par le massif montagneux. Les milieux sont instables. Ils évoluent à tous les rythmes (heure, jour, année, siècle, ère géologique). Les frontières entre les milieux sont généralement floues et mouvantes.

Rajeunissement : se dit d'un relief qui a subi une reprise d'érosion après soulèvement. Les sommets arrondis ou plats contrastent avec des vallées encaissées aux versants abrupts. Le Massif central ou les Vosges en offrent de bons exemples.

Socle hercynien : ensemble géologique formé de roches cristallines et métamorphiques, soulevé au Primaire, érodé au Secondaire et ressoulevé, puis rajeuni au Tertiaire et au Quaternaire.

DOC 1 Bouquetins dans le Parc national de la Vanoise.
Cet espace très protégé est situé au nord de la Maurienne, vallée très peuplée dont on aperçoit à l'arrière-plan le secteur industriel.

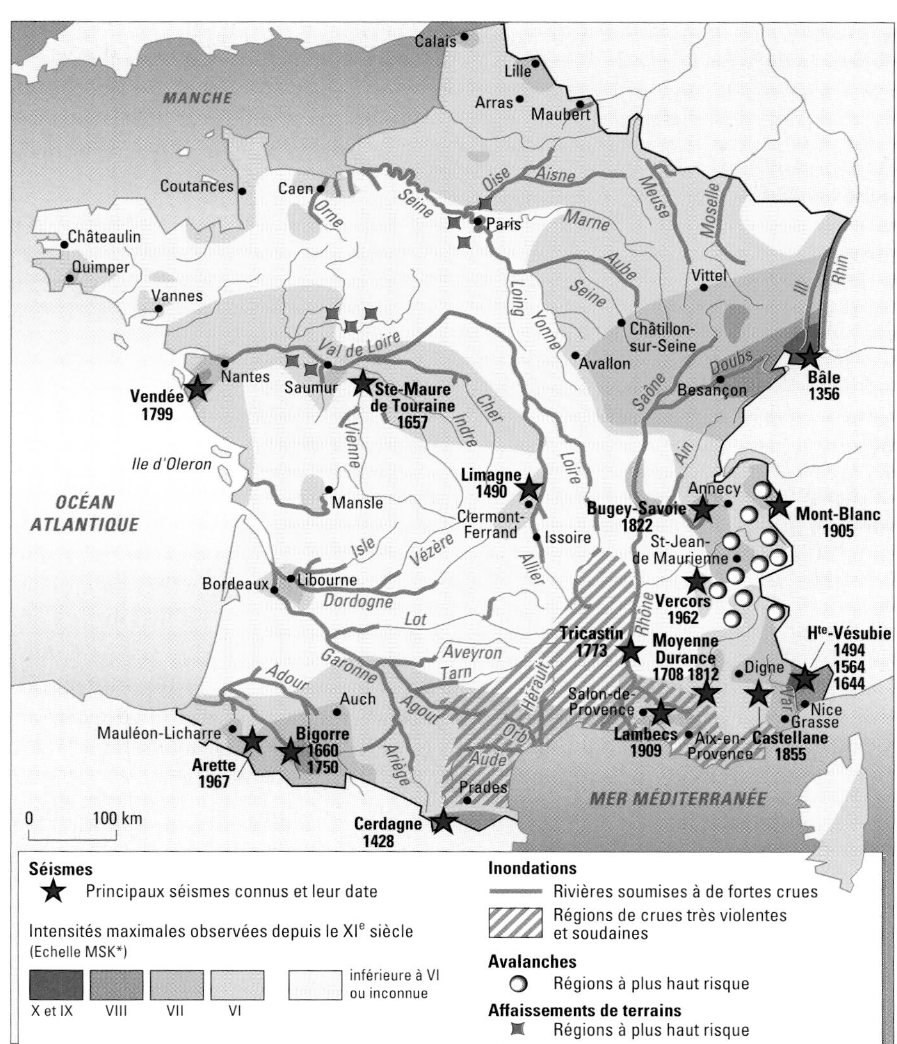

DOC 2 Les risques naturels en France.

DOC 3

La prévention des risques

« Il n'est pas concevable que l'on puisse laisser les particuliers ou les collectivités construire où bon leur semble puis se retourner ensuite vers les pouvoirs publics pour obtenir réparation des dommages subis. »
Les auteurs de cette réflexion, membres de la commission d'études techniques des inondations mise en place après une série de crues survenues dans le bassin lorrain, s'exprimaient ainsi en... 1947. Mais cette sentence pourrait bien être toujours d'actualité. Et les nouvelles compétences des collectivités locales en matière d'urbanisme ne changent rien à l'affaire. (...)
La connaissance des phénomènes naturels générateurs de catastrophe et du rôle des aménagements humains sur le fonctionnement des milieux a incontestablement progressé. (...) Mais une politique de prévention est d'autant plus délicate à mettre en œuvre en France que l'essentiel du territoire est concerné par des risques de faible intensité ou de fréquence rare, exceptionnellement meurtriers.

Bruno Ledoux, *Les Catastrophes naturelles en France*, Paris, Payot, 1995.

3 Les milieux les plus humanisés

OBJECTIFS

<u>Comprendre</u> les besoins et les techniques qui expliquent le fonctionnement des milieux très transformés par l'homme

On peut estimer qu'environ la moitié de l'espace français fait aujourd'hui l'objet d'une intense exploitation, soit par l'agriculture, soit par l'urbanisation. C'est une proportion inférieure à celle de la plupart des pays européens, en particulier de l'Allemagne et du Benelux.

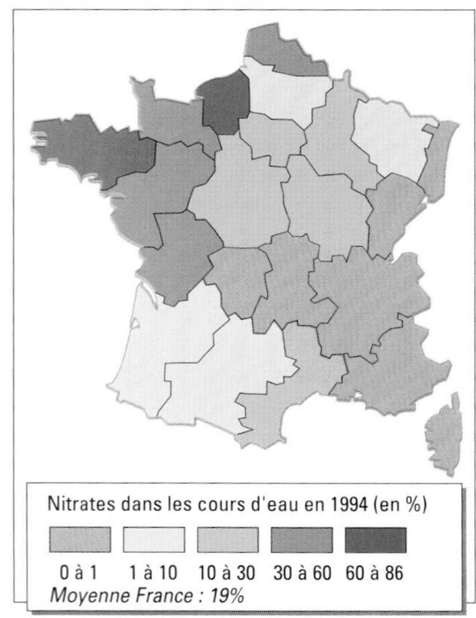

DOC 1 La qualité de l'eau.

A - Les milieux fragilisés de la culture et de l'élevage

▶ Pendant des siècles, le travail de la terre s'est effectué à la main ou à l'aide de la traction animale, avec des instruments de labour ne s'enfonçant pas profondément. Les seuls engrais utilisés étaient naturels. L'irrigation n'était pratiquée que dans le Midi. La plupart des milieux agricoles fonctionnaient donc sur le mode d'une **symbiose étroite entre les paysans et leur environnement.** Plus artificielles et fragiles étaient les régions drainées, en particulier, dans les anciens marais côtiers (Flandre, bas-champs picards, baies de Basse-Normandie, marais vendéen et poitevin, par exemple) et surtout les terroirs défrichés tardivement (XVIe-XVIIIe siècle) sur les pentes fortes de certaines montagnes (Alpes du Sud, Cévennes, Pyrénées).

▶ Aujourd'hui, les matériels agricoles utilisés ont un poids et une puissance prodigieux. L'**érosion des sols** est devenue en conséquence un problème grave des plaines céréalières du nord de la France. Les **engrais** et les **pesticides** sont parfois utilisés en telle quantité que les eaux des rivières et des nappes phréatiques sont devenues impropre à la consommation, lorsque leur niveau n'est pas trop abaissé par des **pompages abusifs liés à l'irrigation** par aspersion du maïs ou d'autres cultures. Une grande partie de l'**élevage** bovin laitier, porcin et avicole s'effectue désormais **hors-sol**, c'est-à-dire dans des hangars, ce qui pose – en Bretagne notamment – le problème de la **concentration des lisiers** qui polluent les eaux, sans parler de l'air des environs.

B - Les paradis artificiels du tourisme

▶ La **fréquentation touristique** s'est concentrée depuis longtemps sur les littoraux (doc.2) et les hautes montagnes, avec des conséquences très visibles sur l'environnement. Certains sites sont défigurés par une **accumulation de béton,** analogue à ce que l'on rencontre dans certaines banlieues bâties dans les années 1960 ou 70. **La végétation a été supprimée** pour les besoins du ski ou de la construction, ce qui entraîne parfois avalanches ou glissements de terrain.

▶ Dans les régions côtières du Midi, la **pression foncière** est telle que bien des **incendies de garrigue** ou de maquis dissimulent de sordides convoitises sur des terrains protégés. Par ailleurs, la **pénurie d'eau** se fait sentir en été, principale saison du tourisme.

C - Les milieux urbains et suburbains

▶ La situation de l'environnement urbain (doc.3) est moins grave qu'il y paraît, surtout en comparaison de celle qui règne dans la plupart des autres villes du monde, même européennes. **La pollution de l'air est en baisse très rapide**, du fait de l'amélioration de la combustion des moteurs et des chaudières, et de la presque disparition des chauffages au bois et au charbon. L'**eau** du robinet est souvent bien mieux contrôlée qu'à la campagne. Elle comporte moins de nitrates et de métaux lourds (doc.1). Les **forêts suburbaines** (doc.4), lorsqu'elles sont domaniales, sont mieux entretenues que bien des forêts rurales - celles qui relèvent de la propriété paysanne. La promenade y est plus facile et agréable.

DOC 2 **Les planches à Deauville :** promenade aménagée sur l'une des côtes les plus artificialisées de France.

DOC 3

La pollution des villes d'Europe

Il se produit pour l'ozone un phénomène tout à fait particulier : c'est dans les villes qu'on en trouve le moins.

À Paris ou à Londres, la concentration moyenne annuelle est ainsi deux fois et demie plus faible qu'à la campagne. En effet, la circulation automobile produit un gaz – le monoxyde d'azote – qui détruit l'ozone dès qu'il se trouve en sa présence, de sorte que les teneurs sont les plus faibles le long des voies les plus empruntées. Paradoxalement, il en résulte que, si l'ozone était nocif quelle que soit sa concentration comme certaines études le laissent entendre, c'est en ville que les risques seraient les moindres.

Certes, il se produit quelques fois par an des phénomènes dits de « pics de pollution ». Mais, même en ces circonstances, les concentrations les plus élevées enregistrées se situent en général à la périphérie des villes, voire en zone rurale.

C. Gérondeau, *Les Transports en Europe*, Paris, 1996.

■ Quel point de vue sur la pollution urbaine l'auteur défend-il dans ce texte ?

DOC 4 **Forêt domaniale des Alpes.** Des promeneurs bénéficient des conseils et du savoir d'agents à cheval de l'Office national des forêts.

4 L'individualisation de la France en Europe

OBJECTIFS

Connaître les étapes de la formation du territoire français

Comprendre comment naît une nation

La construction d'une nation comme la France est une œuvre de longue haleine qui a pris entre 10 et 25 siècles selon les interprétations. Elle ne s'est achevée que sous le Second Empire avec le rattachement de la Savoie et du comté de Nice.

DOC 1 *La Marseillaise* interprétée par une chanteuse noire américaine, habillée par Alaya, un couturier d'origine maghrébine, au pied de l'obélisque de la Concorde provenant de Louxor et offerte par l'Égypte à la France.

A - Des Gaulois romanisés

▶ **Les Gaulois comptent parmi nos ancêtres.** Ces tribus celtiques s'étaient installées à l'emplacement – et même au-delà – de la France actuelle. Ils sont à l'origine de certains traits de notre mentalité et, partiellement, de la **carte administrative actuelle** de la France, puisque certains départements correspondent à peu près à des territoires de tribus ayant résisté à toutes les invasions et à tous les changements de régimes (l'Ardèche, la Dordogne ou le Morbihan, par exemple).

▶ **La romanisation a beaucoup apporté, tant sur le plan agricole que sur celui des villes.** L'essentiel du réseau urbain actuel était en place au IIe siècle ap. J.-C.; seule la hiérarchie a changé, mais Paris, Lyon, Marseille comptaient déjà parmi les villes les plus importantes. Par ailleurs, **Rome** apporte une langue, un droit et une religion qui, progressivement, est supplantée par le **christianisme** dans lequel s'enracine l'**identité française**.

B - Naissance de la France

▶ Après la **disparition de la Gaule** dans le tourbillon des invasions germaniques, une **reconstruction politique** s'opère de manière hésitante. En se convertissant au **catholicisme romain** à la fin du Ve siècle, **Clovis** parvient à constituer pour un temps un **État franc**. Puis, celui-ci se morcelle et il faut attendre **Charlemagne** au tournant du IXe siècle pour qu'un vaste empire franc s'étende sur tout l'ouest de l'Europe, préfigurant la construction qui se réalise pacifiquement de nos jours.

▶ **En 843, le partage de Verdun crée durablement une frontière qui suit l'Escaut, la Meuse, la Saône et le Rhône.** La Lotharingie* n'a jamais pu être intégralement rattachée à la France. La Francie occidentale elle-même se divise et il faut attendre **Hugues Capet**, un petit souverain qui règne sur quelques mouchoirs de poche au centre du Bassin parisien, pour que commence à se former une « pelote » territoriale, appuyée sur des valeurs nationales. La France est ainsi l'un des pays d'Europe (avec l'Angleterre et l'Espagne) où le **sentiment national** est le plus ancien (doc.3).

C - Du centralisme monarchique au jacobinisme

▶ La volonté d'assimiler des populations extérieures et de repousser les frontières jusqu'au Rhin, aux Alpes et aux Pyrénées anime tous les souverains français, jusqu'à Napoléon III inclus. Cela implique une **administration forte et centralisée**, ainsi qu'un **réseau de bonnes routes** (doc.2) **centré sur une capitale prestigieuse.** Tout cela fut réalisé pendant la période XVIe-XVIIIe siècles, tout spécialement pendant le règne de Louis XIV dont la forte personnalité a été tout entière mise au service de la grandeur et de l'unité de la France, quel qu'en ait été le prix à payer, en particulier militaire.

▶ Avec la **Révolution française** qui voit triompher les Jacobins, puis Napoléon, le **centralisme** se renforce encore. Au milieu du XXe siècle, rien n'avait changé. L'économiste Jean-François Gravier signait en 1947 un essai fameux intitulé *Paris et le désert français.*

▶ Seules les **lois de décentralisation de 1982-83** allaient commencer à remettre en cause ce choix millénaire.

VOCABULAIRE

LOTHARINGIE : royaume né du traité de Verdun en 843 et confié à Lothaire, un des petits-fils de Charlemagne. Par son nom, la Lorraine (en Allemand, *Lotharingen*) perpétue le souvenir de ce royaume médiéval.
Voir carte p. 221.

DOC 2 **La construction d'une route royale (Vernet) :** l'un des grands travaux unificateurs du territoire de la fin de l'Ancien Régime.

DOC 3 **La revue du 14 Juillet sur la Place Stanislas à Nancy vers 1900.** Les plus réjouis des assistants sont des Alsaciens en costume régional venus de leur région annexée témoigner de leur attachement à la patrie. Les plus moroses sont des Allemands reconnaissables à leurs vêtements verts et appréciant peu cette manifestation d'esprit revanchard. *Dessin de Hansi tiré de* Mon village. Ceux qui n'oublient pas.

Une frontière hésitante : celle du nord-est de la France

- Sur une carte de l'Europe, la France s'individualise d'abord par le tracé de ses limites : les frontières.
- Savoir comment les frontières se sont constituées permet de comprendre quelle est leur nature. Et connaître les limites d'un territoire, c'est déjà connaître le territoire lui-même.

I. La frontière est avant tout politique et culturelle

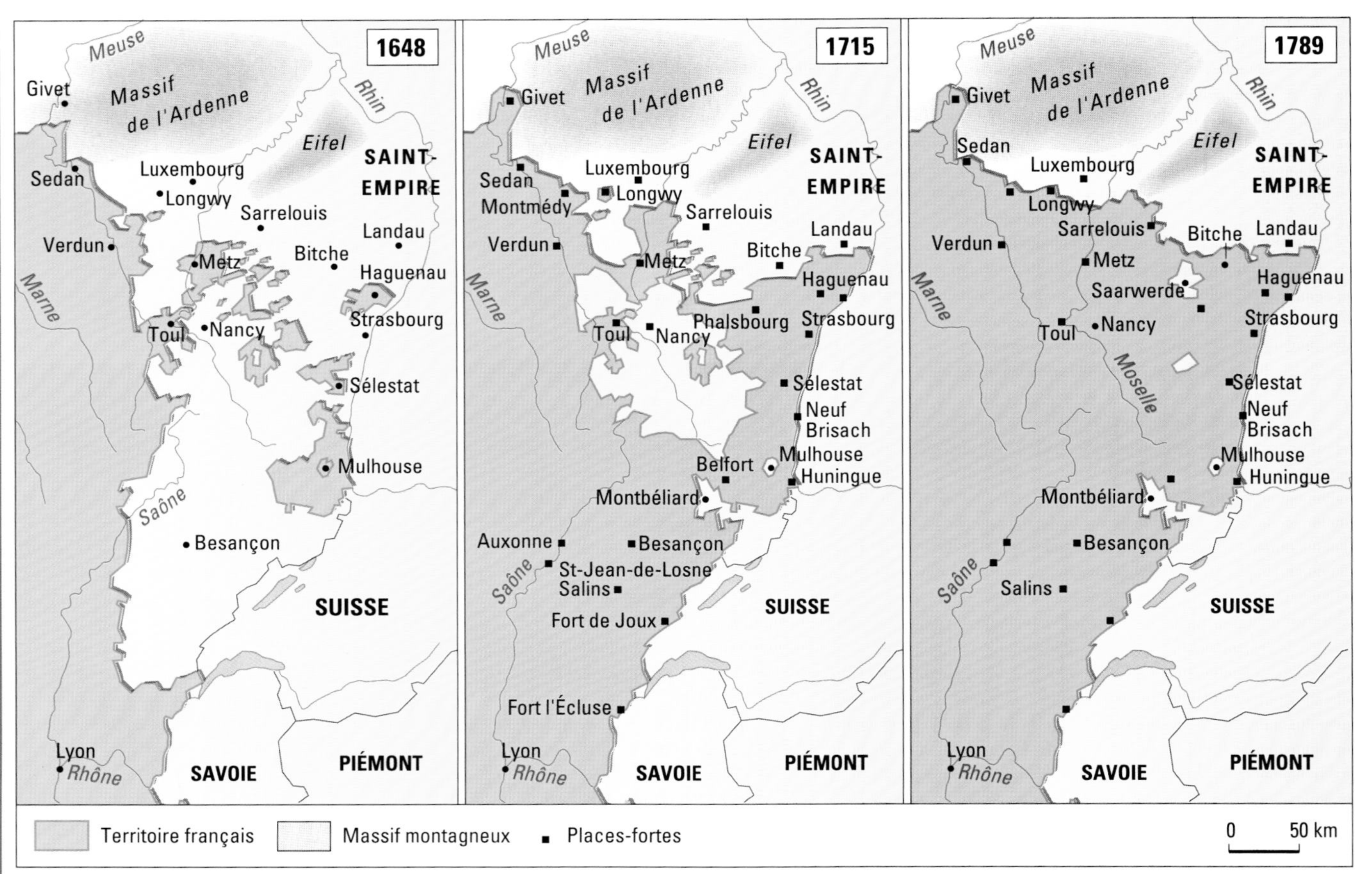

DOC 1 **Le nord-est, une frontière jeune.**

DOC 2

Une frontière forgée par la guerre puis par la diplomatie

La frontière linéaire actuelle est le fruit d'une évolution d'un siècle et demi, qui s'achève avec les dernières retouches du traité de Courtrai (1820). Sous Louis XIV, c'est d'abord une *frontière de guerre*. Une importance capitale est attribuée à la valeur militaire de villes acquises ou conservées. La limite d'avancée du territoire français se marque par une série de places fortes, entre lesquelles subsistent quantité de secteurs plus ou moins étendus qui ne sont pas encore annexés. (…) Le XVIIIe siècle réalise cependant, dans toute une série de conférences (…), une œuvre considérable de détail. À la frontière de guerre il fait succéder une *frontière de paix*, organisant sur des bases plus rationnelles la vie des populations et contrariant une fraude et une contrebande que l'irrégularité des limites rendait inévitable.

X. de Planhol, *Géographie historique de la France*, Paris, Fayard, 1988.

II. La frontière n'est pas naturelle, malgré la force des symboles géographiques

DOC 4 La ligne bleue des Vosges comme seul horizon après la défaite de 1870.

DOC 3

L'idée de limites naturelles au service de l'ambition politique

C'est en vain qu'on veut nous faire craindre de donner trop d'étendue à la République. Ses limites sont marquées par la nature. Nous les atteindrons toutes des quatre coins de l'horizon, du côté du Rhin, du côté de l'Océan, du côté des Pyrénées, du côté des Alpes. Là sont les bornes de la France ; nulle puissance humaine ne pourra nous empêcher de les atteindre, aucun pouvoir ne pourra nous engager à les franchir.

Discours prononcé par Danton à la Convention le 31 janvier 1793 pour proposer la réunion de la Belgique à la France.

III. Le sens de la frontière reste cependant relatif

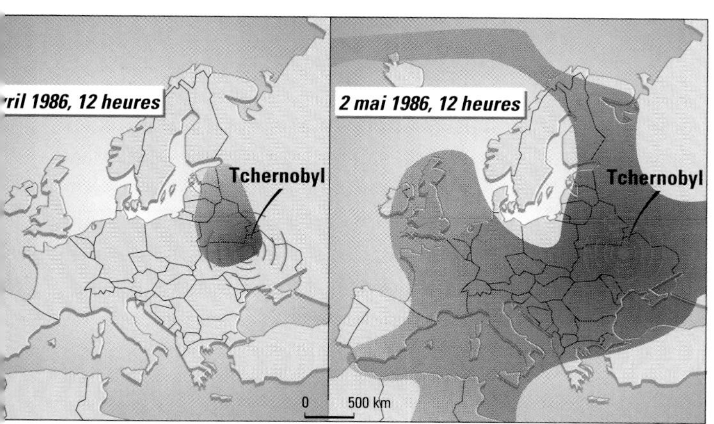

DOC 5 La diffusion du nuage de poussières radioactives.

QUESTIONS

- **Doc 1 et 2-** Montrer quelle est la nature de la frontière du nord-est en relevant les éléments pris en compte successivement pour sa constitution. Est-elle achevée en 1789 ?
- **Doc 1 et 2 -** Justifier la situation de places fortes comme Verdun, Toul ou Belfort, éloignées des frontières actuelles.
- **Doc 3 -** Relever les types d'éléments naturels énumérés par Danton et préciser leur fonction militaire cachée.
- **Doc 4 -** Après 1870, pourquoi ces sommets se chargent-ils d'une forte valeur symbolique du côté français ?
- **Doc 5 -** À quelles forces obéit la propagation des effets d'une catastrophe écologique comme celle de Tchernobyl ?
- **SYNTHÈSE -** Quelles sont les conditions qui vous semblent nécessaires pour qu'un pays comme la France parvienne à se doter de frontières stables ? Peut-on affirmer que ses frontières sont définitives ?

5 Unité culturelle et particularismes vivaces

OBJECTIFS

Comprendre les facteurs d'unité et de diversité de la nation française

Une nation, c'est d'abord une culture, une volonté de vivre ensemble, de partager des valeurs. La France en est une. Cela n'exclut pas que subsistent des cultures locales et régionales vivaces.

A - Une passion française : l'assimilation

▶ Dès le Moyen Âge, comme dans toute nation qui se forme, les souverains français ont cherché à **créer un fort sentiment d'appartenance à la France** chez les habitants des régions nouvellement rattachées. Pour ce faire, ont été utilisés le **droit**, la **langue**, mais aussi l'**architecture**, l'urbanisme, les arts en général, l'**instruction**. Touchant d'abord l'élite sociale, ce mouvement s'est progressivement généralisé à l'ensemble du peuple dans le courant des XIXe et XXe siècles, grâce, en particulier, à l'**école laïque, gratuite et obligatoire** instituée par Jules Ferry en 1881 (doc.3).

▶ Les campagnes militaires de Louis XIV, de la Révolution, de l'Empire, la **généralisation du service national**, puis la **Guerre de 1914-1918**, ont contribué à brasser les hommes français de toutes origines sociales et régionales. Dans la deuxième moitié du XXe siècle, les vacances, les **déplacements toujours plus faciles**, les mariages inter-régionaux, la presse écrite, la radio et la télévision ont achevé d'**unifier la culture française**.

▶ Vis-à-vis des étrangers, la France a longtemps su pratiquer l'**assimilation***. Deux générations, parfois une seule, suffisaient. C'est ainsi que beaucoup de **populations colonisées** se sentaient aussi françaises que des Français de vieille souche : dans les actuels DOM-TOM, par exemple, mais aussi au Sénégal, en Tunisie ou à Pondichéry. Des **vagues successives d'immigrants** furent rapidement francisées : des Polonais, des Russes, des Arméniens, des Italiens, des Espagnols, des Portugais, des Maghrébins, etc. Aujourd'hui, **la machine à intégrer*** – et plus encore à assimiler – semble quelque peu grippée. Sans doute est-ce parce qu'après un demi-siècle de paix relative et de **mondialisation*** accélérée, le sentiment national des Français s'est relâché.

B - Les langues de France

▶ Le **français**, langue romane, c'est-à-dire issue du latin, conserve des **traces des racines gauloises** de la nation (*bassin*, *bouc*), mais aussi du francique parlé par les envahisseurs germaniques (*blé*, *blesser*, *gant*, *haie*) et de tous les contacts noués avec l'étranger au fil des siècles (doc.1). Outre des **emprunts au grec**, on compte en français environ **2500 mots anglais**, 600 mots italiens, et bien d'autres emprunts à la planète entière.

▶ À côté de cette langue commune, se sont maintenues de manière plus ou moins vivante des **langues régionales**. Elles sont particulièrement en usage dans les régions périphériques, agrégées plus tardivement au pays. Après avoir été combattues sous la IIIe République, elles sont aujourd'hui autorisées dans les établissements d'enseignement, du primaire à l'université.

C - Autres signes de diversité culturelle

▶ Alors que les médias français et internationaux semblaient devoir tuer à tout jamais les **particularismes régionaux et locaux**, on assiste au contraire depuis quelque temps à une résurgence de ceux-ci (doc.2). Elle est observable dans l'édition, le théâtre, les fêtes populaires, la cuisine, les arts décoratifs, la politique de protection du patrimoine bâti et, en général, des paysages. Des écomusées s'ouvrent un peu partout et témoignent de la vigueur de ce renouveau. Ainsi les Français possèdent-ils des **identités emboîtées**, à la manière des poupées russes.

VOCABULAIRE

ASSIMILATION : processus de fusion d'un étranger dans la culture d'une nation qui l'accueille, au point même qu'il en vient à oublier ses racines. Par exemple, aux États-Unis, les immigrants européens se fondaient rapidement par assimilation dans le creuset (*melting pot*) de la nation américaine. Les Polonais ou les Italiens sont assimilés en France.

INTÉGRATION : acceptation par un étranger des règles en usage dans un pays vers lequel il émigre, le droit bien sûr, mais aussi la langue et certaines pratiques, sans pour autant que soit abandonnée la culture d'origine. Celle-ci se maintient dans la vie privée et, parfois, dans la vie publique, lorsqu'elle ne s'oppose pas au droit et qu'elle ne prend aucune forme revendicative. Les Chinois et les Vietnamiens sont intégrés en France.

MONDIALISATION : extension à l'échelle planétaire des transports et des échanges de personnes, de biens matériels, de services, d'informations et de pratiques culturelles. Les États-Unis sont au cœur de ce processus qui ne condamne pas, bien au contraire, les phénomènes locaux, régionaux, nationaux.

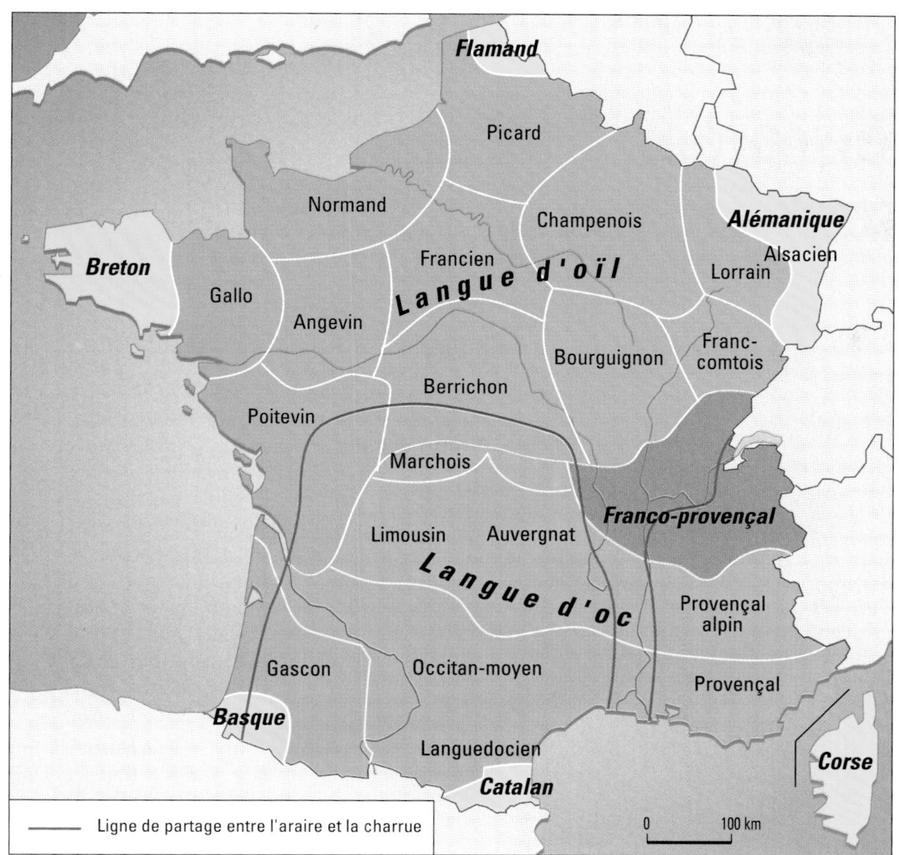

DOC 1 **Langues et pratiques agraires traditionnelles en France.**

■ Quels autres phénomènes culturels auraient pu être représentés sur cette carte ?

DOC 2 **La fête de la transhumance à Die (Drôme).** Un peu partout en France, renaissent ou sont imaginées des fêtes populaires ancrées dans la tradition culturelle locale.

DOC 3 **L'école de Buigny-lès-Gamaches.** L'école publique, instrument efficace d'unité nationale et d'assimilation.

DOC 4

La culture « beur »

Je sens Jamel perdu dans une confusion totale, se raccrochant à quelques points fixes pour ne pas sombrer; cette confusion des gamins de la rue où le collage de petits morceaux de principes a remplacé l'idéologie : une pincée d'islam distillée par la famille et des imams hystériques qui expliquent à leurs fidèles que c'est Allah qui a fait exploser la navette spatiale américaine parce qu'il ne veut pas que l'homme s'approche trop près de lui, une pincée d'américanisation avec des mots de code et des surnoms en langue anglaise, le Coca-Cola et la musique de Run DMC ou de Public Enemy dans les oreilles toute la journée; un peu de bonnes conscience planétaire, de non-violence et d'antiracisme, mais des agressions répétées la nuit dans le RER et les trains de banlieue; tagger son surnom partout comme un cri, un SOS, l'inscrire sur les métros, les camions, sur tout ce qui bouge et qui le fait voyager, être hors-la-loi, faire ce qui est interdit, mais appeler désespérément la société pour qu'elle vous remarque, rêver d'en faire partie, de devenir artiste, d'enregistrer des disques de rap ou d'exposer dans des galeries chic des grandes toiles couvertes de graffitis.

Cyril Collard, *Les Nuits fauves*, Flammarion, 1991.

■ À travers ce texte, réfléchissez aux difficultés d'assimilation et d'intégration que rencontre la société française.

Les démons de la discorde, spécificité française ?

► Le peuple français « n'est pas bien dans son être » écrit Alain Peyrefitte et cela semble être l'une des originalités de notre pays.

DOC 1 L'accident de bus vu par Sempé.

DOC 2

La France, pays de la discorde ?

Nous ne nous aimons pas. Nous réclamons une pensée unanime, et nous nous débattons dans le cauchemar de querelles sans fin. Quand on ne veut voir qu'une tête, il faut en couper beaucoup. L'unité rêvée nous conduit à la fracture vécue.

À peine si nous pouvons *comprendre* que l'unité vraie prospère dans la diversité. Avec sa patience de grand pédagogue, Siegfried expliquait le système politique de la Suisse – ce contraire de la France. Oui, la Suisse est unie *parce que* les cantons sont souverains ; *parce qu'*aucun effort n'est fait pour unifier ses quatre langues ou ses quatre religions ; *parce que* les Grisons se gouvernent autrement que les Valaisans, les Genevois autrement que les Vaudois. Oui, la Suisse est unie *parce qu'*elle se veut un faisceau de différences. En elle, des siècles de démocratie à ras de terre ont tué l'agressivité, cette ivraie des sociétés.

Dans notre démocratie toujours en friche, l'agressivité pousse comme herbes folles… Herborisons.

De tous les pays d'Europe, la France est celui qui a connu le plus grand nombre de conflits avec d'autres États ; celui où le nombre des années de guerre, comparé aux années de paix, est, de loin, le plus élevé.

Records des guerres étrangères, des guerres civiles ; la France détient un autre record : celui d'une agressivité quotidienne, intériorisée. C'est en France que le nombre de morts sur les routes par rapport au nombre d'habitants est le plus élevé. Les vraies raisons semblent psychologiques. La volonté de puissance se déchaîne, par besoin d'affirmer une autonomie de décisions à laquelle la vie quotidienne n'offre pas assez de débouchés. Et par incivisme, on s'acharne dans les dépassements, dans les refus de priorité, dans les franchissements de ligne blanche. Bref, une agressivité qui éclate.

Alain Peyrefitte, *Le Mal français*, Paris, Plon, 1976.

QUESTIONS

■ **Doc 1** - En quoi cette représentation est-elle une caricature, c'est-à-dire une « déformation grotesque et outrée de certains défauts » ?

■ **Doc 2** - Que démontre ce texte ? Sur quels arguments l'auteur se fonde-t-il pour l'appuyer ? Qu'apporte la comparaison avec la Suisse ?

La France en Europe

L'essentiel

- La France est un résumé des milieux européens : reliefs, climats, sols, formations végétales, ethnies, paysages ruraux, types de villes, activités économiques, etc.
- Moins densément peuplée que beaucoup de pays européens, ses espaces sont néanmoins très humanisés et bien gérés, au service de la population.
- La France a pris naissance dans l'isthme qui rapproche la Manche et l'Atlantique de la Méditerranée. De là son rôle clé dans l'histoire et le présent de l'Europe et son souci de rayonnement continental et mondial.
- Héritière des civilisations celtique, gréco-romaine, judéo-chrétienne, germanique et ayant bénéficié d'autres apports étrangers au fil des siècles, elle s'est pourtant forgé une personnalité clairement reconnue. Elle a cherché à diffuser celle-ci outre-mer.
- Attachée à la construction d'une unité politique et culturelle, elle laisse vivre des différences régionales notables, concrétisées sur le plan politique par la décentralisation ou même, pour la Corse et les TOM, par une autonomie partielle.

Les notions clés

- Centralisme
- Diversité culturelle
- État
- Milieux français
- Origines de la nation française
- Potentialités de la position française

Les dates clés

Les étapes de la formation du territoire français

(Les dates retenues sont celles du rattachement définitif au domaine royal puis à l'État français.)

843	Traité de Verdun Partage de l'Empire de Charlemagne	**1552**	Acquisition des trois évêchés (Metz, Toul et Verdun)
987	Avènement de Hugues Capet	**1607**	Réunion avec Henri IV de la Gascogne, du Béarn, de la Guyenne, du Périgord, du Rouergue puis de la Bresse et du Bugey
1204	Conquête de la Normandie par Philippe Auguste	**1648**	Acquisition de l'Alsace
1229	Acquisition du Languedoc	**1659**	Acquisition du Roussillon et de l'Artois
1271	Rattachement de la Champagne	**1668**	Acquisition du Lillois
1349	Achat du Dauphiné	**1678**	Acquisition de la Franche-Comté
1434	Retour définitif de la Touraine	**1766**	Legs de la Lorraine sous Louis XV
1453	Reconquête de l'Aquitaine par Charles VII	**1768**	Achat de la Corse
1480	Retour définitif du Maine, de l'Anjou, du Boulonnais, de la Picardie	**1791**	Annexion du Comtat Venaissin
1481	Legs de la Provence à Louis XI	**1860**	Rattachement de la Savoie et du comté de Nice
1483	Rattachement de la Bourgogne	**1870-1918**	Perte, puis retour de l'Alsace et de la Lorraine
1531	Retour définitif de l'Angoumois, de la Marche, du Bourbonnais, de l'Auvergne, du Forez, du Berry sous François Ier.	**1947**	Rattachement de La Brigue et de Tende
1532	Rattachement de la Bretagne		

CHAPITRE 3

La France dans le monde

- Malgré les 551 000 km² de son territoire métropolitain et les 59 millions d'habitants qui y vivent, soit 0,4 % des terres émergées et 1,1 % de la population mondiale, la France joue sur le devant de la scène mondiale. Ce rôle est-il toujours facile à tenir ?
- Elle appartient aux grandes puissances dont les chefs d'État ou de gouvernement se réunissent dans le cadre du G7. Elle occupe le 4e rang mondial pour son PNB et ses exportations. Sa culture jouit d'une image flatteuse sur tous les continents. Ses DOM-TOM ont une superficie équivalente à celle de la métropole, mais ne comptent que 2 millions d'habitants.
- Cette situation paradoxale ne doit susciter ni orgueil mal placé, ni autoflagellation. En revanche, elle mérite une explication qui relève de la géographie historique, culturelle et économique.

PLAN DU CHAPITRE

Le restaurant Robuchon-Taillevent à Tokyo (quartier Ebisu). Cette copie d'un château de la Loire a été construite au début des années 1990 à Tokyo, dans un quartier totalement rénové et à la mode, avec des matériaux importés de France. Deux restaurants français y ont pris place. Cet important investissement témoigne du prestige de la culture française à l'étranger.

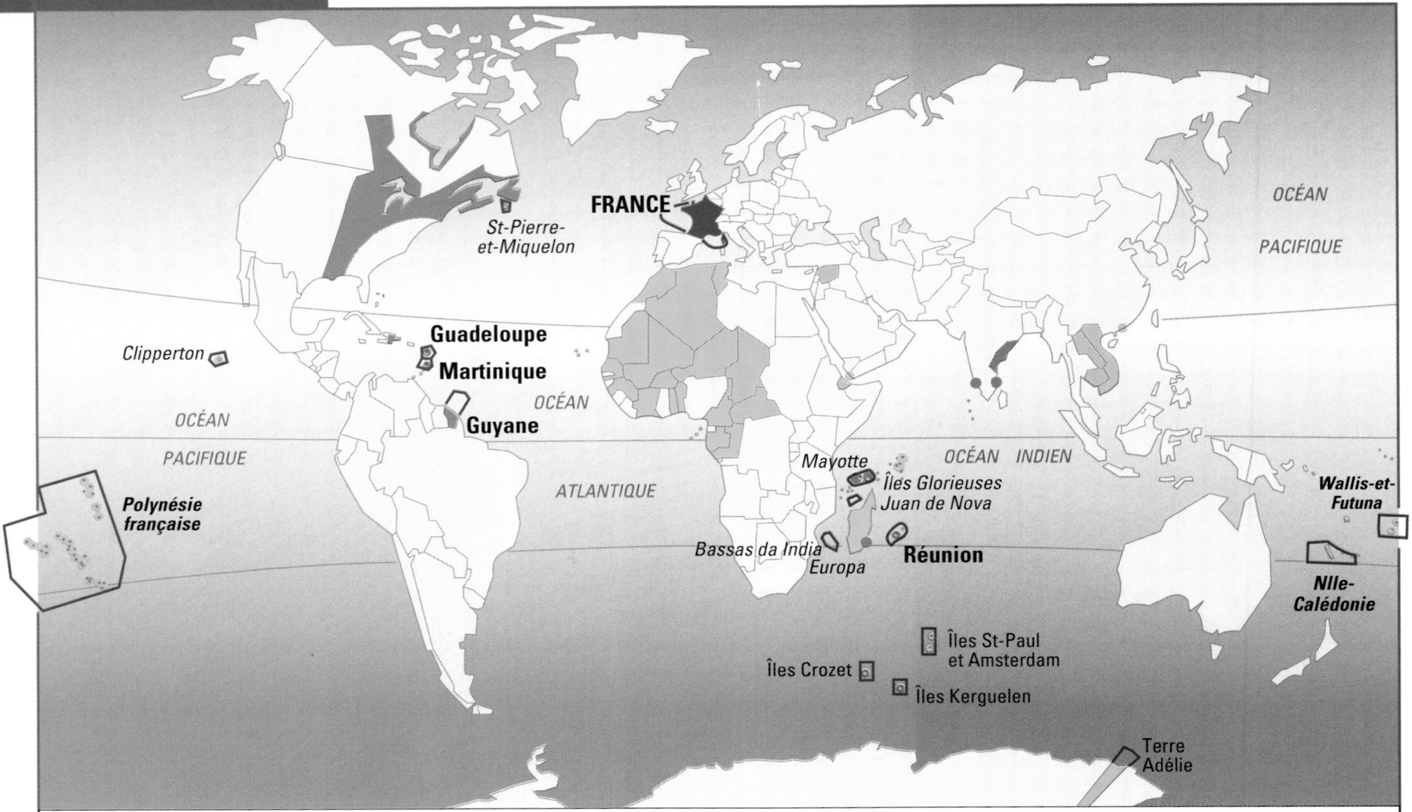

FRANCE
St-Pierre-et-Miquelon
OCÉAN PACIFIQUE
Guadeloupe
Martinique
Guyane
Clipperton
OCÉAN PACIFIQUE
OCÉAN ATLANTIQUE
Polynésie française
Mayotte
OCÉAN INDIEN
Îles Glorieuses
Juan de Nova
Bassas da India
Europa
Réunion
Wallis-et-Futuna
Nlle-Calédonie
Îles St-Paul et Amsterdam
Îles Crozet
Îles Kerguelen
Terre Adélie

L'ancien empire colonial
- au XVIIIe siècle
- aux XIXe et XXe siècles

Les territoires français aujourd'hui
- La métropole
- Zone économique exclusive française (zone de 200 milles)

Guyane : DOM (Département d'outre-mer)
Wallis-et-Futuna : TOM (Territoire d'outre-mer)
Mayotte : Collectivité territoriale
Îles Kerguelen : TAAF (Terres australes et antarctiques)

1 Les territoires français dans le monde.

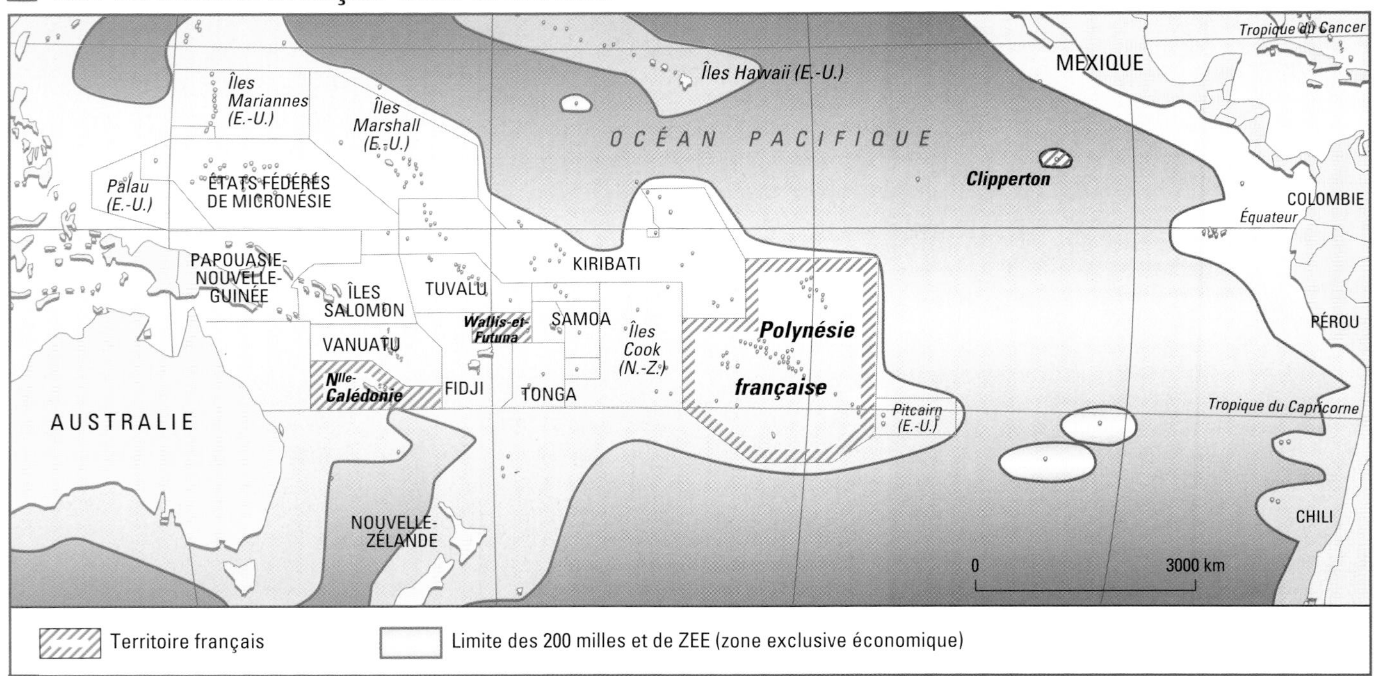

2 Les zones économiques exclusives dans le Pacifique.

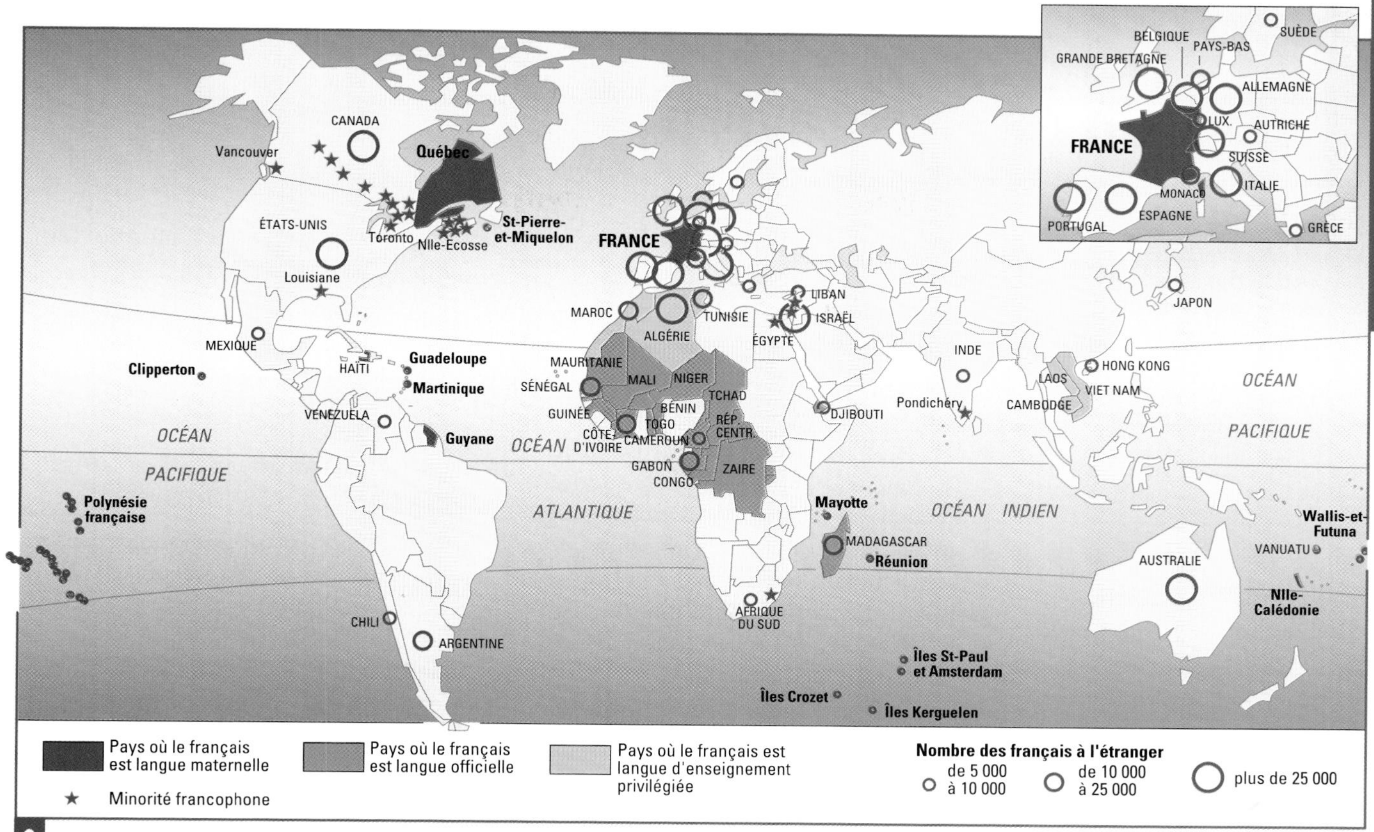

CANADA
Vancouver
Québec
ÉTATS-UNIS
Toronto
Nlle-Ecosse
St-Pierre-et-Miquelon
Louisiane
MEXIQUE
Clipperton
HAÏTI
Guadeloupe
Martinique
VENEZUELA
Guyane
OCÉAN PACIFIQUE
Polynésie française
CHILI
ARGENTINE
OCÉAN ATLANTIQUE
FRANCE
MAROC
ALGÉRIE
TUNISIE
ÉGYPTE
LIBAN
ISRAËL
MAURITANIE
SÉNÉGAL
MALI
NIGER
TCHAD
GUINÉE
BÉNIN
CÔTE D'IVOIRE
TOGO
CAMEROUN
RÉP. CENTR.
GABON
CONGO
ZAIRE
DJIBOUTI
Mayotte
MADAGASCAR
Réunion
AFRIQUE DU SUD
Îles St-Paul et Amsterdam
Îles Crozet
Îles Kerguelen
INDE
Pondichéry
LAOS
CAMBODGE
VIET NAM
HONG KONG
JAPON
OCÉAN INDIEN
OCÉAN PACIFIQUE
AUSTRALIE
Wallis-et-Futuna
VANUATU
Nlle-Calédonie
BELGIQUE
PAYS-BAS
SUÈDE
GRANDE BRETAGNE
ALLEMAGNE
LUX.
AUTRICHE
SUISSE
ITALIE
MONACO
PORTUGAL
ESPAGNE
GRÈCE

Pays où le français est langue maternelle
Pays où le français est langue officielle
Pays où le français est langue d'enseignement privilégiée
★ Minorité francophone
Nombre des français à l'étranger
de 5 000 à 10 000
de 10 000 à 25 000
plus de 25 000

3 Les Français et la langue française dans le monde.

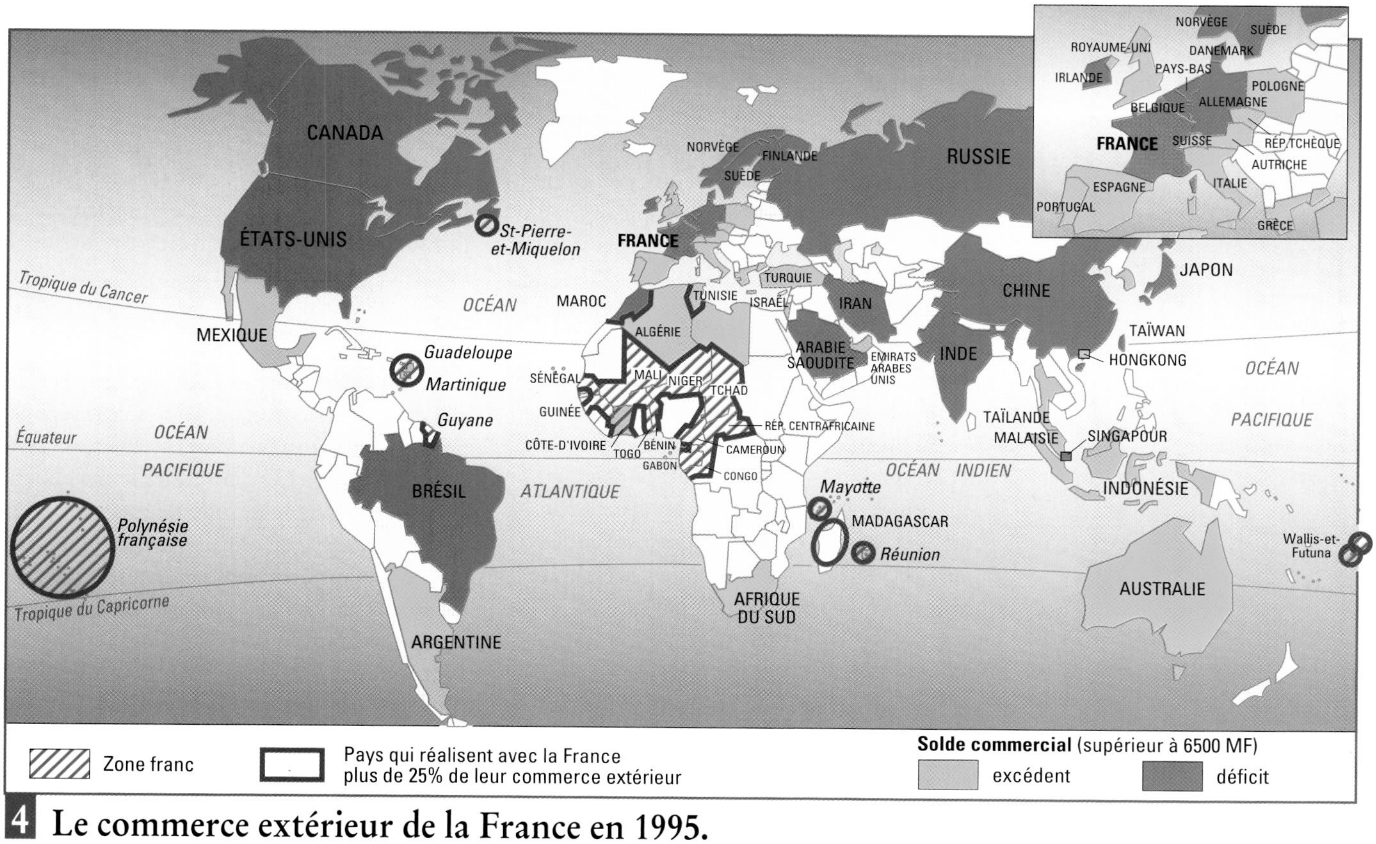

CANADA
ÉTATS-UNIS
St-Pierre-et-Miquelon
Tropique du Cancer
MEXIQUE
Guadeloupe
Martinique
Guyane
Équateur
OCÉAN PACIFIQUE
Polynésie française
Tropique du Capricorne
BRÉSIL
ARGENTINE
OCÉAN ATLANTIQUE
NORVÈGE
SUÈDE
FINLANDE
RUSSIE
FRANCE
MAROC
ALGÉRIE
TUNISIE
TURQUIE
ISRAËL
IRAN
ARABIE SAOUDITE
EMIRATS ARABES UNIS
SÉNÉGAL
MALI
NIGER
TCHAD
GUINÉE
CÔTE-D'IVOIRE
TOGO
BÉNIN
GABON
CAMEROUN
CONGO
RÉP. CENTRAFRICAINE
AFRIQUE DU SUD
Mayotte
MADAGASCAR
Réunion
OCÉAN INDIEN
INDE
CHINE
JAPON
TAÏWAN
HONGKONG
TAÏLANDE
MALAISIE
SINGAPOUR
INDONÉSIE
OCÉAN PACIFIQUE
AUSTRALIE
Wallis-et-Futuna
NORVÈGE
SUÈDE
ROYAUME-UNI
DANEMARK
IRLANDE
PAYS-BAS
POLOGNE
BELGIQUE
ALLEMAGNE
SUISSE
RÉP. TCHÈQUE
AUTRICHE
ITALIE
ESPAGNE
PORTUGAL
GRÈCE

Zone franc
Pays qui réalisent avec la France plus de 25% de leur commerce extérieur
Solde commercial (supérieur à 6500 MF)
excédent
déficit

4 Le commerce extérieur de la France en 1995.

1 Un pays extraverti

OBJECTIFS

Comprendre comment et pourquoi la France cherche à rayonner dans le monde

Depuis le Moyen Âge, les Français ont cherché à exporter leur langue, leurs idées, leur manière de vivre, et à échanger biens matériels et services avec le monde entier.

DOC 1 **La présence française à l'autre bout du monde : les îles Kerguelen.**

A - Les premières tentatives

▶ Dès le XIe siècle, les Français se lancent à la conquête de l'Angleterre derrière Guillaume le Conquérant. Les devises de la monarchie britannique (« Dieu et mon droit », « Honni soit qui mal y pense ») en témoignent encore aujourd'hui. Aux XIIe et XIIIe siècles, **les Croisades** réunissent sur les routes terrestres et maritimes de Jérusalem des représentants de tous les royaumes d'Europe, derrière les rois et l'aristocratie de France.

▶ Dévastée par la guerre de Cent Ans, la France n'est guère en mesure de participer à la première conquête du Nouveau Monde. Au XVIe siècle, elle tente une **expansion en direction du Canada et des Antilles**. Mais, par rapport à leurs voisins ibériques et anglo-saxons, les Français ne s'expatrient guère et ils ont recours à la traite des Noirs pour peupler et mettre en valeur leurs territoires tropicaux. **Les seuls émigrants sont des protestants chassés par la révocation de l'édit de Nantes en 1685**. C'est toute une partie de l'élite intellectuelle et économique française qui s'installe en Europe du nord, en Afrique du sud et outre-Atlantique.

▶ Les Français participent activement à la **découverte des mers du Sud** et des terres inconnues du cœur de l'**Afrique** (doc.1 et 2). La Société de géographie est fondée à Paris en 1821. Elle parraine les grandes explorations depuis cette époque.

▶ À partir de 1830, un nouvel **empire colonial** est créé. Après l'**Algérie**, de vastes **territoires africains et indochinois** entrent dans le giron français. Là encore, les colons sont peu nombreux, à l'exception de l'Algérie. Un million d'entre eux doivent être rapatriés en métropole pendant la guerre d'indépendance, entre 1958 et 1962.

B - L'exportation de la culture française

▶ Malgré la résistance à son impérialisme, la **culture** n'a pas cessé depuis le XVIIe siècle d'être admirée et pratiquée par toute l'élite occidentale ou occidentalisée. Au XVIIIe siècle, **Frédéric le Grand** s'adressait en prussien à ses domestiques, en français à sa famille, à Voltaire et… à ses chevaux. Le **tsar de Russie**, au moment de la Révolution d'octobre, ou le roi d'Italie, sous Mussolini, parlaient en français à leur famille.

▶ Outre la **langue**, les formes d'expression artistique imaginées en France se sont exportées dans le monde entier (doc.3 et 4) : **art dit « gothique »**, en réalité français, **châteaux et parcs « à la française »**, imités de Versailles, places royales, urbanisme haussmannien. La **cuisine** et les **vins français** jouissent d'un prestige qui font de ce secteur de la production agroalimentaire et des services l'un des plus performants à l'exportation.

C - Le poids politique

▶ Malgré des éclipses liées aux guerres et aux crises intérieures, quel que soit le régime politique, **les gouvernements français ont toujours tenu à faire entendre leur voix en Europe et dans le monde** depuis plusieurs siècles. C'est une voix tantôt contestée, tantôt suivie, généralement écoutée avec un certain intérêt. Par exemple, les positions françaises dans le conflit israélo-arabe se sont toujours distinguées par leur liberté de ton vis-à-vis des protagonistes locaux ou extérieurs. Depuis la chute des murs, il est évident que l'indépendance d'esprit est une position plus délicate à tenir, face à la forte présence américaine.

DOC 2

Les Français dans le monde

1099-1291 : Création puis perte des États latins d'Orient

1534 : Découverte du Canada par Jacques Cartier

1603-1763 : Installation puis cession à l'Angleterre du Québec et de l'Acadie. Maintien de Saint-Pierre et Miquelon

1635 : Installation en Martinique et Guadeloupe

1637 : Installation en Guyane

1642 : Installation à l'Île Bourbon (La Réunion)

1674-1763 : Installation en Inde puis maintien dans cinq comptoirs jusqu'en 1954

1682-1803 : Installation puis vente de la Louisiane

1697-1804 : Conquête puis indépendance de Haïti

1714-1918 : Le français est la langue diplomatique

1766-1788 : Voyage de Bougainville puis de La Pérouse dans le Pacifique

1830-1962 : Conquête puis indépendance de l'Algérie

1840 : Installation en Terre-Adélie

1841-1975 : Installation puis indépendance des Comores. Maintien à Mayotte

1842 : Protectorat sur Tahiti et Wallis et Futuna

1853 : Installation en Nouvelle-Calédonie

1858-1887-1954 : Installation en Indochine puis indépendance du Cambodge, du Laos et du Vietnam

1862-1977 : Conquête puis indépendance de Djibouti

1880-1960 : Création de l'AOF, puis de l'AEF, puis indépendance des États africains

1881-1956 : Protectorat puis indépendance de la Tunisie

1883 : Création de l'Alliance française

1887-1980 : Installation aux Nouvelles Hébrides puis indépendance de Vanuatu

1895-1960 : Conquête puis indépendance de Madagascar

1912-1956 : Protectorat puis indépendance du Maroc

1920-1943 : Protectorat puis indépendance de la Syrie et du Liban

1986 : Création des Sommets de la francophonie

DOC 3 **Versailles, ville royale voulue par Louis XIV à la fin du XVIIe siècle.** Château, parc et ville sont inspirés de l'urbanisme antique et du celui de la Rome renaissante.

DOC 4 **Le centre de Washington, dessiné par le major français L'Enfant à la fin du XVIIIe siècle.**

■ Quels sont les points communs entre les morphologies de ces deux villes (doc.3 et 4) ? Pourquoi ces choix urbanistiques ?

2 La quatrième puissance mondiale

OBJECTIFS

Évaluer les facteurs du rayonnement international de la France

Comprendre les enjeux de la présence extérieure française

Malgré la crise que traverse son économie et le trop grand nombre de chômeurs, la France occupe actuellement le 4e rang mondial pour sa production et ses exportations, derrière les États-Unis, le Japon et l'Allemagne.

A - Ancienneté et persistance du rôle mondial

▶ La France n'a pas su dominer les mers aux XVIe et XVIIe siècles, comme le firent l'Espagne, le Portugal, l'Angleterre ou les Pays-Bas. En revanche, elle parvint à devenir **la plus grande puissance continentale d'Europe au XVIIIe siècle**, après le déclin des Habsbourg.

▶ Parvenant à obtenir des excédents agricoles notables dès le début du XIXe siècle, elle accomplit sa **révolution industrielle** dans la deuxième moitié de ce siècle, après l'Angleterre mais au même moment que la Prusse et les États-Unis, affirmant ainsi son rôle de grande puissance mondiale. En témoigne aussi la constitution de son **vaste empire colonial**.

▶ Les dernières guerres (1870-71, 1914-18, 1939-45, d'indépendance des colonies) eurent pour effet de l'affaiblir, voire de la ruiner, mais aussi de **stimuler certaines industries liées à la défense** (chimie, avions) et de permettre un sursaut d'énergie et d'imagination lors des **reconstructions**, par exemple pendant les Trente Glorieuses*.

DOC 1 Décollage de la fusée Ariane en Guyane.
La fusée Ariane, réalisation européenne, met en orbite entre 10 et 20 satellites de télécommunications par an. La société Arianespace est française à 57 %.

B - Quelques secteurs-clés de la puissance économique

▶ **La carte économique mondiale s'est profondément modifiée pendant la deuxième moitié du XXe siècle.** Les **États-Unis** ont acquis une position nettement dominante; le **Japon** et l'**Allemagne**, vaincus et exsangues en 1945, les talonnent en bien des domaines de l'industrie et des services. De grandes puissances énergétiques sont apparues avec la découverte de gisements pétroliers dans le **golfe Arabo-Persique**. Un peu partout, des « dragons » voient le jour, tels les **nouveaux pays industrialisés** (NPI) **d'Asie** qui monopolisent déjà une partie de l'industrie textile.

▶ La France a donc dû s'adapter en acceptant la disparition ou la reconversion de pans entiers de son économie (production houillère, sidérurgie de base, textile, etc.). En revanche, seule ou avec l'aide de ses partenaires européens, elle a su développer des secteurs très performants qui lui permettent de conserver la place de **4e exportateur mondial**. Parmi eux, citons l'**aéronautique** (Airbus), l'**industrie spatiale** (fusée Ariane, doc.1), les **télécommunications**, les **transports ferroviaires** (TGV SNCF-GEC Alsthom, doc.5), les **produits agroalimentaires de qualité** (vins, cognac), les **produits de luxe** (parfums, bijoux, maroquinerie, vêtements griffés).

C - Peu nombreux, mais dynamiques : les Français de l'étranger

▶ **1,7 million de Français vivent actuellement à l'étranger** (doc.2), travaillant principalement dans les services de niveau supérieur : ingénieurs et techniciens, cadres commerciaux, enseignants et, bien sûr, diplomates, sans oublier les militaires, les médecins, les religieux, etc. Les plus forts contingents (plus de 100 000 dans chaque pays) résident aux **États-Unis**, en **Belgique**, en **Allemagne**, en **Grande-Bretagne**, en **Suisse**, au **Canada**, ce qui se comprend par la **proximité géographique ou culturelle** et par la **prospérité économique des pays d'expatriation**. Les Français de l'étranger pourraient être beaucoup plus nombreux, ce qui permettrait d'exporter plus encore. Mais, depuis plusieurs siècles, les Français n'aiment guère quitter longuement leur pays, sauf lorsqu'ils y sont contraints.

VOCABULAIRE

Trente Glorieuses : nom donné par l'économiste J. Fourastié aux années 1945-75, correspondant au fantastique développement économique qui a suivi la Deuxième Guerre mondiale.

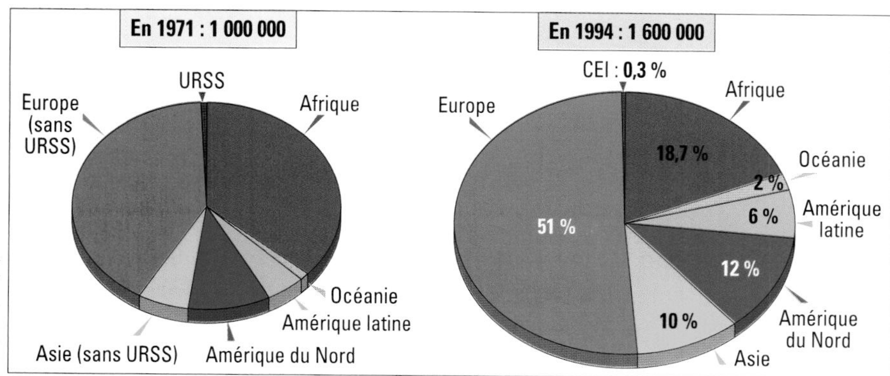

DOC 2 **Français immatriculés dans les consulats de France à l'étranger.**

DOC 3

Paris, capitale financière internationale

On assiste, depuis vingt ans, à une croissance phénoménale des activités financières et à une intense globalisation des marchés. Cette double tendance résulte tout autant des transformations de l'économie mondiale – très forte augmentation des mouvements de capitaux, creusement des déficits publics – que des progrès technologiques et de la déréglementation, qui supprime les obstacles de toute nature aux flux financiers.

La place financière de Paris n'a pas échappé à cette évolution. La modernisation des marchés dès le début des années 1980, puis la suppression totale du contrôle des changes en 1989, ont profondément transformé sa physionomie et ont fait de Paris la quatrième place financière du monde. Le marché parisien, qui avait encore un caractère largement domestique au début des années 1980, a acquis une dimension et une notoriété internationales. Face aux défis des années à venir – instauration de la monnaie unique européenne et poursuite de la globalisation des marchés, qui verra l'émergence de nouvelles places financières, en particulier asiatiques – Paris dispose de nombreux atouts largement reconnus au plan international.

Gérard Pfauwadel, « Paris, capitale financière », *Politique internationale*, n° 73, automne 1996.

DOC 4 **Manifestation d'agriculteurs français à Eurodisneyland.**
L'exportation des produits agricoles français de consommation courante (céréales, oléagineux, sucre...) est freinée par des prix relativement élevés à la production et le soutien élevé de certains gouvernements étrangers à leur agriculture, tel celui des États-Unis. Ainsi s'explique la colère de certains producteurs.

DOC 5 **TGV reliant Madrid à Séville en Espagne.** La SNCF et GEC-Alsthom ont obtenu le marché de ce TGV, construit à l'occasion de l'Exposition universelle de Séville en 1992.

3 Petit pays, grandes ambitions politiques

OBJECTIFS

Être conscient de l'originalité de la position française dans le « concert » des nations

Malgré les vicissitudes de son histoire, la perte de son empire colonial et la montée en puissance de certains pays, la France tente de maintenir son influence sur le cours stratégique et politique du monde.

A - Le choix de l'indépendance militaire

▶ La défaite de 1940 et les humiliations de la fin de l'ère coloniale, ajoutées aux menaces de l'empire soviétique ont poussé le général de Gaulle, d'abord, puis les présidents et les gouvernements qui lui ont succédé, à doter la France d'une **force de frappe nucléaire.**

▶ Au total, **la France dépense 3,3 % de son PIB pour sa défense**, soit à peu près autant que la Grande-Bretagne. La proportion est de 1,9 % en Allemagne et de 4,3 % aux États-Unis. La fin de la guerre froide et la chute du mur de Berlin, ainsi que les changements de mentalité des Français ont décidé le gouvernement à **supprimer le service militaire** et à mettre sur pied une **armée de métier** susceptible d'assurer une éventuelle **défense du territoire** (métropolitain et outre-mer) ainsi que des **interventions décidées par les organisations internationales** (ONU et, demain peut-être, l'Union européenne).

B - L'influence géostratégique et géopolitique

▶ Le résultat de ce choix a fait que la France a pu prendre des **initiatives jugées audacieuses en matière de politique internationale** : par exemple au Canada (discours du général de Gaulle sur le « Québec libre »), en Chine, au Moyen-Orient. Elle a servi d'intermédiaire au cours de ces dernières décennies entre des pays ou des partis antagonistes (questions du Vietnam, du Cambodge ou du Liban). Ces choix et ces actions n'ont pas toujours été unanimement appréciés par la communauté internationale et **la France s'est souvent heurtée aux États-Unis** dont elle est pourtant un allié privilégié, ce qui ne veut pas dire inconditionnel. Elle s'oppose autant qu'elle le peut à une hégémonie de la seule superpuissance qui émerge des événements du tournant des années 1990.

▶ Par ailleurs, 20 000 militaires sont présents dans les DOM-TOM et 10 000 en Afrique (doc.1 et TD p. 58).

C - La présence française dans les institutions internationales

▶ De par sa situation et sa tradition, Paris est une **plaque tournante de la diplomatie planétaire**, en particulier des rapports entre les pays du « Nord » et ceux du « Sud ». Ce rôle est facilité par le fait que **plusieurs organismes internationaux y ont leur siège** : l'UNESCO (Agence des Nations unies pour l'Éducation et la Culture), l'OCDE (Organisation commune de développement économique). La France est, d'autre part, membre permanent du **Conseil de sécurité de l'ONU** et du **G7***.

▶ Le français est langue officielle ou de travail de nombreux organismes internationaux, qu'ils soient politiques ou culturels. Mais il l'est généralement en compagnie de l'anglais et, parfois d'autres langues. Or **l'anglais** est devenu tellement courant qu'il supplante largement le français dans l'**usage des diplomates**. La langue entraînant la culture, on peut regretter cette orientation de la vie planétaire vers un monolinguisme. Encore faut-il que les Français cultivent leur langue, la parlent et l'écrivent bien. Faut-il aussi que leur culture soit assez attrayante pour que les étrangers aient envie d'apprendre le français par plaisir.

VOCABULAIRE

G7 : groupe de 7 pays les plus industrialisés (États-Unis, Japon, Allemagne, France, Royaume-Uni, Italie, Canada). La Russie est invitée en observateur.

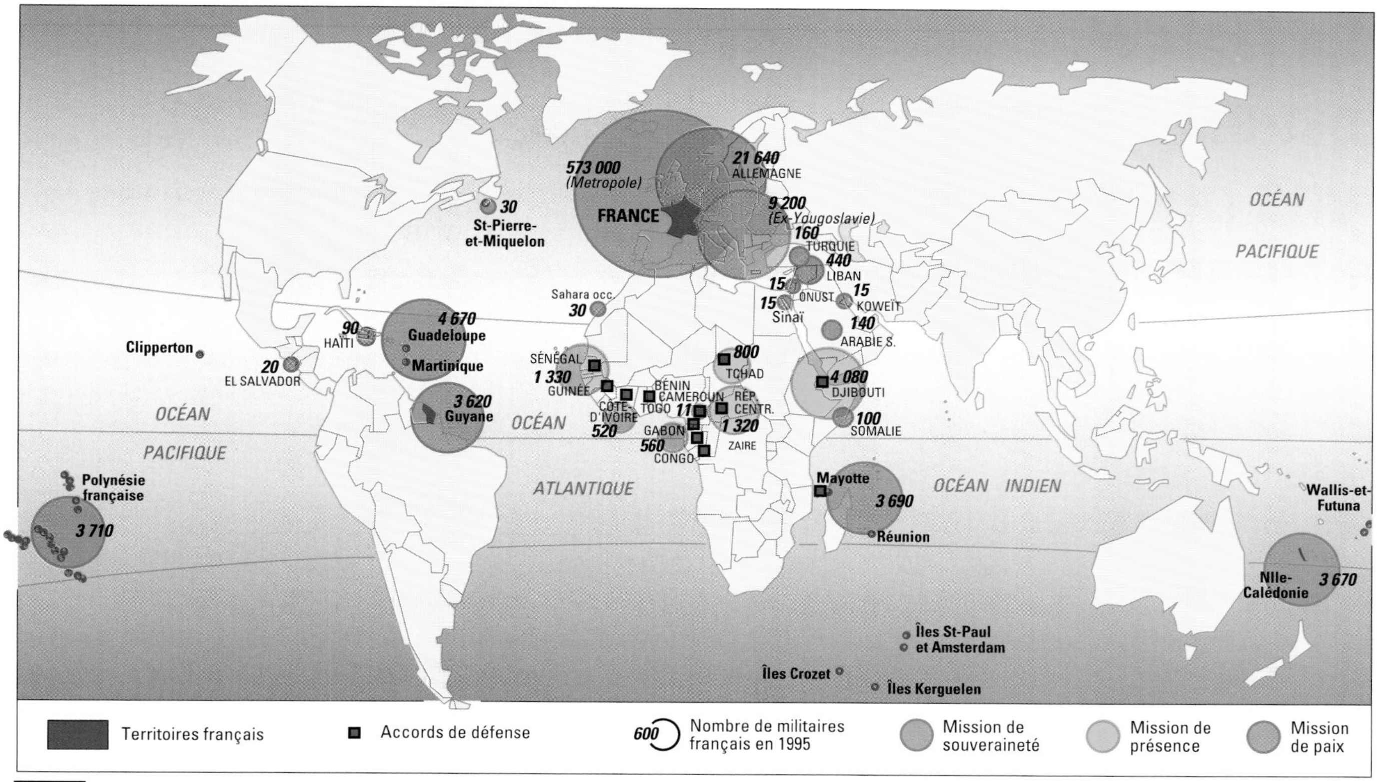

Territoires français | Accords de défense | 600 Nombre de militaires français en 1995 | Mission de souveraineté | Mission de présence | Mission de paix

DOC 1 **La présence et les interventions militaires françaises dans le monde.**

DOC 2 **Acheteurs étrangers d'avions Dassault au salon du Bourget en 1995.**

DOC 3 **Nelson Mandela invité à participer au défilé du 14 juillet 1996 sur les Champs-Élysées.** La fête nationale comporte depuis plusieurs années un volet international et diplomatique.

La France est-elle encore une puissance africaine ?

- La France est encore aujourd'hui fortement présente en Afrique subsaharienne, économiquement et militairement.
- Cette domination politique confère à la France un rang particulier sur la scène internationale.
- Cependant, les changements qui interviennent dans les affaires du monde pourraient remettre en question une situation bien établie.

I. La présence de la France en Afrique est une construction complexe

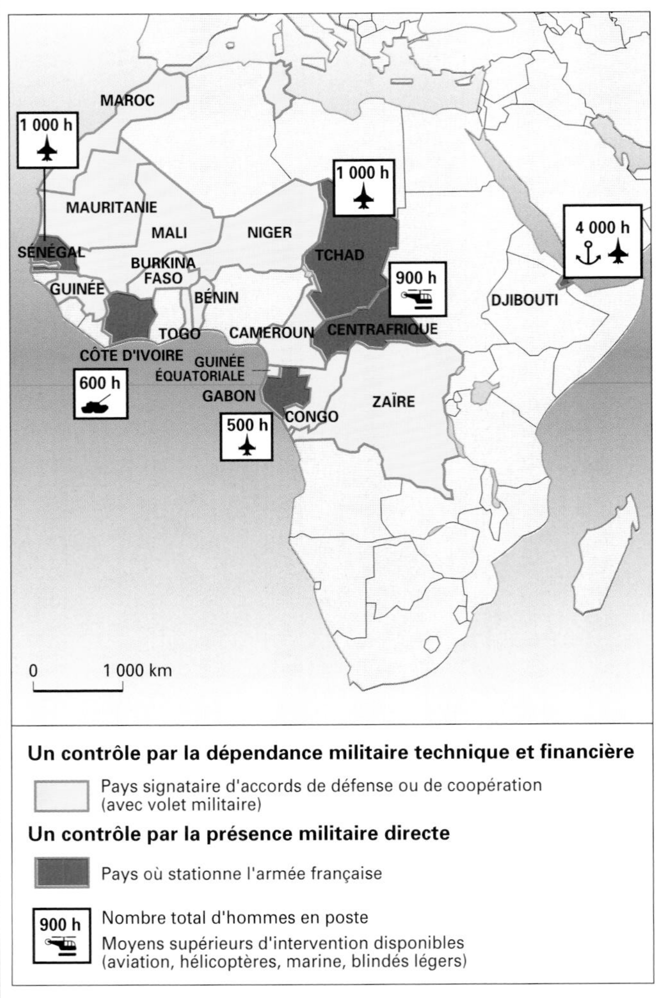

DOC 1 La France exerce sur l'Afrique subsaharienne un véritable contrôle militaire.

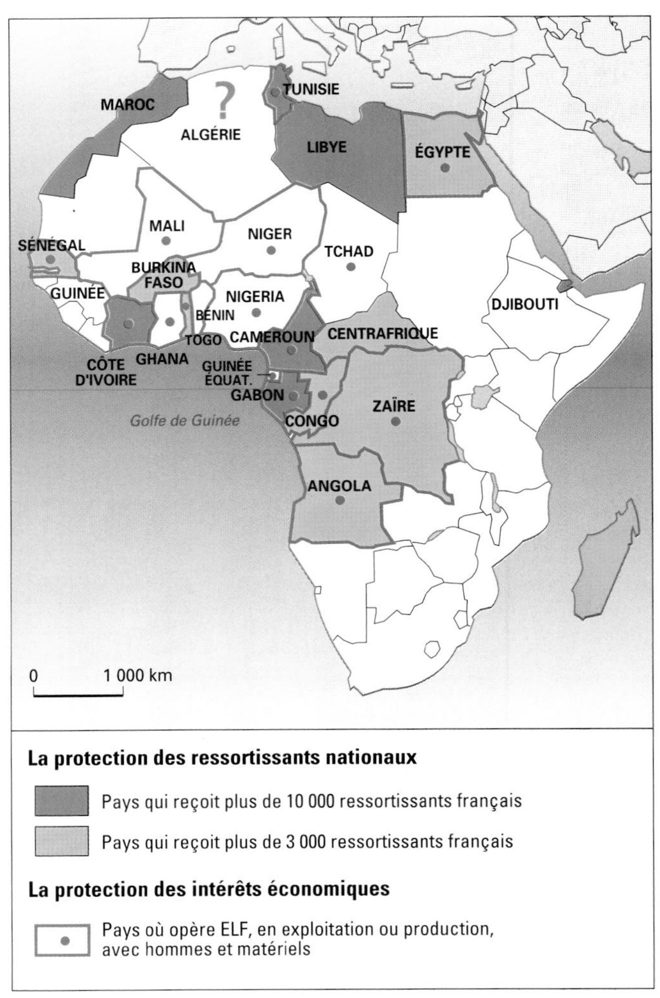

DOC 2 Les ressortissants français et le pétrole : des intérêts nationaux à protéger.

II. Une présence parfois contestée et un avenir incertain

DOC 3

Un rôle de protection...

Le président ivoirien Konan Bédié, interrogé sur une éventuelle réduction des bases militaires françaises en Afrique, a demandé le maintien de la présence militaire française et la continuation de cette politique. Monsieur Konan Bédié justifie le maintien d'une présence militaire française en expliquant que « le développement de nos pays, surtout la Côte d'Ivoire, n'a été possible que parce que nous avons été débarrassé du souci de faire face à des conflits ou à des agressions de l'extérieur. (...) Nos dépenses militaires ont été pratiquement nulles sur toute la période. C'est un aspect de la coopération qu'on ne met pas souvent en avant, par pudeur ou par scrupules. (...) Nous avons mis toutes nos ressources budgétaires au profit du développement, justement parce que quelques bases françaises assuraient la garde, et elles ne sont jamais intervenues dans nos affaires intérieures ».

Le Monde, 15 décembre 1995.

DOC 4

... Ou un droit de regard sur les affaires intérieures ?

La France, en maintenant une politique de présence préventive aussi originale – et sans égale en Afrique en nombre de personnels employés – participe donc à la paix et à la stabilité des pays liés à elle, conditions évidentes de leur développement. Mais n'est-ce pas justement ce que certains lui reprochent, arguant du fait que son rôle de « grand frère » lui permet de s'immiscer dans les problèmes, dans les conflits, dans la politique locale ? de maintenir des liens exclusifs qui empêchent encore aujourd'hui d'autres investisseurs que ceux présentés par Paris de s'établir sur le continent ?

L. Jacquet, Spécial France-Afrique, *Marchés tropicaux et méditerranéens*, décembre 1995.

DOC 5 L'aide aux réfugiés : un aspect de la mission de l'armée française en Afrique.

QUESTIONS

■ **Doc 1** - Montrer quelle est la fonction des bases du Tchad dans le dispositif général, sachant que le rayon d'action de l'avion de transport militaire français est d'environ 3000 km. Combien d'hommes au total participent au contrôle militaire de l'Afrique subsaharienne ?

■ **Doc 2** - Quelles sont les deux grandes régions où se concentrent les ressortissants français ? Sur les 15 pays où Elf développe ses activités, combien n'ont pas signé d'accords militaires avec la France ? Quel lien peut-il exister entre les deux faits ?

■ **Doc 3 et 4** - Relever puis comparer les éléments donnés par chacun des auteurs au sujet de la nature de la présence française.

■ **Doc 6** - Quelle réforme nationale lancée par le Président J. Chirac en 1996 s'ajoutera aux raisons d'un éventuel retrait des forces françaises ?

■ **Synthèse** - Quels sont les bénéfices que la France peut tirer de sa position africaine au profit de son image dans le monde ? N'y a-t-il qu'en Afrique que la France mène une politique de présence effective ?

DOC 6

Un intérêt économique moindre menace des relations pourtant tricentenaires

La nécessité de la continuité dans les relations franco-africaines découle d'abord de la nature de celles-ci, du style propre qui lui a été donné dès l'origine, d'un commun accord entre la France et les territoires subsahariens qu'elle a colonisés. (...) La tentation est certes grande désormais, en ce qui concerne la France et compte tenu de la perte d'intérêt économique et stratégique de l'Afrique ces dernières années, de distendre ces relations – relativement onéreuses et sans grande contrepartie pour le Trésor français – et de faire porter ailleurs les efforts prioritaires, notamment sur le pourtour de la Méditerranée et en Asie.

F. Gaulme, Spécial France-Afrique, *Marchés tropicaux et méditerranéens*, décembre 1995.

4 Les DOM-TOM, confettis d'un empire

OBJECTIFS

Connaître l'originalité des DOM-TOM et la spécificité de leur situation par rapport à la France

Les départements et territoires d'outre-mer constituent une originalité française. Ils sont un héritage des temps coloniaux, mais ils ont reçu des statuts au moins identiques à ceux des collectivités territoriales de métropole et sont parfois plus autonomes.

A - Les rescapés d'une décolonisation précipitée

▶ Dans les années qui suivent la dernière guerre, Paris accorde à certaines **colonies** un statut identique à celui de la métropole. Celles qui étaient françaises depuis le XVIIe siècle deviennent **départements en 1946** (**Martinique, Guadeloupe, Guyane, Réunion**), à l'exception de Saint-Pierre-et-Miquelon et du Sénégal qui acquièrent le statut de **territoire d'outre-mer**. En 1956, la plupart des colonies acquièrent l'autonomie interne, dans le cadre de la loi Deferre, dite « Loi-cadre des TOM ». L'**indépendance** leur est accordée dans des circonstances plus ou moins dramatiques selon les cas entre 1958 et 1976, à l'exception de Mayotte, de la Nouvelle-Calédonie, de Wallis-et-Futuna et de la Polynésie française.

▶ À l'issue d'une décolonisation rapide, les **DOM*** sont restés français. En revanche, seuls les **TOM*** du Pacifique ont maintenu leurs liens avec la France, obtenant, au fil des années et des crises parfois violentes, des statuts variés et autonomes (doc.3).

B - Des milieux mal équilibrés

▶ **Les DOM-TOM se répartissent sous toutes les latitudes** (doc.2). Ceux des hautes latitudes sont peu accueillants. Seuls des pêcheurs et des scientifiques les habitent. La plupart des autres sont situés dans la zone intertropicale. Étant peu défrichée, la Guyane équatoriale est plutôt répulsive. Les autres essuient régulièrement des cyclones ravageurs. Presque tous sont des **îles aux pentes fortes** (volcaniques, sauf la Nouvelle-Calédonie), soumises à d'intenses précipitations et à l'érosion sur les versants au vent.

▶ Les barrières de corail qui entourent certaines îles créent des **lagons très attractifs pour le tourisme**, mais sensibles à la pollution. Beaucoup d'imprudences ont depuis longtemps fragilisé ces milieux.

C - Facettes de la pluri-ethnicité

▶ Bien plus que la métropole, les DOM-TOM sont un **kaléidoscope ethnique.** Ces îles sont peuplées de descendants d'Européens, d'esclaves noirs importés d'Afrique, de Créoles, d'Indiens, de Chinois et surtout de métis de toutes ces ethnies.

▶ En Nouvelle-Calédonie et en Polynésie, le **peuplement indigène** est important. Les Canaques et les Polynésiens ont leur langue, leurs **traditions religieuses et tribales**. Leurs relations avec les Européens ne sont pas toujours faciles. De graves émeutes ont ensanglanté la Nouvelle-Calédonie à plusieurs reprises.

D - Des économies soutenues

▶ Le point commun entre ces territoires épars est **l'insuffisance de leurs ressources économiques propres**. La fécondité y est partout plus élevée qu'en métropole, de même que le nombre de chômeurs, de RMIstes*, la proportion de fonctionnaires et les salaires de ces derniers, qu'ils soient expatriés ou non, bénéficient d'une forte majoration. L'agriculture ne suffit pas aux besoins, l'**industrie est presque inexistante** et le tourisme moins bien développé que sur d'autres îles tropicales comparables et parfois voisines (Maurice, Bahamas, Hawaï). C'est la métropole et l'Union européenne qui compensent par les salaires et des **subventions** les **insuffisances de la production locale**.

DOC 1

Les DOM : des espaces jeunes

	moins de 20 ans en %	60 ans ou plus en %
Guadeloupe	36	12
Guyane	43	6
Martinique	33	14
La Réunion	40	8,6

VOCABULAIRE

DOM : Départements d'outre-mer.

RMI : revenu minimum d'insertion.

TAAF : Terres australes et antarctiques françaises : Terre Adélie, îles Crozet, îles Kerguelen, îles Saint-Paul, îles Amsterdam.

TOM : Territoires d'outre-mer.

ZEE : zone économique exclusive. Dans le droit maritime international, il s'agit d'une zone qui peut s'étendre jusqu'à 200 milles marins (1 mille marin = 1,852 km) des côtes d'un pays, dont le but est de préserver les droits des pays riverains sur les richesses naturelles maritimes.

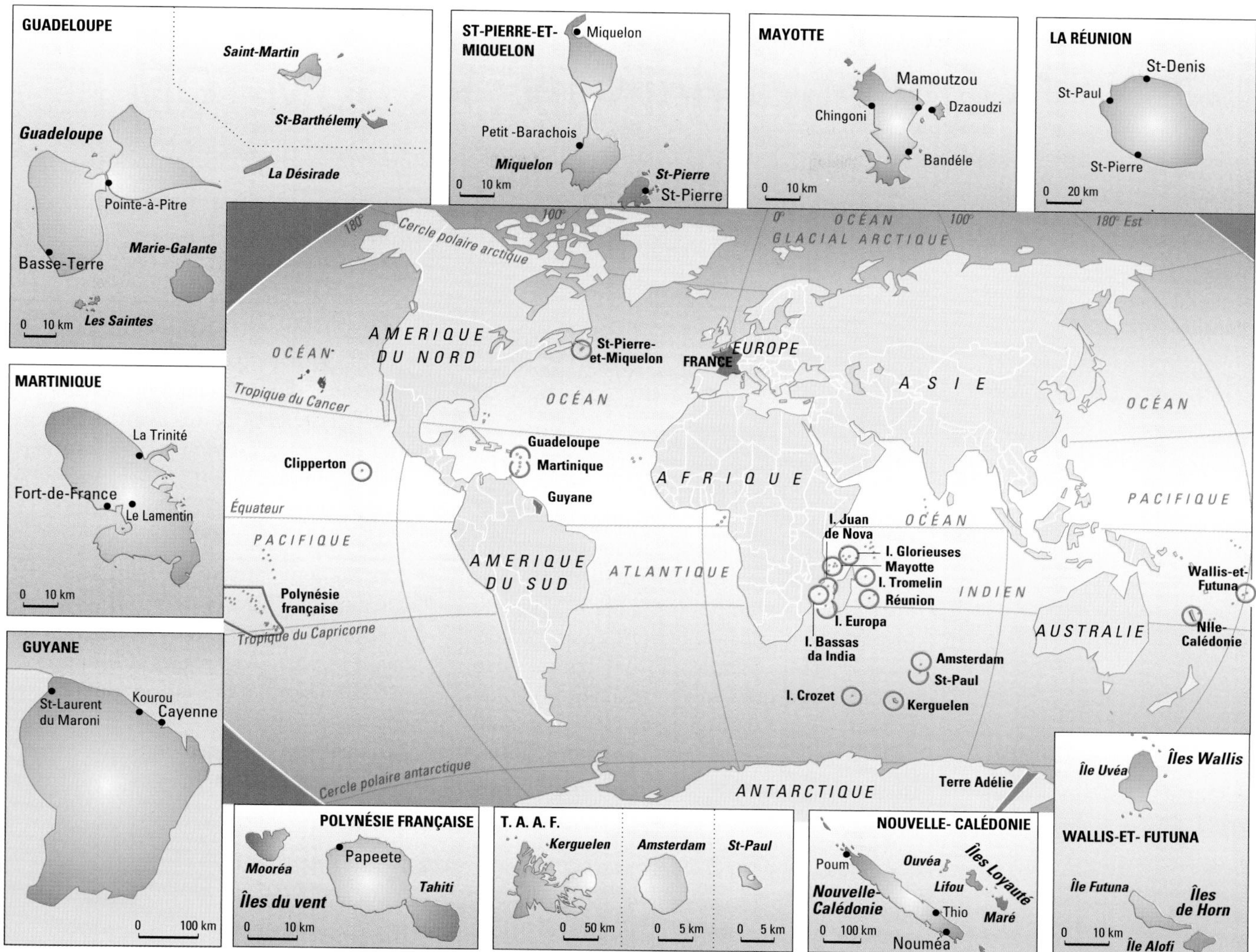

DOC 2 La France d'outre-mer.

DOC 3

Les DOM-TOM en 1996

	Saint-Pierre et-Miquelon	Guadeloupe	Martinique	Mayotte	La Réunion	Polynésie française	Guyane	Wallis-et-Futuna	TAAF*	Nouvelle-Calédonie
Statut	Collectivité territoriale depuis 1996	DOM depuis 1946	DOM depuis 1946	Collectivité territoriale depuis 1976	DOM depuis 1946	TOM depuis 1946	DOM depuis 1946	TOM depuis 1958	TOM depuis 1958	TOM depuis 1946
Superficie (km²)	242 3 îles	1 780 8 îles	1 090 1 île	375 1 île	2 510 1 île	4 000 118 îles	85 000	274 5 îles	255 5 îles	19 000 16 îles
ZEE* (km²)	55 000	100 000	71 000	431 300	313 360	15 000 000	130 000	271 000	271 000	2 000 000
Population	6 400	423 000	383 000	81 000	640 000	215 000	146 000	13 700	180	185 000
Principales villes	Saint-Pierre	Pointe-à-Pitre, Basse-Terre	Fort-de-France, Le Lamentin	Mamoudzou	Saint-Denis, Saint-Paul	Papeete	Cayenne	Mata Utu	Bases scientifiques : Port-aux-Français, Dumont-d'Urville	Nouméa
PIB/hab.	80 000	40 000	56 000	10 000	53 000	75 000	58 000	13 000		90 000

5 Des milieux originaux : les DOM-TOM

OBJECTIFS

Connaître la spécificité des espaces français d'outre-mer

Comprendre la particularité des problèmes d'aménagement dans les DOM-TOM

Souvent isolés, les DOM-TOM sont en outre morcelés en milieux réduits qui rendent difficiles les aménagements d'ensemble.

A - Espaces de la tradition

▶ **Les régions les plus isolées** par leur position géographique, leur relief ou leur végétation demeurent vouées à des **activités archaïques** qui leur confèrent un caractère sauvage. À l'intérieur de la forêt guyanaise, des tribus indiennes continuent à pratiquer **cueillette, pêche et chasse,** ainsi qu'une **agriculture sur brûlis*** dans des clairières temporaires. Les basses vallées de la côte Est et le nord de la Grande Terre néo-calédonienne, habités par des tribus mélanésiennes (Canaques), les Hauts de la Réunion et les Grands Fonds de la Guadeloupe, domaines des petits blancs, l'île de Mayotte offrent les paysages jardinés de l'**agriculture vivrière***. À Wallis-et-Futuna, dans la plupart des îles polynésiennes ou aux îles Loyauté (Ouvéa, par exemple), la pêche traditionnelle est complétée par la **culture du cocotier,** fournisseur de coprah.

B - Les espaces de l'agriculture et de la pêche modernisées

▶ Dans les régions basses des **îles antillaises** et de la **Réunion**, les **plantations de canne à sucre** appartenant traditionnellement à des propriétaires d'origine européenne sont en partie reconvertis. La canne à sucre est beaucoup moins présente et sert à fabriquer un produit à plus forte valeur ajoutée, le **rhum**. Des **bananeraies**, des cultures fruitières, maraîchères et florales s'y sont implantées, mais les friches sont nombreuses. Les basses pentes de **Tahiti** et de **Mooréa** offrent des paysages analogues, peu intensément mis en valeur (doc.1). Sur la côte Ouest de la **Nouvelle-Calédonie**, l'élevage est bien développé. Au sud, les **mines de nickel** constituent la seule ressource d'importance du territoire.

▶ À **Saint-Pierre-et-Miquelon**, la **pêche** constitue la principale activité, mais elle se heurte à la concurrence canadienne. À **Saint-Barthélemy** et aux Saintes, le **tourisme** vient progressivement se substituer à la pêche traditionnelle.

C - Les pôles touristiques

▶ De par leur latitude et leur insularité, beaucoup de DOM et de TOM disposent d'un **potentiel touristique exceptionnel** : climat toujours tiède, plages et lagons (sauf à la Réunion), végétation luxuriante. Cependant, dans l'ensemble, ces trésors sont largement sous-exploités. Les salaires trop élevés et l'accueil nonchalant, l'**insuffisante production agricole locale,** l'absence de concurrence sur les lignes aériennes rendent les séjours très onéreux et souvent décevants. Et pourtant, d'importants gisements de clientèle existent à proximité : l'Amérique du Nord, le Japon et les pays d'Extrême-Orient.

▶ **Les côtes sous le vent** ont été équipées de quelques **hôtels et ports de plaisance.** Le Club Méditerranée a réalisé quelques villages de qualité qui ont un bon taux de remplissage. Parmi les rares et chers paradis, on peut citer l'**île de Bora-Bora** dans l'archipel de la Société.

D - Les villes et leurs problèmes

▶ Dans tous les DOM-TOM, l'attrait des villes et de leurs emplois publics ou privés, souvent modestes, mais bien rémunérés, a vidé les campagnes. La croissance urbaine, beaucoup plus rapide que celle de l'emploi, a eu pour conséquence le développement de **vastes quartiers d'habitat spontané** (doc.3), voire de bidonvilles où se posent de **graves problèmes sociaux**. Cayenne, Pointe-à-Pitre, Papeete illustrent ce phénomène.

VOCABULAIRE

Agriculture sur brûlis : technique culturale très intensive pratiquée dans certaines forêts tropicales par des groupes isolés de paysans, qui sèment et plantent après avoir brûlé de façon incomplète le couvert végétal en place.

Agriculture vivrière : dont les cultures sont destinées à l'autoconsommation, c'est-à-dire à l'alimentation immédiate.

DOC 1 L'île de Tahiti vue du satellite Spot.

- Décrire le relief de l'intérieur et du littoral.
- Localiser l'agglomération de Papeete.
- En vous aidant de la photo de la page 118, décrivez l'organisation urbaine de cette ville.

DOC 2

À quoi servent les TOM ?

On peut se demander comme on le fit souvent pour les colonies : « À quoi servent les territoires d'outre-mer ? » Grâce à eux, la France est la troisième puissance maritime du monde ; elle est intégrée dans une zone géographique dominante et dynamique et y assure, par sa présence, celle de l'Europe. Elle dispose enfin de bases pour son rayonnement culturel, scientifique et humain. Les intérêts de la France, de la francophonie et de l'Europe se rejoignent donc dans les territoires d'outre-mer. Mais ces intérêts cumulés ne doivent pas contredire ceux des territoires eux-mêmes. Les revendications d'indépendance formulées par les uns et l'attachement à la République française manifesté par les autres devront être traités avec une égale attention. L'avenir des territoires d'outre-mer restera lié aux aptitudes à concilier qui animeront toutes les parties intéressées.

En ce qui la concerne, la France ne devra pas se résigner à n'être qu'un pourvoyeur de fonds ou une bienfaitrice providentielle car elle manquerait alors à sa grandeur. Il apparaît en effet certain aujourd'hui que l'assistance ne pourra, à elle seule, imposer demain « la nécessité de la France ».

Yves Pimont, *Les Territoires d'outre-mer*, PUF, 1994.

DOC 3 Un quartier populaire de Pointe-à-Pitre.

Cet habitat traditionnel utilise des matériaux médiocres. Les abondantes précipitations des Antilles rendent nécessaires les toitures de tôle ondulée, mais celles-ci ne résistent pas à la violence des cyclones et peuvent même être meurtrières lorsqu'elles s'envolent.

La France, puissance maritime de l'hémisphère Sud

La présence française dans les îles australes en Antarctique ressemble à un défi. Les conditions et d'accès et de distances nécessitent, pour assurer la présence permanente de 165 personnes, une forte volonté d'implantation. Pourquoi la France l'a-t-elle ?

I. La France aux latitudes de l'impossible

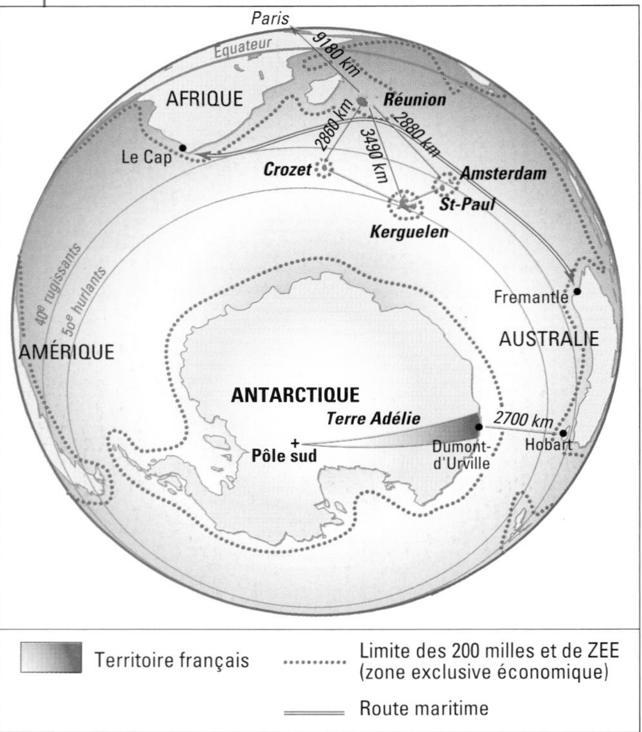

DOC 1 Les territoires des Terres australes et antarctiques françaises (TAAF).

DOC 2

L'isolement et la dispersion

Un triple rempart de vent, de houle et de glace constitue l'océan Austral, et c'est dans cet espace que l'on trouve un territoire d'outre-mer de la République, constitué en tant que tel par une loi du 6 août 1955, les Terres australes et antarctiques françaises (TAAF).

Les distances se lisent sur la carte; elles correspondent, puisque l'accès est uniquement maritime, à une semaine de navigation de la Réunion à Kerguelen, trois jours entre Kerguelen et les îles Crozet ou Saint-Paul et Amsterdam, et six jours de Hobart (Tasmanie) à la Terre Adélie, quand la banquise n'interdit pas le passage. Les communications sont donc rares et rendues aléatoires par les conditions de débarquement souvent difficiles, parfois impossibles pendant plus d'une semaine.

D'après *Documentation TAAF.*

DOC 3 Arrivée sur une base scientifique en Antarctique : ni port, ni aéroport...

II. Les raisons d'une présence

DOC 4 **Station d'observation polaire sur un glacier de l'Antarctique.**

DOC 5

Exploiter et être présent

Les ressources locales sont évidemment limitées. Seules les ressources marines font l'objet d'une exploitation économiquement rentable.
La création en 1978 d'une zone économique exclusive de 200 milles* autour des Terres australes a enrichi la France d'un domaine essentiellement maritime de 2 180 000 km².
Ce sont surtout les chalutiers ukrainiens qui, en application d'un accord de pêche intergouvernemental, exploitent cette zone moyennant redevance. Un patrouilleur de la Marine nationale, basé à la Réunion, *L'Albatros*, a pour mission principale la surveillance des zones économiques des TAAF.
La philatélie représente une source originale, mais non négligeable, de recettes pour le Territoire, puisque les produits de la vente de ses timbres postes constituent 45 % des ressources propres.
Les TAAF sont aujourd'hui préservés du tourisme de masse et du tourisme sauvage par leur éloignement et leur relative inaccessibilité. Cependant un potentiel certain, orienté vers un tourisme de croisière, de dimension raisonnable et soigneusement encadré, existe incontestablement.

D'après *Documentation TAAF.*

* soit, environ, 180 km.

DOC 6

Un domaine scientifique : la géophysique externe

• Surveillance en continu des relations Soleil-Terre et étude de l'environnement terrestre par la mesure de l'ionosphère, l'observation des aurores australes, la mesure du rayonnement cosmique, la mesure en continu des couches d'ozone. Cette dernière a permis d'évaluer correctement la couche d'ozone en hiver, celle-ci ayant été sous estimée dans l'interprétation de l'observation satellitaire. (…)
• Mesure de l'évolution du taux de gaz carbonique dans l'atmosphère, liée à la connaissance des taux des millénaires passés (jusqu'à moins 200 000 ans), éléments clés pour la compréhension des processus écologiques planétaires.

D'après *Documents TAAF.*

QUESTIONS

■ **Doc 1** - Situez les territoires français de l'océan Indien et Austral. À quelles latitudes se trouvent-ils ? À proximité de quelles routes maritimes ?

■ **Doc 2 et 3** - Décrivez les conditions de navigation et d'accès aux îles.

■ **Doc 4 à 6** - Pour quelles raisons la France entretient-elle une présence dans de telles conditions ?

■ **SYNTHÈSE** - La France affirme, par sa présence dans les parties difficilement accessibles du monde, sa position de grande puissance scientifique, économique mais aussi géopolitique. Quels avantages peut-elle espérer en retirer ?

Les rapports gastronomiques franco-japonais

DOC 1

Les échanges culinaires entre la France et le Japon

Les premiers contacts entre les palais nippons et la cuisine française remontent au Second Empire. L'ambassade envoyée par le shogunat à Paris en 1862 loge à l'Hôtel du Louvre. Dans ses mémoires, l'interprète Fukuzawa Yukichi note : « tous les produits des monts et des mers s'offraient à nos appétits, et les pires détracteurs de l'Occident oubliaient leurs préventions contre les Barbares en se délectant de ces mets délicats ». Mais cet enthousiasme poli est compensé, un peu plus tard, par un description de la cuisine française qui ne laisse pas beaucoup d'espoir aux échanges : « Où qu'on aille, on a beau se faire servir tous les mets les plus recherchés, la plupart sont à base de viande. Si on remplace cette viande par du poisson, il est frit à l'huile. Les légumes sont peu variés et si, par chance, on nous en sert, eux aussi ont un goût de graisse. »

Pourtant, après l'ouverture de l'ère Meiji* et surtout après la Deuxième Guerre mondiale, les contacts se multiplient. On commence à produire et à consommer de la viande au Japon. La viticulture de la région de Yamanashi s'oriente vers la vinification et non plus seulement la production de raisin de table. La cour impériale adopte des habitudes européennes et les banquets officiels sont marqués par l'influence d'Escoffier.

En dehors des cuisiniers de paquebots, le premier chef français à avoir réellement goûté et apprécié la cuisine japonaise est Raymond Oliver qui officie à Paris derrière les fourneaux du Grand-Véfour au Palais-Royal. Il est invité en tant que responsable de la restauration à l'occasion des jeux Olympiques de 1964. Deux directeurs d'écoles japonaises de cuisine invitent par la suite les plus grands chefs français à donner des cours dans leurs établissements. À cette occasion, ceux-ci fréquentent les meilleurs restaurants du Japon et sont fascinés par le raffinement des présentations, ainsi que par certaines techniques de cuisson et saveurs nouvelles qu'ils s'empressent d'introduire dans leur propre cuisine, de retour en France.

Les frères Troisgros, Alain Chapel, Paul Bocuse, Michel Guérard, Joël Robuchon et des centaines d'autres chefs sont ainsi fêtés au Japon comme des divas et reviennent pleins d'idées nouvelles. C'est l'un des moteurs de ce que l'on a appelé la « nouvelle cuisine », aujourd'hui passée de mode, mais dont le meilleur est passé dans le patrimoine français. Dans la plupart des restaurants de qualité, les plats sont désormais servis à l'assiette, c'est-à-dire à la japonaise, le chef signant non seulement le goût, mais aussi la présentation raffinée. Les couleurs participent pleinement à la recette, y compris celles de la porcelaine. Les légumes sont peu cuits. On n'hésite plus à servir le poisson mi-cuit et même cru.

Dans l'autre sens, l'influence a été différente. La grande cuisine japonaise s'est peu inspirée de la France. Elle semble poursuivre une voie autonome. En revanche, des milliers de chefs japonais ont assimilé à la perfection les principes de la haute cuisine française et ils les interprètent dans les restaurants français de l'archipel. Certains tiennent même d'excellents restaurants de cuisine française en France. Paul Bocuse ne déclare-t-il pas avec humour, mais sincérité : « Quand on me demande où sont les meilleurs restaurants français, je réponds : à Tokyo, à Osaka, à Kyoto, et leurs chefs sont japonais ! » C'est le signe que, par-delà les apparences, les cultures japonaise et française ont beaucoup de choses à se dire et que leur dialogue ne fait que commencer.

© Jean-Robert Pitte, Nathan, 1997.

***Ère Meiji :** Meiji signifie « gouvernement éclairé ». En 1868, l'empereur Mutsuhito parvint, en retirant le pouvoir au shogun et en soumettant les seigneurs féodaux, à tourner définitivement la page d'un Japon hostile aux étrangers et à la modernité. L'ère Meiji marque l'ouverture du Japon sur le monde.

DOC 2

Une lutte d'influence qui est mondiale

La triade est formée par des puissances territoriales dont les politiques, les entreprises économiques et financières, les stratégies militaires, les formes d'organisations sociales et les cultures exercent des effets sur le reste du monde. Leurs actions sont, au moins en partie, déterminés par les choix et les décisions des autres membres de la triade. (...) Les grandes rivalités technologiques et industrielles s'exercent entre trois ensembles géographiques, l'Amérique du Nord, l'Europe occidentale et le Japon. Les grands systèmes d'information sont dominés par les mêmes ensembles, mais se concurrencent et se combattent. (...) Les luttes, avec leurs enjeux, se situent aussi bien sur le territoire et sur le marché intérieur du partenaire qu'ailleurs dans le monde où chacun s'efforce, en fonction de ses moyens, de maintenir ou d'étendre ses aires d'influence commerciale, politique, culturelle ou militaire.

O. Dollfus, *Mondes nouveaux*, Géographie universelle, GIP-Reclus, 1990.

QUESTIONS

■ **Doc 1** - Retrouvez, à l'aide des indications données dans le premier paragraphe, les principales coutumes alimentaires japonaises. Établissez un tableau comparatif des apports culinaires réciproques des deux cuisines.
– Les échanges culinaires modifient les habitudes alimentaires des Japonais : quelles peuvent en être les conséquences possibles, d'ordre économique et commercial.
– Citez des domaines culturels autres que la gastronomie qui symbolisent l'influence de la France dans le monde.

■ **Doc 2** - Dans quel cadre plus général s'inscrivent les échanges culturels internationaux ? À quel ensemble culturel appartient la France ? Quels sont, finalement, les enjeux de cette compétition « totale » ?

La France dans le monde

L'essentiel

- Les ouvertures maritimes de la France ont invité ses habitants au commerce des marchandises et des services, à l'échange des idées et à l'expansion outre-mer.
- Malgré la crise qu'elle traverse et une proportion de chômeurs proche de 13 % de la population active, la France est la quatrième puissance économique mondiale (PNB, exportations, bourse de Paris).
- Plus que d'autres peuples, les Français ont toujours cherché à jouer un rôle politique et stratégique international, voire planétaire, disproportionné par rapport à la superficie de la France et à sa population.
- Les départements et territoires d'outre-mer témoignent de l'ancien passé colonial de la France dont ils sont les vestiges. Ils participent au rayonnement du pays sur tous les continents et toutes les mers, mais certains DOM-TOM sont aujourd'hui fragilisés par des difficultés économiques, sociales et politiques.

Les notions clés

- DOM
- Expansionnisme
- Exportations
- Francophonie
- TOM

Les chiffres clés

Les Français dans le monde	**1,7 million**
% de la population française :	2,8 %
dont :	14 % aux États-Unis
	9,6 % en Grande-Bretagne
	9 % en Allemagne
	8 % en Belgique

La France dans le commerce mondial

	Rang	Part
Exportations	4	5,5 %
Commerce	4	8 %
dont :		
Blé	4	5,7 %
Vin	2	22 %
Betteraves sucrières	2	11 %
Centrales nucléaires	2	17 %
Construction automobile	4	5,3 %

DEUXIÈME PARTIE

Le territoire français et son or

1. Colmars, petit bourg des Alpes du Sud dans la haute vallée du Verdon. Faiblement peuplée, la France rurale offre une palette très variée de paysages de grande qualité. Ceux-ci représentent un atout majeur pour le développement à venir du tourisme, côtes et hautes montagnes étant parvenues à saturation.

ganisation

3. **Disneyland Paris.**
En quelques années, cet énorme complexe touristique créé grâce à des investissements américains est devenu l'un des premiers d'Europe. L'État et les collectivités territoriales ont facilité son développement en créant une gare TGV reliée au réseau européen et une gare de RER visibles au centre de la photographie.

2. **Grenoble, métropole industrielle et tertiaire des Alpes du Sud.**
La ville a connu un grand développement à l'occasion des jeux Olympiques de 1968. Son site intra-montagnard n'a pas nui à l'implantation d'industries à haute technologie, d'universités et de laboratoires de recherche. Au contraire, la proximité des stations de ski représente un atout, tant l'agrément de l'environnement est aujourd'hui recherché par les cadres supérieurs.

CHAPITRE 4

Les habitants de la France

- Avec une population de 58,5 millions d'habitants au 1er janvier 1997, la France est moins peuplée que l'Allemagne (81,8 millions) et le Royaume-Uni (58,8 millions), mais plus peuplée que les autres pays de l'Union européenne.
- Disposant de la plus grande superficie des quinze pays de l'Union – 543 965 km² – la France a une densité de seulement 106 habitants au kilomètre carré (la neuvième des quinze), très inégale selon les régions. Comment se répartissent les habitants sur le territoire français ?
- La population de la France augmente faiblement, mais la géographie du peuplement connaît d'importants changements. Comment évolue le nombre des naissances et des décès selon les régions ? La France est-elle encore une terre d'immigration ? Le peuplement des régions françaises évolue-t-il de façon semblable ?

PLAN DU CHAPITRE

Le défilé des géants au carnaval du Quesnoy (Nord). Tous milieux sociaux et tous âges confondus, la population française participe avec ferveur à ces fêtes populaires qui renaissent un peu partout.

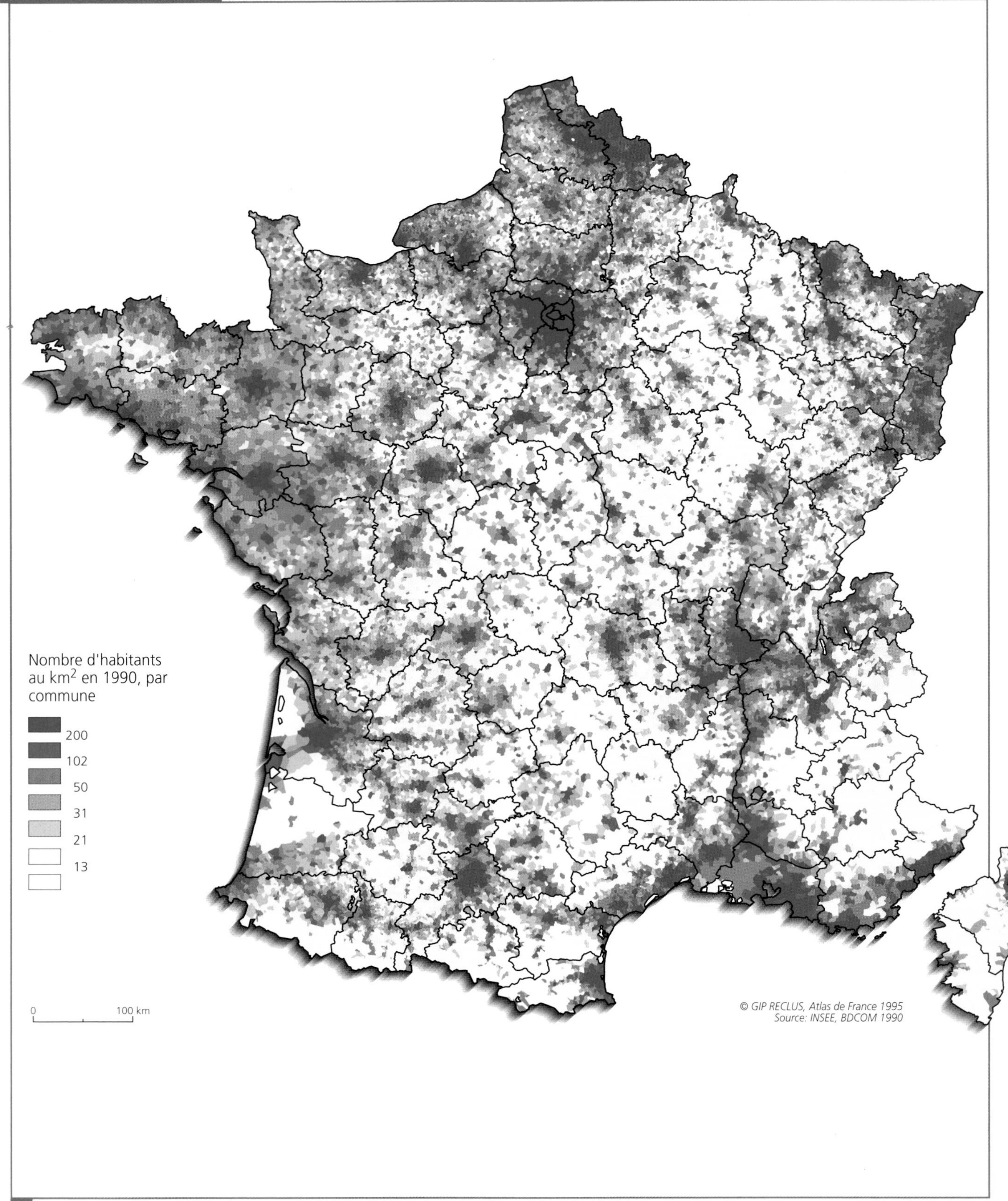

1 Les densités de population en France par commune en 1990.

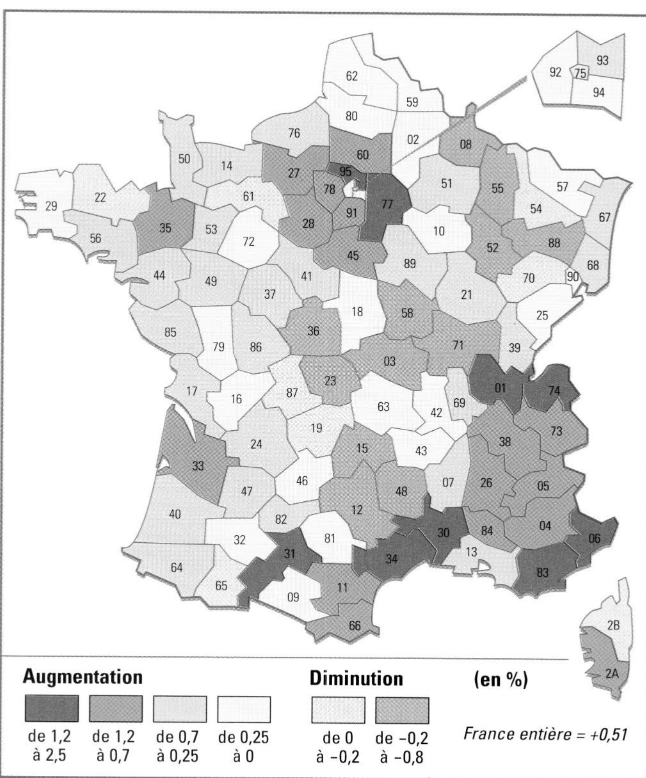

2 L'évolution de la population par département en 1990.

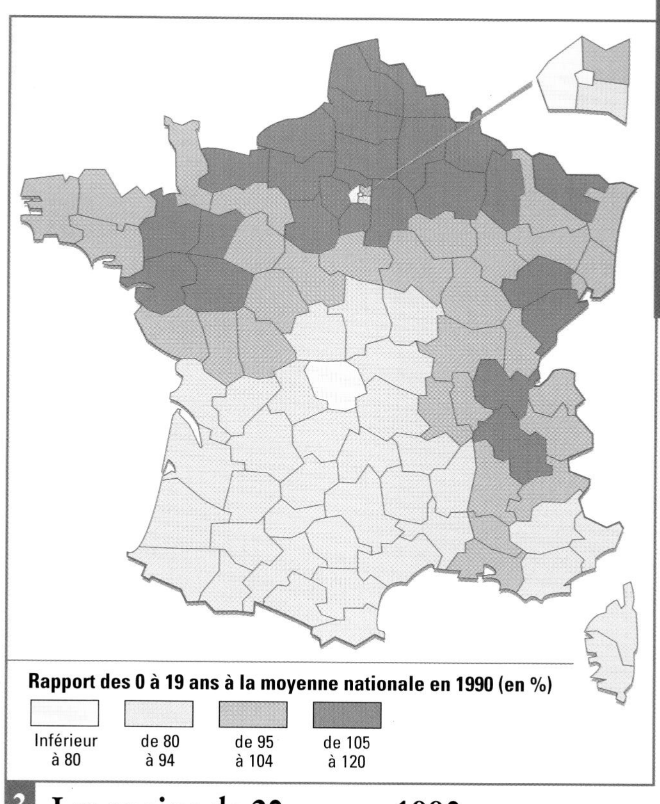

3 Les moins de 20 ans en 1990.

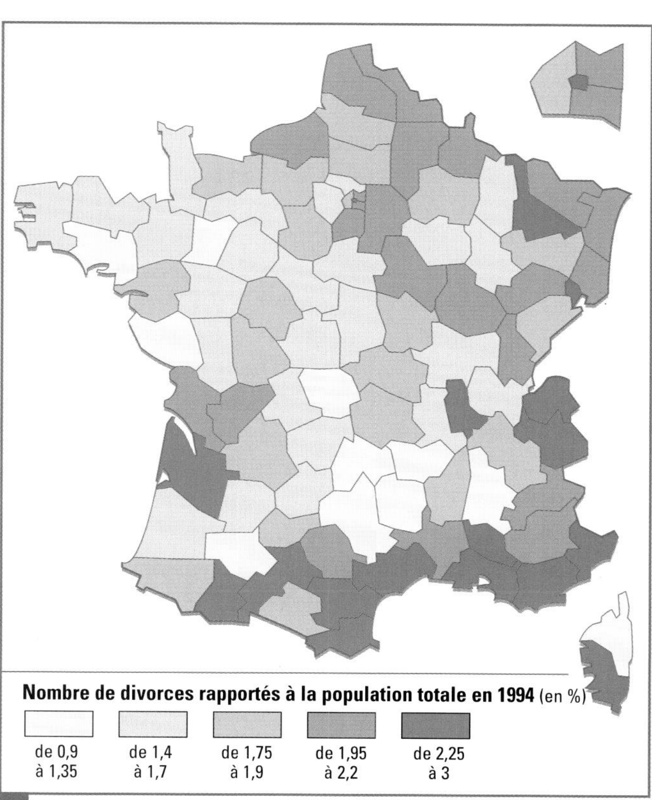

4 Le divorce en 1994.

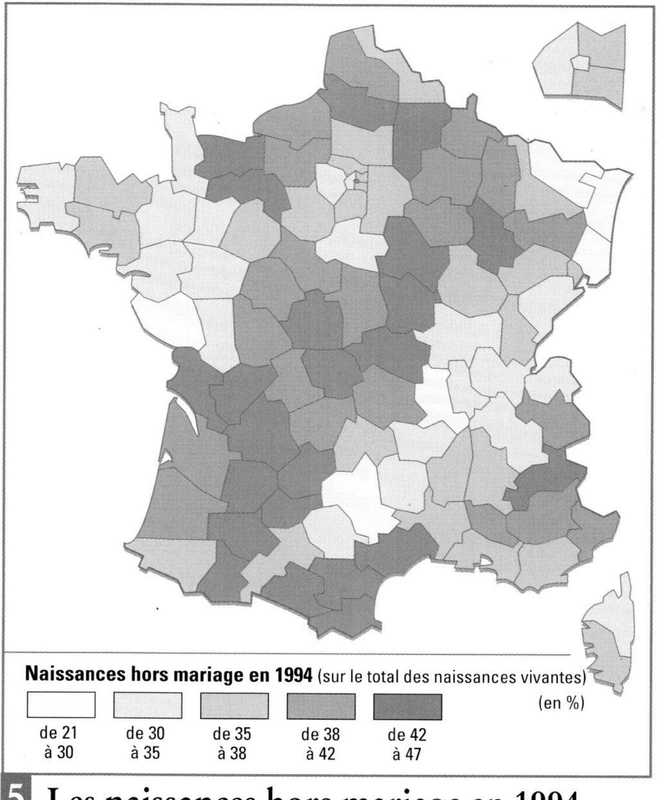

5 Les naissances hors mariage en 1994.

1 Le renforcement de la concentration de la population

OBJECTIFS

Connaître les différences dans la répartition des habitants de la France

Le peuplement de la France métropolitaine* est dominé par la région de la capitale, Paris, et par de grandes disparités régionales.

A - L'Île-de-France domine la France

▶ **L'Île-de-France,** dont la superficie ne représente que 2,2 % de la France, a sur son territoire **18,8 % de la population* métropolitaine.**

▶ Les autres régions françaises sont nettement moins peuplées que l'Île-de-France. La seconde région, **Rhône-Alpes,** ne regroupe que **9,5 % de la population métropolitaine** sur 8 % du territoire.

▶ Une telle **concentration de la population** (doc.1) dans une région n'a pas d'équivalent en Europe. Les régions les plus peuplées d'Allemagne (**Rhénanie du Nord-Westphalie** avec 17,7 millions d'habitants), d'Italie **(Lombardie** avec 10,1 millions) ou d'Espagne **(Andalousie** avec 6,1 millions) présentent deux différences avec l'Île-de-France : la principale ville du pays (Berlin, Rome, Madrid) n'est pas située sur leur territoire et leur superficie par rapport à l'ensemble national est beaucoup plus grande.

B - De grandes disparités régionales de peuplement

▶ Après l'Île-de-France (913 hab./km²), le **Nord-Pas-de-Calais** est le seul foyer de peuplement avec une **densité de population*** de 321 hab./km², équivalant à celle de la Belgique voisine (331). Si l'on exclut les **densités élevées de quelques espaces littoraux** (Méditerranée provençale) et de quelques **espaces fluviaux** (le Rhône et le Rhin pour partie, la basse Seine, la basse Loire), seules quelques **agglomérations** (Bordeaux, Toulouse, Grenoble, Nancy, Clermont-Ferrand, Rennes, Dijon…) introduisent une rupture dans des **espaces peu peuplés** (doc.2 et 3).

▶ Quatre régions (18 % du territoire) concentrent ainsi 25 millions d'habitants, soit 43 % de la population totale (Île-de-France, Rhône-Alpes, Provence-Alpes-Côte d'Azur, Nord-Pas-de-Calais).

▶ En revanche, **de vastes espaces sont peu peuplés**. Il s'agit notamment des cinq régions (Champagne-Ardenne, Bourgogne, Auvergne, Limousin et Midi-Pyrénées) qui, du nord-est au sud-ouest du pays, forment une sorte de **diagonale du vide** : les densités de population y sont très inférieures à la moyenne nationale.

C - Un faisceau d'explications

La **concentration de la population française** résulte d'une convergence de facteurs politiques, économiques, et sociaux.

▶ Paris est l'une des agglomérations les plus peuplées d'Europe. Pendant longtemps, les gouvernements ont favorisé le **développement de l'agglomération parisienne** en y installant toutes les grandes institutions, en finançant des réseaux d'infrastructures tournées vers Paris (routes, voies ferrées, autoroutes, voies aériennes). Les effets de ces décisons politiques sont incontestables puisque le territoire qui correspond aujourd'hui à l'Île-de-France ne représentait que 6% de la population française en 1851, et 11,6% en 1901.

▶ Différents foyers de peuplement – comme le Nord – résultent de la **révolution industrielle*** qui a attiré les hommes et les entreprises près des sources de matières premières.

▶ *A contrario*, l'**exode rural*** mais aussi la baisse de l'emploi agricole, mal relayé par d'autres créations d'emplois, a vidé de larges zones rurales du territoire.

▶ De façon générale, l'aspiration aux services que peut rendre la ville a développé **l'urbanisation***. Le développement du secteur tertiaire a entraîné l'installation de nouvelles activités en ville et en périphérie.

VOCABULAIRE

Densité de population : nombre moyen d'habitants pour une unité de surface. Ce rapport s'exprime le plus souvent en hab./km².

Exode rural : mouvement des habitants des campagnes vers les villes.

France métropolitaine : il s'agit des vingt-deux régions de France continentale et de Corse, à l'exclusion des départements et territoires d'outre-mer (dont la population avoisine 1,8 million d'habitants).

Population : ensemble des habitants d'un pays ou d'une région quelle que soit leur nationalité ou leur origine.

Révolution industrielle : fort accroissement de la production industrielle dans les pays d'Europe de l'Ouest et en Amérique du Nord, durant le XIXe siècle, grâce en partie à la découverte de la machine à vapeur et à l'utilisation du charbon.

Urbanisation : développement de la taille et du nombre des villes.

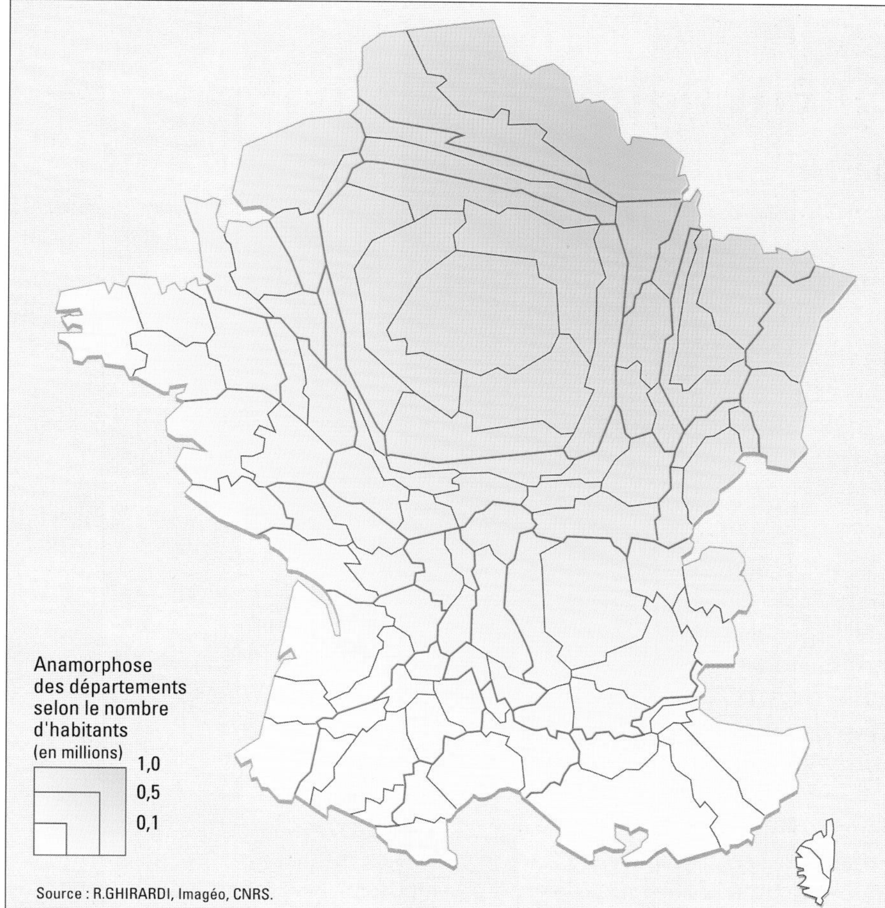

DOC 1 Anamorphose de la population des départements.

■ Essayer de repérer quelques départements : Paris, le Rhône, les Bouches-du-Rhône, la Creuse, la Lozère, les Alpes de Haute-Provence.

DOC 2

L'originalité du peuplement français

La population et les activités de la France sont réparties de façon curieuse, singulière, originale par rapport à ses voisins européens et même par rapport à la plupart des pays. Cette singularité mérite l'attention, elle est une clé capitale pour l'aménagement du territoire.

• La première originalité est la faiblesse du peuplement.

Sur une carte des densités de l'Europe, la France fait une tache très claire. Si l'on exclut la région Île-de-France, la densité moyenne de la France tombe à 86,8. Or, en Europe du Nord-Ouest, il est exceptionnel qu'une densité rurale tombe en dessous de 100.

• La seconde originalité est la répartition de la population.

Il y a deux espaces fortement ou relativement plus fortement peuplés : d'une part, la concentration parisienne et, d'autre part, un ensemble, dépourvu d'homogénéité, les régions limitrophes ou proches des frontières continentales de la moitié Est que l'on appellera la « périphérie Est-continentale ». À l'ouest, vers l'Atlantique ou la Manche, un autre espace, également plus peuplé que la moyenne nationale est, lui aussi, périphérique.

La France dans ses régions, t. 1, Sedes, 1994.

■ En quoi l'espace français est-il singulier ?

■ Les espaces les plus éloignés de la capitale sont-ils moins denses que les espaces moins éloignés ?

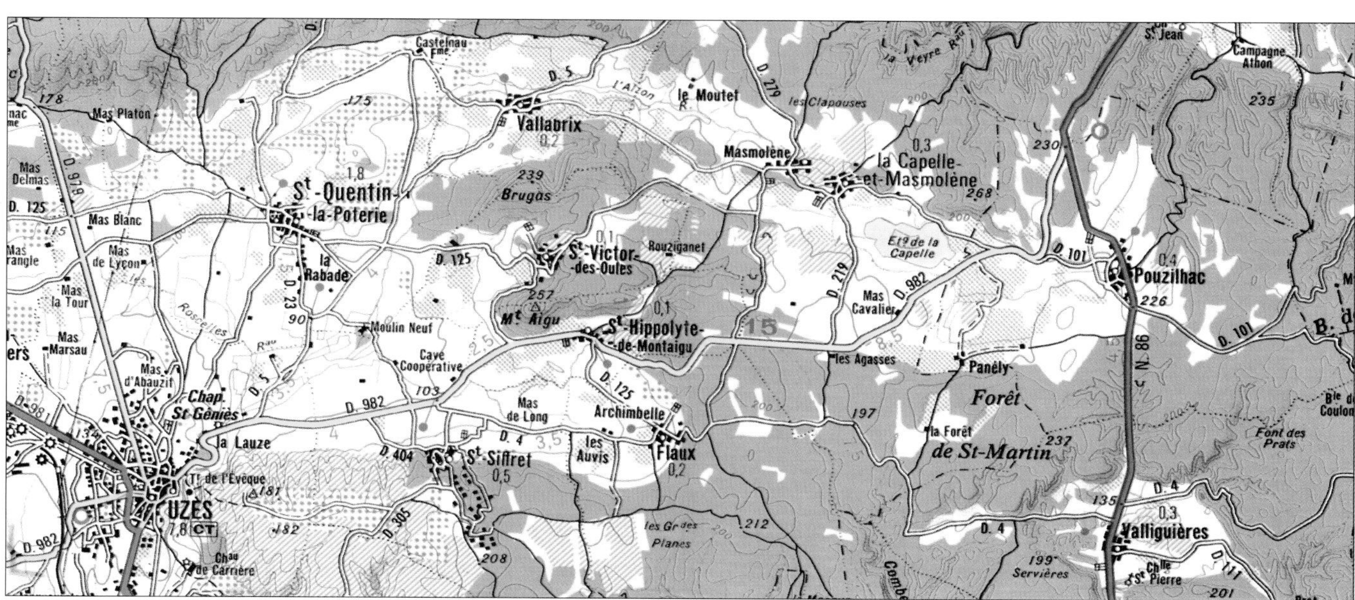

DOC 3 Extrait de la carte IGN d'Uzès au 1/100 000 : des contrastes du peuplement dans la région méditerranéenne.

2 L'accroissement naturel ralenti

OBJECTIFS

Connaître les tendances actuelles de l'accroissement naturel

Après la période du « baby-boom » qui a suivi la Seconde Guerre mondiale pour durer jusqu'en 1964, la France a connu une baisse de sa natalité. Dans le même temps, le taux de mortalité a également baissé pour des raisons tout à fait différentes. La diminution plus forte du taux de natalité par rapport au taux de mortalité conduit à un ralentissement de l'excédent naturel.

A - La baisse de la fécondité et de la natalité

▶ À la fin du « baby-boom », la **fécondité*** est de 2,9 enfants par femme. Une baisse progressive va conduire au niveau de **1,7 en 1996,** ce qui est au-dessus de la moyenne européenne (1,4): neuf pays de l'Union européenne ont une fécondité encore plus basse.

▶ Le **taux de natalité*** baisse également, de 16,4 ‰ en 1973 à **12,5 ‰ en 1995** (doc.2). Quant au nombre des naissances, qui était de 854 900 en 1973, il est de 729 000 en 1995. En conséquence, la pyramide des âges de la France, comme celles des autres pays d'Europe, a une base retrécie.

B - Le repli de la mortalité

▶ En 1946, il y avait en France 13,5 décès pour mille habitants. En 1994, le taux de mortalité enregistre son niveau le plus bas de toute l'histoire démographique française : 9 ‰.

▶ Ces chiffres s'expliquent par une **hausse continue de l'espérance de vie***. Pour l'ensemble de la population, l'espérance de vie passe de 56,7 ans en 1946 à **77,9 ans en 1995.** Cette évolution en hausse a été plus rapide après la guerre et dans les années 1950, mais elle se poursuit depuis avec une augmentation moyenne de plus de trois mois par an. Toutefois, l'espérance de vie est plus élevée pour les femmes (81,9 ans) que pour les hommes (73,8 ans).

▶ La baisse du taux de mortalité est plus particulièrement le fruit de la **baisse de la mortalité infantile*** qui a été considérable. Les décès infantiles étaient encore de 77,8 ‰ en 1946, ce qui signifiait que plus d'un nouveau-né sur douze décédait avant l'âge de un an. La mortalité infantile s'est abaissée jusqu'à **4,9 ‰ en 1995** et les décès infantiles représentent moins de 1 % de l'ensemble des décès.

▶ De nombreux facteurs expliquent le repli de la mortalité :

– l'**amélioration des techniques médicales** (la généralisation des vaccinations, la diffusion des antibiotiques...)

– les **progrès de l'hygiène,**

– le développement des services d'urgence.

D'autres facteurs jouent aussi comme l'élévation du niveau d'études, qui entraîne des comportements plus attentifs à la santé, ou la diffusion du téléphone qui facilite le recours aux services médicaux.

C - Diminution de l'excédent naturel

▶ Comme le taux de natalité diminue plus que le taux de mortalité, **le taux d'accroissement naturel* a baissé** depuis la Seconde Guerre mondiale (doc.1 et 4). Il était de 7,4 ‰ en 1946 et est de **3,4 ‰ en 1995,** soit un excédent annuel de 298 000 en 1946 et de 200 000 en 1995.

▶ La **faible croissance démographique*** française (doc.3) reste néanmoins supérieure à celle enregistrée dans de nombreux pays d'Europe, dont une douzaine ont un taux d'accroissement négatif, comme l'Allemagne, l'Italie, l'Espagne, la Russie...

▶ Ce taux pourrait diminuer plus nettement dans les années à venir car le taux de mortalité pourrait remonter à cause du **vieillissement* de la population** qui se manifeste par la **proportion croissante des personnes âgées.**

VOCABULAIRE

CROISSANCE DÉMOGRAPHIQUE : ce phénomène se constate lorsque le taux d'accroisssement (somme du taux d'accroissement naturel et du taux d'accroissement migratoire) se révèle nettement positif, généralement supérieur à 1 % annuel.

ESPÉRANCE DE VIE À LA NAISSANCE : statistiquement, nombre moyen d'années à vivre pour un individu à la naissance.

FÉCONDITÉ : mesure de la tendance à engendrer des enfants. On distingue le **taux de fécondité** (nombre de naissances pour 1 000 femmes en âge de procréer, soit de 15 à 49 ans) de l'**indice synthétique de fécondité** (nombre moyen d'enfants par femme).

TAUX D'ACCROISSEMENT NATUREL : différence entre le taux de natalité et de mortalité.

TAUX DE MORTALITÉ : nombre de morts pour mille habitants en un an.

TAUX DE MORTALITÉ INFANTILE : nombre d'enfants morts avant l'âge de un an pour mille naissances et par an.

TAUX DE NATALITÉ : nombre de naissances pour mille habitants en un an.

VIEILLISSEMENT : diminution de la proportion des personnes jeunes dans une population et, corrélativement, augmentation de la proportion des personnes âgées.

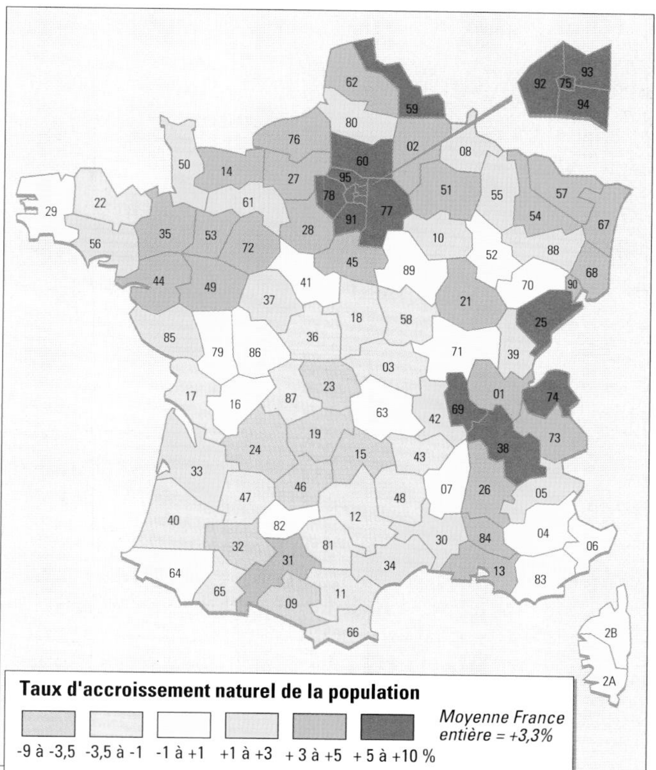

DOC 1 **L'accroissement naturel en 1994.**

■ Quels départements ont un taux d'accroissement naturel négatif? Dans quelles régions sont-ils situés?

■ Quels départements ont un taux supérieur à la moyenne nationale? Pourquoi?

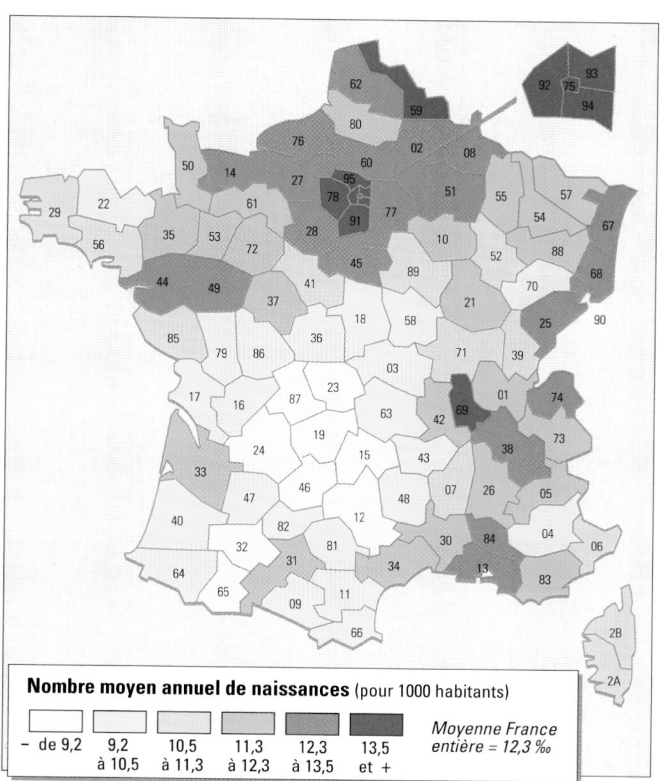

DOC 2 **Le taux de natalité en 1990.**

DOC 3

Scénario-catastrophe

Un pays peut-il disparaître, s'éteindre doucement faute de compter suffisamment d'enfants? « Un collègue japonais m'a confié récemment, à ma grande stupéfaction, qu'on n'excluait plus cette éventualité à Tokyo, où la natalité baisse très vite », raconte Jean-Claude Chesnais, chercheur à l'Institut national des études démographiques. Scénario-catastrophe? Sans doute. Mais, à partir d'un certain stade, on entre dans une spirale infernale. En France, explique M. Chesnais, on enregistre actuellement 750 000 naissances par an pour un indice de fécondité de 1,7. Un simple calcul mathématique montre qu'il suffirait que cet indice passe brutalement à 1,2 (celui de l'Italie, de l'Espagne et de l'Allemagne) et y reste pour voir les naissances tomber à 100 000 par an en un siècle. On n'en est pas là. Le taux de fécondité français, qui a commencé à baisser à la veille de la Révolution, un siècle avant les autres pays d'Europe, s'était stabilisé autour de 1,8 depuis une vingtaine d'années. Il oscille aujourd'hui entre 1,6 et 1,7.

Jean-Paul Dufour, *Le Monde*, 31 octobre 1996.

■ La France a-t-elle connu la même évolution de sa fécondité que les pays voisins?

■ Sur quels arguments repose l'hypothèse de la disparition d'un pays? Qu'en pensez-vous?

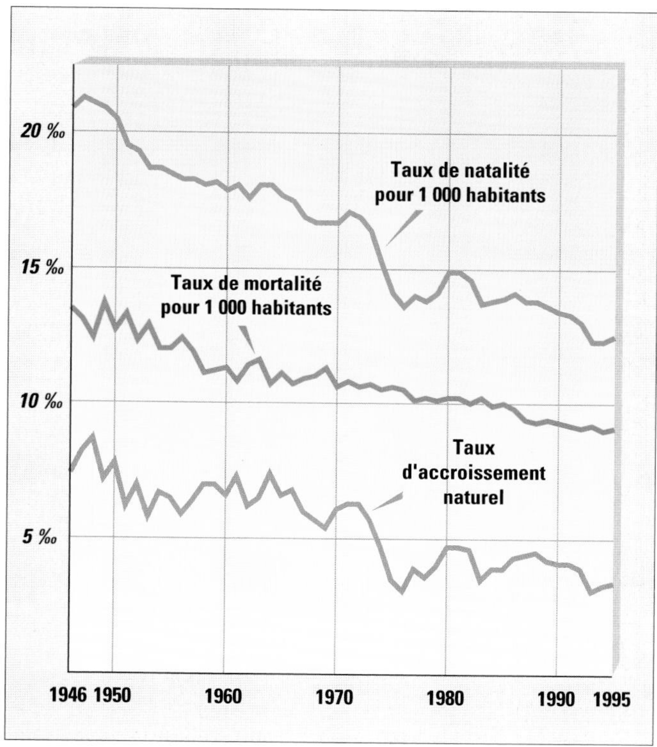

DOC 4 **L'évolution des taux de natalité, de mortalité et d'accroissement naturel de 1946 à 1995.**

■ Comment évolue la natalité? La mortalité?

Le vieillissement de la population française

▶ Comme tous les pays européens, la France enregistre un phénomène général de vieillissement de sa population.

▶ Mais son importance varie en fonction des départements.

▶ La signification géographique de cette évolution n'est pas la même selon qu'il s'agit d'un département rural profond ou d'une région attractive vers laquelle migrent des retraités.

I. La population française vieillit

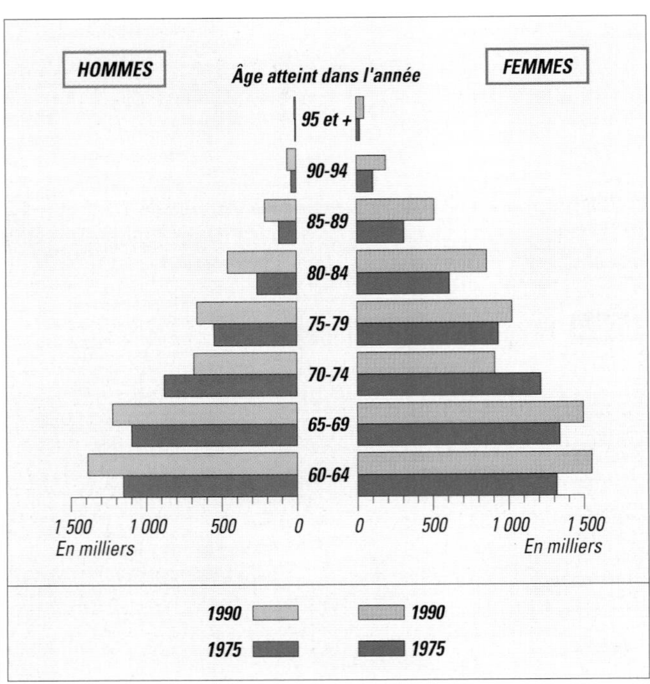

DOC 1 La pyramide des âges des plus de 60 ans en 1975 et 1990.

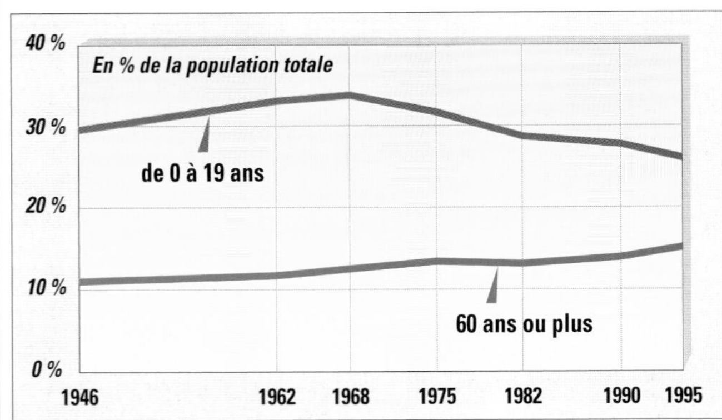

DOC 2 L'évolution de la proportion des personnes âgées et des jeunes entre 1946 et 1995.

DOC 3

Les causes du vieillissement

Le vieillissement de la population a deux sources différentes.

• **Le vieillissement « par le bas »**. La baisse de la fécondité diminue les effectifs des générations jeunes, ce qui augmente corrélativement la proportion des générations âgées.

• **Le vieillissement « par le haut »**. Le recul de la mortalité des personnes âgées entraîne une diminution moindre des effectifs des générations âgées :

– la proportion des personnes atteignant 60 ou plus est plus élevée,

– le nombre d'années restant à vivre après l'âge de 60 ans augmente,

– le recul de la mortalité aux âges les plus élevés est plus important. Par exemple, le taux de mortalité entre 60 et 64 ans baisse de 13,4 ‰ à 10,5 ‰ de 1980 à 1994. Entre 70 et 79 ans, il baisse de 42,1 ‰ à 27,7 ‰.

– l'espérance de vie à 80 ans, de 1980 à 1994, passe de 7,1 ans à 8,31 ans.

© G.-F. Dumont, Nathan, 1997.

QUESTIONS

■ **Doc 1, 2 et 3** - Décrire l'évolution vieillissante de la population française.

■ **Doc 4 et 5** - Dégager la dimension géographique du phénomène : quels départements vieillissent particulièrement ? Qu'ont-ils en commun ?

■ **Doc 6 et 7** - Toutes les implications et les significations géographiques sont-elles comparables ? Étudier le cas de la Creuse et des Alpes-Maritimes.

■ **SYNTHÈSE** - Le phénomène du vieillissement est général en France, mais il prend des allures différentes : critère de déclin et d'abandon dans les espaces ruraux les plus isolés ; indice d'attractivité pour d'autres. En quoi ces situations revèlent-elles des évolutions différentes ?

II. Des situations régionales différentes

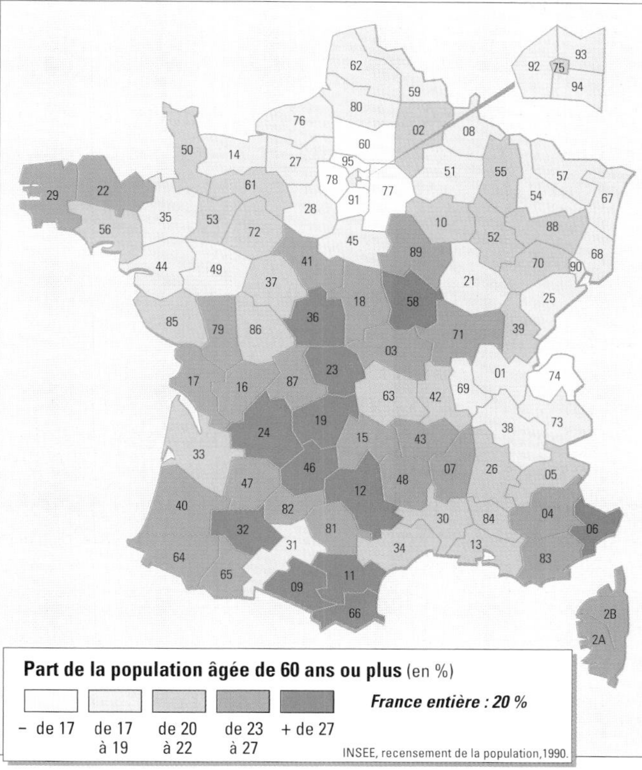

DOC 4 **Les personnes âgées en 1990.**

DOC 5

Les régions les plus vieillies

La carte du vieillissement des départements français de 1990 prolonge les tendances passées, les régions les plus vieillies initialement le sont toujours mais le vieillissement gagne du terrain. Autrement dit, le nombre de départements caractérisés par un proportion élevée de personnes âgées de 60 ans ou plus a fortement progressé. (...). Comme dans les recensements antérieurs, la palme d'or est toujours détenue par la Creuse où désormais, plus d'une personne sur trois a franchi le seuil de 60 ans. (...).

Les cartes du degré de vieillissement de la population totale et de la population rurale ont une grande ressemblance. Autrement dit, dans les départements où la proportion de 60 ans ou plus est élevée, la campagne est sensiblement plus vieillie que dans la moyenne nationale. Mais, dans ces zones, la population des villes est également plus vieillie que l'ensemble de la population citadine, voire que la population rurale.

D'après J. Gaymu, « Avoir 60 ans ou plus en France en 1990 », *Population*, n° 6, 1993.

DOC 6 **La Croisette à Cannes (Alpes-Maritimes) : un espace attractif.**

DOC 7 **Le vieillissement de la France rurale dans un village de la Creuse.**

3 La France, pays d'immigration

OBJECTIFS

Connaître l'évaluation de l'immigration en France

Comprendre l'évolution géographique de l'immigration

Parmi les habitants de la France, plusieurs millions viennent d'autres territoires où ils sont nés. Contrairement aux autres pays européens qui ont connu une forte émigration, la France a été une terre d'accueil dès la première moitié du XIXe siècle. Au fil des décennies, l'origine des immigrés a varié tandis que la distribution géographique des immigrés s'est concentrée.

A - Les grands courants migratoires et leurs origines

▶ Le **solde migratoire*** n'est pas connu en France avec précision ; il n'est vérifiable qu'à l'occasion des recensements. Néanmoins, chaque année le nombre des **immigrés*** est supérieur à celui des **émigrés***.

▶ Les **courants d'immigration** enregistrés en France mettent en évidence des changements géographiques considérables.

– Au XIXe siècle, **l'immigration est surtout de proximité,** avec des **Belges,** des **Allemands,** des **Espagnols** et des **Suisses.**

– Dans le premier quart du XXe siècle, les immigrés viennent également de pays voisins : les **Italiens** occupent ainsi la première place des étrangers en France.

– Après la Première Guerre mondiale, les émigrés viennent d'horizons plus lointains, et les **Polonais** deviennent en 1927 la seconde nationalité étrangère en France.

– Une troisième période, correspondant aux **Trente Glorieuses,** voit un **changement d'origine géographique des immigrés européens** (Espagnols dans les années 1950, Portugais dans les années 1960) et l'**arrivée croissante d'immigrés venant d'autres continents (notamment du Maghreb et des anciennes colonies françaises).** Le solde migratoire annuel passe de 50 000 à 100 000, sauf en 1962 où il atteint 560 000 avec l'arrivée des rapatriés d'Afrique du Nord (doc.3).

– Depuis les années 1970, les immigrés viennent de régions plus lointaines, d'**Afrique noire** ou d'**Asie** (doc.4). L'immigration est ainsi passée du voisinage au grand large, composant une population immigrée d'une extraordinaire diversité.

B - La concentration géographique de l'immigration

Les régions à fort potentiel économique attirent les immigrés (doc.1 et 2).

▶ Du XIXe siècle jusque dans les années 1970, les **grands bassins d'emploi industriels,** comme le **Nord-Pas-de-Calais** et la **Lorraine,** sont des pôles privilégiés d'immigration. Ailleurs, l'**agriculture du Sud-Ouest,** déficitaire en main-d'œuvre, attire une **immigration saisonnière*.**

▶ Depuis les années 1970, ce sont surtout les **grandes régions urbaines** qui attirent l'immigration. De fait, plus de 90 % des étrangers vivent dans des agglomérations urbaines. À cela s'ajoute quelques **pôles économiques,** en Alsace ou en France-Comté, ainsi que des **zones touristiques**.

▶ Enfin, la localisation actuelle des immigrés récents s'explique par la localisation antérieure, car les immigrés s'installent là où ils peuvent utiliser des réseaux* facilitant leur intégration.

C - L'immigration aujourd'hui

▶ Faute de données assez fiables sur le nombre d'immigrés, les statistiques prennent en compte le nombre d'**étrangers***, c'est-à-dire de personnes de nationalité étrangère résidant sur le territoire. Ils étaient **3,6 millions au recensement de 1990,** représentant **6,3 % de la population de la France,** contre 5,3 % en 1968 et 4,7 % en 1962.

▶ Depuis les années 1970, dans un contexte économique moins prospère, l'immigration a évolué à la baisse. Maïs, avec l'instauration du droit au regroupement familial, le solde annuel oscille entre 50 000 et 100 000 (non compris les entrées clandestines).

VOCABULAIRE

ÉMIGRATION/IMMIGRATION : on distingue l'**émigration,** action de quitter son pays de résidence, de l'**immigration,** action d'arriver dans un nouveau pays de résidence.

ÉTRANGERS : il s'agit de personnes résidant dans un pays et n'en ayant pas la nationalité. En l'absence de données complètes sur le nombre des immigrés, le nombre des étrangers reste un indicateur intéressant, mais insuffisant. En effet, la notion d'étranger a un sens juridique, celle d'immigré un sens géographique, puisqu'elle suppose le passage d'une frontière.

IMMIGRATION SAISONNIÈRE : flux de personnes venant temporairement s'installer dans un pays.

RÉSEAU MIGRATOIRE : ensemble des relations et des relais permettant à une personne souhaitant émigrer de quitter son pays, puis de s'installer dans un autre.

SOLDE MIGRATOIRE : différence entre le nombre de personnes venues s'installer dans un endroit donné et le nombre de personnes qui en sont parties.

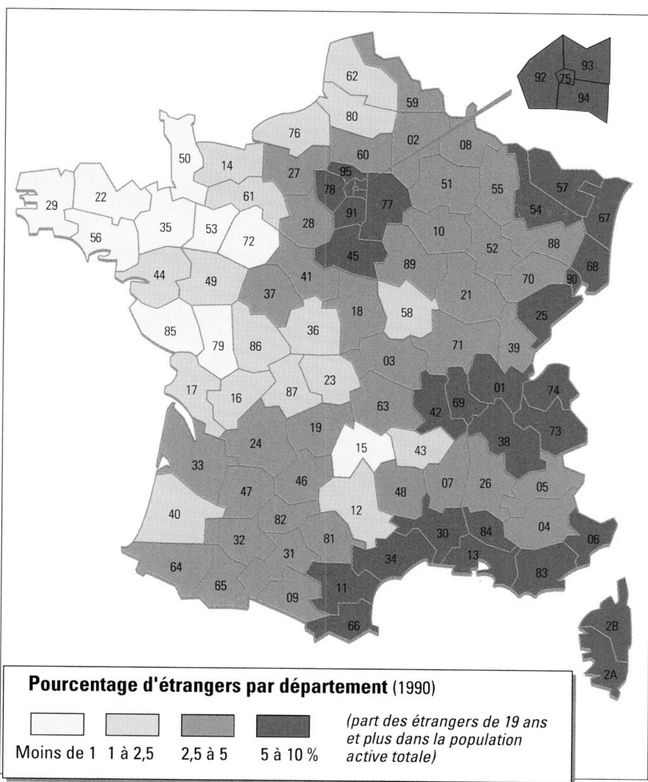

DOC 1 Les étrangers en France en 1990.

■ Quelles sont les régions où la proportion des étrangers est la plus élevée ? Où est-elle la plus faible ? Tentez d'apporter des éléments d'explication.

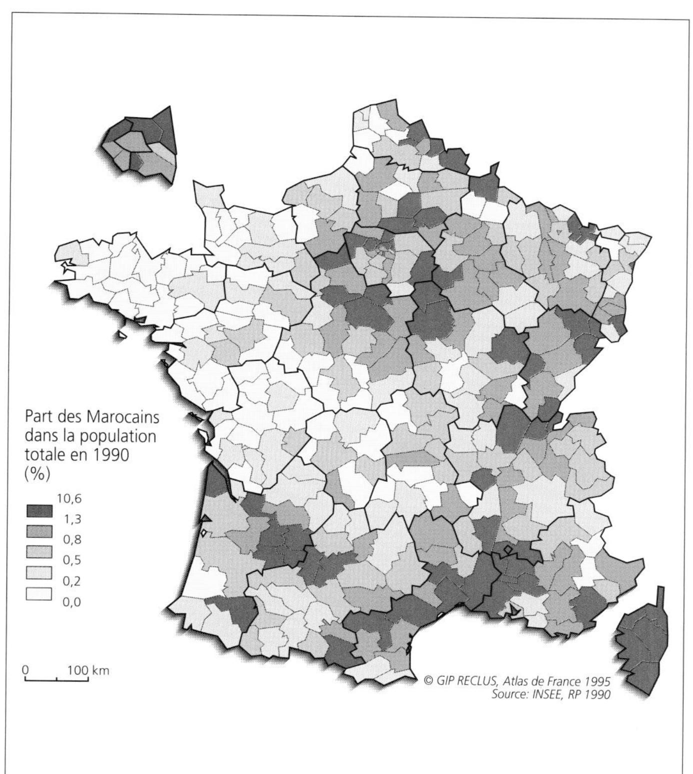

DOC 2 Les Marocains en France en 1990.

■ Comparer cette carte avec la carte des étrangers en France. Que constatez-vous ? Dans quelles régions les Marocains s'installent-ils de préférence ? Pourquoi ?

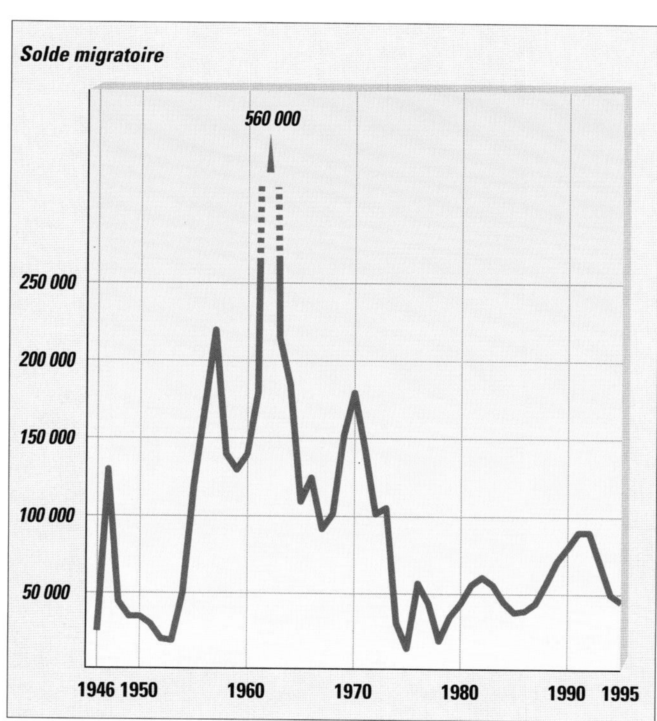

DOC 3 L'évolution du solde migratoire depuis 1946.

■ Commenter les variations de la courbe.

DOC 4 La célébration du nouvel an chinois dans le quartier chinois à Paris.

4 Des espaces de plus en plus diversement peuplés

OBJECTIFS

Connaître les évolutions dans la répartition de la population française

Trois grands facteurs modifient la géographie de la population de la France : la concentration dans les agglomérations, l'attraction du Sud, et le vieillissement qui diffère selon les régions.

VOCABULAIRE

Décentralisation : pratique d'aménagement du territoire par laquelle l'État cherche à encourager l'implantation des activités des administrations et des entreprises dans des régions autres que l'Île-de-France.

Développement exogène : un territoire se développe davantage sous l'effet d'initiatives venues de l'extérieur que par des initiatives locales.

Migrations alternantes : déplacements quotidiens entre le domicile et le lieu de travail.

Périurbanisation : urbanisation de l'espace situé au voisinage immédiat d'une ville.

Peuplement dispersé : la population est disséminée sur l'ensemble du territoire.

Technopôle : (nom masculin) parc technologique disposant de structures d'accueil spécifiques pour les entreprises et favorisant une étroite connexion entre centres de recherche et d'enseignement et industries de pointe.

ZPIU : zones de peuplement industriel ou urbain. Elles couvrent toutes les unités urbaines et englobent certaines communes rurales, constituant ainsi des zones intermédiaires entre les unités urbaines et les zones purement rurales.

A - Les espaces urbains davantage peuplés

▶ L'**urbanisation** a touché la France comme l'ensemble des pays du monde. Territoire disposant depuis des siècles d'un **peuplement dispersé***, la France a vu progressivement sa population se concentrer dans les villes. En 1811, la population urbaine est évaluée à 5,5 millions, soit environ 20 % de la population totale. **La population des zones urbaines** (ZPIU)* **atteint 51 millions d'habitants en 1990, soit 90 % de la population totale.** L'urbanisation se marque par trois phénomènes :

– la **forte concentration dans les centres-villes** : ainsi, la densité de Paris (20421 hab./km²) est plus du double de celle de Londres ;

– l'**extension géographique des villes** avec une transformation profonde des espaces situés à leur périphérie. Compte tenu du coût de l'immobilier et des conditions de vie en centre-ville, **les banlieues s'urbanisent en continuité de l'espace bâti du centre-ville** : c'est la **périurbanisation*** ;

– enfin, depuis les années 1970, une nouvelle forme d'urbanisation apparaît avec des populations qui choisissent leur domicile dans des communes peu peuplées, situées plus loin de la ville, alors que leur activité professionnelle se déroule dans la ville ou dans sa banlieue. Cela se traduit par un **allongement des migrations alternantes***.

B - L'attraction du Sud

Avant les années 1960, les migrations internes françaises allaient d'ouest en est et du sud au nord. Le retournement s'effectue dans les années 1960.

▶ Des villes comme **Montpellier** connaissent un décollage économique sous le double effet de l'installation des « pieds-noirs » en 1962, de l'implantation significative d'**entreprises à forte notoriété** et de la volonté nationale de créer un **pôle touristique** dans le Languedoc-Roussillon.

▶ D'autres villes, comme **Toulouse,** bénéficient des **efforts de l'État en matière de décentralisation*** et connaissent ainsi un développement exogène*.

▶ Les espaces du Sud apprennent à **valoriser leur climat** et attirent hommes et activités économiques (doc.3). La migration est accentuée par les facilités de transports ou par des choix de développement économique, telle la **création de technopôles*** (par exemple, Sophia-Antipolis près de Nice) (doc.1).

C - Les espaces des populations vieillissantes

▶ La baisse de la natalité et les migrations internes additionnent leurs effets et entraînent une **diminution de population dans les espaces les moins denses** : les régions Auvergne et Limousin, et au total une trentaine de départements.

▶ Le phénomène majeur est celui d'un **vieillissement différentiel conjuguant les effets des différences de fécondité et des mouvements migratoires.** La proportion des moins de 20 ans varie de 10 points entre le Limousin (22,6 %) et le Nord-Pas-de-Calais (32,1 %). Dans un département comme la Creuse, le nombre de personnes âgées de 65 ans ou plus est supérieur à celui des moins de 20 ans. Les générations arrivant en activité sont de moins en moins nombreuses, et les **coûts sanitaires et sociaux du vieillissement** sont de plus en plus élevés.

DOC 1

Le technopôle de Sophia-Antipolis près de Nice. Établissements industriels tournés vers la haute technologie (électronique, pharmacie, etc.), laboratoires de recherche, grandes écoles, instituts universitaires sont dispersés dans les collines des hauts de Nice.

■ Quels sont les avantages d'une telle localisation ?

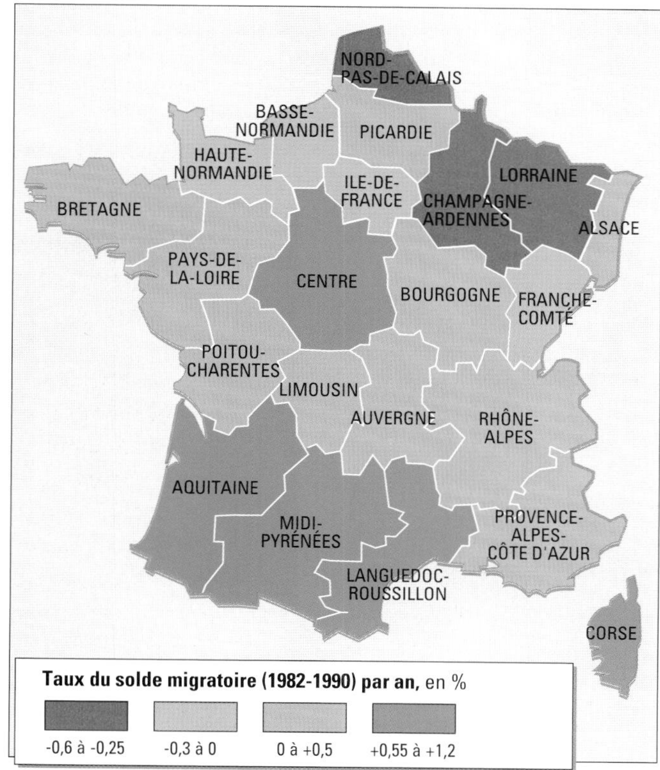

DOC 2 **Le taux du solde migratoire selon les régions.**

DOC 3

L'attraction du Sud

Un facteur a fait son apparition en France, à l'instar d'autres pays comme l'Allemagne ou les États-Unis : c'est l'héliotropisme positif, par analogie avec ces « végétaux et ces animaux » qui se tournent « vers la lumière solaire ».

Le climat du Sud, associé au développement de l'industrie touristique et d'activités nouvelles représentant une valeur appréciée, stimule des migrations. La migration prend de plus en plus un aspect réticulaire, le choix migratoire d'un parent, d'un ami, incitant d'autres personnes à suivre un trajet migratoire semblable.

Mais l'héliotropisme n'a pas que des effets positifs. D'une part, il peut comporter une part importante de retraités dont les besoins ne sont pas toujours faciles à satisfaire par des collectivités territoriales manquant de moyens ou d'expérience face à ce type de population. Les Alpes de Haute-Provence sont à cet égard un cas d'école.

D'autre part, l'attirance pour le Midi peut provoquer des arrivées trop importantes par rapport à la capacité d'adaptation des marchés de l'emploi locaux, qui ne sont pas toujours très diversifiés ou ne sont capables d'offrir que des emplois fort temporaires, comme dans le tourisme. Tout migrant n'étant pas nécessairement un créateur d'emploi, les taux de chômage sont en définitive souvent assez élevés dans les régions du Sud.

G.-F. Dumont, *Les spécificités démographiques des régions et l'aménagement du territoire*, Éd. des Journaux officiels.

■ Quelles sont les motivations des migrations à destination du Sud ?

La pauvreté est-elle « nouvelle » ?

- Aucune société n'a jamais complètement jugulé la pauvreté.
- La France voit aujourd'hui la pauvreté s'étendre, ce qui constitue un enjeu pour certains espaces comme la rue, qui la recueillent sans y être préparé.
- Quels sont, aujourd'hui, les caractères originaux de cette pauvreté ?

I. La pauvreté, une permanence des sociétés...

DOC 1 Le Chevalier Roze à la montée des Accoules, par Duffaud. Une représentation de l'épidémie de peste dans le quartier des Accoules à Marseille au XVIIIe siècle.

DOC 3

Santé économique et santé sociale

Les années de la croissance furent aussi celles de la réduction régulière de la pauvreté. Les passages se faisaient de l'agriculture au monde ouvrier et du monde ouvrier au tertiaire. L'instauration du salaire minimum interprofessionnel de croissance (SMIC) en janvier 1970, la prise en charge financière des personnes handicapées à partir de juin 1975, l'extension, puis la généralisation, en 1980, de la couverture sociale, l'amélioration de diverses prestations familiales telle l'API (Allocation de parent isolé) firent que la pauvreté n'apparut plus que de manière résiduelle. (...) Ce mouvement global de réduction de la pauvreté s'est infléchi une première fois en 1983 et 1984 lorsque les restructurations industrielles firent augmenter le nombre de chômeurs de plus de 250 000 personnes chaque année. Cette évolution, pour d'autres raisons économiques, se reproduisit en 1991 et 1992. Le chômage des années 1991 et 1992 a atteint surtout des personnes de 25 à 50 ans. En l'absence de solidarités familiales, lorsque les droits à l'indemnisation se trouvent épuisés, vient le moment où le revenu minimum d'insertion (RMI) constitue l'unique ressource.

H. Legros, *L'état de la France*, La Découverte, Paris, 1996.

DOC 2 Vendeur du journal *Le Lampadaire* dans une rue.

II. Aujourd'hui : chômage, fragilité et difficultés d'intégration

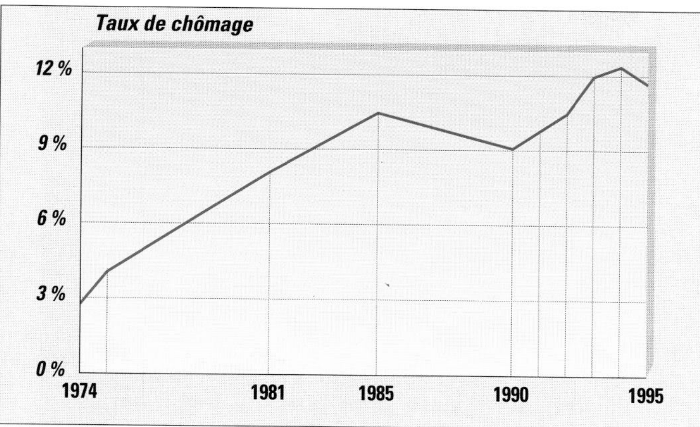

DOC 4 L'évolution du taux de chômage entre 1974 et 1995.

DOC 5

Les « sans-domicile fixe » : une situation déjà fragile ?

Environ un homme sans domicile sur dix avait perdu son père avant l'âge de seize ans, autant avaient perdu leur mère. Environ un sur quatre ne vivait à seize ans ni avec son père ni avec sa mère. Cette proportion est beaucoup plus forte pour les plus jeunes, de même que la proportion de ceux qui étaient à seize ans en structure collectives (foyers...) ou en famille d'accueil. Or, la famille est censée fournir un soutien affectif ou matériel à ses membres en difficulté, contribuer à la réussite scolaire des enfants et mettre à leur disposition son réseau de connaissances afin de trouver un emploi et un logement. Avoir été précocement séparé de sa famille d'origine, souvent dans des conditions traumatisantes, est un handicap à la fois psychologique et matériel qu'ont connu de nombreuses personnes de la rue.

M. Marpsat et J.-M. Firdon, « Devenir sans-domicile : ni fatalité, et ni hasard », *Population et sociétés*, n° 313, mai 1996.

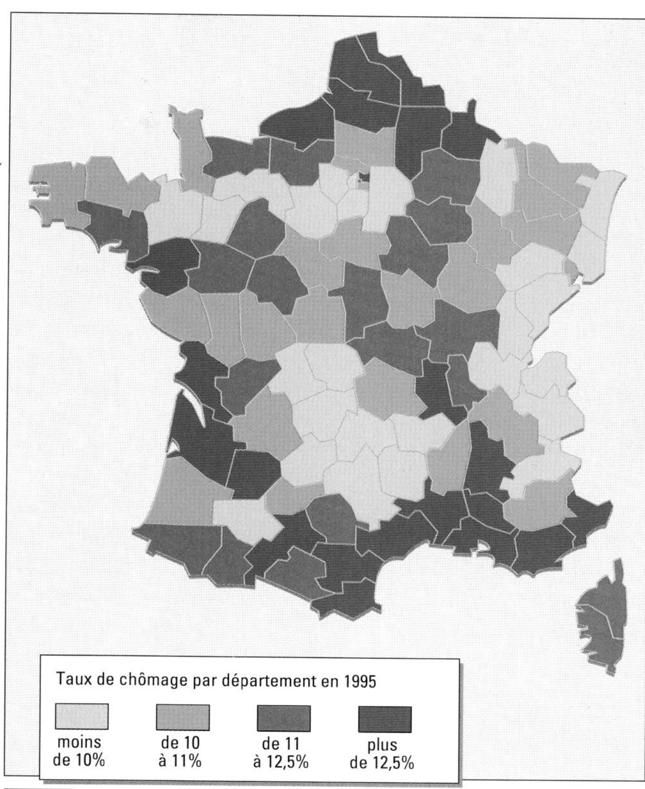

DOC 6 Le chômage en 1995.

DOC 7

Des mécanismes et des lieux d'intégration grippés

Se pose avec acuité la question de l'intégration qui ne concerne pas seulement les enfants d'immigrés mais la totalité de la population fragilisée par la précarité. L'exclusion n'est pas qu'économique; elle est fondamentalement sociale.

Il fut un temps où les canaux de l'intégration fonctionnaient avec efficacité. Le travail, d'abord, car il est à la base de l'insertion sociale et qu'il permet, lorsqu'il ne manque pas, de compenser l'échec scolaire; l'école, ensuite, parce qu'en dépit de tout, elle est le lieu d'apprentissage de la langue, de la communication, du mixage culturel et de savoirs indispensables à l'insertion professionnelle; les organisations populaires, syndicats et partis « ouvriers » qui ont joué un rôle incontestable « d'écoles du peuple » pour les populations déracinées venant d'ailleurs jusque dans les années 1960. Or, ces instruments se sont grippés.

D'après F. Damette et J. Scheibling, *La France, permanences et mutations*, Hachette, coll. Carré-géographie, Paris, 1995.

QUESTIONS

- **Doc 2** - Où les « nouveaux pauvres » vivent-ils? Pourquoi occupent-ils ces lieux? Cela est-il une nouveauté ?
- **Doc 3, 4 et 6** - Quels sont les facteurs économiques de la pauvreté actuelle ?
- **Doc 5 et 7** - Quels en sont les facteurs sociaux ?
- **SYNTHÈSE** - En quoi la pauvreté est-elle particulièrement surprenante dans un pays riche comme la France ?

La pyramide des âges de la France

Savoir

Qu'est-ce qu'une pyramide des âges ?

- Une pyramide des âges est un double histogramme donnant une représentation d'une population par sexe (à droite, les femmes ; à gauche les hommes) et par âge à un moment donné.
- En **abscisse** (horizontal), sont représentés les effectifs vivants (en valeurs absolues ou en %).
- En **ordonnée** (vertical) sont représentées les « classes d'âges », généralement de 10 ans en 10 ans.
- Ainsi, une pyramide des âges représente les **effectifs vivants** de la population rangés selon leur **date de naissance.**

Méthode

Lire une pyramide des âges

Normalement, les effectifs vivants diminuent au fur et à mesure que s'élève l'âge des générations. La forme d'ensemble de la figure est donc une pyramide. Mais l'histoire démographique d'un pays, comme sa situation présente, offrent très souvent des originalités telles que la forme s'écarte de l'aspect pyramidal. On peut ainsi observer certains phénomènes démographiques généraux :

– **des formes symétriques** (« creux » ou « bosses ») qui indiquent une **anomalie de la natalité** (seule, la natalité peut concerner, à part égale, les hommes et les femmes) : déficit des naissances pendant les guerres, classes creuses induites une génération plus tard ou, inversement, « baby boom ».

– **des formes dissymétriques** qui indiquent des **variations dans la mortalité** (seule, la mortalité peut atteindre sélectivement les hommes ou les femmes) : supériorité numérique des femmes sur les hommes dans les fractions les plus vieilles de la population exprimant l'inégalité des individus face à l'espérance de vie ; surmortalité des hommes pendant les périodes de guerre.

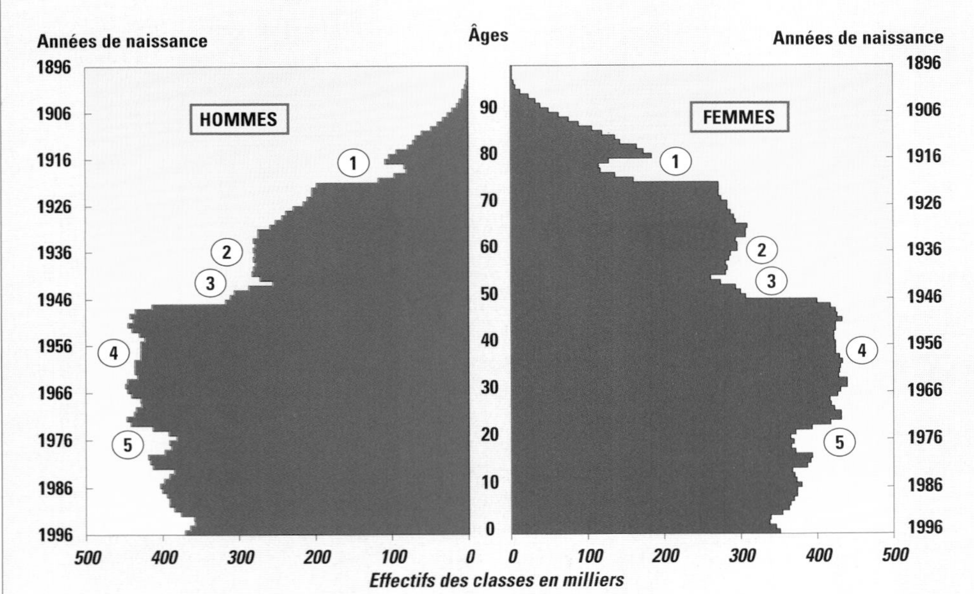

1. Déficit des naissances dû à la guerre de 1914-18 (classes creuses).
2. Passage des classes creuses à l'âge de fécondité.
3. Déficit des naissances dû à la guerre de 1939-45.
4. «Baby-boom».
5. Passage de la fécondité en dessous de 2 enfants par femme.

DOC 1 La pyramide des âges de la France au 1er janvier 1997.

QUESTIONS

- Repérez les différentes variations par rapport à la forme pyramidale et classez-les en fonction de leur type (symétrique ou non).
- À l'aide de cette pyramide des âges et en vous appuyant sur des connaissances acquises en cours d'histoire et de géographie, expliquez chacune de ces variations et donnez-en une interprétation.
- Actuellement, la population française est-elle démographiquement dynamique ou non ?

Les habitants de la France

L'essentiel

- Disposant de la plus grande superficie des quinze pays de l'Union européenne, la France est un pays peu peuplé.
- Sa population s'accroît de moins en moins vite, sous l'effet conjugué d'une baisse de l'excédent des naissances sur les décès et d'une stabilité du solde migratoire.
- La France demeure un pays d'immigration. Les immigrés qui arrivent aujourd'hui sur le territoire français viennent de régions de plus en plus éloignées : Afrique, Asie…
- La concentration de la population française dans la région de l'Île-de-France constitue l'une des caractéristiques majeures de la répartition du peuplement français.
- La géographie du peuplement se modifie profondément sous l'effet :
  – du renforcement de la concentration dans les zones urbaines,
  – de l'importance des migrations internes en direction des régions du Sud,
  – des différences de pyramide des âges selon les espaces.

Les notions clés

- Densité de population
- Mouvement naturel
- Mouvement migratoire
- Urbanisation
- Vieillissement de la population

Les chiffres clés

La population et le peuplement français en 1995

Superficie de la France : 551 500 km^2 (17 % de l'Union européenne)
Population : 58 500 000 habitants (15,6 % de l'Union européenne)
Densité : 106 habitants/km^2

Taux de natalité : 12,5 ‰
Taux de mortalité : 9,1 ‰
Taux de mortalité infantile : 4,9 ‰
Taux d'accroissement naturel : 3,4 ‰
Indice synthétique de fécondité : 1,7 enfant/femme
Espérance de vie : 74 ans (hommes) et 82 ans (femmes)
Plus de 65 ans : 15 %
Moins de 20 ans : 26 %
Solde migratoire : 45 000 personnes

Proportion de la population de la région la plus peuplée (Île-de-France) : 18,8 %
Population des 100 premières agglomérations : 28 millions d'habitants
Proportion de la population des 100 premières agglomérations : 49 %
Proportion de la superficie des 100 premières agglomérations : 4 %

Taux d'urbanisation : 75 %
Proportion d'habitants dans les zones urbaines (ZPIU) : 90 %

CHAPITRE 5

L'organisation et l'utilisation de l'espace français

Image satellite de l'Île-de-France. Comprendre l'organisation de l'espace français, c'est saisir ce qui fait sa diversité (ici illustrée par les oppositions de couleurs) et sa cohésion (ici la polarisation sur Paris). C'est analyser l'espace agricole (vastes parcelles de l'openfield), l'espace industriel (usines au bord de la Seine), l'espace des services (l'ensemble de la Défense, les aéroports).

■ *En plaçant un calque sur l'image marquer les éléments qui structurer l'espace (transports, par exemple). Identifier les grands types d'espace Sur cette base, on peut faire un schéma de synthèse.*

- Chaque région française se caractérise par sa position par rapport à l'ensemble du pays. Où se trouve votre région ? Vous semble-t-elle très intégrée au pays, ou par quelles particularités se démarque-t-elle ? Avec quelles autres régions le réseau de transport la met-il en contact ?
- Différentes logiques de localisation expliquent, à l'échelle de la France, la distribution des activités. Quelles sont les activités présentes dans votre région ? Pourquoi s'y sont-elles développées ?
- De telles questions, posées pour chaque région, permettent de rendre compte de l'organisation de l'espace français.

PLAN DU CHAPITRE

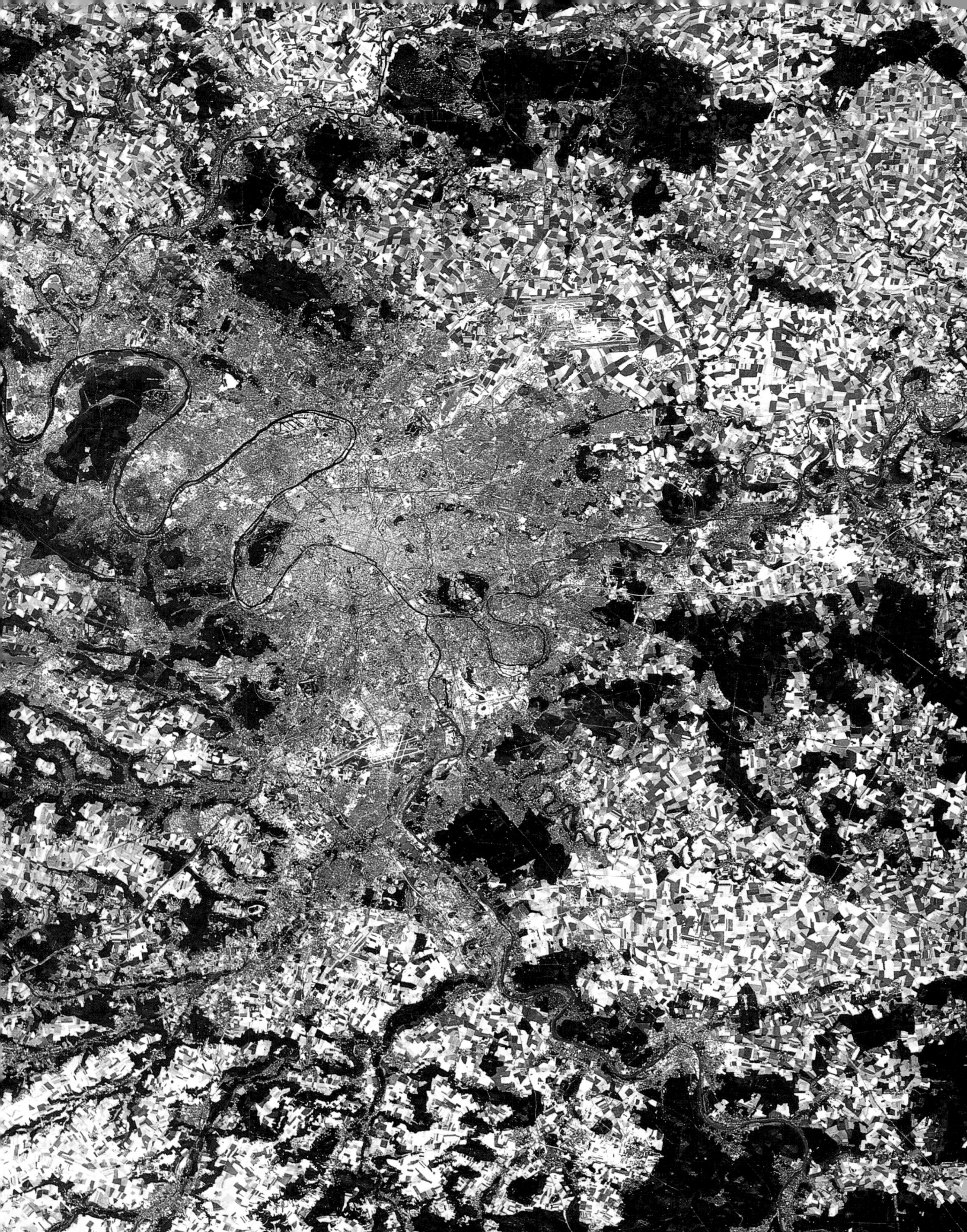

1 La desserte du territoire français.

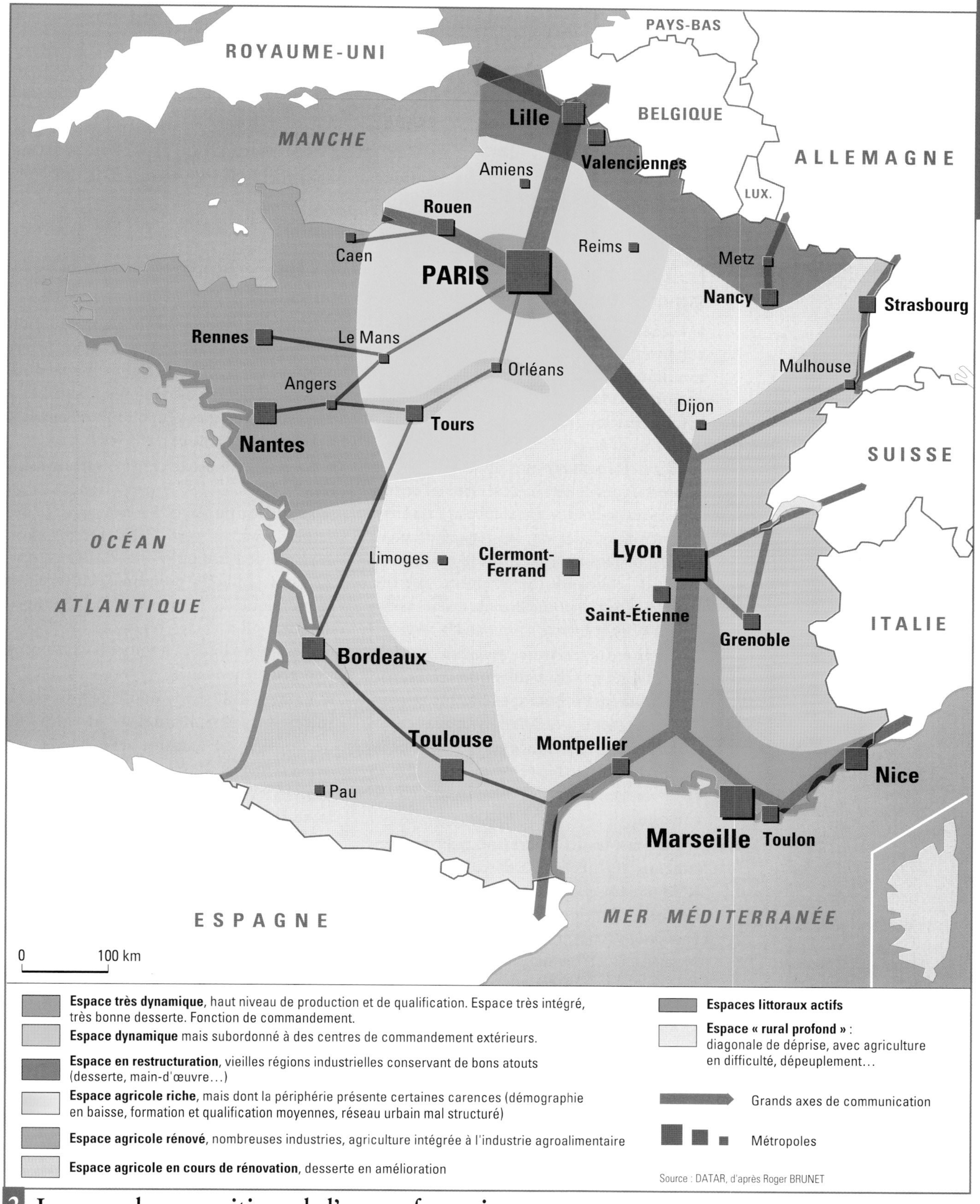

2 Les grandes oppositions de l'espace français.

1 Une France : la cohésion du territoire

OBJECTIFS

Comprendre que la France est une construction historique

Connaître les stratégies qui ont assuré sa cohésion

La première question qui se pose quant à l'organisation de l'espace français est son degré de cohérence et les facteurs qui assurent son unité spatiale, au-delà des différenciations régionales.

A - Une cohésion qui n'a rien de naturel

▶ Un certain nombre d'éléments assurent la **cohésion sociale, politique, culturelle, économique** de la France : l'**ancienneté de la nation,** une **langue commune,** un **accord général sur les grands principes** (droits de l'homme, démocratie...), un **devoir de solidarité**... La solidité de l'union nationale s'éprouve lors de certains événements tristes (« Union sacrée » pendant la Première Guerre mondiale) ou heureux (compétitions sportives internationales). Mais comment la cohésion du territoire est-elle assurée, malgré l'obstacle de la distance, des reliefs, et de la diversité des régions ?

▶ **L'unité du territoire français ne doit rien à la géographie physique.** La France ne possède pas d'homogénéité sur ce plan (contrairement à la Suisse ou aux Pays-Bas). Entre le climat méditerranéen et celui de la Bretagne, entre le relief des Alpes et celui de la plaine des Flandres, rien de commun.

▶ De plus, **les frontières de la France ne sont pas naturelles** : à titre d'exemple, le Rhin n'était pas plus prédisposé que le Rhône à servir de frontière; seules la barrière pyrénéenne, et, dans une moindre mesure, les crêtes alpines peuvent y prétendre. Certaines frontières ont ainsi été fixées récemment : par exemple, la Savoie et Nice n'ont été définitivement incorporées qu'en 1860. Les hasards des batailles et des négociations internationales y sont pour beaucoup. Le format actuel de l'hexagone résulte d'ailleurs du **repli récent d'une France impériale sur la métropole** (décolonisations des années 1960) et sur les plus anciennes colonies (Guadeloupe, Martinique, la Réunion...).

B - Un territoire construit et maintenu

Le territoire français est une **construction de l'histoire,** le résultat d'un long projet politique qui a commencé à être mis en place au Xe siècle, et qui est toujours d'actualité... Plusieurs **stratégies géopolitiques*** ont aidé à la construction de ce territoire.

▶ La première est la **centralisation jacobine*.** L'unité de l'espace français s'est faite **autour de Paris.** La convergence des routes royales vers Paris est un bon exemple de cette politique. La concentration des pouvoirs politiques, culturels et économiques a autrefois limité l'autonomie des villes et des régions, très dépendantes de la capitale; nombre d'élus locaux s'en plaignent encore.

▶ La deuxième est le **maillage* du territoire.** La République a instauré un **découpage en communes** (doc.1), **en départements** (doc.3), bien plus tardivement (1964) **en régions** (doc.4). L'État, qui siège à Paris, est au sommet d'**une pyramide de collectivités locales* emboîtées,** aux pouvoirs longtemps très limités, surveillées par une **administration centrale partout présente.** La **décentralisation* administrative** mise en place en 1983 a tenté d'y mettre un frein.

▶ La troisième est une **politique d'homogénéisation,** visant à **limiter les particularismes régionaux.** L'école obligatoire, le service militaire ont aidé à établir au XIXe siècle une **France homogène,** sur la base d'une langue commune et des vertus républicaines. Les langues régionales ne sont enseignées dans les écoles que depuis les années 1970, et de manière marginale. Les tentations séparatistes n'ont pourtant pas totalement disparu (Nouvelle-Calédonie, Corse...) (doc.5).

VOCABULAIRE

COLLECTIVITÉS LOCALES : municipalités, départements, régions sont en France les trois niveaux de collectivités locales, dont les élus ont la charge de la gestion.

DÉCENTRALISATION : pratique d'aménagement du territoire par laquelle l'État cherche à encourager l'implantation des activités des administrations et des entreprises dans des régions autres que l'Île-de-France.

GÉOPOLITIQUE : qui concerne les enjeux de pouvoir dans l'espace, conçu comme un territoire.

JACOBIN : adjectif qui fait référence à une des grandes forces politiques de la France révolutionnaire. Les Jacobins, très radicaux, ont imposé un gouvernement fortement centralisé afin d'assurer le succès de leurs réformes sociales et la défense du pays menacé sur ses frontières. Jacobinisme est devenu synonyme de tendance très centralisatrice en matière de gouvernement.

MAILLAGE : filet – souvent administratif – qui recouvre un territoire, assurant son découpage, et souvent son contrôle.

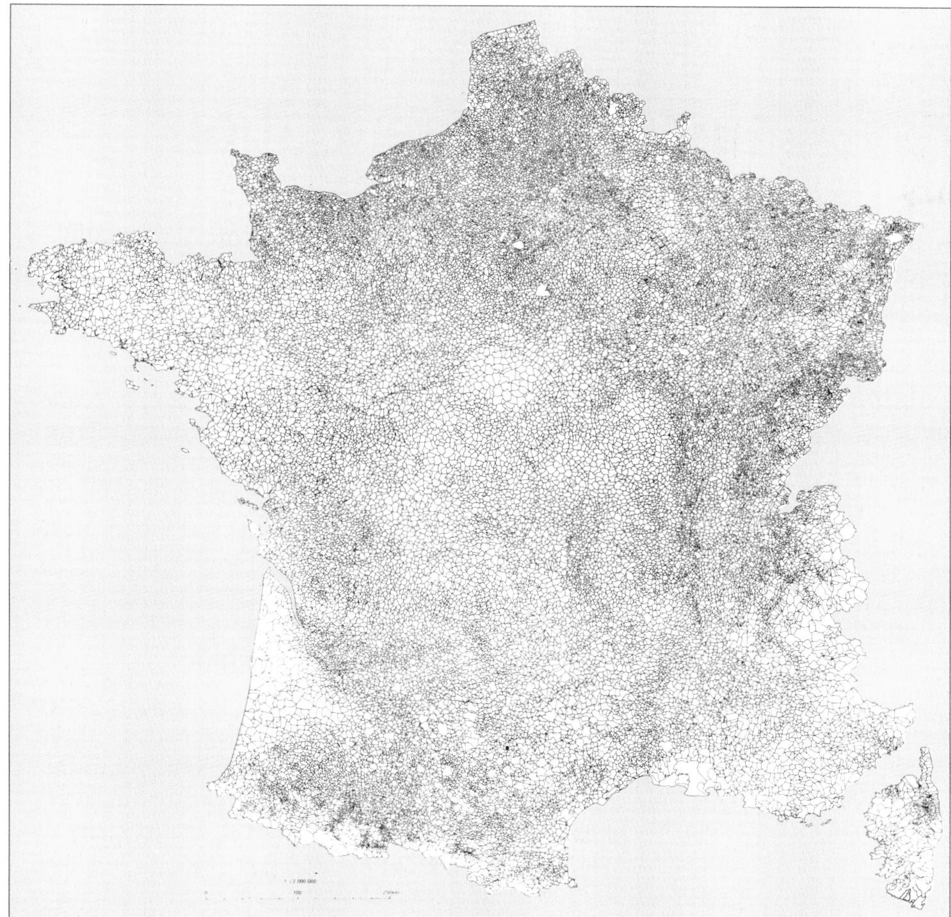

DOC 1 Les communes françaises.

■ Dans quelle mesure cette carte reflète-t-elle l'émiettement du territoire et la pérennité de spécificités locales très anciennes ?

■ Le découpage en régions illustre-t-il le même phénomène ?

DOC 2 La division en provinces sous l'Ancien Régime (vers 1780).

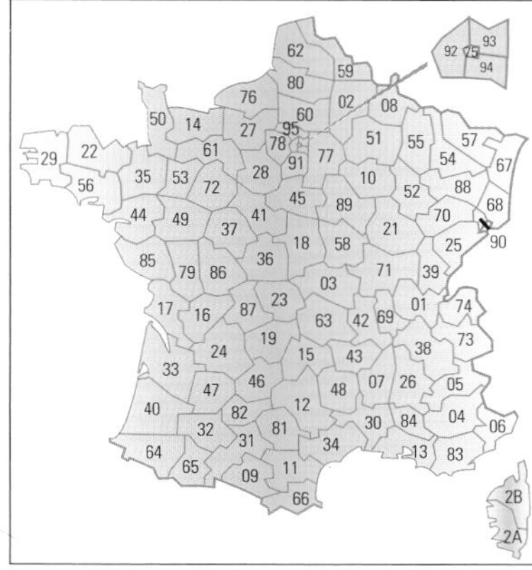

DOC 3 La division en départements (organisée en 1790 et aménagée depuis).

DOC 4 La division en régions (organisée en 1964, puis 1972).

DOC 5 Conférence de presse du Front national de libération de la Corse le 5 mai 1996 dans le maquis corse.

2 Des France : les grands facteurs de différenciation

OBJECTIFS

Connaître les grandes oppositions au sein de l'espace français

L'espace français n'est pas homogène. L'histoire économique, culturelle et politique, le relief, le climat, la proximité de pays voisins ont dessiné des grands ensembles plus ou moins différenciés.

A - L'histoire politique : Paris/province

▶ La première différenciation majeure oppose l'Île-de-France, et plus particulièrement l'agglomération parisienne, à la province (le reste du territoire). Du fait de l'histoire, **Paris** est de très loin le **pôle majeur de l'espace français.** C'est un cas sans équivalent en Europe (à part Londres) de **concentration nationale des hommes, des pouvoirs** (politiques, économiques, culturels...), **des activités.** Paris joue un **rôle international de premier plan,** ce qui n'est le cas pour aucune autre ville française (les transports aériens internationaux en sont témoins). Pour les étrangers, « la France, c'est Paris ». C'est un déséquilibre majeur, que la **politique d'aménagement du territoire** tente de réduire depuis les années 1960. En même temps, c'est Paris qui a assuré la construction du territoire français, et, à l'heure de la concurrence mondiale et européenne entre les grandes métropoles, Paris est un gros atout pour la France.

B - L'histoire économique : Est/Ouest

▶ Il y a quelques dizaines d'années, les manuels de géographie insistaient beaucoup sur l'**opposition entre une France de l'Est et une France de l'Ouest**, séparées par la fameuse ligne Le Havre/Marseille. À l'est, une France urbaine, industrielle et dynamique; à l'ouest, une France rurale, agricole et quelque peu assoupie.

▶ Chaque moitié à beaucoup changé, mais le clivage reste sensible, même s'il s'est d'une certaine manière renversé. La **France de l'Est, anciennement industrialisée,** abritant les plus grandes villes (Paris, Lyon, Marseille, Lille-Roubaix-Tourcoing, Strasbourg...) a souvent connu une **crise économique sévère** (Nord, Lorraine). La **France de l'Ouest** est spécialisée de façon plus exclusive dans les **nouvelles technologies*,** la **qualité de la vie** y est souvent meilleure et les perspectives plus souriantes.

C - Les transports : ouverture/enclavement

▶ Une troisième opposition met à l'écart certains **espaces encore largement ruraux, faiblement peuplés, peu dynamiques** sur le plan économique et encore **enclavés*, souvent montagnards.** Ils forment les **angles morts du territoire** : Ardennes, plateau bourguignon, Massif central, Alpes du Sud, Pyrénées, Corse, DOM-TOM. **L'intégration de ceux-ci à l'espace français est un des enjeux majeurs de l'aménagement du territoire.** Le réseau routier, diverses subventions (à l'échelle française ou européenne) en constituent les principaux outils. Inversement, certaines régions se démarquent par la qualité de leur **ouverture sur l'espace mondial et européen** : le **Nord,** l'**Alsace** et la **Lorraine, Rhône-Alpes, Paris** et l'**axe de la Seine.**

D - Culture et démographie : Nord/Sud

▶ Une ligne Nord-Sud marque une frontière entre deux ensembles assez distincts sur les plans démographique et culturel, mais aussi en ce qui concerne la géographie physique. La **France du sud de la Loire** est **ensoleillée,** privilégiée par le tourisme et **vieillie** (doc.1); elle se caractérise par sa culture latine. La **France du Nord** est **jeune,** mais **moins attractive** (région parisienne exceptée); culturellement, elle est **proche de l'Europe germanique** (doc.4).

Part des retraités venus de départements non contigus (Île-de-France exclue)
moins de 15% | 15 à 24% | plus de 24%

DOC 1 Les retraités.
Cette carte met en avant l'opposition Nord/Sud, aussi bien en matière de structure d'âge que d'attractivité.

VOCABULAIRE

ENCLAVEMENT : caractérise un espace mal desservi, difficilement accessible, mal relié au reste du territoire.

NOUVELLES TECHNOLOGIES : technologies de pointe comme l'électronique, la biotechnique...

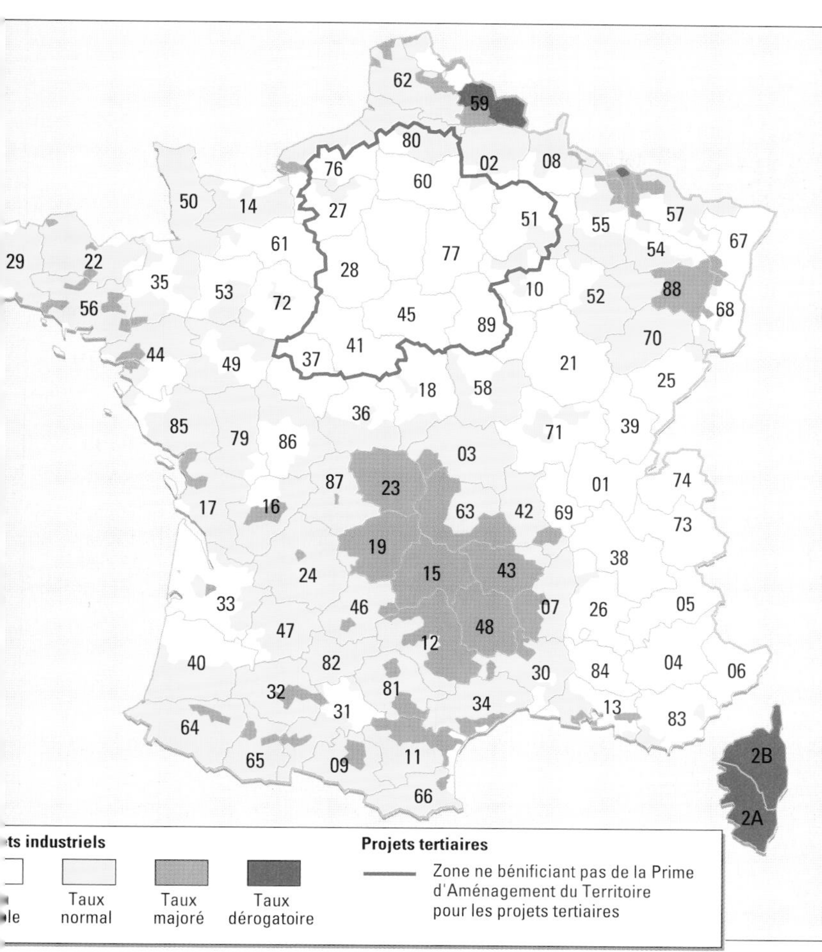

DOC 2 **Les primes industrielles.**

■ Que montre cette carte sur la politique d'aménagement industriel? Comment l'expliquer?

DOC 3 **Village de Rougon (Verdon).**

DOC 4 **Village de Hunawihr (Alsace).**

■ Doc.3 et 4 - Faire la liste des différences qui démarquent les deux villages (site, architecture, activités, dynamisme...).

■ Comment expliquer chacune de ces différences ?

3 L'organisation des transports

OBJECTIFS

Connaître la forme des différents réseaux de transport

Comprendre la logique qui les anime

Les réseaux de transport jouent un rôle de premier plan dans l'organisation de l'espace car ils orientent les flux, conditionnent les nouvelles localisations et affectent les anciennes. Aussi sont-ils un outil privilégié de toute politique d'aménagement du territoire.

A - Le réseau étoilé de la route et du rail

▶ Quand on examine la carte du réseau routier et ferroviaire (doc.3), on est frappé par une structure identique. Du pôle parisien rayonnent des branches qui le relient aux grandes villes de province, dessinant une **étoile.** Les **liaisons transversales** entre les villes provinciales sont rares, récentes et peu empruntées. Tous les chemins vont à **Paris,** qui constitue, de très loin, le **carrefour de premier plan de l'espace français,** et bien souvent un passage obligé, même pour des déplacements inter-provinciaux.

▶ Ce schéma est ancien : il correspond à une **volonté de centralisation du territoire** et répond à la nécessité de contrôler celui-ci de Paris. Par ailleurs, la concentration de la population, des activités et des pouvoirs en région parisienne a pour effet que les infrastructures desservant Paris sont très fréquentées, et donc plus rentables que les autres : on envisage plus facilement leur construction.

▶ Certains aménagements récents répondent à une **logique politique de décentralisation** et visent à améliorer les **réseaux inter-provinciaux** et à **désenclaver les espaces oubliés** (plan routier du Massif central, de la Bretagne). D'autres répondent à une **logique économique, pérennisent le schéma étoilé et la centralisation du territoire** : ainsi les voies récentes construites pour le TGV partent toutes de Paris (TGV Sud, Ouest, Nord, et, bientôt, Est).

▶ Le **tunnel sous la Manche** rapproche Paris du cœur de l'Europe, et confère ainsi au nord de la France (Lille) une **nouvelle centralité.**

B - L'air et l'eau

▶ Le réseau aérien se matérialise par des aéroports, dont la construction est récente. Pourtant, le **poids des aéroports parisiens** (Orly, Roissy) est écrasant : ils constituent la **première plate-forme de l'Europe continentale.** C'est d'ailleurs pour éviter leur engorgement qu'on prévoit la construction d'un troisième aéroport... en région parisienne, près de Chartres.

▶ Les **aéroports de province** connaissent un **trafic faible, à dimension principalement nationale.** Les principaux sont ceux de Lyon, Marseille, Nice. C'est que la taille de l'hexagone se prête peu au transport aérien intérieur (les distances sont trop faibles) et que Paris monopolise quasiment le trafic international.

▶ On ne peut pas parler d'un réseau de **voies d'eau. Trois sous-réseaux principaux,** mal ou pas reliés les uns aux autres, se distinguent (doc.2) : l'axe de la **Seine,** celui du **Rhône,** celui du **Rhin.** Le projet du canal Rhin/Rhône vise à relier deux de ces réseaux, et aussi à mieux connecter le réseau français au principal axe européen. De manière marginale, la Moselle et le canal du Nord avec l'Escaut relient les périphéries du nord de la France au réseau rhénan.

▶ Les principaux **ports de mer** (doc.1 et 4) (Marseille, Le Havre, Dunkerque) jouent un **faible rôle à l'échelle européenne,** comparé aux ports de la mer du Nord (Rotterdam, Anvers). Ces derniers sont mieux situés : ils sont sur la première route maritime du monde, et peuvent irriguer le cœur de l'Europe grâce au Rhin, alors que l'hinterland des ports français est réduit au territoire national.

DOC 1

Les 10 premiers ports français en 1995

Ports maritimes	Marchandises (en milliers de tonnes)
Marseille	86 599
Le Havre	53 783
Dunkerque	39 380
Calais	22 444
Nantes	23 780
Rouen	19 827
Bordeaux	8 906
La Rochelle	6 134
Cherbourg	4 094
Sète	4 069

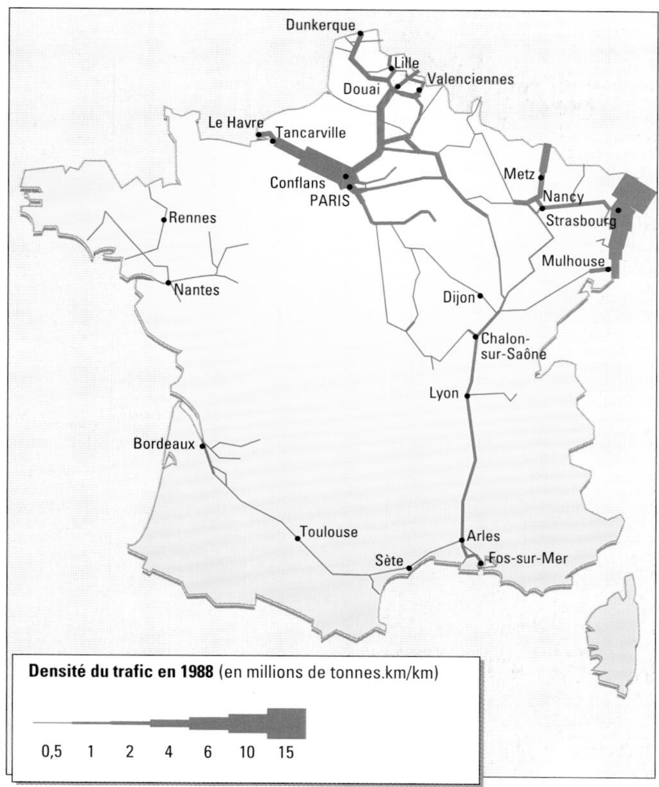

DOC 2 Les voies d'eau.

■ Comment expliquer l'importance du trafic sur le Rhin, sa faiblesse sur le Rhône ?

DOC 3 Le rail.

■ Comment expliquer l'importance du trafic Paris/Lyon ?
■ Pourquoi le trafic est-il si faible à travers le Massif central ?

DOC 4 Vue du port de Dunkerque.

■ Quels sont les différents modes de transports visibles sur la photo ?
■ Quels sont les différents types de produits transportés ?
■ Dans quelle mesure les modes de transport et de stokage sont-ils adaptés aux produits ?
■ Comment expliquer l'importance du port de Dunkerque ?

4 La répartition des activités agricoles

OBJECTIFS

<u>Comprendre</u> pourquoi se forment de grandes zones de productions agricoles

<u>Caractériser</u> celle du Bassin parisien

VOCABULAIRE

Agriculture d'autosubsistance : dont les cultures sont destinées à l'autoconsommation, c'est-à-dire à l'alimentation immédiate.

Assolement : pratique agricole qui consiste à découper le terroir en plusieurs zones et à y faire alterner dans le temps les cultures par rotation.

Coopérative : association de producteurs mettant en commum certains outils de production (machine) ou de distribution (transport).

Élevage hors-sol : élevage d'animaux en bâtiments fermés et nourris grâce à des aliments issus de l'industrie agroalimentaire. Porcs et volailles relèvent de plus en plus de ce type d'élevage.

Industrie agroalimentaire (IAA) : filière de transformation des produits agricoles destinés à la consommation humaine et animale.

Polyculture : système agricole où plusieurs productions différentes sont assurées. C'est la forme de l'agriculture traditionnelle puisqu'elle permet l'autosubsistance.

Surface agricole utilisée (SAU) : superfie totale d'une exploitaition ou d'un pays, diminuée du territoire non agricole, des bois et forêts, des bâtiments et des landes non productives.

Terroir : qualités physiques d'un lieu.

L'organisation de l'espace, c'est aussi la répartition des activités en zones plus ou moins homogènes. La production agricole permet ainsi de distinguer différentes régions, caractérisées par la structure de la production ou la spécialisation, qui s'expliquent aussi bien par des facteurs physiques qu'humains.

A - De grandes zones de production

▶ La France agricole, ce n'est pas toute la France : si l'on déduit les zones urbanisées, les forêts et plans d'eau, les friches non-cultivées, elle se réduit à **30 millions d'hectares de SAU*** (surface agricole utilisée), soit **55 % du territoire,** et encore cette proportion va-t-elle décroissant du fait de l'**extension des villes et des friches.**

▶ La diversité de la France, qui avait tant frappé Arthur Young (voyageur écossais de la fin du XVIIIe siècle), était celle de ses paysages ruraux. La **disparition de beaucoup de traditions** (comme le bocage), **la modernisation et la standardisation des productions,** la monotonie de la demande (consommation de masse, marché mondial) tendent à **homogénéiser les espaces de production agricole** (doc.3). L'ouverture économique a mis un terme à la **polyculture* traditionnelle** et à toute forme d'**autosubsistance***. Chaque agriculteur a le choix entre plusieurs productions, et a intérêt à retenir celles pour lesquelles il dispose d'un avantage par rapport à son voisin, et surtout par rapport à son concurrent européen ou américain. Comme ces avantages se répartissent par grandes régions, on observe la **formation de zones de mêmes productions.**

B - Facteurs physiques et humains

▶ **La nature du relief, du climat, du sol dicte toujours sa loi** (doc.2). L'olivier supporte mal le gel hivernal, la sécheresse méditerranéenne se prête mal à l'élevage laitier. Toutefois, rien n'est définitif : **l'élevage hors-sol*, la culture sous-serre sont totalement dégagés des contraintes naturelles.**

▶ Les avantages à exploiter sont ailleurs, et relèvent de la géographie humaine. Les **infrastructures économiques** jouent un grand rôle : la **présence d'industries agroalimentaires*** pousse à la spécialisation des régions concernées ; la **structure de la propriété** détermine le niveau d'investissement et la mécanisation. Les **savoir-faire** et les **terroirs*** élaborés au fil des siècles assurent la qualité de la production des vignobles les plus réputés.

C - Le cas du Bassin parisien

▶ Tous ces facteurs découpent la France verte en grandes zones de production relativement homogènes, et autant de paysages. Par exemple, le Bassin parisien se caractérise par le **système de production céréalier.** La SAU est principalement consacrée au blé tendre, associé par **assolement*** au maïs, ou aux oléagineux (colza, tournesol). Localement, la betterave (Picardie), la pomme de terre (Soissonais) ou les légumes de plein champ (Laonais) complètent la panoplie, en fonction de la demande des usines agroalimentaires des environs. **Les exploitations sont de grandes tailles, la mécanisation très poussée.** L'**emploi massif d'engrais** (plus de 100 kg/hectare) permet des **rendements très élevés** (65 quintaux/hectare). Le travail est surtout familial, les revenus sont parmi les plus élevés en France. La production, stockée dans de vastes silos, est gérée par de **grandes coopératives*** (comme Champagne Céréales : 14 000 exploitants). Celle-ci est largement exportée (principalement par Rouen), et ses prix sont soutenus par l'Union européenne. La carte (doc.1) situe les autres systèmes de production.

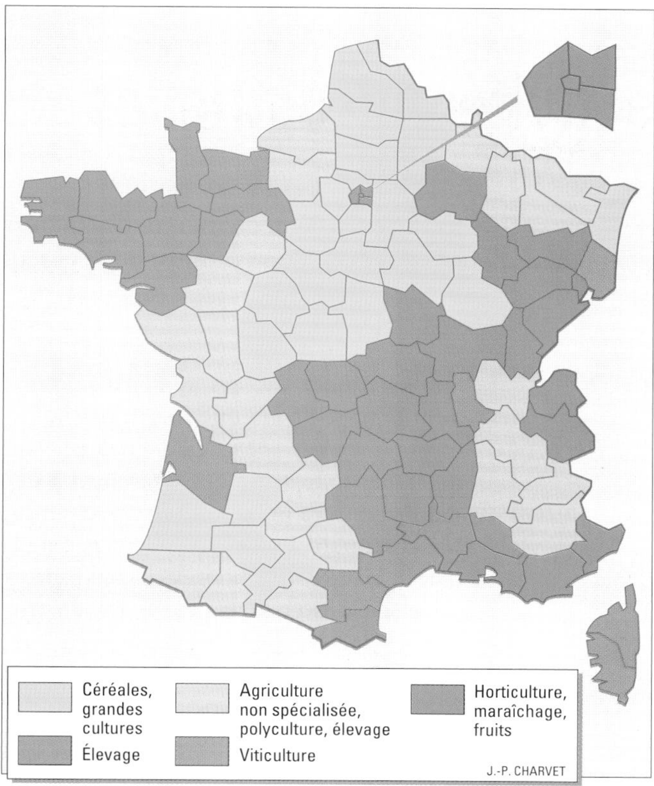

DOC 1 **Les grandes zones de production agricole** (orientation technico-économique dominante de chaque département).

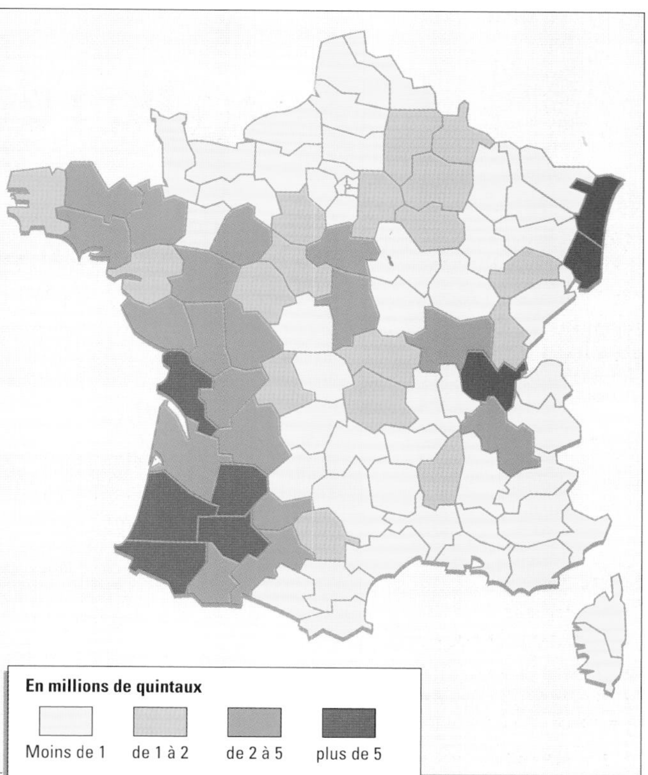

DOC 2 **La production de maïs-grain en 1993.**
Le maïs réclame une chaleur humide, d'où la spécialisation de l'Alsace et du littoral du Sud-Ouest. L'irrigation autorise la production à l'intérieur des terres. Le maïs sert à nourrir les volailles et les porcs, d'où la forte production de la Bretagne (qui élève la moitié des porcs français, le tiers des volailles).

DOC 3 **La Beauce.**
■ De quelle culture s'agit-il ? Comment expliquer la mécanisation de la moisson ?

5 La répartition des activités industrielles

OBJECTIFS

Comprendre les différentes logiques des localisations industrielles

Connaître les grandes structures de l'espace industriel français

La carte des industries en France a connu d'importants changements depuis une trentaine d'années, au détriment des anciennes régions industrielles et au bénéfice de nouveaux pôles.

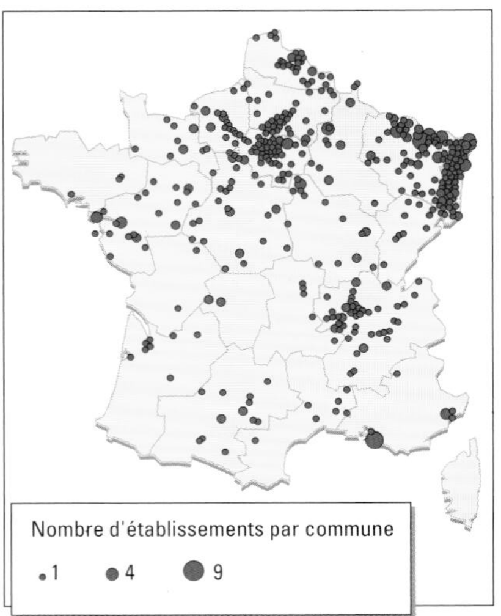

DOC 1 Les implantations industrielles allemandes en France.

A - Les anciennes régions industrielles

▶ Jusque dans les années 1960, les règles de la localisation des industries étaient assez simples et impératives. L'industrie alors faisait appel à des matières premières en quantité, et s'implantait sur les **ressources naturelles** (charbon des mines du Nord, fer lorrain, houille blanche des vallées alpines...) (doc.2) ou sur les **ports** (Le Havre, Dunkerque, Fos-sur-Mer), de manière à réduire les coûts de transport. Les **bassins de peuplement** étaient aussi privilégiés, car ils offraient à la fois la **main-d'œuvre abondante** qui était nécessaire et un **débouché lié à la consommation de masse** (Bassin parisien).

B - Une nouvelle logique industrielle

▶ L'épuisement des mines (il n'y a plus un seul mineur dans le Nord), **l'internationalisation de l'économie, l'amélioration des moyens de transport et surtout la troisième révolution industrielle*** ont bouleversé la carte industrielle de la France.

▶ Les **vieilles régions industrielles** ont connu une **crise sévère,** du fait de l'archaïsme de leur système de production et des nouvelles concurrences qu'elles ont eu à subir (Asie du Sud-Est). La reconversion y est difficile, le chômage élevé et les **friches industrielles* omniprésentes.** Leur localisation près de l'axe rhénan, le réservoir de main-d'œuvre qu'elles constituent, les aides que leur accordent l'État et l'Europe dans le cadre de la politique d'aménagement du territoire, leur confèrent encore quelques atouts.

▶ Les **nouvelles industries** qui sont apparues n'étaient guère attirées par une implantation dans ces régions en crise, dont l'image de marque n'était pas bonne et où le climat social était explosif. Ces nouvelles industries, qui font appel à une **main-d'œuvre peu abondante mais hautement qualifiée et** qui ne sont pas de la même manière tributaires des transports car elles consomment peu de pondéreux, ont privilégié d'autres localisations.

C - De nouvelles localisations

▶ Ces industries ont trouvé le calme social et une meilleure image de marque dans les régions qui n'avaient pas été affectées par les premières vagues d'industrialisation, comme l'**Ouest rural** (doc.4 et 5) ou le **Sud.** La qualité de la vie pouvait y attirer les cadres dont ces industries avaient besoin. Pour bénéficier d'un personnel qualifié et de laboratoires de recherche, elles ont également privilégié les **grandes villes universitaires,** où se sont formés des **technopôles*.** L'importance qu'elles accordent à la rapidité de la circulation de l'information les ont attirées vers les villes disposant d'un aéroport (comme Nice) et/ou d'une gare TGV.

▶ Les vallées alpines, la vallée de la Loire, le littoral méditerranéen, l'Ouest rural ont été les principales bénéficiaires de ce **redéploiement industriel.** La région parisienne reste très attractive, malgré 30 ans de décentralisation industrielle.

▶ Ce changement de localisation s'est également effectué à **l'échelle internationale** : les industries françaises faisant appel à une main-d'œuvre abondante et peu qualifiée (textile) sont allées chercher de meilleures conditions dans certains pays émergents **(Asie du Sud-Est)**; des firmes étrangères se sont implantées en France (doc.1), pour mieux pénétrer le marché européen.

VOCABULAIRE

FRICHES INDUSTRIELLES : espaces autrefois industrialisés dont les installations ont été abandonnées à la suite d'une crise du secteur d'activité auquel ils appartenaient.

TECHNOPÔLE : voir p. 82.

TROISIÈME RÉVOLUTION INDUSTRIELLE : mutation majeure de l'économie des pays riches, qui se caractérise par l'emploi de nouvelles énergies (nucléaire), de nouvelles technologies (informatique), de nouveaux modes de production (flux tendus)... L'économie est de moins en moins fondée sur le traitement des matières premières, de plus en plus sur celui de l'information.

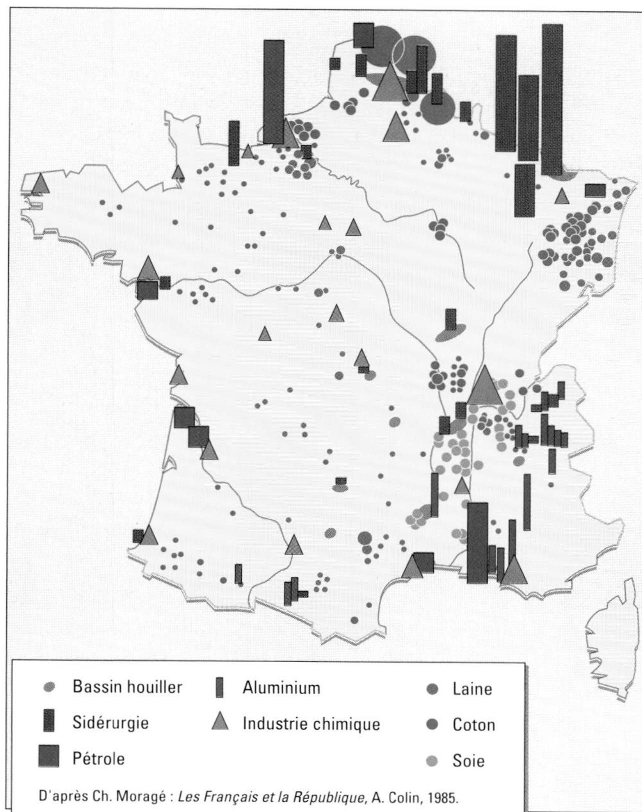

D'après Ch. Moragé : *Les Français et la République*, A. Colin, 1985.

DOC 2 La localisation de l'industrie en France vers 1930.

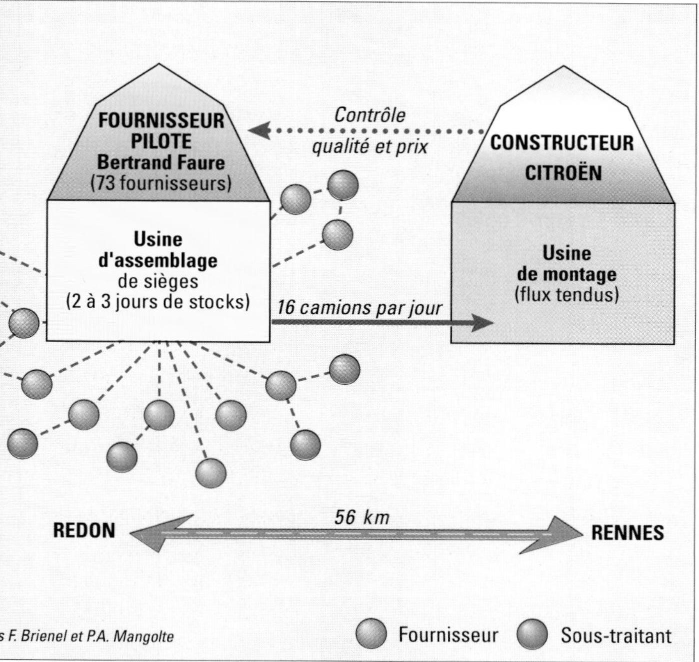

DOC 5 Les nouveaux modes de production dans l'industrie automobile : Citroën et Faure, Rennes et Redon.

■ Quels sont les avantages économiques de la pratique des flux tendus ? Quelles sont ses conséquences spatiales ?

DOC 3 Une usine de biscuits à Nantes.

■ Nantes est traditionnellement une ville de biscuiterie. Pourquoi ?

■ Pourquoi cette activité industrielle s'y est-elle maintenue ?

DOC 4

Citroën

La pratique des flux tendus* conduit les équipementiers à se rapprocher des usines d'assemblage pour réduire les distances et rendre plus flexibles les approvisionnements. Dans le cas de l'usine Citroën de Rennes, le fournisseur pilote est l'équipementier Epéda-Bertrand-Faure dont l'établissement est à Redon, soit à 56 km. Il contrôle 78 fournisseurs qui lui permettent l'assemblage de sièges complets, pour disposer de stocks de deux ou trois jours. Seize camions acheminent vers Rennes, chaque jour, près de 50 collections différentes de sièges prêts à être montés. De la même manière, pour son usine de Douai, Renault a obtenu de la Sotexo, une filiale de Epéda-Bertrand-Faure, fournisseur exclusif des sièges de la R19, un accord lui permettant de n'avoir en usine qu'un stock de deux heures et un approvisionnement, à l'heure dite, de sièges de couleurs et de modèles différents.

Les conséquences spatiales de la pratique des flux tendus, de la constitution de réseaux entre l'assembleur et ses fournisseurs-pilotes, de même qu'entre ces derniers et les autres fournisseurs, sont évidemment très importantes. Dans une région donnée, toute une série de flux sont organisés pour répondre aux besoins d'une usine, et des liens plus étroits se tissent entre les PMI et le constructeur, avec les risques liés à une trop grande dépendance. Le tissu industriel en sort renforcé parce qu'il se structure. Pour leur part, les transporteurs routiers trouvent les débouchés. Mais les difficultés se répercutent aussi, plus facilement, vers la base puisque les sous-traitants doivent supporter les variations de la demande.

J.-P. Charrié, *Les Activités industrielles en France*, Masson, 1995.

* **FLUX TENDUS :** organisation de la production qui vise à limiter au maximum le stockage, par livraison des quantités nécessaires « juste à temps ».

L'énergie, talon d'Achille de la France ?

▶ La France est passée, en moins de trente ans, d'une situation d'extrême dépendance énergétique à celle d'une relative indépendance.

▶ Cette évolution a marqué la volonté de la France de modifier la structure de sa consommation énergétique à un moment où la situation internationale l'exigeait (guerre du Kippour…)

▶ L'exemple de la région Rhône-Alpes montre, dans cette optique, que la France dispose d'un solide potentiel de production énergétique.

I. De la dépendance à la (relative) indépendance énergétique

DOC 1

L'amélioration du taux d'indépendance énergétique

Mais, lourd handicap, l'insuffisance de la production nationale a encore été aggravée dans les années 1960 par la priorité donnée au pétrole importé. Quand éclata la guerre du Kippour entre Israël et ses voisins (octobre 1973), l'indépendance énergétique était tombée à 24 %, ce qui signifiait que la France importait 3/4 de son énergie. Depuis lors une politique d'économie et surtout le recours croissant au nucléaire font que notre taux d'indépendance* est remonté à 47,9 % en 1990.

D'après M. Baleste, *L'économie française*, Paris, Masson, 1992.

*Taux d'indépendance : rapport entre l'énergie consommée et l'énergie produite. Quand la production couvre la consommation, le taux est de 100 % ; un taux de 50,7 signifie que la France produit 50,7 % de l'énergie qu'elle consomme.

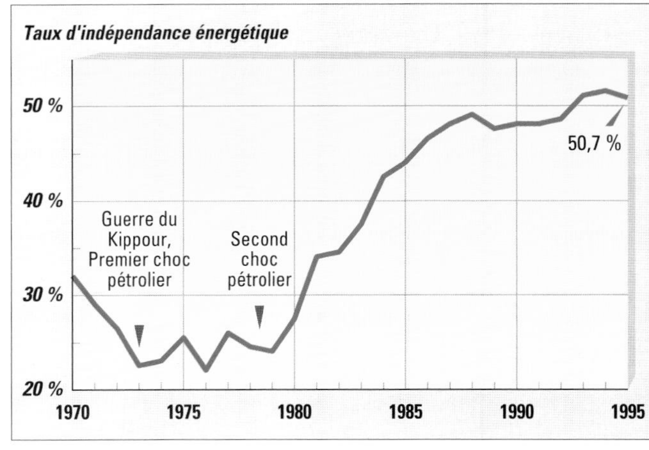

DOC 2 Le taux d'indépendance énergétique.

DOC 3

Les transformations de la structure de la consommation

	Charbon	Pétrole	Gaz	Électricité primaire*	Énergie nouvelles*
Consommation en 1973 (en % du total)	15,1	68,9	7,2	7,6	1,1
Consommation en 1995 (en % du total)	6,4	41	13,2	37,5	1,8
Production en 1995 (en % de la consommation par source en 1995)	38	3,3	8,9	117,0	100,0

* *Électricité primaire en 1995 : hydraulique, 18 % ; nucléaire, 82 %.*

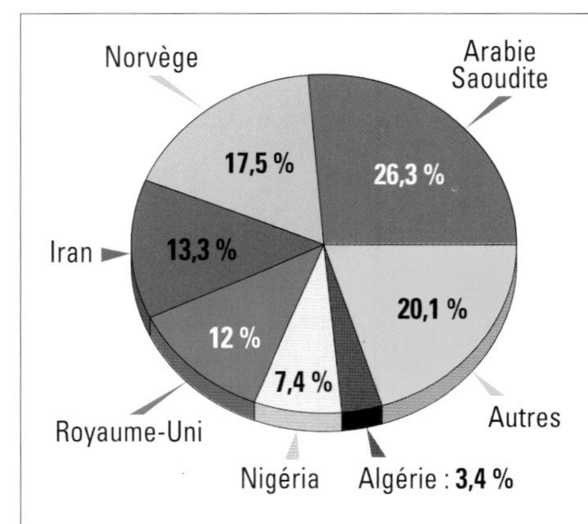

DOC 4 L'origine des importations de pétrole brut en 1995.

II. Rhône-Alpes : une région de forte production et… consommation

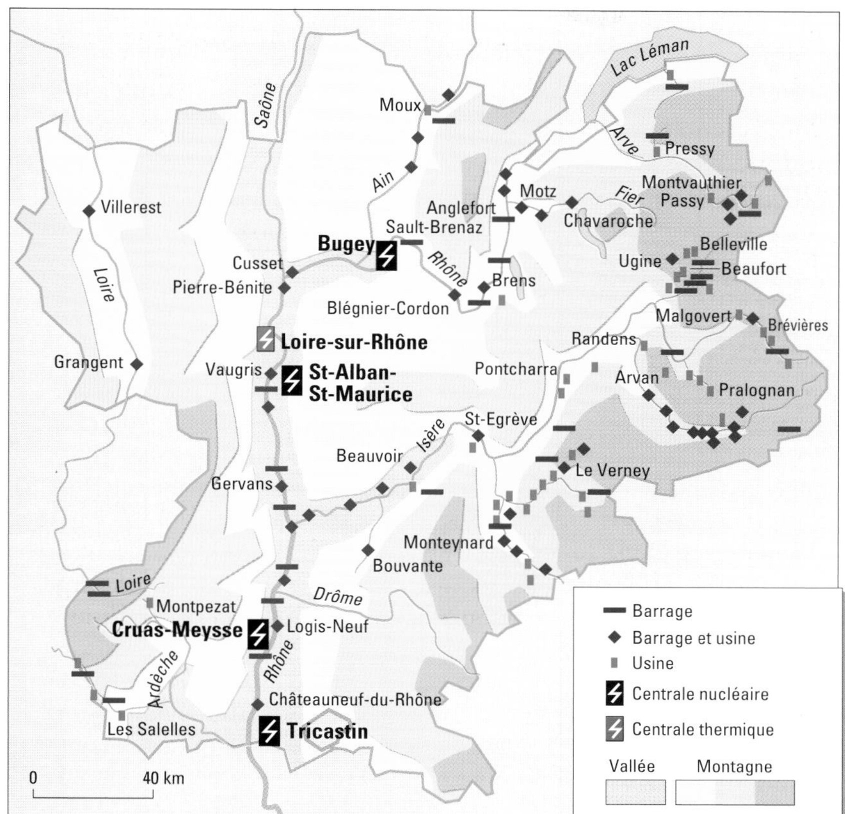

DOC 5 La production électrique dans la région Rhône-Alpes.

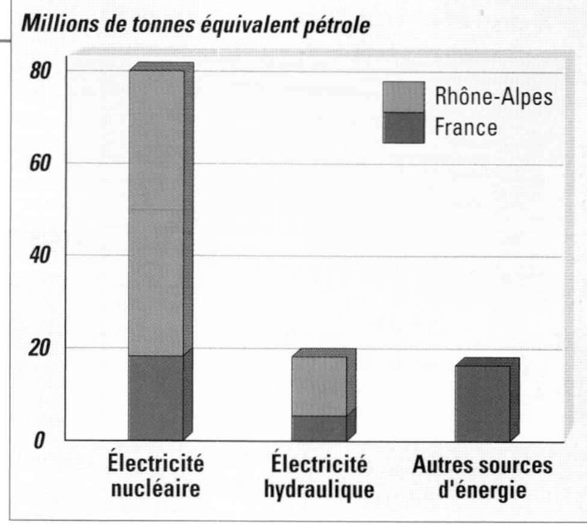

DOC 6 La production d'énergie.

DOC 7

Une production surtout électrique

Assurant le quart de la production nationale d'électricité, Rhône-Alpes est la première région productrice d'énergie primaire en France avec 22 % de la production nationale. La production d'électricité régionale est principalement d'origine nucléaire et hydraulique (23 et 34 % de la production nationale).

DRIRE, INSEE, SGAR, *L'industrie en Rhône-Alpes*.

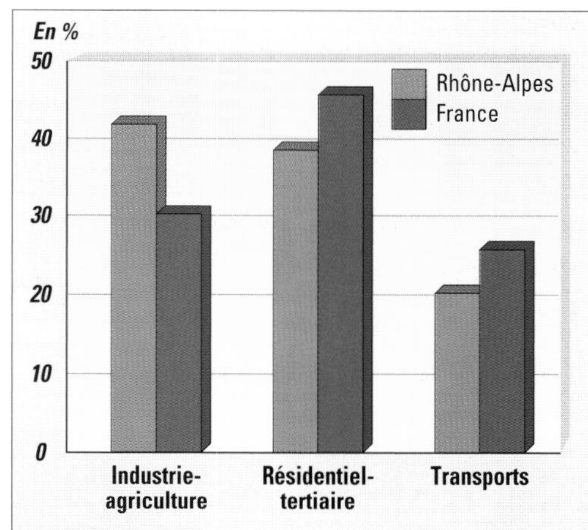

DOC 8 La consommation d'énergie.

DOC 9

Les industries en Rhône-Alpes, grosses consommatrices d'énergie

La consommation d'énergie, rapportée au PIB, est 40 % plus élevée qu'au niveau national. L'industrie est à l'origine de cette surconsommation. Sa consommation est principalement d'origine électrique en raison de la présence de certaines activités : enrichissement d'uranium, électrochimie, électrométallurgie, papeteries.

op. cit.

QUESTIONS

- **Doc 1 à 4** - Décrire l'évolution du taux d'indépendance énergétique de la France et confronter cette évolution avec celle de la structure de la consommation. Quelles sont les causes de cette évolution ?
- **Doc 4** - Comment caractériser la structure des importations ?
- **Doc 5 à 7** - Sur quels facteurs s'appuie la production énergétique de la région Rhône-Alpes ? Sur quel type de production ? Pourquoi ?
- **Doc 8 et 9** - Quels sont les caractéristiques de la consommation en énergie de la région Rhône-Alpes ?
- **SYNTHÈSE** - La dépendance énergétique dépend-elle exclusivement des « ressources naturelles ». La France peut-elle aller vers une indépendance totale ?

6 La France des services : l'exemple du tourisme

OBJECTIFS

Apprécier l'importance du tourisme en France

Connaître les quatre types d'espaces touristiques

Savoir les localiser et expliquer ces localisations

Il n'est guère possible d'examiner, à l'échelle de la France et généralement, la localisation des services. D'une part, certains services, de proximité par exemple, sont omniprésents ; d'autre part, la répartition des services se calque de manière plus ou moins exacte sur la hiérarchie des villes (voir p. 114). On développera ici l'exemple d'un service : le tourisme.

A - Une activité phare

▶ **Le tourisme de masse est une activité récente.** De nos jours, les deux tiers des Français partent en vacances, principalement en été. Le tourisme populaire, ou tourisme de masse, est récent : il s'est développé grâce aux congés payés (1936), à la révolution des transports, à l'élévation du niveau de vie et à **l'émergence d'une société de loisirs*. La France accueille plus de 60 millions de touristes étrangers** (1er rang mondial) : les charmes et la diversité des paysages, du climat, du patrimoine culturel (musées, architecture, gastronomie...) français y sont pour beaucoup (doc.1 et 2).

▶ Le tourisme constitue une **activité économique de premier plan** (agences de voyages, transport, hébergement, restauration, activités de loisirs...). Elle emploierait 2 millions de personnes et placerait la France au deuxième rang mondial pour les recettes touristiques.

B - Les espaces touristiques

▶ La localisation des activités touristiques résulte de nombreux facteurs. La **proximité d'un bassin de population émetteur** a joué un grand rôle quand les transports étaient difficiles : la côte normande a dû son développement à la proche clientèle parisienne. La démocratisation du train, de la voiture surtout, et dans une moindre mesure de l'avion a assoupli la contrainte de proximité. La **présence d'une attraction** est nécessaire : paysage spectaculaire (gorges du Verdon), belles plages (Languedoc), pistes de ski (Alpes du Nord), monuments (châteaux de la Loire)... Enfin, des **infrastructures d'accueil** sont nécessaires : desserte routière, ferroviaire ou aérienne (DOM-TOM), hébergements, restauration et distractions... de tous standings.

▶ On peut distinguer en France **quatre types d'espaces touristiques.** Le premier est constitué par **certaines grandes villes,** qui se démarquent par les qualités de leurs attractions et leurs infrastructures. **Paris** est ainsi le premier pôle touristique français, mais des villes comme **Strasbourg, Rouen...** ou **Lourdes,** riches de leur patrimoine, reçoivent beaucoup de visiteurs (et aussi des touristes d'affaire). Le deuxième est constitué par les **stations balnéaires,** anciennes et prestigieuses (Côte d'Azur : Nice, Saint-Tropez) ou récentes et plus populaires (côte languedocienne : La Grande Motte). Le troisième sont les **stations de ski,** plus ou moins intégrées (Alpes du Nord, Pyrénées). Le tourisme vert exploite de manière plus diffuse le dernier type d'espace : des **campagnes pleines de charme** (Bretagne, Massif central).

▶ Ces espaces se différencient par l'aménagement qui en est fait. De l'origine aristocratique du tourisme sont héritées certaines **infrastructures luxueuses** : ainsi les villégiatures de la Côte d'Azur prisées par les Anglais dès le début du XIXe siècle (Nice et sa promenade des Anglais), le Biarritz du Second Empire, les stations balnéaires normandes comme Deauville et Cabourg, décrites par Proust, ou certaines stations thermales (Vichy). Dans les années 1970, la mode était aux **équipements lourds,** qui ont bétonné certaines côtes (La Baule) (doc.3). On est aujourd'hui plus soucieux de la qualité des paysages et de la **préservation des espaces naturels** (loi sur le littoral, en 1986).

VOCABULAIRE

Société de loisirs : l'élévation du niveau de vie et la réduction du temps de travail lors des Trente Glorieuses ont permis le dégagement d'un temps libre, affecté aux loisirs. Un nouveau mode de vie apparaît (vacances, sports...).

DOC 1

Les 20 principaux sites touristiques français

Nom du site	Nombre d'entrées (en millions/an)
Notre-Dame de Paris	12
Eurodisney	11
Forêt de Fontainbleau	11
Puces de Paris	11
Centre Georges-Pompidou	8,2
Mont-Saint-Michel	7
Parc du château de Versailles	7
Sacré-Cœur de Montmartre	6
Notre-Dame de Lourdes	5,5
Tour Eiffel	5,4
Musée du Louvre	5
Cité des sciences de la Villette	4,5
Rocher de Monte-Carlo	4
Parc de Saint-Cloud	4
Château de Versailles	3,9
Musée d'Orsay	2,7
Saint-Paul-de-Vence	2,5
Port d'Honfleur	2
Port de la Rochelle	2
Remparts de Saint-Malo	2

■ Où sont situés ces monuments ? Comment expliquer leur concentration ?

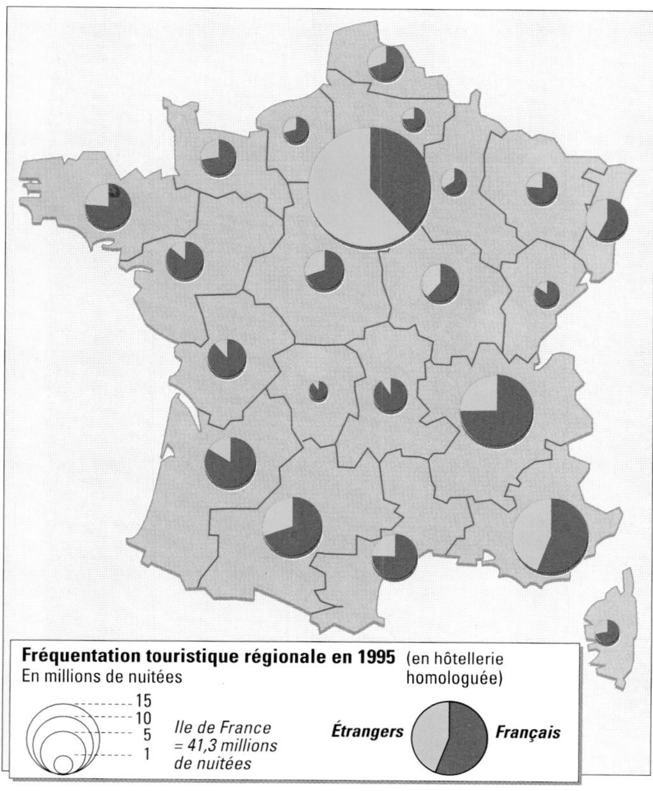

DOC 2 **La fréquentation des hébergements hôteliers en 1995.**

DOC 3 **La Baule, station balnéaire au débouché de la Loire.**

■ Distinguer les types d'habitat, expliquer leur localisation.

■ Quelle est la fonction des marais de Guérande qu'on voit à l'arrière-plan.

L'espace d'un service rare : l'enseignement supérieur

▶ L'enseignement supérieur est un service rare - à la vérité, plus ou moins rare selon le niveau de spécialisation.

▶ À quelles logiques répond la localisation de ses sites ?

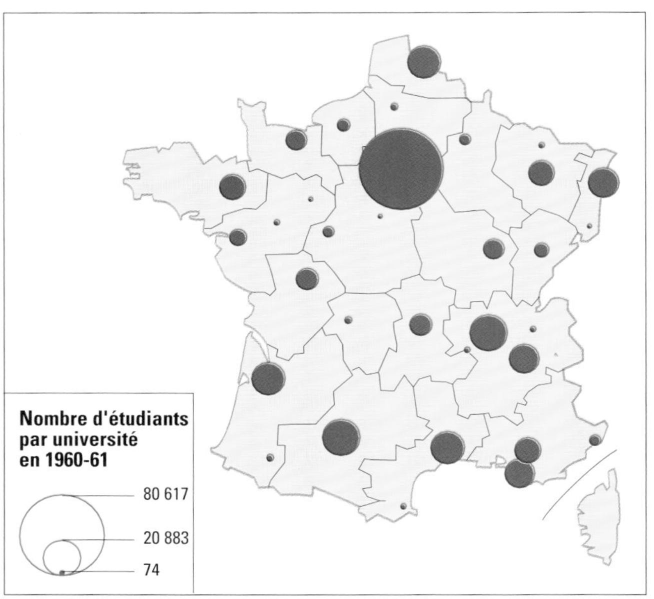

DOC 1 Les universités et leurs effectifs d'étudiants en 1960/1961.

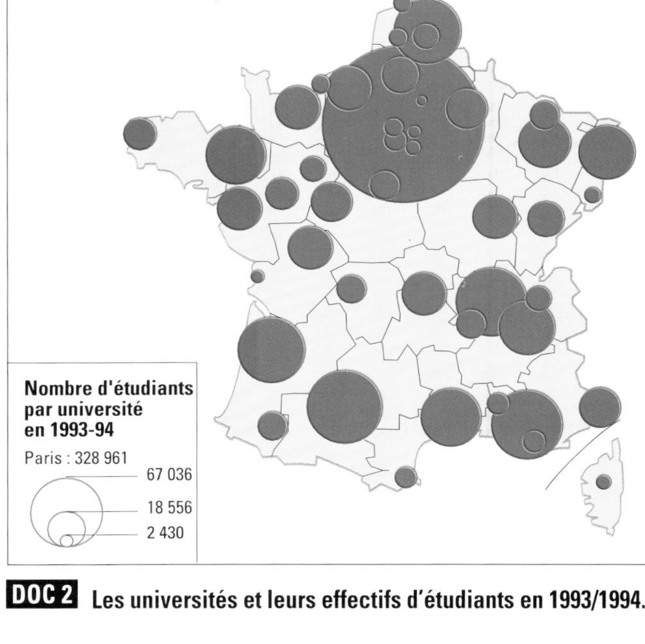

DOC 2 Les universités et leurs effectifs d'étudiants en 1993/1994.

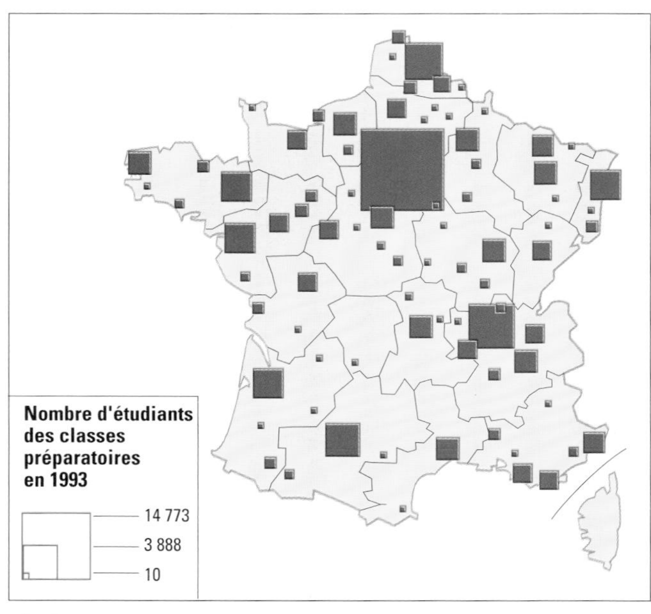

DOC 3 Les élèves des classes préparatoires aux grandes écoles.

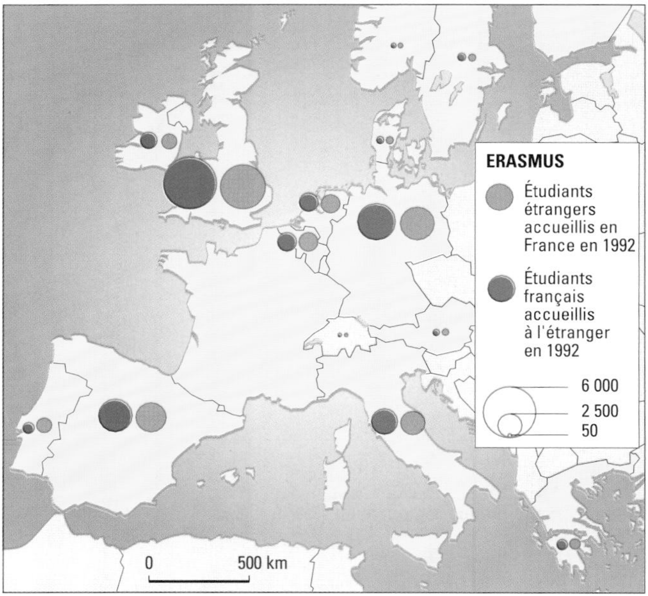

DOC 4 Origine et destination des étudiants du programme Erasmus pour la France en 1992.

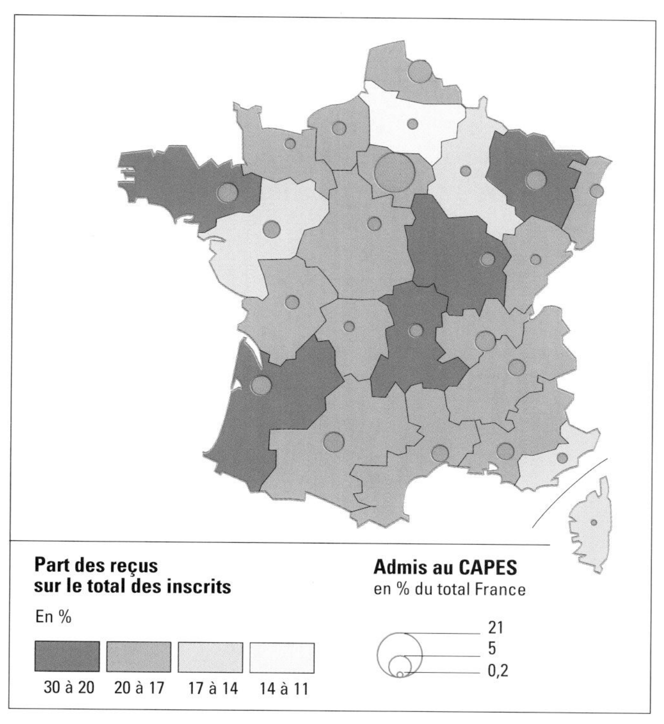

DOC 5 Les étudiants reçus au CAPES.

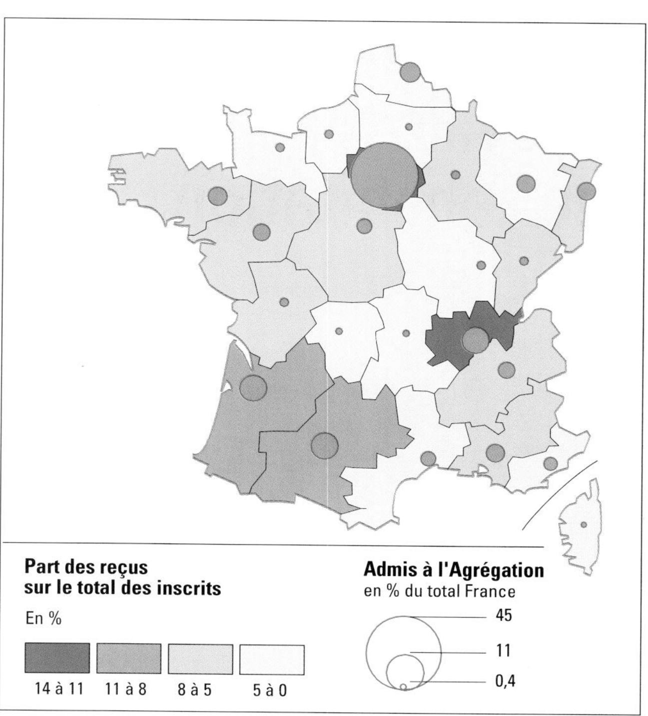

DOC 6 Les étudiants reçus à l'agrégation.

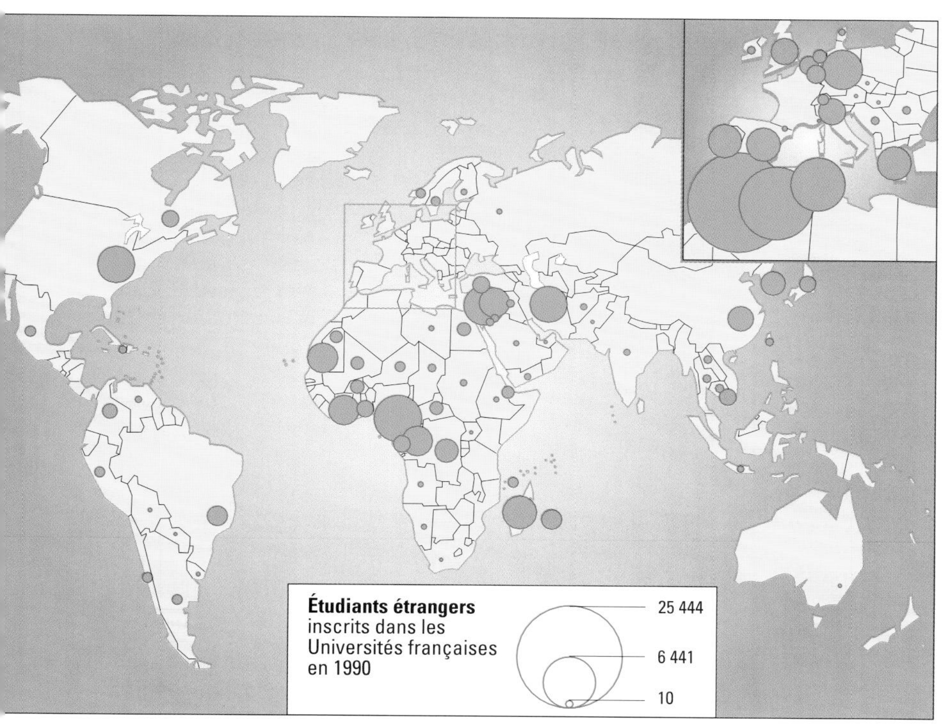

DOC 7 Les pays d'origine des étudiants étrangers en France en 1990.

QUESTIONS

■ **Doc 1, 2 et 3** - Quelle est la principale caractéristique du réseau de l'enseignement supérieur français ? Comment l'expliquer ?

■ **Doc 1 et 2** - Comment ce caractère évolue-t-il ? Quels sont les facteurs qui ont déterminé cette évolution ?

■ **Doc 5 et 6** - Se manifeste-t-il de la même manière quel que soit le niveau de la formation ? Précisez votre réponses.

■ **Doc 1 à 6** - Examinez la situation de votre région.

■ **Doc 4 et 7** - Analysez la dimension européenne et mondiale de l'université française.

L'autoroute et la ville : une cohabitation difficile...

▶ Comment concilier amélioration de la circulation et qualité de l'environnement dans une région fortement urbanisée comme l'Île-de-France ? C'est ce que tente de faire la nouvelle autoroute A14 qui relie Paris-La Défense à Orgeval dans l'Ouest parisien.

DOC 1 La traversée de la forêt de Saint-Germain par l'A14.

DOC 2

L'autoroute urbaine, un choix nécessaire

En une dizaine d'années, la dépense régionale totale est passée, en francs constants, de 142 à plus de 170 milliards de francs, soit en progression annuelle de 2 %. (...) L'augmentation la plus importante revient aux transports individuels dont les dépenses ont progressé de plus de 2,5 % par an. Cet accroissement est à mettre en regard des 800 000 voitures supplémentaires que compte le parc automobile de la région Île-de-France par rapport à celui du début des années 1980. Mais il résulte aussi de l'accroissement de l'usage des véhicules.

D'après R. Maubois, « Le compte régional transport en Île-de-France », *Cahiers du CRÉPIF*, n° 49, décembre 1994.

DOC 3

Le prix à payer

Les principales critiques à l'encontre de l'A14 concernent le prix du péage, fixé pour la première année à 30 francs le passage – un coût record là aussi – même si des formules d'abonnement ramènent le trajet à 10 francs et si une expérience de co-voiturage est tentée. À l'argument du prix du kilomètre excessif, qui avoisine les 2 francs, les promoteurs rétorquent qu'il s'agit en fait d'un service nouveau qui devrait permettre de faire le trajet Orgeval-La Défense en quinze minutes contre parfois deux heures actuellement en période de pointe...

J.-C. Pierrette, *Le Monde*, 6 novembre 1996.

DOC 4

L'expérience du co-voiturage

Jean-Pascal, Fariz et Charles ont en commun l'habiter Mantes-La-Jolie et de travailler dans la même entreprise à Paris. Depuis l'ouverture de l'A14, il se retrouvent chaque matin dans un bistrot de leur ville. Cette rencontre quotidienne leur permet d'éviter « de passer 1h40 dans les embouteillages cauchemardesques de l'autoroute de Normandie ». Tous les trois se sont mis au co-voiturage. En voyageant ensemble dans le même véhicule, il peuvent emprunter gratuitement la nouvelle autoroute.

T. Serafini, *Libération*, 21 novembre 1996.

QUESTIONS

■ **Doc 1** - Quelles sont les particularités de l'environnement de l'A14 ? Quelles précautions ont été prises ?

■ **Doc 2 à 4** - Pourquoi doit-on construire des autoroutes semi-urbaines ? Quels en sont les inconvénients pour les usagers ? Comment peuvent-ils y remédier ?

L'organisation et l'utilisation de l'espace français

Les notions clés

- Centralisation
- Construction du territoire
- Maillage
- Région industrielle
- Réseau de transport en étoile
- Zones de production agricole

voir Vers le bac n° 1 *p. 318*

L'essentiel

- Le territoire français doit sa cohésion à une construction historique qui se fonde principalement sur la langue et les principes de 1789, et qui s'est opérée grâce à un maillage administratif du territoire et à sa centralisation par Paris.
- Les différenciations régionales s'articulent autour de quatre grandes oppositions : Paris/province, Est/Ouest, centre/périphérie, Nord/Sud.
- Le réseau de transport (rail, route) a la forme d'une étoile centrée sur Paris qui constitue de fort loin le principal carrefour français.
- L'espace agricole s'effectue par grandes zones, où certains avantages physiques et souvent humains amènent à privilégier certaines productions.
- L'espace industriel oppose les vieilles régions industrielles en difficulté du Nord et de l'Est à un Ouest et un Sud industrialisés plus récemment et plus dynamiques.

La nouvelle donne spatiale française

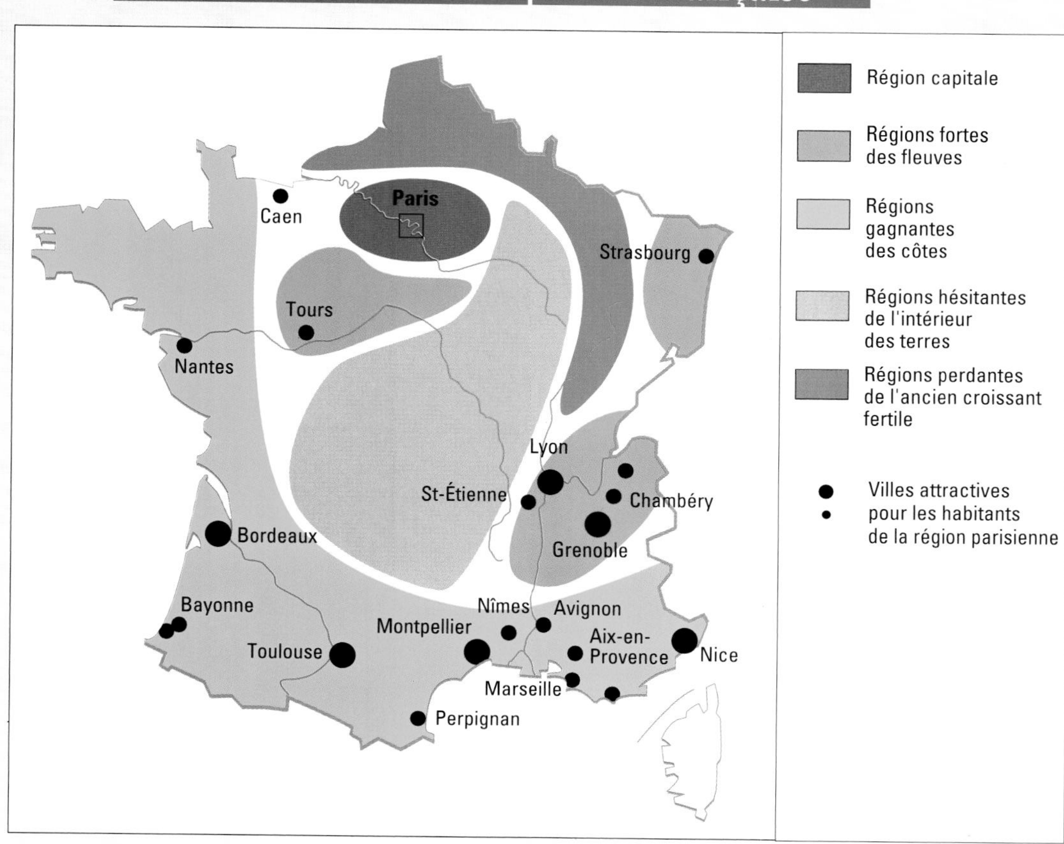

CHAPITRE 6

Les villes

▶ Une ville s'appréhende par son rapport aux autres villes. Quelle est la taille de votre ville ? Quelles sont les villes proches, plus petites, qui dépendent d'elle ? De quelle ville plus grande dépendez-vous, par exemple, pour les achats peu fréquents ? Voilà le genre de questions qui permet de comprendre la géographie du réseau urbain français.

▶ Une ville est constituée de différents quartiers. Quelles sont les particularités de celui de votre lycée ? Où se trouvent et comment se présentent les autres quartiers de la ville ? Telles sont les questions qui ont trait à la géographie de l'espace urbain français.

PLAN DU CHAPITRE

Le CBD de La Défense, à l'ouest de Paris (qu'on distingue au fond). Plus de m^2 de bureaux que dans l'agglomération lyonnaise…

Pourquoi un tel centre d'activités tertiaires se trouve-t-il en périphérie de Paris ?

1 Le réseau urbain français.

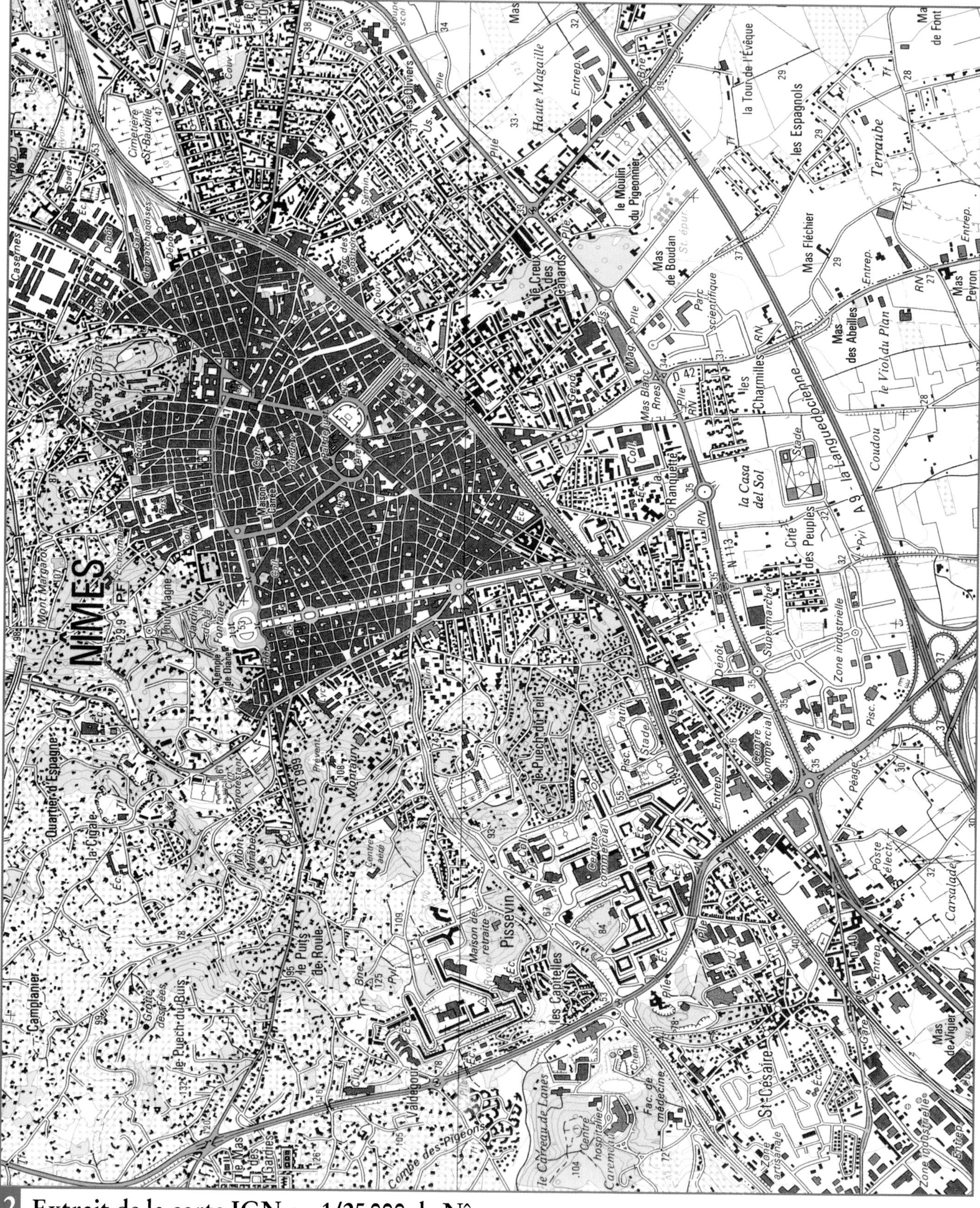

2 Extrait de la carte IGN au 1/25 000 de Nîmes.

1 Une hiérarchie urbaine dominée par Paris

OBJECTIFS

Prendre conscience du rôle particulier de Paris dans le réseau urbain français

Expliquer la préeminence de Paris

Les villes françaises doivent être présentées en les comparant aux villes européennes (doc.2). On voit ainsi à quel point le réseau urbain français est dominé par Paris, et comment il s'inscrit dans un réseau européen.

A - Les villes françaises dans le réseau européen

▶ **Les grandes villes européennes se concentrent sur un axe central, et constituent une mégalopole* discontinue** qui s'étend de Liverpool à Milan, par Londres, la Randstad Holland, les villes de l'axe rhénan (celles de la Ruhr, Francfort), Zurich et les villes de la plaine du Pô (Milan). Seize des vingt plus grandes villes françaises se situent à l'est de la ligne Le Havre-Marseille, dans la moitié de la France la plus proche de la mégalopole européenne. Certaines villes françaises tissent des relations avec cette Europe urbaine : **Paris** en tant que capitale internationale, **Lille** avec la Belgique, **Metz** avec la Sarre et le Luxembourg, **Strasbourg** avec l'Allemagne, **Mulhouse** avec Bâle, **Lyon** avec Genève et les villes du piémont italien (Turin, Milan).

▶ **Les autres villes françaises se trouvent en périphérie de ce cœur urbain de l'Europe. Toulouse, Bordeaux**, coincées contre la barrière pyrénéenne, ne participent guère à un réseau européen. Seuls les grands ports, de par leur trafic, ont une dimension internationale : **Marseille**, premier port méditerranéen, et, dans une moindre mesure, Le Havre et Dunkerque.

▶ La ville la plus européenne, paradoxalement, est sans doute **Paris.** Elle est **l'une des deux villes mondiales d'Europe** (avec Londres). **Ses 9,3 millions d'habitants, sa concentration de fonctions,** font d'elle l'une des principales **métropoles*** européennes. On peut penser que le quadrilatère formé par Londres, la Randstad Holland, Francfort et Paris explique mieux l'organisation urbaine de l'espace européen que celui de la mégalopole.

B - Le déséquilibre du réseau français

▶ **Le rôle européen majeur de Paris se paye par l'effacement des villes de province.** Ainsi, **Toulouse** ou **Lyon** ne pèsent pas lourd face à **Barcelone** ou **Milan**, dont les activités sont bien supérieures et l'autonomie plus marquée par rapport à la capitale nationale.

▶ Dans le cadre d'une économie post-industrielle, les **services de haut niveau** (aéroports, agences de presse, banques d'affaires, grandes écoles, recherche…) sont essentiels. Il sont monopolisés par les **grandes métropoles.** Ils structurent l'espace français, déterminent les dynamiques économiques et suscitent une **métropolisation*.**

▶ L'agglomération parisienne, de par son poids, dispose d'un atout qui va s'accentuant. **Paris** occupe, de fort loin, le premier rang dans les **fonctions de commandement*.** Siège de l'administration centrale, phare culturel, premier pôle touristique, nœud de l'étoile du réseau de transport français, il rassemble également les trois quarts des grands sièges sociaux (doc.1). La Défense et le « triangle d'or » font de Paris une **capitale économique de premier plan** : sa bourse assure 96 % des transactions en France.

▶ La responsabilité en incombe au **caractère très déséquilibré, macrocéphalique*, du réseau urbain français.** Pendant des siècles, et surtout à partir du XIXe siècle, Paris a monopolisé la croissance et les fonctions, interdisant un vrai développement urbain dans le Bassin parisien, repoussant les métropoles provinciales à la périphérie. Dans le cadre d'un espace français fragmenté en départements puis en petites régions, leur rôle ne pouvait être que régional.

VOCABULAIRE

Fonctions de commandement : fonction tertiaire rare (de haut niveau) assurée par une métropole (administration nationale ou régionale, grand hôpital, recherche et université, presse et télévision…), et qui lui assure une place à la tête du réseau urbain.

Macrocéphalique : en grec « grosse tête ». Déséquilibre prononcé d'un réseau urbain au profit de la première ville, que sa taille démographique et ses fonctions démarquent nettement des autres grandes villes.

Mégalopole : vaste région urbanisée qui regroupe plusieurs grandes métropoles, pas nécessairement jointives mais reliées par un réseau de transport dense et cohérent et des liens fonctionnels. Une mégalopole regroupe plusieurs dizaines de millions d'habitants, sur plusieurs centaines de km.

Métropole : grande ville possédant des fonctions rares (de commandement notamment); elle polarise l'espace et concentre les flux. Elle est à la tête d'un réseau urbain et domine une large zone d'influence.

Métropolisation : processus par lequel l'espace se polarise sur les métropoles, qui monopolisent la croissance démographique, le développement économique et détournent les flux, au détriment de l'arrière-pays rural et des petites villes de la région.

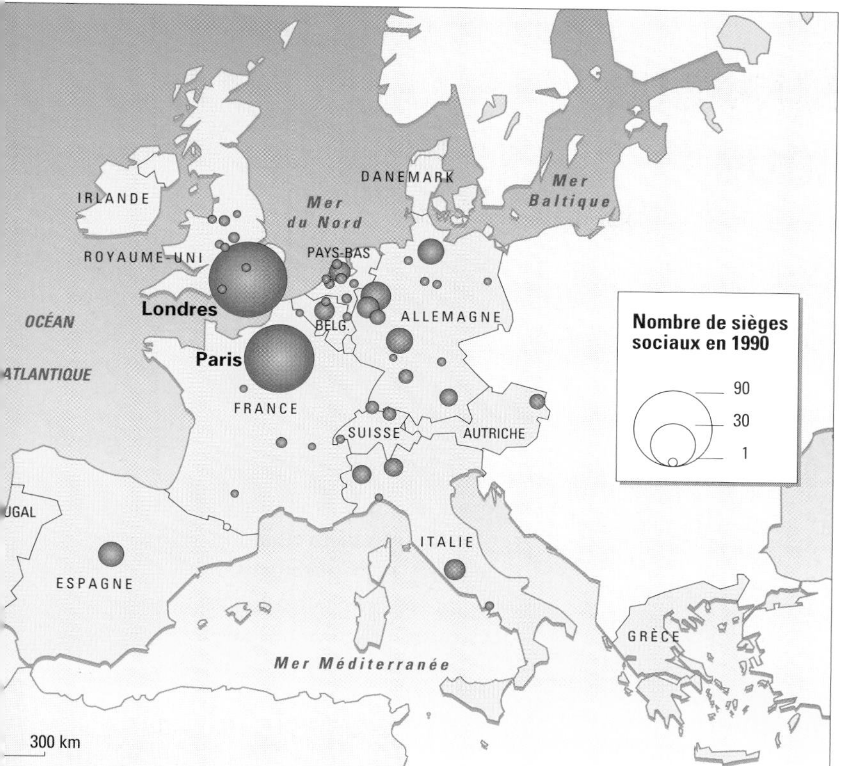

DOC 1 **Les sièges des multinationales en Europe.**

DOC 2

Rang et population des grandes agglomérations de 4 pays européens en 1990
(en millions d'habitants)

Rang	Espagne	Pays-Bas	Autriche	France
1er	Madrid 4,6	Rotterdam 1,3	Vienne 1,8	Paris 9,3
2e	Barcelone 3,9	Amsterdam 1,1	Linz 0,29	Lyon 1,3
3e	Valence 1,3	La Haye 0,80	Graz 0,56	Marseille 1,2
4e	Séville 1,0	Utrecht 0,50	Salzbourg 0,22	Lille 1,0

Source : Géopolis

- Examiner le rapport entre la première ville et les suivantes. Dinstinguer deux types de situations.
- Expliquer ce qu'il y a de comparable, sur le plan historique, entre Vienne et Paris.
- À votre avis, quel doit être ce rapport au Royaume-Uni ? En Italie ? (voir pages 280 et 306).

DOC 3 **La halle aux fruits et légumes à Rungis (sud de Paris).**

- Qui sont les acheteurs et les vendeurs de ces deux types de marchés (doc.3 et 4) ?
- Qelle est la fonction de chacun des marchés ?
- Que révèlent-ils de la hiérarchie urbaine ?

DOC 4 **Le marché aux fleurs d'Aix-en-Provence.**

2 Les réseaux régionaux et leur dynamique

OBJECTIFS

Découper le réseau national en réseaux régionaux

Connaître les différences de dynamique urbaine et les expliquer

Le réseau urbain français se divise en fait en sous-ensembles différenciés, qui ne communiquent pas beaucoup et se caractérisent par des évolutions contrastées.

A - Les réseaux régionaux

▶ **Lyon** (1,26 million d'habitants) arrive bien derrière Paris, mais sa bourse, ses grandes écoles, son aéroport lui assurent la **maîtrise d'une vraie région urbaine** qui s'étend sur les Alpes et le Massif central.

▶ **Strasbourg** (389 000 hab.), ville européenne, possède des **fonctions rares dans le domaine politique** (Parlement européen) qui lui confèrent une **aire d'influence* internationale** dans ce domaine. L'**Alsace et Rhône-Alpes** sont d'ailleurs structurées par des **réseaux urbains hiérarchisés.** Lyon s'appuie sur Saint-Étienne, Grenoble, Chambéry et Valence; Strasbourg sur Mulhouse et Colmar.

▶ **Toulouse** (650 000 hab.) et **Bordeaux** (696 000 hab.) ont de larges aires d'influence; elles occupent une **place écrasante dans les hiérarchies urbaines de Midi-Pyrénées et d'Aquitaine** : aucune ville de second niveau ne relaye les deux métropoles, qui monopolisent les services supérieurs et la croissance.

▶ **Lille** (959 000 hab.) a du mal à s'ériger en vraie métropole (doc.2), tant la concurrence des services assurés par Paris et Bruxelles est redoutable. C'est aussi que, dans le Nord, fortement urbanisé, les villes sont proches et mal différenciées : elles forment une **nébuleuse urbaine* mal polarisée.**

▶ **Marseille** (1,25 million d'hab.) malgré sa bourse et son port, ne rayonne guère sur un arrière-pays; elle souffre de la **concurrence de Nice** (technopôle, aéroport) et même d'Aix-en-Provence (éducation, culture) et de Montpellier.

▶ **Nancy et Metz** aussi sont des **villes proches de même niveau et concurrentes,** comme l'illustre l'implantation de l'aéroport et la future gare TGV Lorraine entre les deux villes.

▶ Dans les **espaces peu urbanisés** (Massif central, intérieur breton), des petits pôles jouent un rôle purement local, car leur taille ne leur permet pas d'assurer les services rares qui garantissent de larges aires d'influence.

B - Les dynamiques urbaines

▶ Du fait de l'**héliotropisme*** et de la **civilisation de loisir,** les Français aiment **les villes ensoleillées et littorales** (doc.1 et 3) : elles sont actuellement les plus dynamiques sur le plan démographique (Aix-en-Provence, Cannes, Montpellier). L'attrait du ski et du cadre de vie bénéficie de même aux villes de montagne (Annecy).

▶ À l'inverse, **les villes du Nord perdent des habitants.** Ceci recoupe une distinction selon les fonctions. Les villes du Nord et de l'Est connurent les deux premières révolutions industrielles et souffrent désormais de la crise des industries de cette génération (friches industrielles, chômage). Les villes du Sud, « épargnées » par l'histoire industrielle, en ignorent le contrecoup; leur économie s'est développée avec la **troisième révolution industrielle*** : les industries de pointe, les services qu'elles abritent sont plus prospères et attractifs.

▶ **L'agglomération parisienne, quant à elle, continue à croître** (+ 0,5 % par an entre 1982 et 1990). C'est la **banlieue** qui assure la croissance, et, plus loin, les **villes nouvelles** et les **petites villes** de la périphérie parisienne. Au sein d'une Europe où la concurrence se joue entre les villes, Paris est pour la France un gros atout – et c'est à la vérité le seul. La décentralisation trouve là une de ses limites.

VOCABULAIRE

Aire d'influence : espace plus ou moins circulaire centré sur la ville qui en assure la desserte quant à certaines fonctions urbaines (administration, commerce...). Plus la ville est grande, plus les fonctions sont rares, plus large est la zone d'influence.

Héliotropisme : attraction exercée depuis les années 1970 par les Midi (France, États-Unis, Royaume-Uni). Du grec *helios,* le soleil.

Nébuleuse urbaine : espace urbain constitué de plusieurs villes jointives, dans un espace réduit et dont l'organisation est souvent confuse.

Troisième révolution industrielle : mutation majeure de l'économie des pays développés, qui se caractérise par l'emploi de nouvelles énergies (nucléaire), de nouvelles technologies (informatique), de nouveaux modes de production (flux tendus)... L'économie est de moins en moins fondée sur le traitement de matières premières, de plus en plus sur celui de l'information.

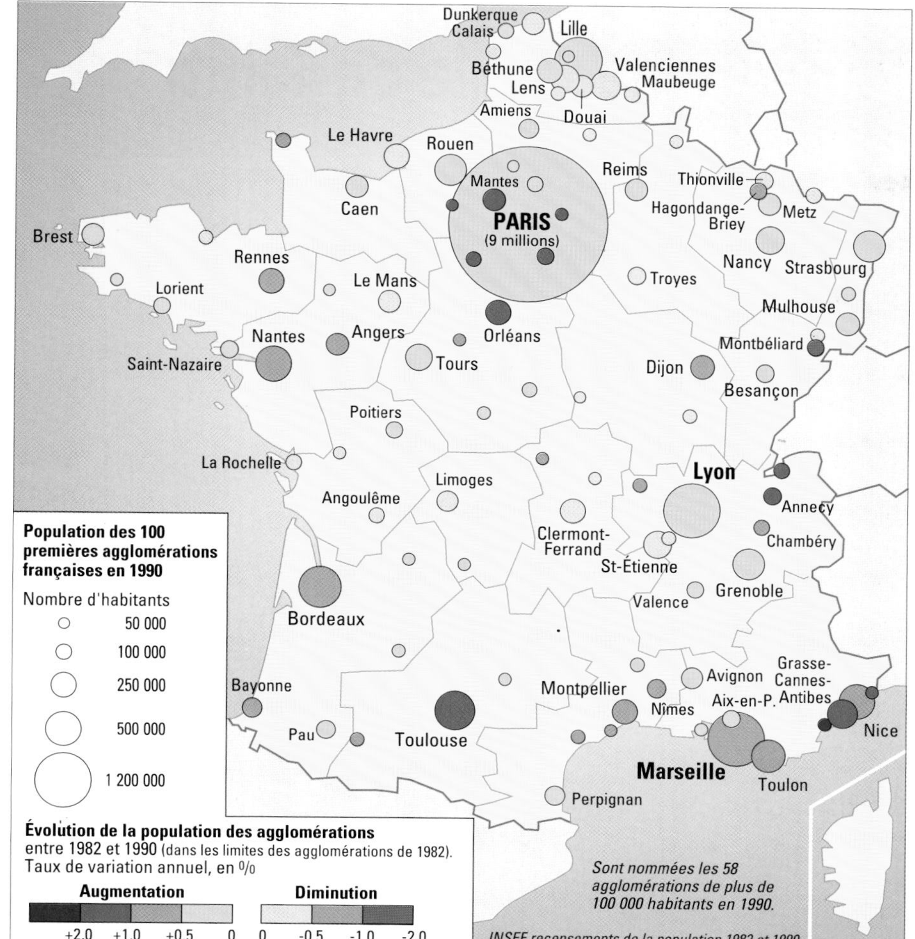

DOC 1 **Le réseau urbain français et son évolution.**

DOC 2

L'image de la ville

Lille a perdu en 1997 la bataille des jeux Olympiques. Des dizaines de millions de francs ont été dépensés pour défendre sa candidature (campagnes de publicité, coût d'élaboration des projets...). En vain ? Non, estime-t-on à la mairie de Lille, qui juge l'opération rentable malgré son échec immédiat. On a fait connaître la ville, on a mis en avant ses atouts, et l'on a un peu changé son image, aussi bien en France qu'à l'étranger. Le dynamisme d'une ville est le fruit très complexe de comportements d'individus, de sociétés... On pense qu'après la campagne, l'idée que les investisseurs se font de Lille est davantage positive, et que leurs choix - de localisation par exemple lui seront plus favorables. Peut-être un industriel coréen a-t-il entendu parler de Lille pour la première fois à cette occasion, qu'il a noté la position centrale de cette ville en Europe, et qu'il s'en souviendra quand il voudra créer une usine sur le continent...

© J.-F. Staszak, Nathan, 1997.

■ Par quelles moyens peut-on améliorer l'image d'une ville ?

■ Connaissez-vous la politique de votre ville en la matière ? L'image qu'elle cherche à diffuser est-elle fidèle à la réalité ?

DOC 3 **La place de la Comédie à Montpellier : l'attrait des villes du Sud.**

La ville de Papeete dans l'île de Tahiti

DOC 1

Papeete dans île de Tahiti (TOM de Polynésie française).
Vue prise en direction du sud-est.

QUESTIONS

■ Comment caractériser le site de la ville par rapport à la montagne et par rapport au lagon ? Quelles contraintes impose-t-il ?

■ Au premier plan, on voit des infrastructures portuaires. Sur quels types différents de terrains sont-elles construites ? Quelles infrastructures observe-t-on ?
On distingue deux types de navires. Comment expliquer leur présence ? Que peut-on en déduire quant aux fonctions de la ville ?

■ À l'arrière-plan, la ville de Papeete. On distingue, à droite du port, le centre commerçant puis le centre administratif. En arrière, l'habitat est moins dense, souvent populaire et dégradé. Sur les pentes se trouvent les quartiers de plus haut standing. Caractérisez chacun de ces types de quartier et expliquez leur localisation.

■ Quel est le rôle de Papeete au sein du réseau urbain français ?

3 Le centre-ville

OBJECTIFS

Retracer l'histoire des quartiers centraux

Connaître les fonctions du centre

On réduit souvent la ville à son centre, car celui-ci, pour des raisons historiques, concentre les activités les plus prestigieuses et les paysages les plus magnifiques. Mais les centres, malgré le poids de l'histoire, ne sont pas figés.

A - Le centre, lieu de vie

▶ La ville, c'est souvent, en France comme en Europe, un **centre historique,** où l'on trouve les symboles : la **place Stanislas de Nancy,** les **Arènes de Nîmes** (doc.1). Certains centres, détruits lors de la guerre, ont été totalement ou partiellement reconstruits (Le Havre, Amiens). C'est un **espace très dense, prestigieux, touristique** (Beaubourg, Le Louvre à Paris), habité par des populations aisées souvent sans enfants.

▶ Les phases de l'**histoire urbaine** sont inscrites dans les paysages et l'organisation de l'espace : **plan orthogonal** et ruines de l'époque romaine, églises et maisons du Moyen Âge, Places Royales et architecture civile du XVIIe siècle, vieux quartiers manufacturiers du XIXe siècle, faubourgs haussmanniens... À côté se trouve souvent le **quartier d'affaires** (La Part-Dieu à Lyon), et parfois ses grandes tours. Avec son plan complexe et souvent ses rues étroites et sinueuses héritées du Moyen Âge, ses quartiers piétonniers, le centre se prête mal au trafic automobile, qui y est très encombré.

▶ **Les centres changent.** Souvent, certains quartiers anciens, dont les immeubles ne répondent pas aux **normes du confort moderne**, avaient été abandonnés par les classes aisées. Taudifiés, ils ont été occupés par des populations pauvres (immigrées souvent), qui y trouvaient des loyers bons marchés. Les jeunes et les artistes les réinvestissent parfois; les classes aisées et les promoteurs ne tardent alors pas à suivre. **Ils réhabilitent*** ou reconstruisent les immeubles : le quartier devient à la mode et le prix du m^2 s'envole; les populations pauvres vont ailleurs. C'est le **phénomène de gentrification*,** qui a touché à Paris le **quartier du Marais puis celui de la Bastille.**

B - Le centre, lieu de production

▶ Les **activités économiques des centres,** en France comme en Europe occidentale, sont **principalement tertiaires** : c'est l'**espace du commerce et des bureaux.** Il n'y a plus guère d'activités industrielles : on trouve encore **quelques ateliers** (imprimerie, confection comme au Sentier, à Paris), mais le coût élevé du m^2, les encombrements ont fait fuir les industries qui réclamaient beaucoup d'espace et suscitaient des flux de transport importants (les usines automobile ont quitté la première banlieue parisienne).

▶ La ville est desservie par un **maillage dense de commerces de proximité** (boulangerie, presse...). Les commerces un peu plus spécialisés se regroupent souvent dans des rues commerçantes, où s'alignent les vitrines de magasins du même type (alimentation, loisir, habillement...). Le standing des boutiques est adapté aux clients potentiels : les personnes qui habitent ou fréquentent le quartier. Les marchés sont une forme non permanente de ce commerce traditionnel.

▶ **Le centre est également convoité par les entreprises à la recherche de bureaux.** Elles ont besoin de **localisations centrales et prestigieuses,** et peuvent les payer beaucoup plus cher que les particuliers. Rapidement, les activités tertiaires occupent les immeubles; les particuliers vendent. Le quartier devient un quartier d'affaires, avec ses bureaux, restaurants et boutiques (**phénomène de citysation***, comme sur les **Champs-Élysées**). Les administrations qui affichent leur pouvoir (mairie, préfecture) restent dans les centres, ainsi que celles abritées dans des bâtiments spécifiques (lycées, musées...).

VOCABULAIRE

CYTISATION : spécialisation des quartiers centraux dans les fonctions du tertiaire supérieur destiné aux entreprises (finance, droit, etc.) au détriment des autres activités urbaines (observée dans la *City* de Londres). Voir p 276.

GENTRIFICATION : réhabilitation de quartiers centraux pauvres et délabrés, qui sont réinvestis par les classes aisées (la *gentry*).

RÉHABILITATION : remise à neuf de bâtiments vétustes présentant un intérêt historique, en restaurant leurs façades et en aménageant l'intérieur de façon moderne et confortable.

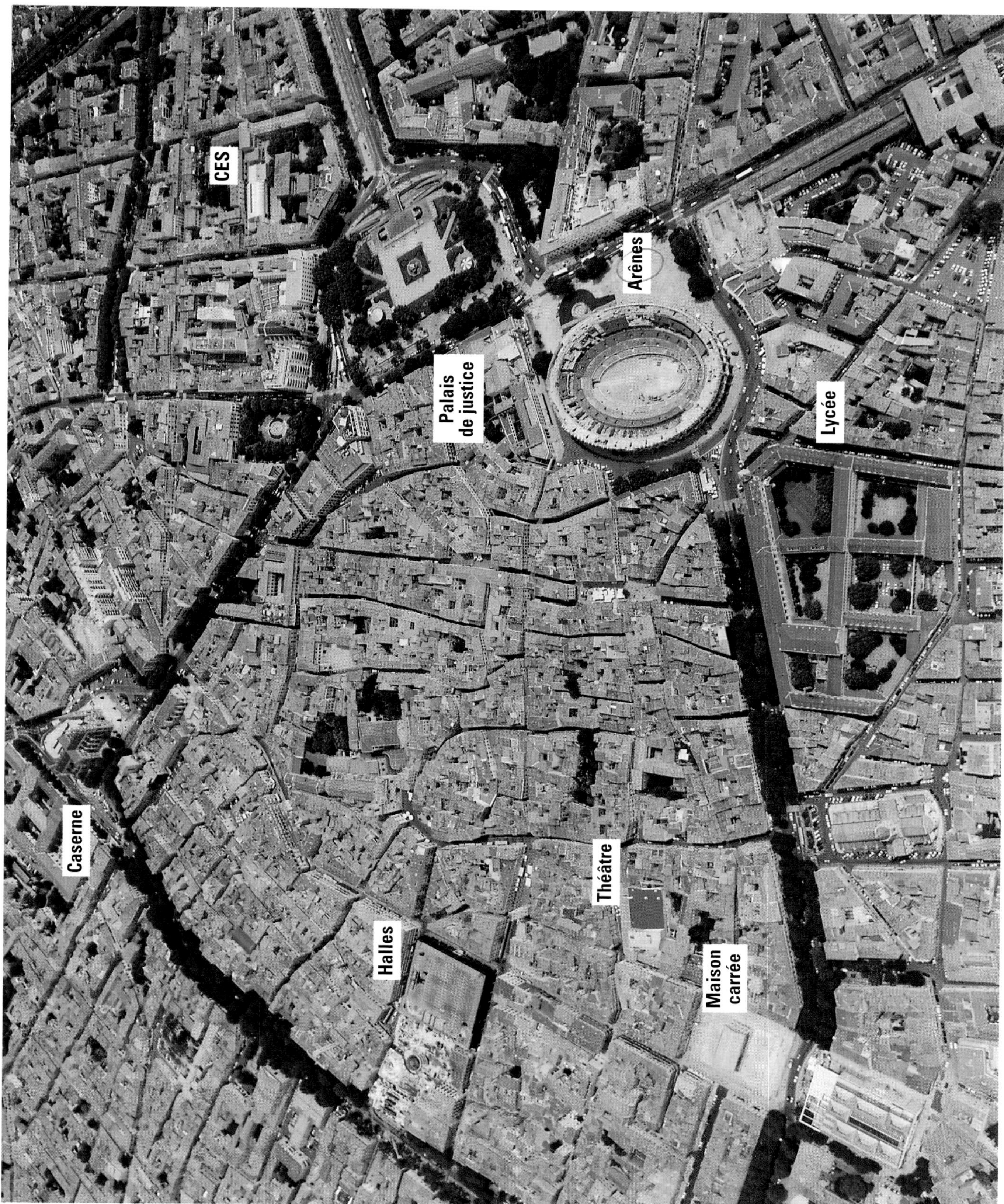

DOC 1 **Le centre-ville de Nîmes.**

■ Comment est organisé l'espace urbain ?

4 Les périphéries des villes

OBJECTIFS

Connaître les nouvelles formes d'habitat en banlieue

Connaître les nouvelles fonctions des banlieues

Les périphéries urbaines en France se démarquent de celles de nos voisins européens par la spécificité de l'héritage des grands ensembles et par le goût des Français pour la maison individuelle.

A - L'essor des périphéries

▶ **Les centres urbains tendent à se dépeupler au profit des périphéries urbaines,** qui accueillent désormais plus de 30 millions de Français (pour 24 millions dans les centres). Ainsi le centre de Paris se vide encore (– 0,14 % de croissance annuelle entre 1982 et 1990), c'est sa banlieue qui assure la croissance (+ 0,7 %).

▶ L'habitat y prend deux formes. Les **grands ensembles,** réalisés souvent avant les années 1970, dans le cadre des ZUP*, sont aujourd'hui de plus en plus mal perçus. C'est à la **maison individuelle avec jardin** qu'aspirent la majorité des Français, soit sous la forme de lotissements près des anciens villages, soit sous la **forme plus anarchique du « mitage* »**. Autour des villes, les communes rurales et agricoles (où le prix du m² est encore bas) sont investies par de nouveaux habitants, dont le mode de vie et le travail sont urbains (**phénomène de rurbanisation***, d'autant plus massif que l'agglomération concernée est de grosse taille). Ce phénomène limite la pertinence des vieilles catégories statistiques : on analyse désormais l'agglomération comme une **zone de peuplement industriel et urbain***, qui inclut des campagnes rurbanisées à la périphérie de la ville touchée par le **mouvement de périurbanisation***. Plus que par densification, le développement urbain se fait par extension, sur la frange de l'agglomération. À l'échelle de la France le solde migratoire annuel des banlieues « classiques » est de 0,17 %, celui du rural périurbain de 0,86 %.

▶ Les **villes nouvelles** mises en place à partir des années 1960, principalement autour de Paris, ont été une tentative – plus ou moins réussie – pour **structurer l'extension urbaine en périphérie** et y **créer de vrais lieux de vie** (voir p. 200).

B - Les nouveaux pôles d'activités en banlieue

▶ **La banlieue accueille désormais de plus en plus d'activités** (doc.1) : **industrie** (zones industrielles), **commerces** (grandes surfaces près des échangeurs autoroutiers), **bureaux** (centre d'affaires périphérique comme La Défense), **loisir** (parc d'attraction comme Eurodisney), **transport** (plates-formes multimodales, comme Garonor au nord de Paris). Toutes ces activités sont attirées par des **espaces bon marché**, soumis à peu de contraintes et **très bien desservis** (aéroport, RER, autoroute, interconnection TGV...). Certaines banlieues se constituent en pôles d'activités dynamiques.

▶ Les **technopôles***, ces nouveaux centres périphériques, sont des parcs d'activités regroupant souvent universités, laboratoires de recherche et industries de pointe, qui fonctionnent en commun. Le premier, **Sophia Antipolis,** fut créé entre Nice et Cannes dans les années 1970. Le **technopôle de Grenoble (Meylan)** occupe le deuxième rang, suivi par ceux de Nancy, Rennes, Nantes, Montpellier, Toulouse... **Paris** présente un cas particulier : il n'y a pas à proprement parler de technopôle, car les **activités technopolitaines** sont assez dispersées dans l'agglomération, même si le **plateau d'Orsay** en concentre un grand nombre (plus que n'importe quel technopôle provincial). Les technopôles tendent à se multiplier. Les premiers avait été crés par la DATAR, dans le cadre de la décentralisation; les nouveaux sont souvent le fruit des politiques des collectivités locales : chaque ville veut son technopôle, mais les succès sont inégaux.

VOCABULAIRE

Mitage : dispersion inorganisée de maisons individuelles habitées par des urbains en milieu rural.

Périurbanisation : urbanisation de l'espace situé au voisinage immédiat d'une ville.

Rurbanisation : contraction des mots *rural* et *urbanisation*. Phénomène de diffusion dans l'espace rural d'activités, de modes de vie ou d'aménagements de type urbain (ex. : lotissements périurbains de pavillons individuels au milieu des champs, habités par des actifs qui travaillent à la ville).

Technopôle (nom masculin) : parc technologique disposant de structures d'accueil spécifiques pour les entreprises et favorisant une étroite connexion entre centres de recherche et d'enseignement et industries de pointe.

ZPIU : zones de peuplement industriel ou urbain. Elles couvrent toutes les unités urbaines et englobent certaines communes rurales, constituant ainsi des zones intermédiaires entre les unités urbaines et les zones purement rurales.

ZUP : zone à urbaniser en priorité, cadre des grandes opérations d'urbanisme des années 1960 destinées à répondre à la crise du logement, généralement sous la forme de grands ensembles en banlieue.

DOC 1 **La périphérie de Nîmes.**

- Retrouver les différents éléments de ce paysage urbain nîmois sur la carte topographique de la page 113.
- Combien de types d'espaces urbains observe-t-on ?

Espaces rurbain et périurbain : le cas de Nîmes

- Depuis une trentaine d'années, la croissance des villes s'effectue essentiellement à la périphérie des villes, dans l'espace périurbain.
- Les transformations des usages et des modes de vie qui en découlent ont suscité l'apparition de deux nouveaux termes : la rurbanisation et la périurbanisation.
- À l'échelle de la France on peut mesurer l'ampleur du phénomène; à celle de l'agglomération nîmoise, on se rendra compte des formes qu'il prend.

I. Entre rural et urbain : rurbain

DOC 1

La rurbanisation ou les campagnes transformées par la ville

Ce terme hybride, composé des mots « urbain » et « rural », qualifie des secteurs de la campagne transformés, en douceur mais aussi en profondeur, par l'intrusion des modes de vie urbains. Le paysage agricole est peu ou pas transformé, sauf éventuellement par l'implantation de centres de loisirs, de parcs, sportifs ou de nature, de zones de résidences secondaires, etc. En revanche, la démographie et l'habitat se modifient, soit par apport de populations nouvelles, d'origine citadine, en résidence permanente ou secondaire, soit par évolution du mode de vie rural qui se « citadinise », soit les deux. D'autre part, des équipements collectifs nouveaux apparaissent dans les villages et les bourgs. Enfin, le moteur du phénomène est quelquefois constitué par l'apport d'activités non agricoles en plein milieu rural, industrielles mais aussi tertiaires.

Le phénomène rurbain n'est donc pas lié spécifiquement à l'existence d'une ville – centre, ni même de villes tout court. Il peut en être totalement indépendant. C'est plutôt une contamination « idéologique » de la campagne par la ville qui se manifeste par l'adoption de normes d'habitat et de confort de type urbain (chauffage central, appareils ménagers, etc.) souvent à l'imitation des possesseurs locaux de résidences secondaires, par l'introduction aussi d'un « tourisme vert » (fermes auberges, parcs naturels, centres hippiques, etc.), enfin par l'apport d'équipements et d'activités non agricoles (commerces, services, etc.). Comme nous l'avons laissé entendre plus haut, le phénomène est cependant d'autant plus accentué que la région dispose d'atouts économiques lui autorisant un certain dynamisme dans ces processus.

Ce sont aujourd'hui 12,5 millions de Français qui vivent en zone rurbaine. Le rural périurbain français connaît un taux annuel d'accroissement de 0,94 % (0,12 % pour les villes-centres, 0,86 % pour les banlieues classiques, – 0,52 % pour le « rural profond »).

Dézert, Metton, Steinberg, *La périurbanisation en France*, Sedes, 1991.

II. Autour des villes : périurbain

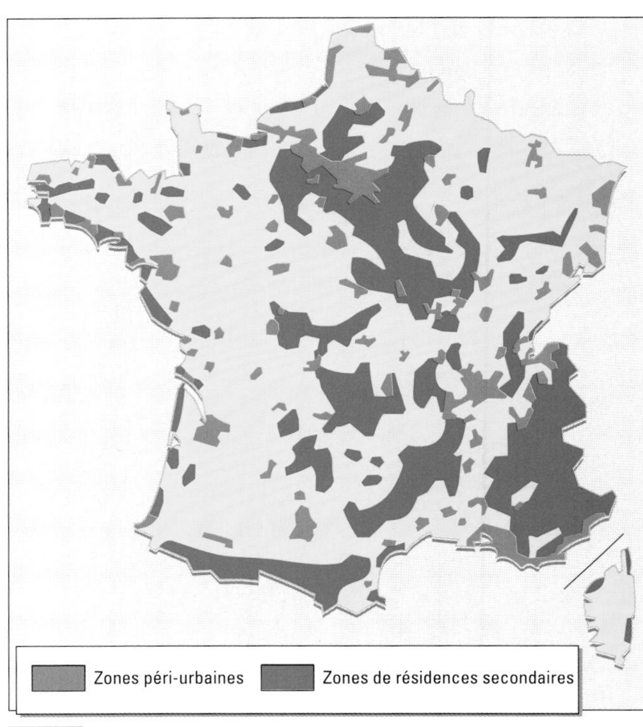

DOC 2 Les zones périurbaines en France.

QUESTIONS

- **Doc 1 et 2** - Définir le terme de rurbanisation et le confronter à celui de périurbanisation.
- **Doc 3 et 4** - Quels équipements évoquent déjà, en 1956, l'expansion de la périphérie de Nîmes? Repérer sur la carte quelques-unes des formes possibles de la périurbanisation : mitage, lotissements, urbanisation des « vieux villages ».
- **SYNTHÈSE** - Par quels processus se transforment les espaces ruraux à la périphérie des villes ?

III. Le cas de l'espace périurbain nîmois

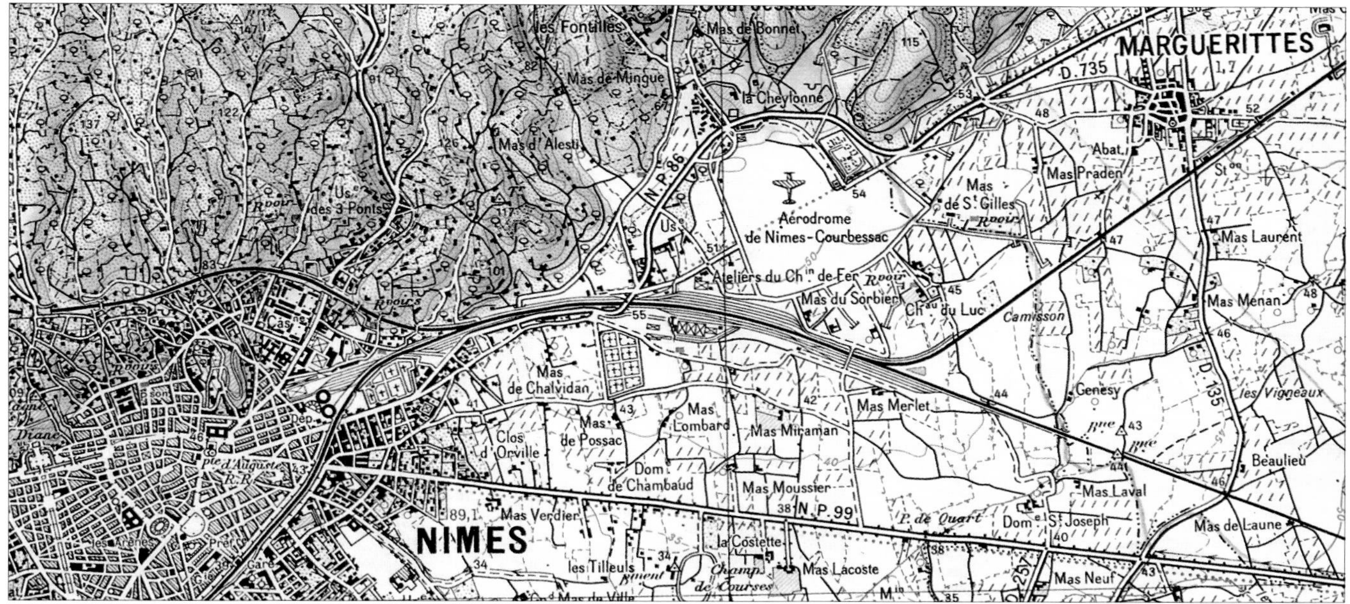

DOC 3 Extrait de la carte IGN au 1/50 000 de Nîmes en 1956.

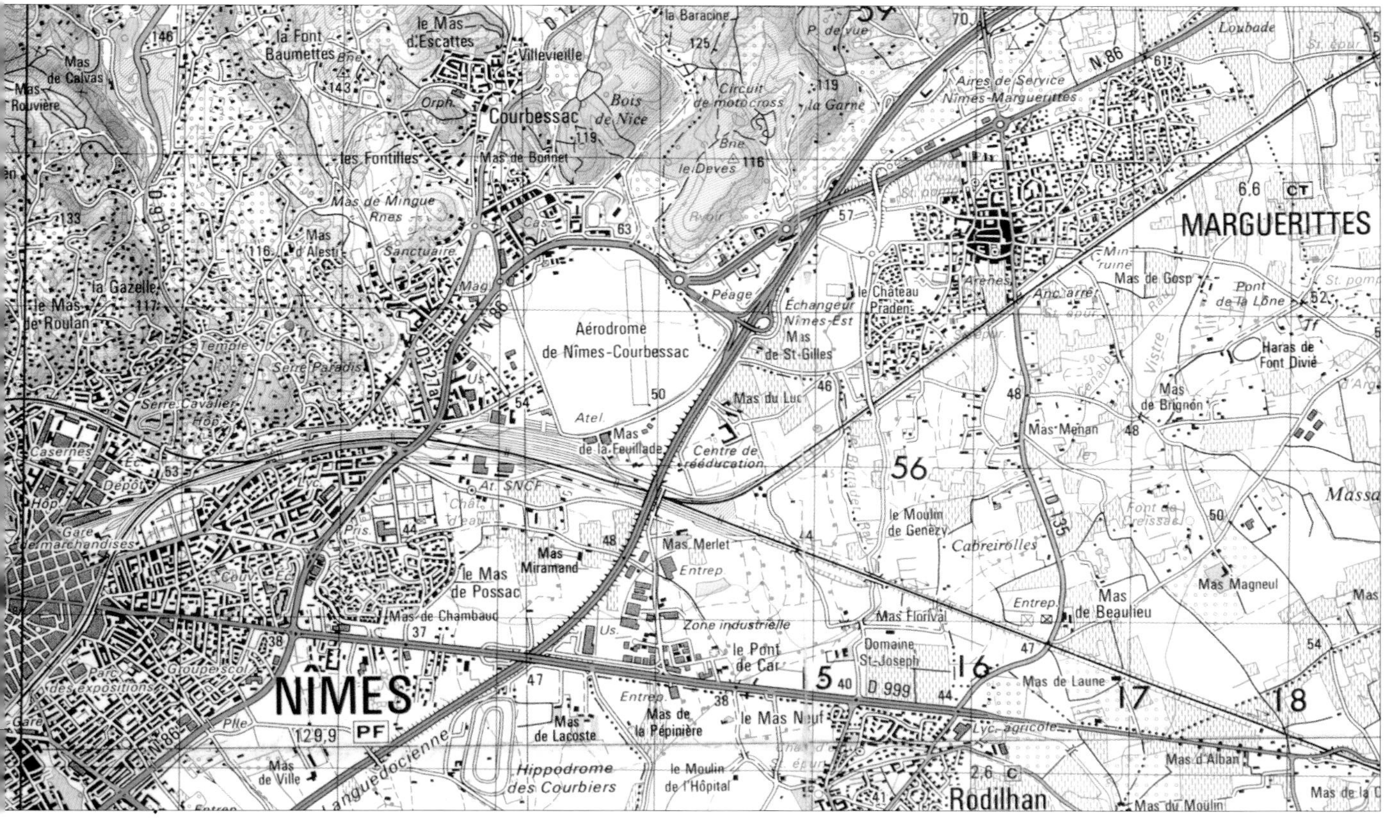

DOC 4 Extrait de la carte IGN au 1/50 000 de Nîmes en 1992.

5 Une crise de la ville ?

OBJECTIFS

<u>Connaître</u> les différents problèmes qui se posent en ville

<u>Savoir</u> quelles sont les solutions envisagées, et évaluer leur résultat

La ville connaît des problèmes qui sont ceux de la société dans son ensemble, mais ils y prennent des formes spécifiques.

A - Le risque de l'exclusion

▶ Les **quartiers périphériques de grands ensembles** proposent des loyers assez bas ainsi que des logements sociaux. Les **populations défavorisées** (immigrés, chômeurs, familles monoparentales, petits salaires...) n'ont d'autre choix que d'y résider. Loin d'un **centre-ville difficilement accessible,** n'ayant pas toujours les moyens d'avoir une voiture, ils restent enfermés dans leur quartier et sont **exclus de la ville** (certains parlent de **ghetto***). Pour échapper aux logements surpeuplés, les jeunes se retrouvent dans les cages d'escalier ou les « espaces verts », qui ressemblent fort à des terrains vagues. **Les commerces se désintéressent de ces espaces** ; les immeubles se dégradent, la sécurité est mal assurée (la police hésite parfois à intervenir); la drogue, la violence y répondent à la misère. Les établissement scolaires y sont « difficiles » ; le taux d'échec y est important. Les médias font état, non sans complaisance, du drame du Val-Fourré (en région parisienne), de Vaux-en Velin (Lyon)... **La ségrégation spatiale tend à s'accentuer.**

▶ Dans le cadre de la **lutte contre l'exclusion,** on tente de limiter la formation d'îlots de pauvreté dans les banlieues. On essaye de **promouvoir la mixité entre l'habitat social et le logement de standing.** On ponctionne une part du budget des municipalités riches pour le reverser à celles en difficulté. On entreprend des **opérations d'urbanisme pour désenclaver, réhabiliter* des quartiers à problème** (doc.1). De grandes opérations, comme les DSQ*, les projets d'une trentaine de **zones franches*** sont lancés. Les résultats ne suivent pas toujours : si les structures urbaines participent d'une ségrégation spatiale, le problème est avant tout social et économique (chômage, pauvreté...) (doc.3).

B - L'engorgement

▶ **La métropolisation* accentue le rôle des grandes villes et de leur centre.** Le poids démographique des agglomérations s'accroît; leurs limites s'étendent et leur densité diminue (l'extension s'opère sous la forme de lotissements pavillonnaires en périphérie). Les habitants de ces pavillons n'ont d'autre moyen de transport que la **voiture individuelle.** L'agglomération doit donc assurer le transport de personnes de plus en plus nombreuses, sur des distances de plus en plus grandes, vers un centre de plus en plus attractif, par des moyens de plus en plus coûteux en argent et en espace. Des problèmes apparaissent : **embouteillages réguliers, perte de temps...**

▶ Quand on améliore l'infrastructure routière, les particuliers, qui constatent que la circulation devient plus facile, sont davantage enclins à prendre leur voiture... et les embouteillages reprennent de plus belle ! Comme le **coût global des transports collectifs** est à terme plus faible, on préfère décourager l'usage de la voiture individuelle (parkings périphériques, parcmètres, piétonnisation) et **promouvoir les transports collectifs** (bus, métro à Paris, Lille, Lyon et Toulouse, tramway à Nantes). Mais les Français sont très attachés aux transports individuels. Le problème semble donc insoluble, et **les centres deviennent de plus en plus difficiles d'accès.**

▶ La **qualité de la vie en ville** devient un souci. La lutte contre la **dégradation des sites** et surtout contre la **pollution** mobilisent les habitants. Ce n'est pas que les problèmes s'aggravent : c'est plutôt qu'on y est de plus en plus sensible. Ces facteurs de stress, ces surcoûts rendent les grandes villes moins attractives, et laissent croire à une **crise de la ville,** qui joue désormais difficilement son rôle de « lien » social.

VOCABULAIRE

DSQ : développement social des quartiers.

GHETTO : espace dans lequel sont cantonnées certaines populations (d'après le nom du quartier juif de Venise). Cette ségrégation est coercitive, alors qu'elle est en théorie volontaire dans le cas d'une *colonie.*

MÉTROPOLISATION : voir p. 114.

RÉHABILITATION : voir p. 120.

ZONES FRANCHES : espaces dans lesquels les entreprises bénéficient de certains avantages, particulièrement en matière fiscale. On se propose d'en créer dans les banlieues « difficiles », pour attirer les entreprises... et les emplois.

DOC 1 **Remodelage du Quai de Rohan à Lorient.**
Avant remodelage : les trois barres du quai de Rohan.
Après : un espace urbain restructuré.

DOC 2

Les quartiers prioritaires
(en % des personnes interrogées)

Indicateurs	Quartiers « prioritaires »	Ensemble de la France
– Habite un grand ensemble	17,7	6,7
– Souffre d'une mauvaise isolation acoustique	58,8	31,6
– Se trouve loin des équipements	19,6	46,0
– Dont la langue maternelle est étrangère	17,6	8,2
– Ne va jamais au cinéma ou au restaurant	31,0	21,0
– Se sent en sécurité dans son quartier	66,0	86,2
– A peu de relations extra-familiales	32,4	21,2
– Ne sait ni lire ni écrire	5,5	4,5
– A eu des problèmes d'argent ces trois dernières années pour le paiement du loyer ou des factures	19,3	11,0
– Ne possède aucun patrimoine immobilier	69,3	39,3

Source : INSEE, enquête « Étude des conditions de vie », réalisée dans l'hiver 1993/1994 auprès de 13 000 ménages.
D'après D. Pumain et F. Godard (dir.), *Données urbaines,* Paris, Anthropos, 1996.

DOC 3

La crise urbaine est-elle une crise urbaine ?

Sociologues et urbanistes posent la question : la crise urbaine est-elle une crise *en* ville ou une crise *de* la ville ? Les problèmes des « quartiers difficiles » peuvent-ils être résolus par une politique urbaine de requalification (réhabilitation des immeubles et des appartements, amélioration des espaces publics, de la desserte...) ou relèvent-ils d'un traitement social de lutte contre la pauvreté, le chômage, l'exclusion (allocations, emplois, aides à l'intégration...) ? Quels sont les poids respectifs de l'exclusion sociale et de la marginalisation urbaine ?

© J.-F. Staszak, Nathan, 1997.

■ Identifiez les quartiers difficiles de votre ville. Sur la base d'une comparaison avec les quartiers plus favorisés, esquissez leur bilan social (revenus, famille, éducation, immigration...) et urbain (état des immeubles, commerce, localisation et transport...).

■ Des mesures en matière d'urbanisme vous semblent-elles susceptibles d'améliorer la situation ? Si oui, lesquelles ? Certaines ont-elles déjà été prises ? Avec quelle efficacité ?

Le modèle en géographie : l'exemple d'un modèle urbain

La ville de type européen

Méthode

• Qu'est-ce qu'un modèle ?
Un modèle est une représentation schématique qui met en évidence la distribution spatiale des phénomènes, qui permet d'en connaître l'organisation et le fonctionnement.

• Pourquoi un modèle ?
La réalité est souvent trop complexe pour être saisie d'un seul coup par l'esprit de celui qui l'observe et l'analyse. Une solution consiste à réduire cette réalité à sa plus simple expression graphique, puis à réintroduire, l'un après l'autre, les facteurs de complexité : cette reconstruction de la réalité est un modèle.

• Quel intérêt ?
Un premier intérêt pratique du modèle est de l'utiliser comme une représentation facilement mémorisable. Cependant, il ne faut pas oublier que le modèle est un cas général et qu'il convient par conséquent de l'adapter à chaque cas particulier.

Au niveau scientifique, le géographe confronte son modèle à la réalité. Celle-ci confirme le modèle ou, au contraire, l'infirme dans sa totalité ou partiellement. Le géographe modifie le modèle autant de fois qu'il est nécessaire : il modifie sa perception de la réalité et donc son analyse ; le modèle est alors un instrument de raisonnement scientifique.

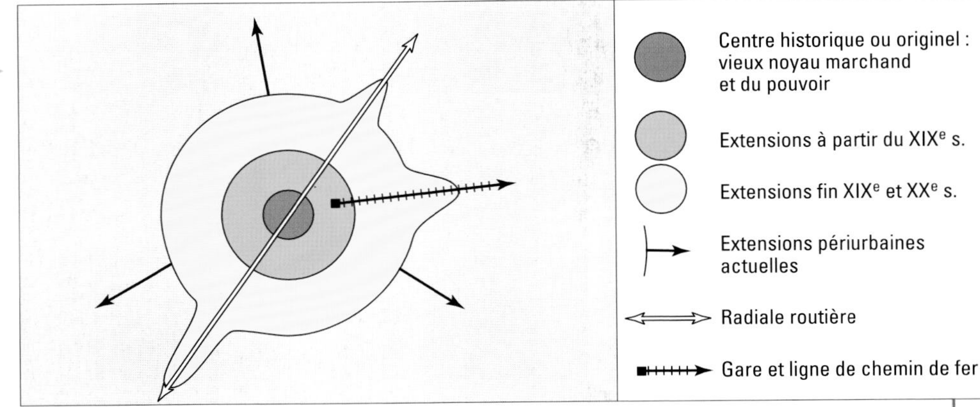

DOC 1 Une structure généralement concentrique.

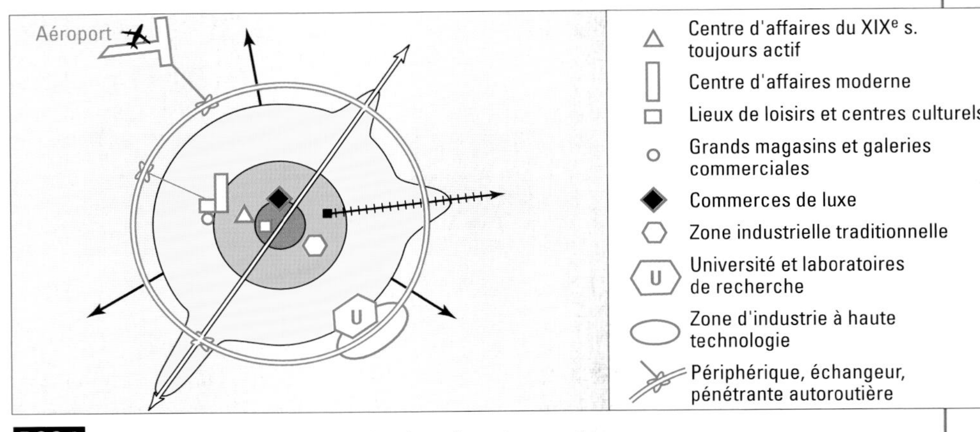

DOC 2 La localisation des principales fonctions économiques.

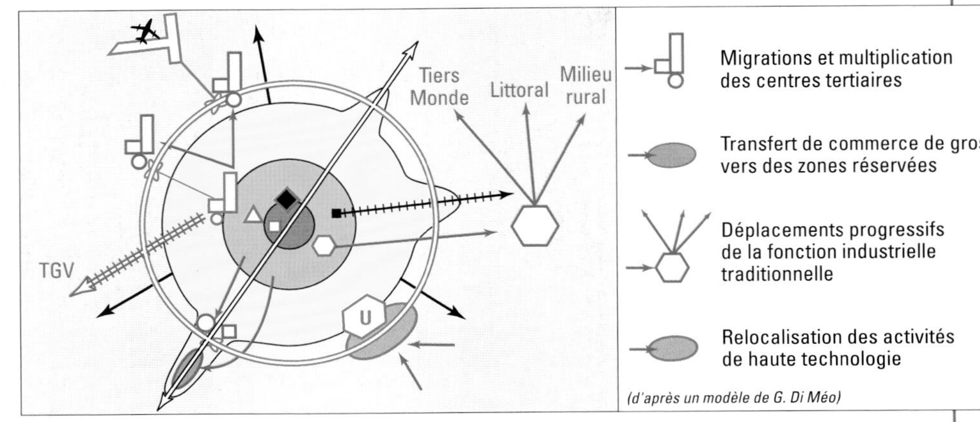

(d'après un modèle de G. Di Méo)

DOC 3 Migrations des principales fonctions économiques : le modèle est achevé.

Les villes

L'essentiel

- Le réseau urbain français se caractérise, à l'échelle européenne, par sa situation à l'ouest de la mégalopole européenne, par la suprématie de Paris et la faiblesse des métropoles de province. Il se divise en sous-ensembles (réseaux régionaux) marqués par des structures et des dynamiques différenciées.
- Les centres-villes, souvent anciens et prestigieux, sont spécialisés dans le tertiaire.
- Dans les périphéries, l'habitat prend la forme de grands ensembles ou de maisons individuelles, regroupées en lotissement ou dispersées dans la campagne environnante. L'industrie se cantonne aux banlieues, qui accueillent également de nouvelles activités tertiaires.
- La crise urbaine se manifeste dans les grands ensembles périphériques, où se concentrent parfois des populations exclues. L'agglomération, souvent en voie d'engorgement, souffre des embouteillages et de la pollution.

Les notions clés

- Aire d'influence
- Citysation
- Fonctions de commandement
- Gentrification
- Mégalopole
- Métropole
- Métropolisation
- Périurbanisation
- Technopôle
- Rurbanisation

Les chiffres clés

L'évolution des lieux d'habitat

Type de commune	Solde migratoire annuel 1982/1990 (en %)	Population (en millions)
Villes-centres	– 0,33	23,6
Banlieues	+ 0,17	18,3
Rural périurbain	+ 0,86	12,7
Rural « traditionnel »	– 0,05	2,1

Source : INSEE, 1990.

La population des dix principales agglomérations françaises

Agglomération	Population
Paris	9318000
Lyon	1262000
Marseille-Aix-en-Provence	1230000
Lille	959000
Bordeaux	696000
Toulouse	650000
Nice	516000
Nantes	496000
Toulon	437000
Grenoble	404000

CHAPITRE 7

La France verte et bleue

▶ La France rurale occupe plus des 3/4 du territoire national avec moins d'un quart de la population. Les densités de population sont donc faibles. Quelle est la place du monde rural en France ?

▶ Les campagnes ont connu depuis le début du XXe siècle des transformations rapides. L'exode rural et la modernisation de l'agriculture ont totalement redistribué les cartes au sein de la société française. Un nombre réduit d'agriculteurs anime le paysage rural et procure à la France richesses et exportations. Quels seront le rôle de l'agriculteur et le poids du secteur agricole dans la France de l'an 2000 ?

▶ C'est le devenir du monde rural dans sa diversité qui est en jeu aujourd'hui : véritable espace économique ou sanctuaire dans une France urbaine ? La France verte et bleue est au cœur des questions d'aménagement du territoire. Quel est l'avenir des campagnes dans une société de services et de communications ?

PLAN DU CHAPITRE

Au pied des Pyrénées, Collioure s'étend au bord de la Méditerranée. Port de pêche spécialisé dans l'anchois, Collioure abrite un vignoble réputé et a été le lieu de villégiature de nombreux peintres (Matisse, Picasso).

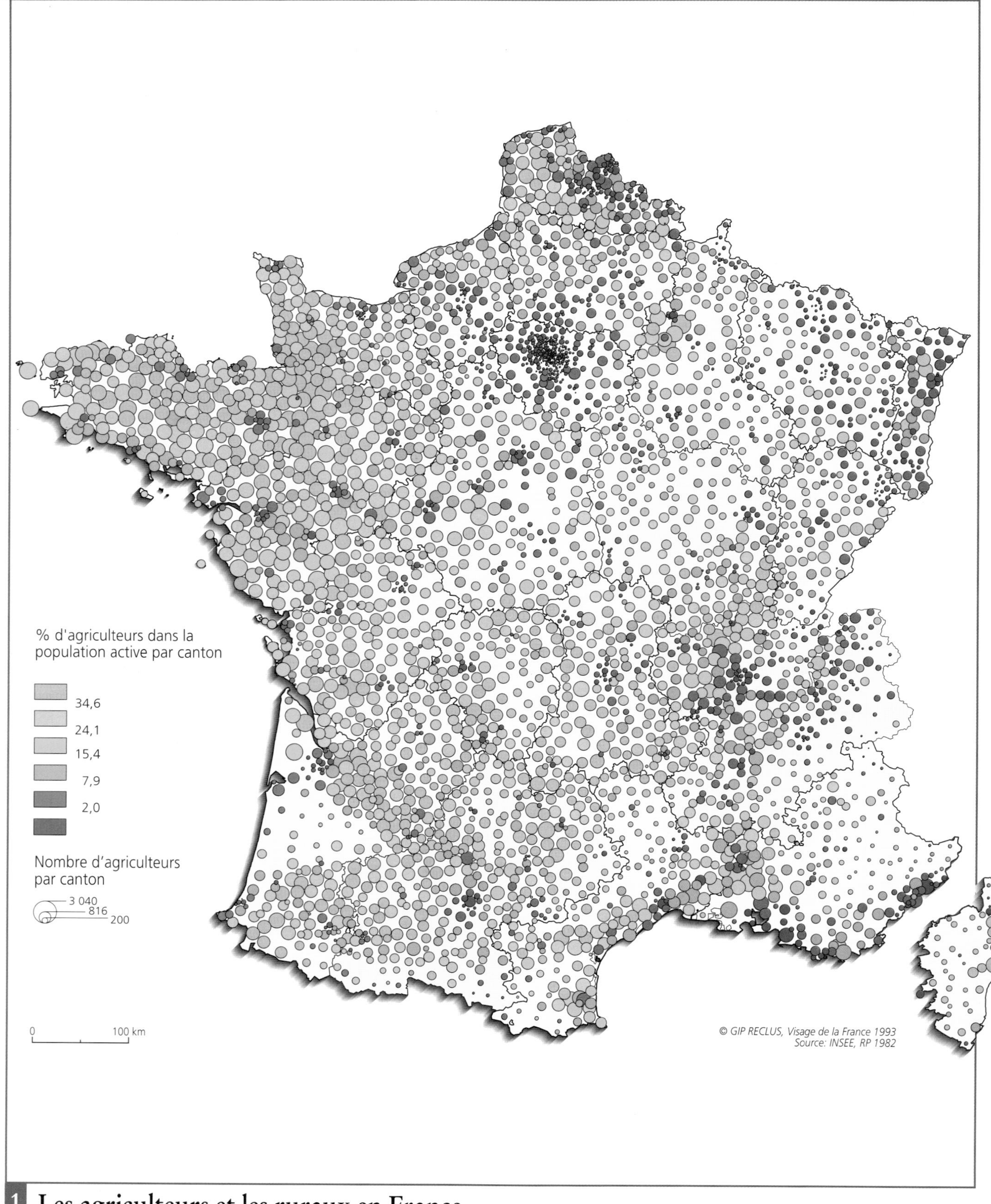

1 Les agriculteurs et les ruraux en France.

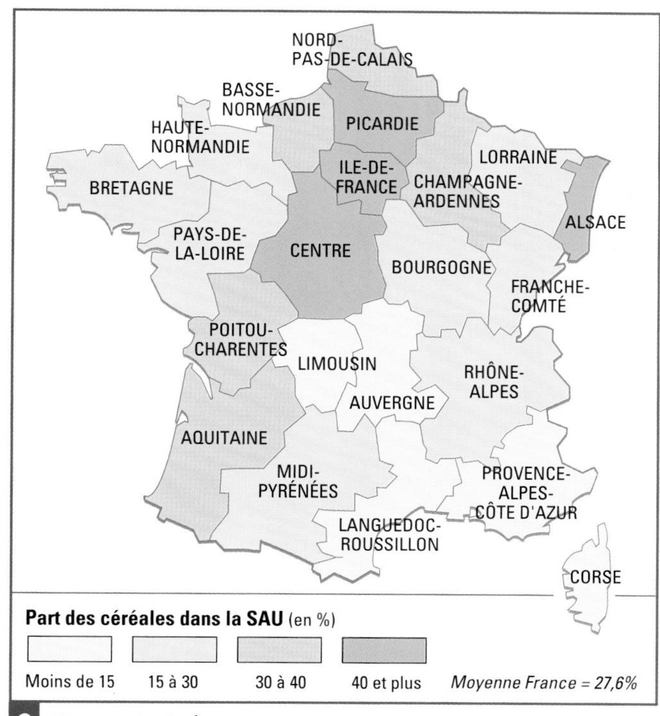

2 Les céréales.

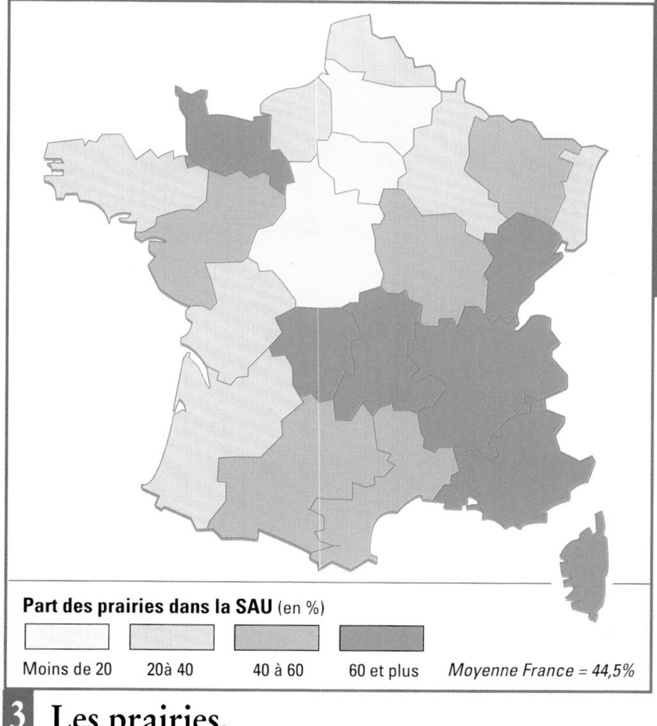

3 Les prairies.

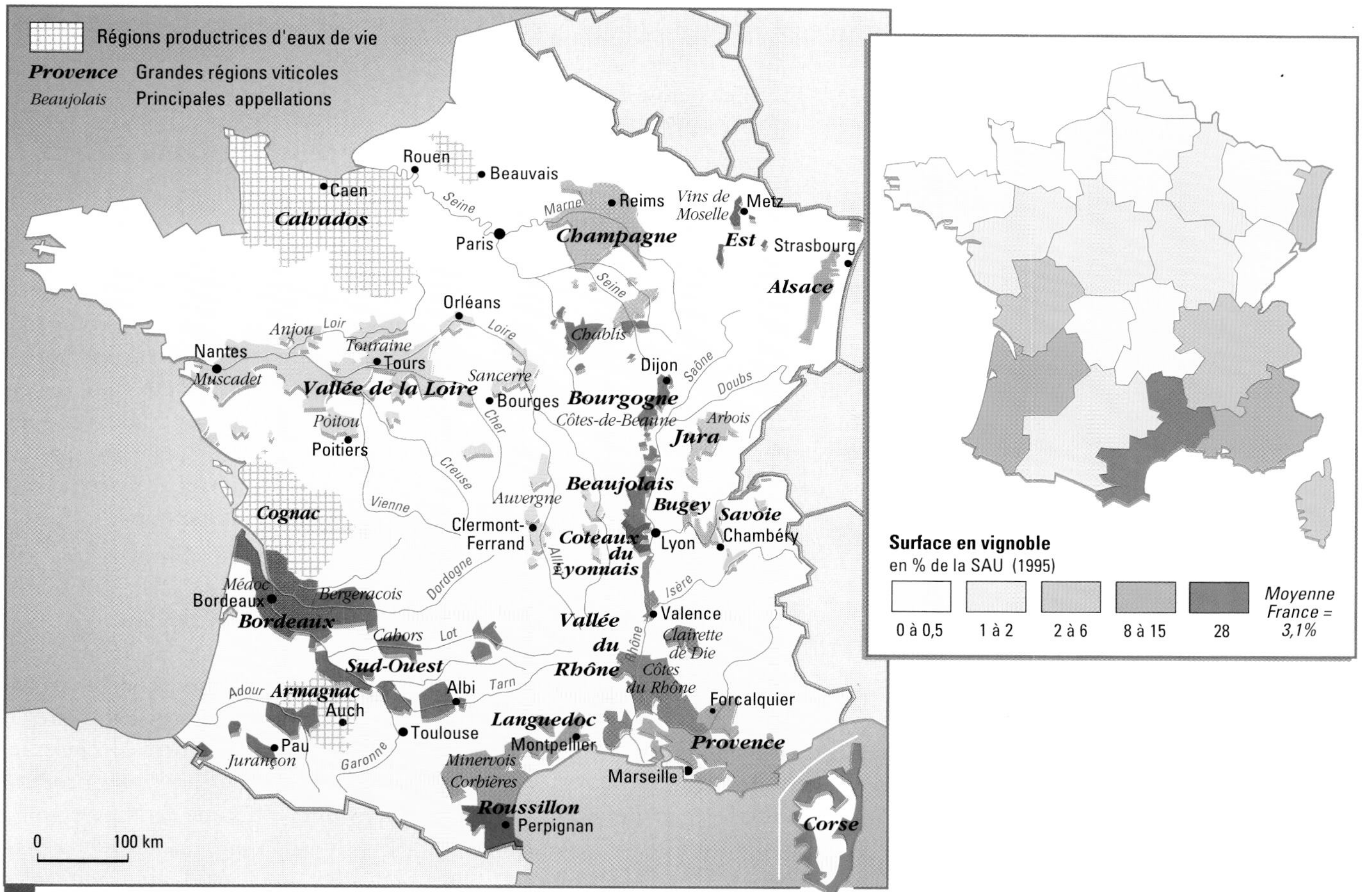

4 Le vignoble.

1 La France : un coin de campagne en Europe

OBJECTIFS

Savoir faire la distinction entre rural et agricole

Prendre conscience du poids économique de l'agriculture en France

Pour la plupart de nos partenaires européens, le paysage français typique est verdoyant, rural, tranquille. Mais cette image cache une autre réalité : la France est aussi la première puissance agricole européenne. Elle réalise 27 % de la production européenne sur 31 % de la surface agricole européenne.

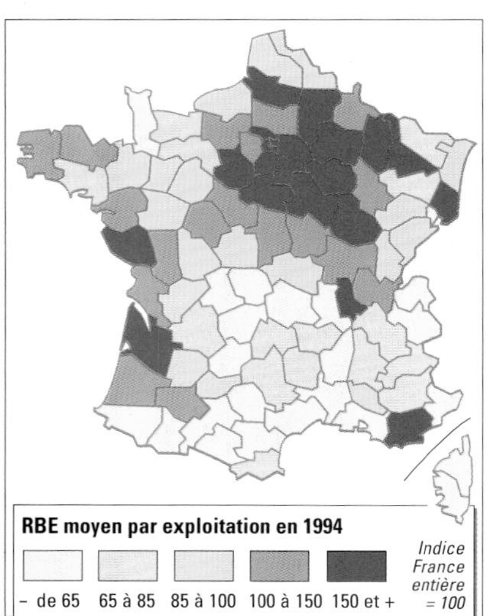

DOC 1 Le revenu par exploitation en 1994.

A - Une tonalité rurale marquée

▶ La France est l'un des pays les plus « ruraux » d'Europe (doc.2 et 4) et ce caractère est étroitement lié à l'importance que l'agriculture y a toujours tenue. La France est un **grand pays agricole par sa superficie et ses productions.** La **surface agricole utilisée*** occupe plus de la moitié du territoire (55 %) et si l'on y ajoute les emprises forestières (28 %) et les terrains agricoles non cultivés (6 %), c'est près de 80 % de l'espace métropolitain qui peut être classé dans le monde rural.

▶ **Longtemps, la France rurale s'est identifiée à la France agricole.** Dans le monde des campagnes, l'agriculteur régnait en maître. Le milieu, l'économie, l'habitat, l'exode étaient ruraux mais, partout, la part des paysans était primordiale. Les autres activités, que ce soit dans le commerce ou l'artisanat, dépendaient de la production agricole.

▶ En cette fin de XXe siècle, **les agriculteurs ne forment plus qu'un groupe parmi d'autres au sein de la société rurale.** Les ruraux ne tirent plus leur existence du travail de la terre et leur rythme de vie est désormais proche de celui des habitants des villes.

B - Le grenier de l'Europe

▶ Si la France ne fait pas partie des plus gros producteurs agricoles du monde à cause de sa modeste superficie, elle figure néanmoins au **second rang des pays exportateurs de produits agroalimentaires** derrière les États-Unis. Elle occupe le premier rang mondial pour l'exportation des vins, des bovins sur pied, des volailles, du tournesol et des pommes, et la deuxième position pour les céréales, le fromage, le lait, le sucre et le colza.

▶ Ces résultats sont la preuve de l'**efficacité de l'agriculture française.** Un petit nombre d'agriculteurs (6 % de la population active) suffit à obtenir ce résultat. En 1962, la France comptait 20 % de personnes travaillant la terre au sein de sa population active. Les transformations ont donc été spectaculaires (doc.3) car, dans le même temps, les productions ont évolué et se sont, surtout, considérablement accrues.

C - Les bénéfices de l'intégration communautaire

▶ Les performances de l'agriculture française sont à replacer dans le cadre européen. La France est le premier bénéficiaire de la **politique agricole commune** (PAC) menée en Europe pendant plus de trente ans. Le passage d'une société française fortement marquée par le monde rural à une société résolument urbaine et tertiaire s'est effectué sous l'égide d'une Europe en construction et cherchant à **assurer son approvisionnement alimentaire.**

▶ La France a remarquablement tiré son épingle du jeu en profitant des possibilités de **spécialisation de ses régions agricoles,** facilitée par les conditions du milieu et la capacité d'adaptation de ses agriculteurs. De plus, par sa position, la France fait figure de **modèle réduit de l'agriculture européenne,** concentrant sur son territoire des productions typiques de l'Europe du Nord comme de l'Europe méditerranéenne. Cela lui a permis de profiter au mieux des immanquables compromis d'une politique commune.

VOCABULAIRE

Surface agricole utilisée (SAU) : superficie totale d'une exploitation ou d'un pays, diminuée du territoire non agricole, des bois et forêts, des bâtiments et des landes non productives.

DOC 2 Plateau du Vercors (Isère). Près de Grasse en Vercors, l'économie rurale conjugue élevage laitier et tourisme tant estival (randonnée) qu'hivernal (ski de fond). Elle permet le maintien d'une population dense à peu de distance de la métropole grenobloise.

DOC 4 Les paysages ruraux.

DOC 3

Les bouleversements de l'agriculture française

Le temps est donc bien loin des autosubsistances locales, de la précarité des ressources, des famines et de la mortalité endémiques. En deux siècles et demi, deux grandes vagues de révolution technique ont complètement transformé les performances des agriculteurs en les alignant sur les meilleurs, tandis que les marchés s'élargissaient par bonds successifs, du local à l'hexagone, puis de l'hexagone à l'Europe riche et au monde. Le vin de Beaujolais est ainsi devenu successivement un bon vin de pays, puis celui qu'appréciaient les Lyonnais et les Parisiens, enfin un vin recherché en Allemagne ou aux États-Unis. (...)

De nos jours, c'est le modèle productiviste qui est critiqué, la course aux rendements, les excès dans l'utilisation des engrais, des traitements antiparasitaires, de la mécanisation et de la standardisation des produits. Pourtant, le système pourrait être poussé plus loin encore, tellement les meilleures exploitations, les industries agroalimentaires et la recherche agronomique qui les stimule conservent encore une marge de progression. L'agriculture française pourrait vite se concentrer sur ses régions les mieux adaptées et sur ses exploitations les plus productives, c'est-à-dire les plus grandes pour simplifier.

A. Frémont, *Le Monde des débats*, novembre 1992.

■ Quels risques comporte pour l'espace français le scénario envisagé dans la conclusion ?

2 Des systèmes de production agricole performants

OBJECTIFS

Connaître les grands types d'agriculteurs et d'agricultures

Comprendre le système productiviste et sa remise en cause

L'évolution du monde agricole et rural fait qu'il est préférable aujourd'hui de parler des agriculteurs et des agricultures françaises plutôt que de l'agriculteur et de l'agriculture française.

A - Une agriculture à trois visages

▶ Le petit million d'exploitants agricoles que compte la France se répartit en trois grandes catégories. Une **minorité d'entrepreneurs agricoles** (150 000 environ) assurent, sur de **grandes exploitations** (plus de 100 hectares), l'essentiel de la production française grâce à de **puissants moyens financiers et techniques.** C'est le cas des **céréaliers du grand Bassin parisien** (doc.2).

▶ À l'autre extrémité de l'échelle, **300 000 agriculteurs, souvent âgés, sont économiquement marginalisés** et l'avenir de leur exploitation n'est pas assuré. Certains exercent une **deuxième activité** (ouvriers, artisans) pour compléter leurs revenus.

▶ Un peu plus de **400 000 exploitants** pratiquent sur des **fermes de bonne taille** (30 à 100 hectares) une **agriculture familiale,** parfois dans le cadre de GAEC*. En fonction de la **spécialisation de leur exploitation** (vigne, élevage), ils peuvent atteindre une certaine aisance (doc.1).

B - Priorité au productivisme

▶ Les succès de l'agriculture française se lisent au tableau de la **productivité*.** Les **rendements*** des principales productions ont fait des bonds spectaculaires au cours des dernières décennies (doc.3). Ces résultats sont dus pour l'essentiel à la **mécanisation,** aux **progrès agronomiques** et à l'**aménagement rural.** Parallèlement, la modernisation des exploitations s'est accompagnée de la **baisse de la population agricole.**

▶ Face aux investissements nécessaires, l'État a encouragé les agriculteurs à **acheter en commun du matériel agricole** par le biais des Coopératives d'utilisation du matériel agricole (CUMA). La **sélection des espèces** a engendré un renouvellement complet des variétés, toujours plus compétitives grâce à l'**emploi massif d'engrais** (200 kg/hectares en moyenne) et de produits phytosanitaires*. Le développement de l'irrigation* et l'importance des **remembrements*** accompagnent cette course aux rendements.

C - La remise en cause du système

▶ La formidable croissance de l'agriculture française et européenne a dépassé tous les espoirs. La **surproduction** est apparue dans de nombreux secteurs, occasionnant la création de stocks onéreux. L'instauration de **quotas* de production** (comme pour le lait) n'a pas réglé tous les problèmes car ce développement s'est opéré dans un environnement économique protégé. Les agriculteurs ont eu longtemps la certitude de vendre leurs produits à un prix supérieur aux cours mondiaux des produits agricoles. **L'étranglement des finances communautaires** (2/3 du budget étaient consacrés à la PAC à la fin des années 1980) et les règles de concurrence du commerce international (discussion du GATT) ont mis à mal un système responsable de l'âge d'or de l'agriculture.

▶ La **nouvelle version de la PAC,** appliquée entièrement à partir de 1995-96, ouvre une nouvelle ère. **Baisse des prix et contrôle de l'offre** en sont les deux principaux éléments. L'agriculture française et européenne reste une activité largement subventionnée. Les aides s'attachent désormais plus à l'agriculteur qu'aux productions, l'ancien système favorisant le productivisme à tout crin.

▶ La **méfiance grandissante des consommateurs** (« vache folle », produits génétiquement modifiés) ne peut que conforter les efforts de la communauté visant à **produire des denrées de qualité.**

VOCABULAIRE

GAEC : Groupement agricole d'exploitation en commun. Cadre juridique favorisant la mise en commun des moyens de production afin de permettre une meilleure rentabilité des exploitations.

IRRIGATION : apport d'eau complémentaire aux cultures par des moyens artificiels : dérivation de cours d'eau, puisage dans les nappes souterraines, etc.

PRODUCTIVITÉ : rapport entre le travail (ou le nombre de travailleurs) et le rendement. Une agriculture à haut rendement peut être très faiblement productive (Bangladesh).

PRODUITS PHYTOSANITAIRES : ensemble des produits chimiques ou biologiques permettant de protéger les plantes contre les parasites.

QUOTA : plafond de rendement ou de production globale imposé par l'État ou par un organisme international.

REMEMBREMENT : ensemble d'opérations visant à modifier la répartition de la propriété foncière sur une surface donnée (exploitation, commune, région), le plus souvent dans le but de réduire l'émiettement des parcellaires.

RENDEMENT : production évaluée par rapport à l'unité de surface cultivée (exemple : nombre de quintaux par hectare).

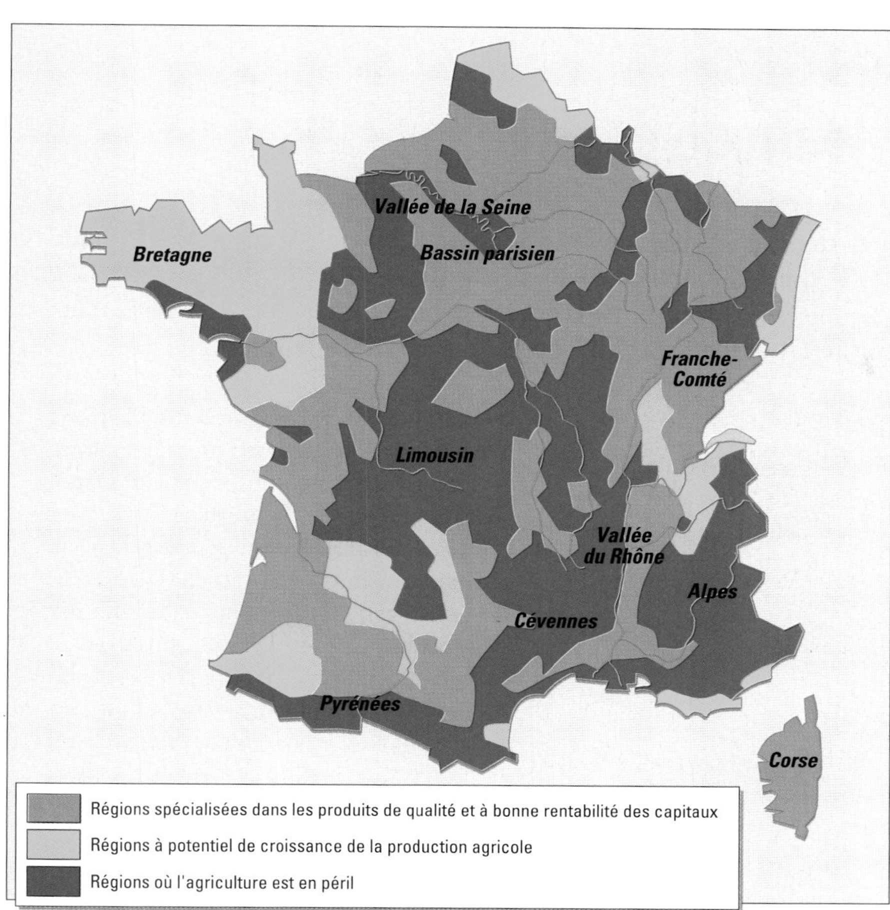

DOC 1 **Les trois France agricoles.**

■ En vous aidant des cartes de la page 133, essayez d'identifier les principaux types de production de ces trois France agricoles.

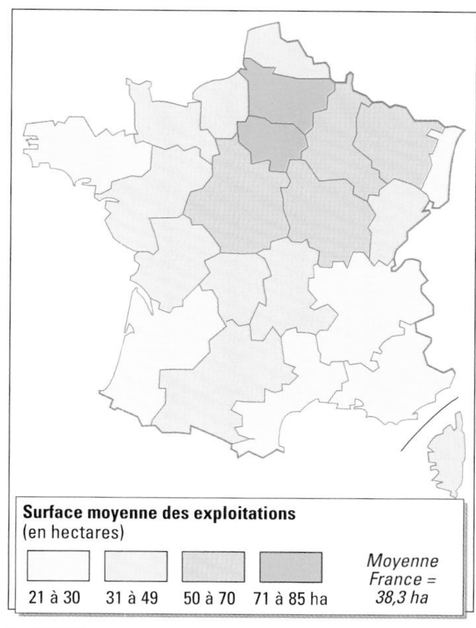

DOC 2 **La superficie des exploitations agricoles en 1995.**

■ Quelle agriculture est pratiquée dans les régions de grandes exploitations ?

DOC 3

Les rendements agricoles entre 1950 et 1994

En quintaux/hectare	1950	1994
Blé tendre	22,7	66,7
Avoine	14,5	41,1
Orge	16,2	55,1
Maïs	13,1	78,6
Colza	12,4	29,3
Tournesol	10,4	21,1
Pommes de terre	117,8	341,7
Tomates	172,9	737,0
Haricots verts	38,1	85,1
Carottes	169,5	349,7
En litres		
Production de lait par vache	1 942	5 260
Production de lait par brebis	72	159

Source : *Insee Première*, n° 466, juin 1996

DOC 4 **Le marché aux cadrans de Saint-Pol-de-Léon (Bretagne) :** lieu de rencontre entre producteurs-agriculteurs et acheteurs locaux et lieu de fixation des prix agricoles.

3 Les difficultés de la pêche française

OBJECTIFS

Connaître la situation actuelle du secteur de la pêche

Prendre conscience du rôle des politiques européennes dans le domaine de la pêche

Avec des littoraux ouverts sur la mer du Nord, la Manche, l'océan Atlantique et la mer Méditerranée, la France est un grand pays maritime. Les côtes ont été anciennement mises en valeur et si la pêche est une activité traditionnelle dans certaines régions (Bretagne, Pays Basque), l'ensemble du pays est en crise.

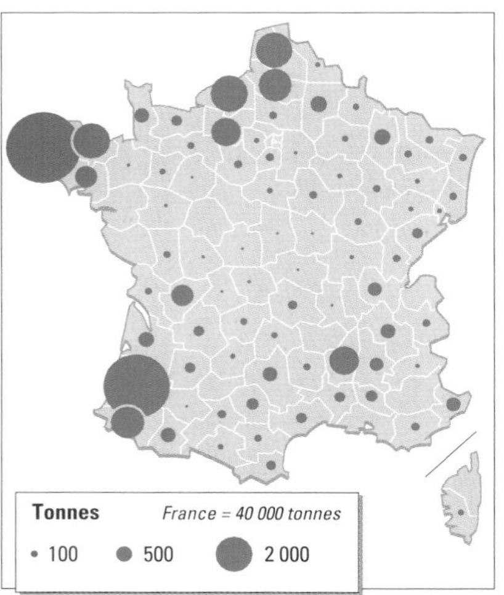

DOC 1 **La production de salmonidés (truites et saumons) en 1991** représente 80 % de la production aquacole française.

A - Une activité marginale

▶ La France compte **moins de 10 000 marins pêcheurs,** soit deux fois moins qu'il y a 10 ans. La flotte de pêche française, qui a connu une modernisation sensible au cours des dernières années, est aujourd'hui réduite à 7 000 unités, essentiellement de petite taille.

▶ La **pêche artisanale** est la plus développée. Elle anime de nombreux ports, notamment dans le sud de la Bretagne et en Vendée. Les sorties sont quotidiennes et les embarcations d'une taille souvent inférieure à 12 mètres.

▶ La **pêche industrielle** concerne des navires de plus gros tonnage et effectuant des campagnes de plusieurs mois. C'est elle qui assure le gros des tonnages débarqués dans quelques ports bien équipés, à commencer par **Boulogne-sur-Mer** (1er port français) (doc.2). C'est la capacité de commercialisation plus que les infrastructures (quais, bassins, entrepôts) qui fait désormais la force des établissements portuaires.

B - Les aléas de la politique européenne

▶ L'Europe bleue est l'illustration de la difficulté à trouver des compromis entre des situations nationales contradictoires. Mise en place à partir de 1983, la **politique européenne dans le domaine de la pêche est mal vécue en France** (conflits latents depuis 1992) par une profession émiettée et individualiste (doc.3). Les intérêts des pays membres sont difficiles à concilier à cause de la **vive concurrence qui sévit sur le marché mondial** et des **règles de la souveraineté maritime des États** (zone de pêche exclusive de 11 km).

▶ **L'arrivée de l'Espagne dans l'Europe bleue** a accru les tensions (doc.4), la flotte ibérique (concurrençant celle du Danemark) étant la plus importante et la plus efficace. La **raréfaction des prises,** liée à la **surexploitation des stocks** (réserves halieutiques), impose une redistribution des circuits de pêche. La **modernisation de la flotte** (congélation sur le navire) **et des techniques de capture** (utilisation des radars pour repérer les bancs de poisson) nécessitent des investissements de plus en plus lourds.

C - La valorisation des produits de la mer

▶ Si la balance commerciale française est déficitaire en ce qui concerne la pêche (la pêche nationale ne couvre, en effet, que la moitié des besoins des consommateurs français), cela n'a pas empêché le **développement d'une solide filière du traitement des produits de la mer.** La consommation individuelle de poisson est faible (20/kg/hab.) et le poisson frais ne résiste pas aux surgelés et autres plats cuisinés. L'ensemble des ports cherche à développer la **transformation des produits de la mer.** Boulogne concentre les principales usines grâce à l'importance de ses importations.

▶ La **conchyliculture*** et l'**aquaculture*** sont des secteurs dynamiques (doc.1). Si la mytiliculture* reste artisanale et ponctuelle (Arcachon, baie de l'Aiguillon, Saint-Malo), l'ostréiculture* est une spécialité qui place la France parmi les principaux producteurs mondiaux. Les « fermes de mer » font une apparition timide sur les côtes françaises. Mais le bas coût des importations en provenance des pays tiers (hors UE) rend aléatoire tout développement.

VOCABULAIRE

Aquaculture : élevage d'espèces marines (poissons) en vue de leur commercialisation.

Conchyliculture : élevage des coquillages comestibles. On distingue l'**ostréiculture** (élevage des huîtres) de la **mytiliculture** (élevage des moules).

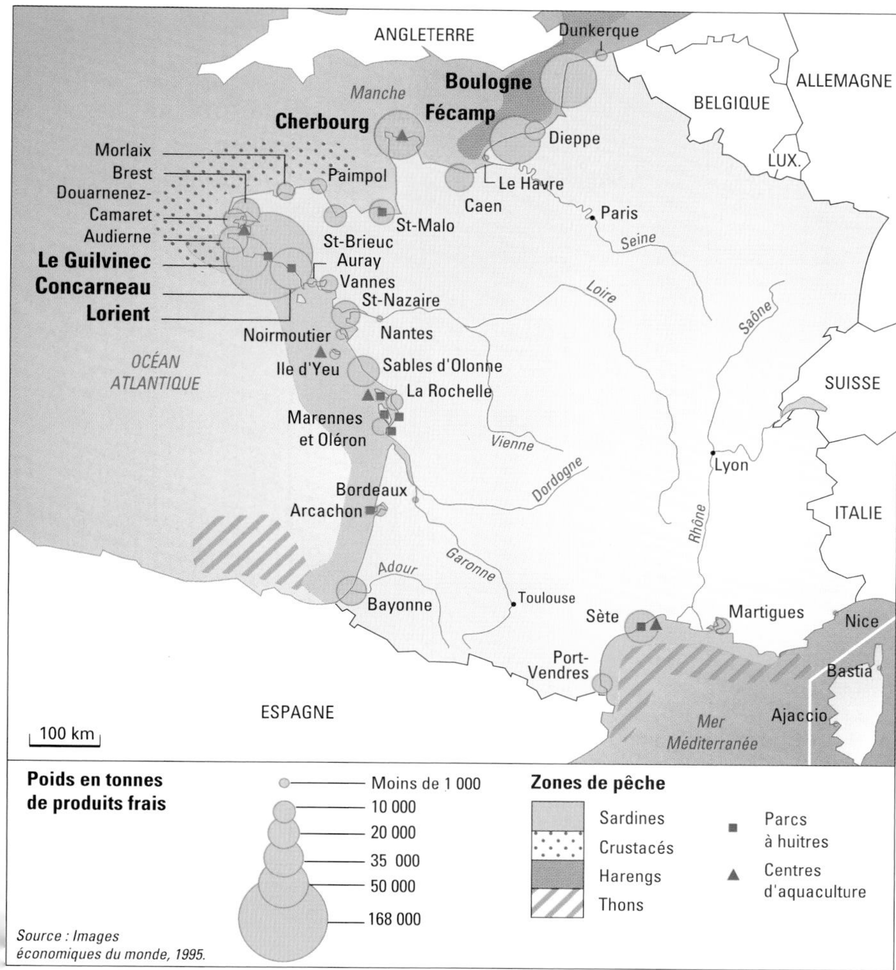

DOC 2 **Les ports de pêche en France.**

DOC 3

La crise de la pêche

Dans bien des ports et au sein de bien des instances professionnelles, les choix proposés par la Commission pour le Plan d'orientation pluriannuel 1997-2002 ont suscité une véritable levée de boucliers. Face à l'ampleur des réductions à nouveau demandées (allant jusqu'à 40 % de l'effort de pêche dans certaines zones), les pêcheurs disent « stop ».

La France, la Belgique et l'Irlande demandent, notamment, que soient envisagées des solutions alternatives. Car les producteurs ne voient plus le bout de ce processus en entonnoir, qui conduit à une diminution constante des emplois et au vieillissement progressif de leurs outils de travail. (...)

Fin septembre, la Commission européenne a donc envoyé aux États membres un memorandum destiné à expliquer et à justifier ses propositions en matière d'encadrement des flottilles. Elle y souligne, tout d'abord, le fondement biologique et économique de ses orientations. « Toutes les conclusions scientifiques indiquent que la surcapacité de la flotte communautaire est la principale responsable de la grave surexploitation de nombreuses ressources... Trop de pêche tue la pêche... La prise en compte des impératifs biologiques est essentiellement motivée par des considérations économiques et sociales. Pour la Commission, il n'y a pas de doute sur la fiabilité des évaluations scientifiques, les tendances lourdes traduisent irréfutablement un déclin de la plupart des stocks...

France-Éco-Pêche, octobre 1996.

DOC 4

Chalutiers espagnols bloquant le port d'Hendaye.

La délimitation des zones de pêche dans le golfe de Gascogne et les différences entre pratiques de pêche rallument régulièrement les tensions entre les armements français (en déclin) et espagnols.
Ici, une vedette des affaires maritimes ouvre la voie à un chalutier français.

La forêt en France

▶ La forêt s'étend sur 28 % du territoire français.

▶ En constante progression depuis un siècle, la forêt est un atout majeur de l'économie française. Toutefois le manteau forestier national ne couvre pas l'ensemble des besoins de la filière bois.

I. Un élément essentiel du paysage rural français

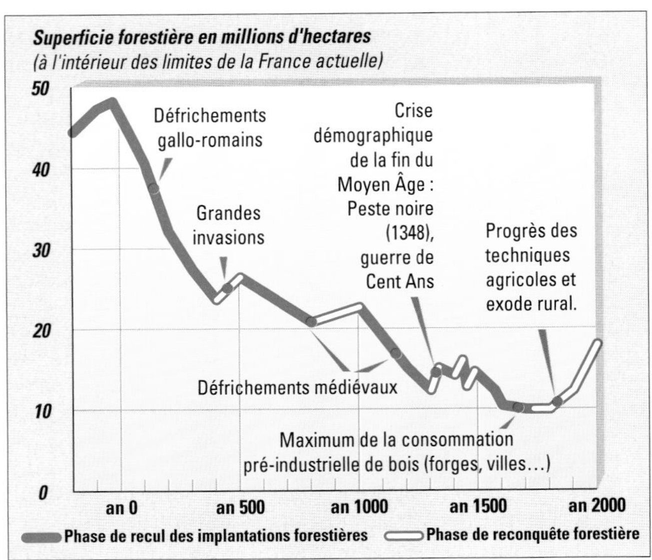

DOC 1 L'histoire forestière de la France.

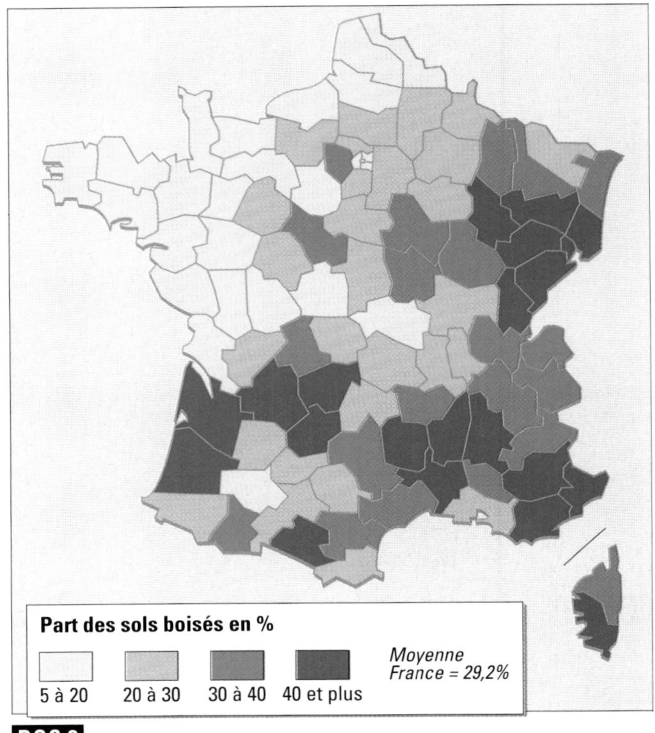

DOC 2 Le taux de boisement.

DOC 3

Un espace dynamique

Étendue sur plus de quinze millions d'hectares, la forêt française représente un patrimoine exceptionnel, riche de sa diversité, structurant le paysage, participant à la pérennité des équilibres naturels. C'est aussi le lieu où se produisent du bois et des fibres en volumes et en qualités croissants.

La forêt dont nous bénéficions aujourd'hui est en fait le résultat d'une série d'actions, patiemment entreprises par nos prédécesseurs, gestionnaires publics ou propriétaires privés. (…) En France la forêt avance, offre presque partout une dynamique spatiale et qualitative soutenue. Sa dynamique globalement très satisfaisante doit être encore confortée par l'application pratique des progrès scientifiques récents autorisant des décisions sylvicoles pertinentes.

La France continue d'affirmer et de démontrer par une gestion équilibrée que la forêt peut assumer une triple fonction productrice, protectrice et récréative. Elle est modelée par des aménagements évoluant au gré des besoins d'une société urbaine et d'une économie désormais ouverte sur l'extérieur et dont les cycles rapides s'accommodent mal de la continuité dont la forêt a besoin.

J.-P. Husson, *Les forêts françaises*, Presses universitaires de Nancy, 1995.

DOC 4

Une des grandes forêts européennes

La France doit à l'entrée des pays scandinaves la perte de son titre de 1er pays forestier d'Europe. À la différence de la Suède et de la Finlande aux boisements homogènes, le couvert forestier français (15 millions d'hectares) est partagé entre des feuillus (56 %) et des résineux (28 %), le reste étant occupé par des forêts mixtes, peupleraies et autres bosquets épars.

C'est une forêt essentiellement privée (au 2/3) mais l'État, relayant les communes, garde une grande part dans l'orientation de la politique et de la gestion forestière (Office national des forêts). Le poids économique de la forêt au sens large (commerce du bois et bois de construction inclus) est évalué à 430 milliards de francs. La seule filière de la forêt et des industries du bois intéresse 400 000 emplois et 230 milliards de chiffre d'affaires.

© Louis Marrou, Nathan, 1997.

II. L'autre « pétrole vert » de la France ?

DOC 5

La filière bois

En 1995 la filière bois papiers marque une très forte reprise d'activité et les échanges augmentent de 17 % en valeur. Le déficit d'ensemble passe de 14,3 milliards en 1994 à 16,3 milliards de francs en 1995.
Le déficit provient pour 57 % des pâtes et papiers, produits à partir des résineux, et pour 28 % du mobilier en bois fabriqué très souvent avec des bois tropicaux importés. Le déficit en sciage de conifères (1,7 milliard) diminue de 5 %.
Les exploitations forestières et les scieries réalisent respectivement un chiffre d'affaires de 3,5 et 13,7 milliards de francs en 1994. Les indicateurs d'activité, mesurés sur champ constant, sont en hausse pour les entreprises forestières et les scieries. L'exercice 1993 avait été particulièrement défavorable aux deux secteurs. L'amélioration est plus accentuée dans les scieries, et leurs investissements repartent après une pause en 1993.

D'après *L'agriculture, la forêt et les industries agroalimentaires*, Graphe Agri, 1996.

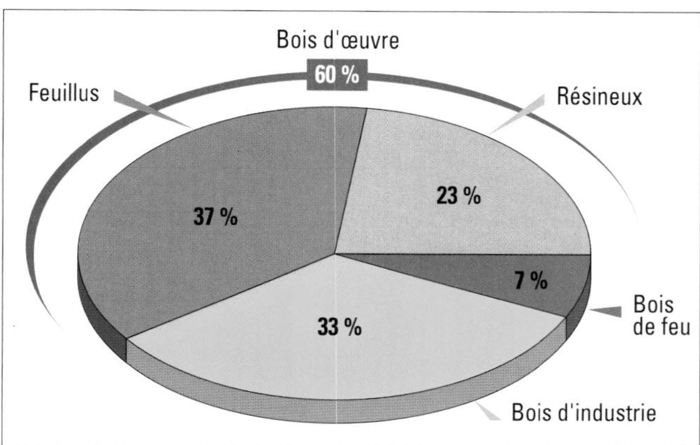

DOC 6 La production de bois.

DOC 7

Le commerce extérieur de bois

	1980	1990	1993	1994	1995
QUANTITÉ *(en milliers de tonnes)*					
Importations	4180	2856	2973	3637	4210
Exportations	3149	5652	3259	3843	4001
Solde	**– 1031**	**2796**	**286**	**206**	**– 209**
VALEUR *(en milliers de francs)*					
Importations	5548	5906	4511	6056	6255
Exportations	1890	4650	3244	3748	3946
Solde	**– 3658**	**– 1256**	**– 1267**	**– 2308**	**– 2309**

Source : Douanes. AGRESTE.

DOC 8 Industrie du bois dans la forêt des Landes.

QUESTIONS

- **Doc 2** - Comment se répartit la forêt française ? Comparez cette carte avec celle des densités de population (p. 72). Que constatez-vous ?
- **Doc 3** - Quelles sont les fonctions de la forêt aujourd'hui ? Ont-elles eu le même poids au siècle dernier ?
- **Doc 2 et 4** - Dégagez les principales caractéristiques de la forêt française.
- **Doc 5 et 7** - Confrontez ces documents et déduisez-en le type de bois importé par la France. Au regard de ce déficit, quel type de production forestière et quel type d'activités la France devrait-elle développer ?
- **SYNTHÈSE** - Quel rôle peut jouer la forêt dans la redéfinition actuelle du monde rural français ?

4 Crise ou renouveau rural ?

OBJECTIFS

Connaître les différentes facettes du monde rural

Prendre conscience des dynamiques contradictoires en jeu dans le monde rural

Les transformations du monde rural sont sensibles depuis une trentaine d'années et on peut parler d'un véritable paradoxe. Le monde rural français est de moins en moins agricole et, pourtant, en à peine deux générations, l'espace rural s'est imposé comme un espace économique à part entière.

A - Déprise et périurbanisation

Les résultats des derniers recensements montrent une dualité marquée au sein de l'espace rural français. On oppose le **rural profond** à l'**espace rural périurbain***.

▶ Les petites communes des moyennes montagnes (Vosges, Auvergne, Limousin, Pyrénées) mais aussi celles des Ardennes, du Morvan ou du sud du Massif central continuent à voir leur population diminuer et vieillir. La **déprise*** y est forte même si certains **néoruraux** en rupture de ville ou des retraités s'y installent.

▶ À l'inverse, les **cantons ruraux en bordure des agglomérations,** y compris des villes moyennes, ou des principaux couloirs de circulation français connaissent une **situation démographique et économique favorable.** Entre 1982 et 1990, le périurbain a encore profité d'un accroissement moyen annuel de l'ordre de 1,3 %.

B - De multiples activités rurales

▶ Les transformations du monde agricole ont entraîné une **modification profonde de l'activité dans le monde rural.** L'artisanat lié au monde agricole a en grande partie disparu; seul se maintient un solide **réseau d'entreprises de mécanique** lié à l'importance des engins agricoles.

▶ Les **activités agroalimentaires** ne sont pas toutes rurales mais elles assurent dans les campagnes une activité soutenue. **Les industries agroalimentaires* représentent le premier secteur industriel français,** employant directement 400 000 actifs et dégageant un chiffre d'affaires de l'ordre de 700 milliards de francs. Cohabitent un secteur coopératif puissant, comme dans l'industrie de la viande ou dans l'industrie laitière, et de grands groupes agroalimentaires privés, plus ou moins spécialisés, comme Danone, Béghin-Say ou Saint-Louis.

▶ La **petite industrie de transformation** (doc.2), les **professions de santé** et le **tourisme** ne parviennent pas à intégrer les demandeurs d'emplois. Le monde rural abrite désormais une importante frange de population non salariée (retraités, chômeurs, jeunes) alors que se développent des formes de marginalisation (croissance rapide du RMI).

C - L'avenir du monde rural

▶ C'est l'hétérogénéité des situations qui domine aujourd'hui. Les régions qui subissent une véritable **crise rurale** sont nombreuses, même si coexistent partout des noyaux dynamiques au sein d'espaces déprimés (doc.3). Les **risques de désagrégation du territoire** (fermeture des services publics...) semblent se dessiner dans certaines zones et on a pu parler d'une **« diagonale du vide »** s'étendant des Ardennes aux Pyrénées centrales.

▶ À l'échelon local, et pas uniquement autour des villes, le développement et la pérennité d'activités sont indéniables. Le **tourisme vert** a revitalisé de nombreux cantons, par l'accueil à la ferme (doc.1) ou les chambres d'hôtes. Le maillage des résidences secondaires vient renforcer une « **citadinisation** » **de l'espace rural** qui commence par celle des modes de vie des populations. La bonne accessibilité globale et la qualité de vie dans les campagnes françaises séduisent plus d'un citadin, et les **nouvelles formes de travail** (télétravail) permettent de croire à un **possible renouveau des espaces ruraux.**

VOCABULAIRE

Industrie agroalimentaire (IAA) : filière de transformation des produits agricoles destinés à la consommation humaine et animale.

Déprise : abandon progressif des espaces ruraux par les agriculteurs. La déprise est marquée par l'extension des friches, des broussailles, de reboisements.

Périurbanisation : urbanisation de l'espace situé au voisinage immédiat d'une ville.

DOC 1 Ferme auberge : le nouveau visage du monde rural ?

■ Étudier attentivement cette ferme auberge et identifier les éléments liés à l'accueil des touristes et ceux liés à l'exploitaiton agricole. Quels symboles du monde rural s'opposent sur cette photo ?

DOC 2

L'industrie en milieu rural : le Choletais

Le Choletais est souvent présenté comme un modèle de l'industrialisation en milieu rural; n'est-il pas seulement – et ce n'est déjà pas si mal ! – un exemple de ces « districts industriels » que l'on retrouve ailleurs, dans d'autres régions françaises, mais aussi italiennes, allemandes ou espagnoles ?

Le concept de « district industriel » s'applique parfaitement au Choletais : avec plus de 400 établissements rassemblant 40 000 emplois répartis dans 120 communes.

Le Choletais se présente comme un territoire d'industrie diffuse dont les branches les plus importantes sont celles de la chaussure, de l'habillement et du meuble. Ces usines se rattachent à des entreprises de petite dimension créées dans le cadre d'initiatives locales : les chefs d'entreprise comme les ouvriers sont des enfants du « pays » et ils s'inscrivent dans un réseau complexe de relations familiales, sociales, associatives, locales.

La dynamique industrielle est indissociable de la vitalité des commerces, des services, des associations, des collectivités communales (autrefois paroissiales) qui environnent les ateliers et les usines. Le Choletais peut dont être analysé comme un territoire autonome de développement local; (...) en un mot comme un « district industriel ».

A. Chauvet, « Réflexions sur les districts industiels en milieu rural », *Bulletin de l'Andafar*, n° 69, Paris, 1991.

■ Quelles sont les caractéristiques d'un « district industriel » ?

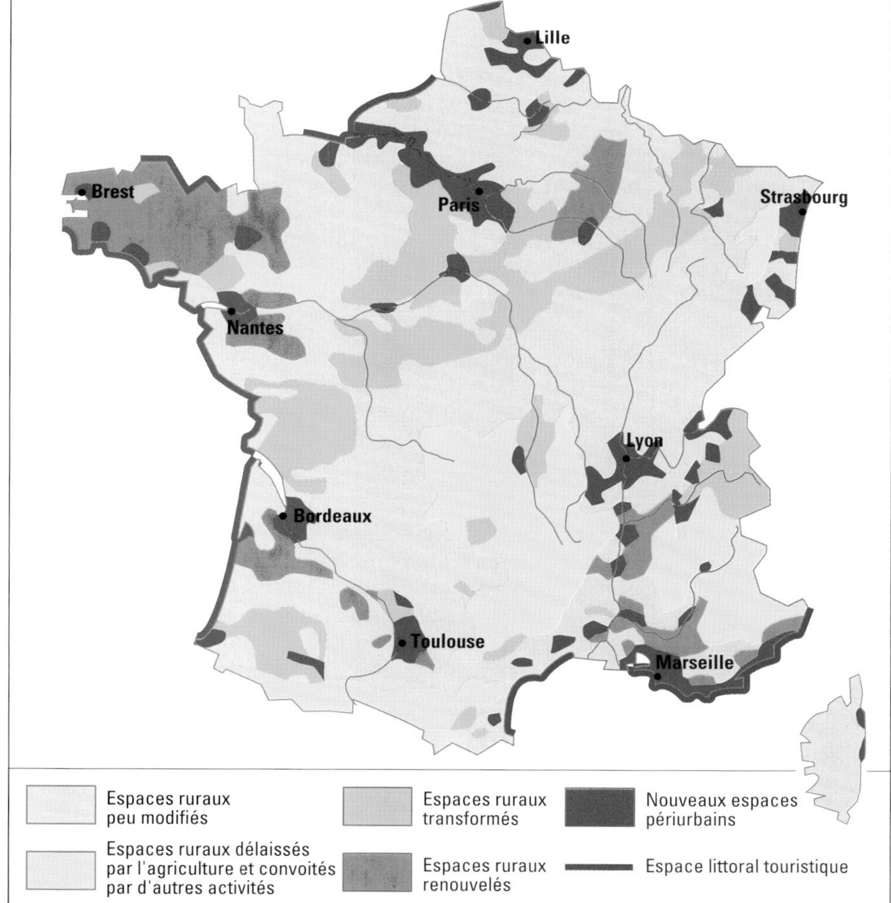

DOC 3 **Les transformations des espaces ruraux.**

La Creuse : les nouveaux enjeux de la ruralité

▶ La Creuse est souvent présentée comme un département en difficulté : déclin prononcé de la population, forte déprise agricole, faible dynamisme économique.

▶ À l'écart des grands axes de circulation, la Creuse s'efforce néanmoins de lutter contre l'abandon et de relancer son économie. Voyage au cœur du rural profond.

I. La Creuse : 5 650 km² au cœur du Limousin

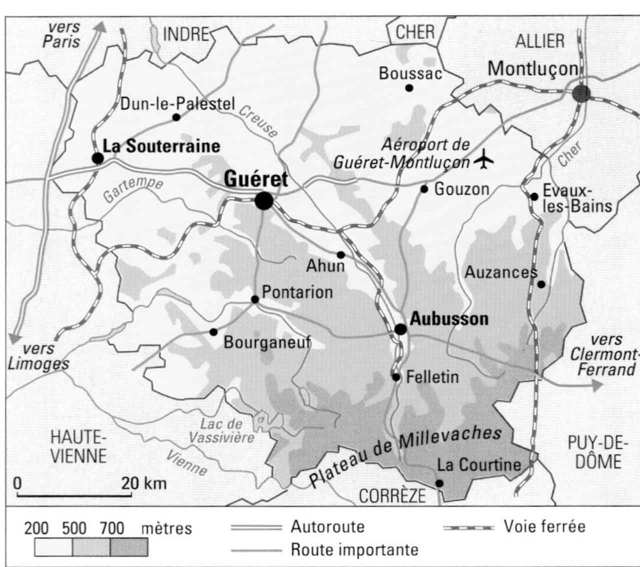

DOC 1 La Creuse.

DOC 2

Un département en danger ?

• Un vide démographique

« La Creuse, c'est encore un secret pour tout le monde. » Le slogan du comité départemental du tourisme creusois ne tient plus depuis la conférence de presse « dans le maquis » des élus consulaires, en juillet dernier.

Initiative suivie de celle des maires socialistes qui ont retourné les bustes de leurs Marianne face au mur. But de l'opération : demander à l'État un régime spécial pour ce département classé parmi les plus pauvres de France (derrière la Lozère, mais devant le Gers et le Cantal).

Avec une superficie de 5 650 km², pour 131 349 habitants, la Creuse a une densité de 25 hab./km². Les 15/29 ans représentent 17,5 % de la population contre 22,6 % de la moyenne nationale ; les 60/74 ans, eux, comptent pour 19,5 % (12,8 % en France). Une véritable terre de conquête pour le cinquième des Franciliens qui souhaitent quitter la région parisienne.

• Une agriculture en danger

Les agriculteurs creusois (23 % de la population active) avaient un revenu moyen annuel de 43 882 francs en 1992 pour 123 615 francs en moyenne nationale. Pour ce pays d'élevage (379 000 bovins), les retombées de la crise de la vache folle risquent d'être dramatiques.

L'État a versé 500 millions de francs à l'agriculture creusoise en 1995.

• Des aides à l'emploi importantes

L'État est intervenu pour un montant de 54 millions de francs au titre des exonérations totales ou partielles résultant des principales mesures pour l'emploi. Au total, les moyens mobilisés par l'État en faveur de l'emploi en 1995 s'élevaient à 155 millions de francs. Reste que la Creuse est le seul département du Limousin à n'avoir aucun établissement de 500 salariés et plus. Elle n'en compte que cinq qui en ont entre 200 et 499. Son taux de chômage s'élève à 9,8 %.

La Croix, 1er septembre 1996.

DOC 3

Un diagnostic en demi-teinte

Au sein de l'espace rural français, le département de la Creuse occupe une place si particulière qu'il est le reflet de la « France du vide ». Placée sous la tyrannie d'une histoire démographique soumise à l'émigration temporaire puis définitive, la Creuse est aussi devenue l'archétype de la « France ridée ».

La dévitalisation de la société creusoise engendrée par l'exode et le vieillissement n'a pas empêché divers acteurs de se pencher sur le département pour engager son développement économique.

Pourtant, malgré bien des efforts, la Creuse n'a pas encore réussi à se transformer. Elle est dans une phase de transition entre la société paysanne traditionnelle et une nouvelle organisation socio-économique adaptée à un espace rural faiblement peuplé. Ce département est ainsi à l'image d'une grande partie de l'espace rural français dont la physionomie a été bouleversée en moins d'un demi-siècle.

Busuttil, Thèse, 1991.

II. L'exemple de Felletin

DOC 4 **Vue générale de Felletin :** les nouvelles activités se sont implantées dans d'anciens bâtiments.

DOC 5

Felletin mise sur la haute technologie

Berceau de la tapisserie dès le XVe siècle, Felletin est aujourd'hui à la pointe du progrès technologique. Depuis février dernier, elle appartient au groupe des 30 plates-formes expérimentales de télécommunication – l'une des rares en milieu rural. Certes, l'activité traditionnelle et prestigieuse de la tapisserie reste la plus rentable. Mais en misant sur le télé-travail, avec la société de services informatiques « Parabole », et l'association « Cyber en marche » – centre Internet accessible à tous et relié avec une douzaine d'établissements scolaires – le maire UDF a réussi à attirer déjà une quinzaine d'ingénieurs et techniciens en informatique.
« Le but du télé-travail n'est pas de concurrencer des pays asiatiques qui pratiquent déjà la saisie informatique pour des sociétés européennes. Nous espérons plutôt attirer des emplois à haute valeur ajoutée, des cadres lassés de la vie citadine », explique le maire de Felletin. Avec la vogue écologique et le désir, toujours plus répandu, de se mettre au vert, l'idée a de quoi séduire.
Restent plusieurs obstacles pas faciles à lever : l'absence de logements convenables pour accueillir une population habituée à un certain confort; le manque aussi de loisirs et de sorties.
Pour autant, Michel Pinton ne désespère pas. « À partir du moment où on prend les choses en main, il n'y a rien d'impossible », affirme-t-il. Et d'évoquer les récentes installations d'une usine de casse automobile (40 emplois) et celle d'une scierie (*idem*). Avec la promesse d'une expansion de l'industrie du bois dans une région où la forêt, encore jeune, s'occupe elle aussi du repeuplement de la Creuse.

C. R., *La Croix*, 1er septembre 1996.

DOC 6

Des mesures et des propositions pour attirer les entreprises

Les mesures octroyées par l'État dans le cadre des zones de revitalisation rurale	Les propositions des élus socialistes creusois
• Compensation par l'État de l'exonération de la taxe professionnelle pour cinq ans. • Exonération des cotisations sociales patronales pour les entreprises créant des emplois du 4e au 50e salarié. • Amortissement accéléré des investissements immobiliers à usage industriel ou commercial des PME. • Allégement des cotisations d'allocations familiales. • Compensation par l'État à hauteur de 50 % des allégements de la taxe départementale de publicité foncière pour l'acquisition de logements d'habitation.	• Exonération de la taxe professionnelle pendant dix ans. • Exonération de l'impôt sur les sociétés sur dix ans. • Exonération de charges sociales sur les salaires pendant cinq ans et jusqu'à 100 emplois par société. • Négociation avec l'Europe d'un programme 5b « spécial département en voie de désertification », avec un subventionnement à 50 % de certaines infrastructures (distribution d'énergie, assainissement et alimentation en eau potable…). • Renforcement de la péréquation entre départements riches et pauvres. • Incitation à la mobilité des salariés avec une prime de déménagement de 20 000 F.

QUESTIONS

■ **Doc 1 à 3** - À l'aide de ces documents et des chapitres 7 et 13, dresser la fiche signalétique de la Creuse en mettant en évidence ses atouts et ses handicaps.

■ **Doc 4 et 5** - Comment la commune de Felletin combat-elle le problème de la revitalisation rurale ? Quels sont ses atouts ? Quels enseignements peut-on retenir de l'exemple de Felletin ? Sont-ils généralisables ?

■ **Doc 5** - Parmi les « obstacles pas faciles à lever », le texte fait référence aux modes de vie des cadres. Selon vous, existe-t-il d'autres obstacles ? Lesquels ? Que pensez-vous de la boutade de la conclusion concernant le repeuplement de la Creuse ? Connaissez-vous d'autres départements français dans une situation comparable ?

■ **Doc 6** - En quoi les propositions des élus creusois sont-elles nouvelles ? Quels effets leur mise en œuvre pourrait-elle avoir sur la situation du département ?

■ **SYNTHÈSE** - Comment se traduisent, dans la Creuse, les nouveaux enjeux de la ruralité ?

La réforme de la PAC

La politique agricole commune, née en 1957, est la plus ancienne et la principale politique européenne commune. Victime de son succès et des excédents de production, elle a dû être réformée.

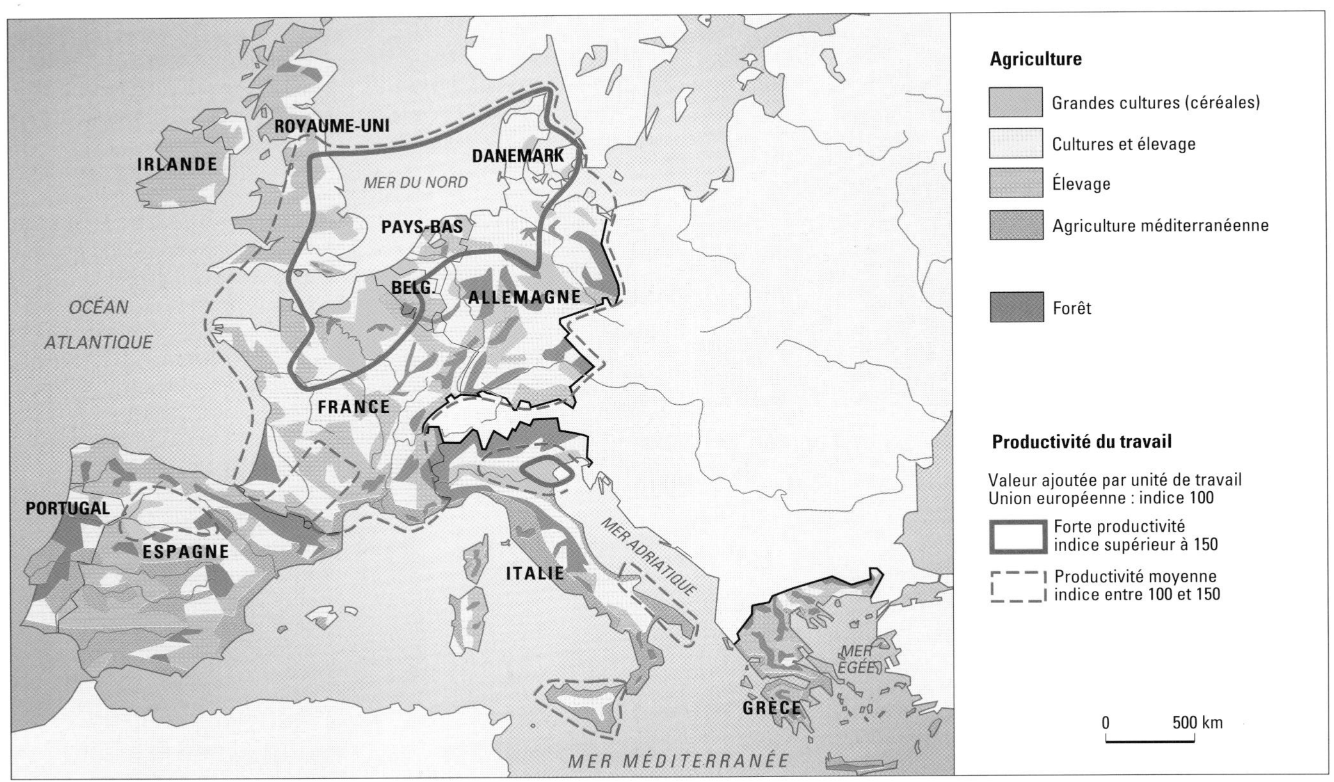

DOC 1 Les spécialisations régionales agricoles de l'Union européenne en 1990.

DOC 2

Les principes de la réforme de la PAC

Le premier principe remet en cause le modèle productiviste et vise à orienter les agricultures européennes vers des systèmes plus extensifs dans lesquels les gains de productivité devront provenir, non plus de l'augmentation de la production, mais des économies réalisées sur les charges.

Le second principe consiste à faire financer les aides à l'agriculture – qui resteront indispensables tant que la mutation vers des formes extensives n'aura pas été réalisée – par les contribuables, et non plus par les consommateurs. En application de ces principes, la Communauté prit, en 1992, une série de mesures pour limiter les productions, en agissant sur les prix et sur les surfaces cultivées.

P. Limouzin, *Les agricultures de l'Union européenne*, A. Colin, Paris, 1996.

DOC 3

Les défis de demain

- Relever le défi de la compétition internationale et des nouveaux concurrents sur le marché (pays de l'Est).
- Concilier la production agricole avec l'environnement et l'aménagement de l'espace.
- Assouplir la gestion des contraintes de la PAC réformée.
- Développer les cultures industrielles.
- Encourager le développement des activités liées à l'agriculture (agrotourisme, entretien de l'espace) et de la pluriactivité.

QUESTIONS

- **Doc 1** - Tentez de dégager les principales spécialisations régionales agricoles.
- **Doc 1** - Quelles régions sont les plus productives ? À quels types d'espaces correspondent-elles ? À quels types de productions agricoles ?
- **Doc 2 et 3** - Quelles conséquences sur la production peut avoir la réforme de la PAC ? Sur quelles régions la réforme de la PAC aura-t-elle le plus d'impact? Quels sont les nouveaux enjeux de la PAC ?

La France verte et bleue

L'essentiel

- Avec 31 % de la surface et 27 % de la production communautaires, la France est la première puissance agricole européenne.
- Elle a tiré profit de la politique agricole commune pour renforcer certains secteurs (céréaliculture, plantes industrielles, vignoble) et en développer d'autres (élevage).
- Les agriculteurs français (6 % de la population active totale réalisant 4 % du PIB) sont minoritaires dans la société rurale. Ils animent néanmoins les campagnes françaises où les modes de vie urbains sont en constante progression.
- Le monde agricole se voit de plus en plus reconnaître un rôle dans l'aménagement du territoire pour l'entretien et la valorisation des paysages ruraux. Les nouveaux enjeux de la ruralité (diversification des activités des agriculteurs...) sont au cœur du débat sur l'avenir de l'espace français en cette fin de XXe siècle.

Les notions clés

- Crise rurale
- Exode rural
- Périurbanisation
- Politique agricole commune (PAC)
- Rural profond
- Surface agricole utilisée (SAU)

Les chiffres clés

La France agricole

POPULATION RURALE ET AGRICOLE		
Population rurale	25 %	
Population agricole	6 %	
UTILISATION DE LA SURFACE AGRICOLE		
Terres arables	61 %	
Prairies	35 %	
Vignes	3,1 %	
Cultures fruitières	0,8 %	
PART DE LA FRANCE DANS LA PRODUCTION AGRICOLE DE L'UE (15) EN VALEUR		
Animaux	21 %	
Fruits et légumes	14 %	
Céréales	31 %	
Plantes industrielles	26 %	
Vins	53 %	
PART TOTALE DE LA FRANCE	21 %	
RANG ET PART DANS LE COMMERCE MONDIAL		
Blé	4	5,7 %
Maïs	5	2,5 %
Orge	6	5,3 %
Betteraves sucrières	2	10,8 %
Vin	2	22,0 %

CHAPITRE 8

L'aménagement du territoire

▶ Aménager le territoire, c'est l'équiper en fonction des besoins de la population, c'est le relier efficacement aux pays voisins et au reste du monde. Quels choix ont été effectués pour y parvenir ?

▶ L'aménagement est fait de choix spatiaux multiples qui touchent aux activités économiques, aux voies de communication, au système éducatif et à la formation professionnelle, à la gestion de l'environnement, au patrimoine rural et urbain. Peut-il réaliser une justice spatiale complète ?

▶ Il se pratique à toutes les échelles et concerne donc les individus, les entreprises, les collectivités territoriales, l'État et même les organisations internationales. En France, il fut pendant longtemps très étatique. La décentralisation le confie de plus en plus aux collectivités dans le cadre de contrats passés avec l'État ou l'Union européenne. Quels avantages et quels inconvénients présentent ces réformes récentes ?

La construction de l'autoroute dans la vallée de la Maurienne, vers Saint-Jean-de-Maurienne. Les Alpes ont depuis l'Antiquité fait l'objet de travaux importants pour permettre leur franchissement, tant la relation franco-italienne est essentielle en Europe. La Maurienne sera bientôt équipée en totalité d'une autoroute permettant d'accéder au tunnel du Fréjus, comme l'a déjà été la vallée de l'Arve en direction du tunnel du Mont-Blanc. Le coût élevé d'une telle infrastructure fait appel à des financements nationaux et européens multiples.

PLAN DU CHAPITRE

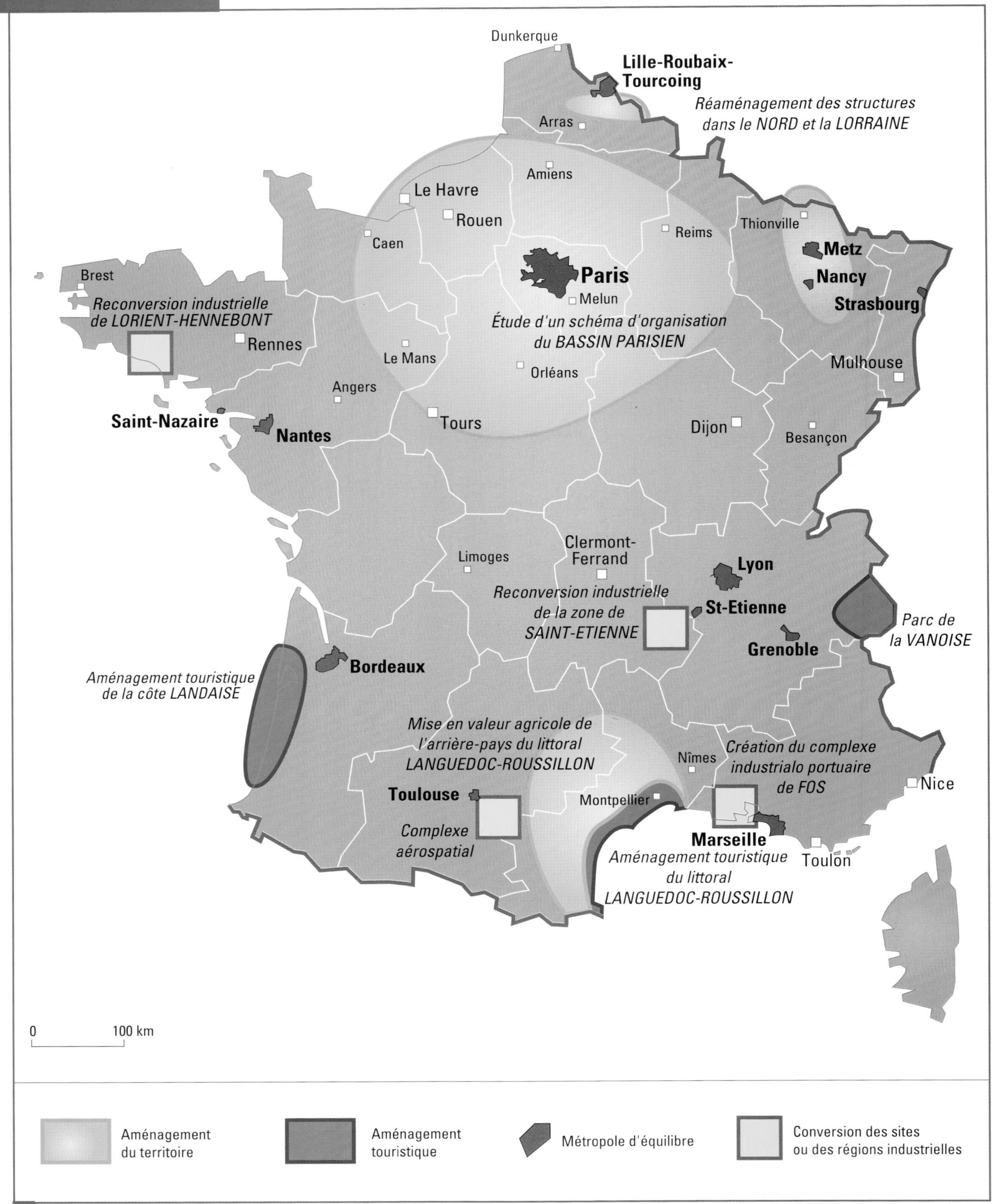

1 Les grandes opérations d'aménagement décidées par la DATAR en 1966.

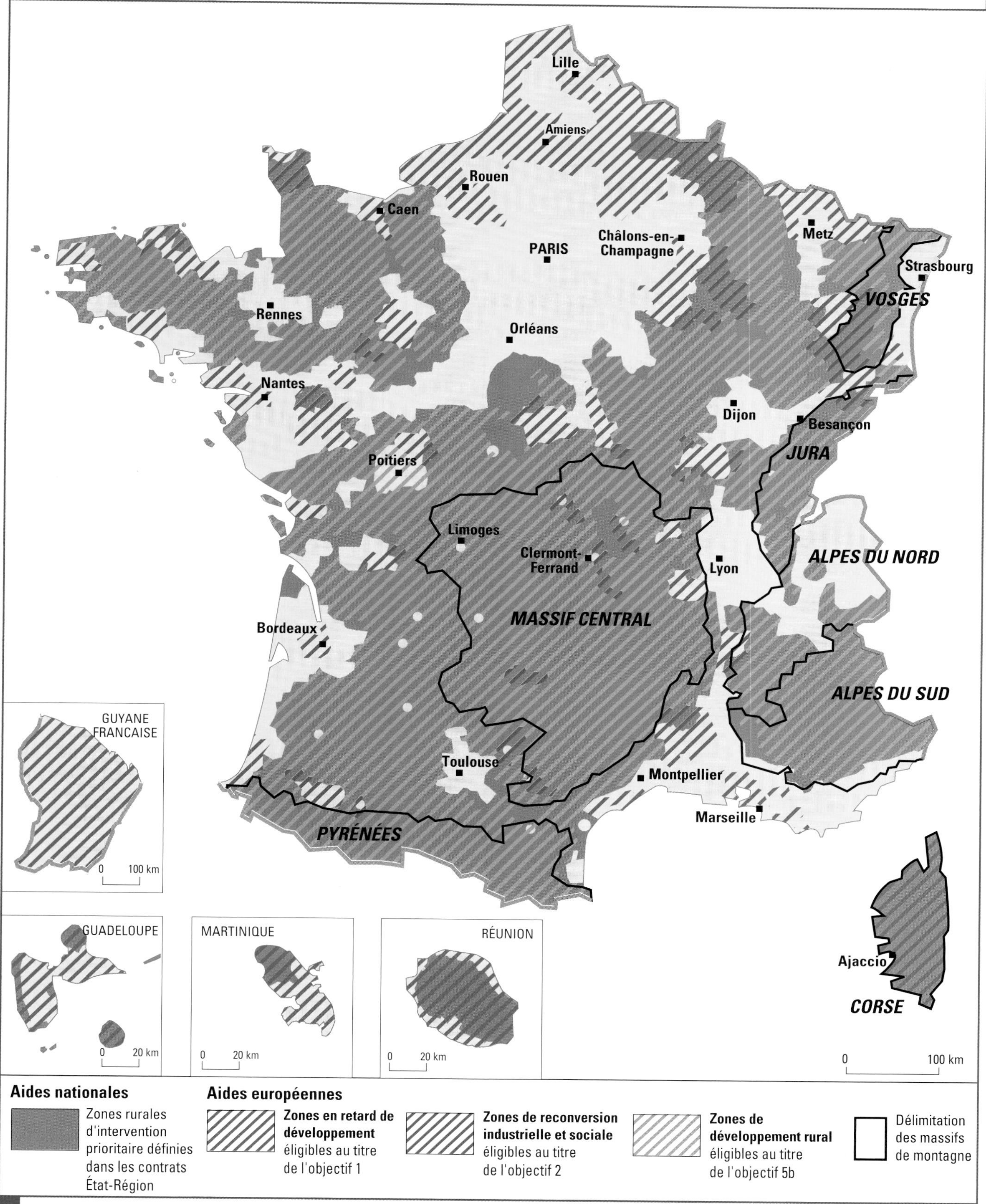

2 Programmes nationaux et européens d'aménagement du territoire dans les années 1990.

1 L'État, aménageur du territoire

OBJECTIFS

Connaître les grandes étapes de l'aménagement du territoire français

Comprendre les objectifs actuels des politiques d'aménagement

VOCABULAIRE

CENTURIATION : méthode romaine d'établissement d'un cadastre et de partage des terres cultivables en grands carrés d'environ 700 mètres de côté (centuries).

CHARTE D'ATHÈNES : document pensé en 1933 par les Congrès internationaux d'architecture moderne (CIAM), rédigé et publié en 1941 par Le Corbusier et qui fonde tout l'urbanisme de l'après-guerre, en particulier celui des « grands ensembles ».

COLLECTIVITÉS TERRITORIALES : nom d'ensemble des unités politiques et administratives françaises : commune, département, région.

DATAR : Délégation à l'aménagement du territoire et à l'action régionale. Organisme rattaché au Premier Ministre et chargé de préparer la politique d'aménagement du territoire.

GIRONDINS : groupe de députés à la Convention qui, de 1791 à 1793, ont tenté de défendre une conception décentralisée de l'État. Ils s'opposaient aux Jacobins qui l'ont emporté.

PAYS NOIRS : régions industrielles créées au XIXe siècle à proximité des mines de charbon.

ZONAGE : pratique d'urbanisme consistant à répartir les fonctions de la ville en zones étanches (habitat, travail, loisir, commerce, etc.).

De par l'histoire de sa formation et de son mode de gouvernement, la France a hérité d'une tradition de centralisme étatique qui se manifeste en particulier dans le domaine de l'aménagement.

A - Les grands chantiers de l'Antiquité à nos jours

▶ Les périodes de stabilité politique sont, dans toutes les civilisations et de tout temps, propices aux grands aménagements qui modifient le visage des territoires et améliorent leur fonctionnement. Les trois siècles de la **paix romaine** ont permis à la Gaule de se couvrir d'un **réseau dense de voies routières** praticables en toutes saisons. Celles-ci reliaient entre elles plusieurs centaines de **villes bâties sur un plan géométrique** et ornées de **vastes édifices publics en pierre.** En même temps, de vastes espaces agricoles étaient remembrés et centuriés*.

▶ Le **Moyen Âge** est marqué par la **construction des fortifications urbaines** et celle des **cathédrales,** par la création de **villes nouvelles** dans le Sud-Ouest (bastides). Cependant, moins bien unifié politiquement et plus troublé, il n'a pas permis d'opérations d'aménagement s'appliquant à tout le territoire national.

▶ Les derniers Bourbons, ont retrouvé des moyens d'action analogues à ceux de l'époque romaine : **fortification des villes frontalières** par Vauban, **routes de poste, urbanisme royal** et **villes nouvelles** (Versailles). La révolution industrielle donne à l'État des moyens encore plus efficaces dans la deuxième moitié du XIXe siècle : le **réseau de chemin de fer** ou l'**urbanisme haussmannien** (doc.1) en témoignent.

B - L'aménagement depuis la dernière guerre

▶ La reconstruction de la fin des années 1940 a mis l'accent sur l'architecture et l'urbanisme internationaux issus des idées de la **Charte d'Athènes***. La période des Trente Glorieuses a accentué ces choix, en privilégiant l'**habitat collectif en hauteur** et le **zonage*.** Par des lois, des règlements, des financements, l'État a largement signé ces aménagements et les paysages qui en ont résulté. Il a aussi décidé et largement pris en charge l'ensemble des **réseaux de communication** : ports, aéroports, autoroutes, TGV, télécommunications.

▶ La **DATAR*,** créée en 1963, a servi de cellule de réflexion à cette politique ambitieuse qui a maintenu la France au niveau des plus grandes puissances. C'est sous son impulsion que les activités économiques ont été déconcentrées depuis la région parisienne vers la province ou reconverties dans les vieux pays noirs*.

C - Nouvelles pratiques issues de la décentralisation

▶ Souhaitée par le courant girondin* depuis la Révolution française, **la décentralisation est intervenue par les lois Defferre votées en 1982-83** (doc.2). **Elle consiste pour l'État à transférer une partie de ses ressources financières (issues de l'impôt) en direction des collectivités territoriales*.**

▶ **Les plans de développement économique** ont été mis en place à partir de 1947, sous l'impulsion de Jean Monnet. Ils s'inspiraient librement à la fois du *New Deal* américain et de la planification soviétique. Aujourd'hui, il s'agit de « **contrats de plan État-région** » aux termes desquels l'État co-finance un certain nombre de projets avec les régions et, éventuellement, d'autres collectivités territoriales. Le Commissariat général au Plan et la DATAR préparent ces actions en accord avec les ministères et les collectivités.

DOC 1 **Percées haussmanniennes de la rive droite de Paris.**

■ Observer le contact entre le tissu urbain ancien et les immeubles hausmanniens alignés sur les avenues. Que remarque-t-on ?

DOC 2

La répartition des compétences selon la loi Defferre du 2 mars 1982

	Communes	Départements	Régions	État
Urbanisme	Délivrance des permis de construire			Protection du patrimoine architectural
Routes	Chemins communaux	Routes départementales		Autoroutes et routes nationales
Voies navigables			Aménagement et exploitation des ports fluviaux et des voies navigables	
Ports maritimes	Ports de plaisance	Ports de commerce et de pêche		Ports d'intérêt national
Enseignement public	Écoles élémentaires et maternelles	Collèges et organisation des transports scolaires	Lycées et établissements d'éducation spéciale	Universités
Formation professionnelle			Apprentissage et formation professionnelle	
Aides à l'aménagement rural et à l'environnement		Octroi des aides à l'électrification, au remembrement, aux équipements hydrauliques et touristiques	Parcs naturels régionaux	

Jérôme Monod et Philippe de Castelbajac, *L'Aménagement du territoire*, PUF, Que sais-je ?, 1987.

DOC 3

La France rééquilibrée en 2015

Le Comité interministériel d'aménagement du territoire a présenté lundi à Mende les cinq objectifs d'une « charte » devant dessiner l'image de la France de 2015 et qui fera l'objet d'un débat national. (…)

Cinq types d'actions ont ainsi été définis :

1. Le rééquilibrage entre l'Île-de-France et la province.
2. La solidarité entre les collectivités.
3. La mise en valeur des ressources du monde rural.
4. Le développement de l'activité économique et de l'emploi.
5. Une meilleure implantation des administrations publiques.

J.-H., *Le Quotidien de Paris*, 13 juillet 1993.

■ Contre quels déséquilibres lutte chaque orientation ?

2 Une spécificité française : le couple département-région

OBJECTIFS

Connaître l'origine de l'échelle départementale française

Comprendre l'originalité de cette échelle en Europe

Au fil des siècles, les Français ont imaginé un système complexe de collectivités territoriales emboîtées. Chacune joue son rôle et, malgré le souhait de certains décideurs parisiens, la majorité de nos compatriotes ne souhaitent pas remettre en cause cette construction.

A - Héritage administratif et patrimoine culturel

▶ Les quelque **36 000 communes françaises** ont une existence d'à peu près un millénaire. C'est dans le courant du XIe siècle, en effet, que les **paroisses et seigneuries féodales** se sont constituées. Autour de ces deux institutions s'est organisée la vie agricole et rurale et, notamment, les **espaces et pratiques communautaires** : forêts, pâturages, travaux d'entretien, équipements (sources, lavoir, moulin, four, église, cimetière, etc.). Habité par le seigneur, le château rendait d'éminents services à tous en cas de guerre, ce qui explique les servitudes d'entretien de ses défenses et des terres du seigneur, protecteur de la population villageoise. Tant d'efforts séculaires ont assuré la **pérennité de ces micro-territoires que sont les communes.**

▶ **Les départements existent en France depuis la Révolution française,** mais beaucoup correspondent à des **circonscriptions administratives civiles ou religieuses plus anciennes.** Certains même coïncident, à peu de chose près, avec les territoires de tribus gauloises : l'Ardèche, la Dordogne, le Morbihan, par exemple. C'est ce qui rend compte de l'attachement des Français à cette division territoriale d'échelle peu répandue en Europe. Les *Länder* allemands ou les provinces espagnoles sont beaucoup plus vastes.

B - Le département et l'aménagement rapproché

▶ À l'origine, les départements ont été conçus de telle manière que les habitants puissent **se rendre au chef-lieu et revenir chez eux dans la même journée**, en utilisant la traction à cheval. Depuis deux siècles, leur taille et leur population a correspondu à l'**aire de rayonnement des villes moyennes** fréquentées plusieurs fois par an pour certains services rares : commerce de gros ou de luxe, tribunaux, etc.

▶ Aujourd'hui, les départements ont en charge la **desserte routière des centres communaux** (routes départementales), assurée par les services des DDE (Directions départementales de l'équipement). Ils gèrent également le difficile problème du **ramassage scolaire.** Celui-ci est un instrument majeur d'aménagement du territoire pour toutes les régions isolées (montagne, îles) ou très peu peuplées (plateaux de Champagne et de Bourgogne).

C - Stratégies territoriales des régions

▶ **Créées par assemblage de départements en 1964** et dotées d'une assemblée parlementaire et d'un exécutif élu à partir de 1972, **les 22 régions** (plus 4 régions d'outre-mer) ont repris, pour la plupart, les noms des provinces d'Ancien Régime (Bretagne, Aquitaine, Bourgogne, Alsace, etc.).

▶ **Leur rôle s'affirme de plus en plus en matière d'aménagement du territoire** (carte des lycées, zones d'activités économiques, transports en commun, etc.) (doc.1 et 3). Elles nouent des relations avec leurs voisines, françaises ou européennes, sollicitent des aides de Bruxelles. Leurs élus aspirent parfois à une **Europe des régions** qui les libérerait de la tutelle de l'État. Ils ne songent guère à la tutelle qu'exerceraient plus fortement encore les instances européennes, ni au fait que les Français ne sont pas prêts à abandonner l'**État-nation***.

VOCABULAIRE

ÉTAT-NATION : pays dans lequel l'unité nationale autour de certains faits historiques et de valeurs partagées l'emporte sur le particularisme régional. En Europe, les pays à l'unité ancienne, comme la France, constituent des États-nations. En revanche, la Belgique, l'Allemagne ou l'Italie sont d'esprit fédéral, comme les États-Unis. Les États-nations peuvent comporter des minorités plus ou moins bien intégrées : elles vivent souvent dans les régions les plus tardivement rattachées au pays, mais aussi dans les grandes villes où se concentrent les vagues d'immigrés les plus récentes. Un grand débat a lieu en ce moment autour de l'avenir de l'Europe. Le dialogue doit-il s'établir entre des régions ou entre des États ?

DOC 1 **Le RER, équipement essentiel au fonctionnement de l'Île-de-France, traversant la Seine entre le XVIe et le XVe arrondissement.**
À l'arrière-plan, le front de Seine, quartier rénové dans les années 1960-70 sur décision de l'État.

DOC 2

Les chantiers de l'aménagement du territoire rural pour les années à venir, selon les souhaits exprimés par les Français.

	Ensemble		Urbains		Ruraux	
	%	Rang	%	Rang	%	Rang
• Aider au maintien des services publics (écoles, poste...)	21	*1*	21	*2*	23	*1*
• Encourager la décentralisation d'activités exercées jusqu'ici en ville	21	*1*	22	*1*	18	*3*
• Aider au maintien des commerces	20	*3*	19	*3*	23	*1*
• Inciter à la culture des produits de terroirs	15	*4*	16	*4*	14	*4*
• Faciliter la construction ou la réhabilitation de logements	10	*5*	10	*5*	8	*5*
• Financer les équipements de loisir pour les ménages ayant des revenus modestes	5	*6*	5	*6*	5	*6*
• Rétribuer des personnes pour l'entretien des paysages	3	*7*	2	*7*	5	*6*
• NSPP	5		5		4	
Total	100		100		100	

Enquête réalisée en 1994 par le CSA/Cévipof.

■ Voici un certain nombre de mesures pour relancer l'activité dans les zones rurales en dépeuplement. Quelles sont celles qui semblent, selon cette enquête, prioritaires ? Est-ce votre avis ?

DOC 3

Extraits de la loi d'aménagement du territoire de 1995

La politique d'aménagement et de développement du territoire concourt à l'unité et à la solidarité nationales. (...)
À cet effet, elle corrige les inégalités des conditions de vie des citoyens liées à la situation géographique et à ses conséquences en matière démographique, économique et d'emploi. Elle vise à compenser les handicaps territoriaux.
Les politiques de développement économique, social, culturel, sportif, d'éducation, de formation, de protection de l'environnement, du logement et d'amélioration du cadre de vie contribuent à la réalisation de ces objectifs.
La politique d'aménagement et de développement du territoire est déterminée au niveau national par l'État. Elle est conduite par celui-ci en association avec les collectivités territoriales dans le respect de leur libre administration et des principes de la décentralisation.

3 La commune est-elle archaïque ?

OBJECTIFS

Connaître les avantages et les inconvénients de l'échelle communale pour l'aménagement

Comprendre les fondements de l'intercommunalité

Malgré leur taille bien plus petite que dans les autres pays européens, les 36 000 communes françaises représentent des communautés de vie auxquelles leurs habitants sont très attachés.

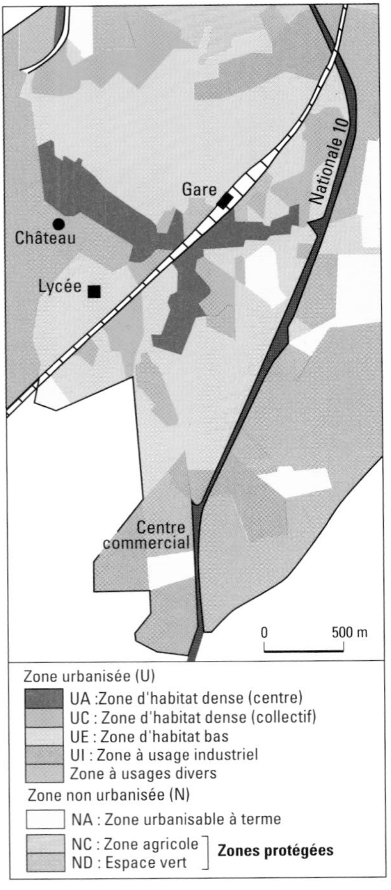

DOC 1 Le POS de Rambouillet (1989).

VOCABULAIRE

PLAN D'OCCUPATION DES SOLS : document de planification urbaine qui fixe les règles de détail gouvernant l'utilisation du sol pour l'ensemble du territoire communal. Élaboré sous la responsabilité de la commune, il peut comporter notamment l'interdiction de construire.

A - Un pouvoir émietté et renforcé

▶ Les **conseils municipaux élus tous les six ans** comportent entre 9 et 69 élus, selon la taille de la commune. **Lyon, Marseille et Paris disposent de statuts particuliers** et comprennent respectivement 73, 101 et 163 conseillers. Au total, un demi-million de personnes acceptent la charge, le plus souvent bénévole, de **gérer le bien public et le territoire commun.** Certes, les décisions à prendre sont souvent infimes, mais ce sont elles qui permettent l'entretien et l'aménagement au quotidien des chemins et des rues, des forêts communales, des écoles, des divers équipements publics (château d'eau, éclairage, salle des fêtes, etc.).

▶ Elles engagent aussi la commune dans des décisions plus importantes. Depuis la loi de décentralisation, le maire signe les **permis de construire** et choisit donc avec son conseil un élément essentiel du paysage et de la vie quotidienne de ses administrés. Le conseil décide aussi de la nature et du **lieu d'implantation des entreprises** qu'il attire ou accepte sur son territoire. Par là, il contribue donc à l'emploi de base ou, par le biais des services (commerce, administration, école, etc.), domestique.

B - L'intérêt des structures intercommunales

▶ Pour régler un certain nombre de problèmes, l'échelle de la petite commune rurale est inadéquate. C'est, par exemple, le cas de l'**adduction d'eau potable** et de l'**épuration des eaux usées,** du **ramassage et du traitement des ordures ménagères,** de l'aménagement des zones d'activité économique (industries et services), des transports en commun, etc.

▶ C'est la raison pour laquelle se sont multipliés les **syndicats intercommunaux** à vocation unique (SIVU) ou multiple (SIVOM) (doc.2). Désormais, existent aussi des communautés de communes qui mettent en commun leurs recettes fiscales et donc leurs dépenses.

▶ Les bourgs dans lesquels s'installent généralement les établissements nouveaux ne sont plus les seuls à bénéficier du **versement de la taxe professionnelle.** Celle-ci tombe dans un pot commun et profite à toutes les communes de la communauté. Le système permet d'éviter les inconvénients du morcellement extrême, sans décourager les dévouements villageois.

C - SDAU et POS, les instruments de l'aménagement urbain

▶ Depuis la décentralisation (1982-83), les maires des communes urbaines sont responsables de leur **urbanisme.** Le **plan d'occupation des sols* (POS)** (doc.1), auparavant établi par les services de l'État (Direction départementale de l'équipement, DDE) et approuvé par le préfet, relève désormais du conseil municipal. Pendant les années 1970 et 1980, les POS étaient très ambitieux, inspirés de la **théorie du zonage** (voir p. 152) et favorables à l'habitat collectif. Les idées ont évolué et les plans actuels accordent plus d'importance à la **qualité des paysages** et de l'**environnement.**

▶ Les **schémas directeurs d'aménagement et d'urbanisme (SDAU)** concernent l'aménagement des agglomérations de plusieurs communes. Il s'en élabore moins qu'autrefois et ils tiennent mieux compte des intérêts véritables des communes périphériques qui ne servent plus seulement de faire-valoir à la ville centre.

ALLIEZ STRATÉGIE ET CADRE DE VIE

Implantez vos bureaux, votre entreprise à 35 mn de Roissy.

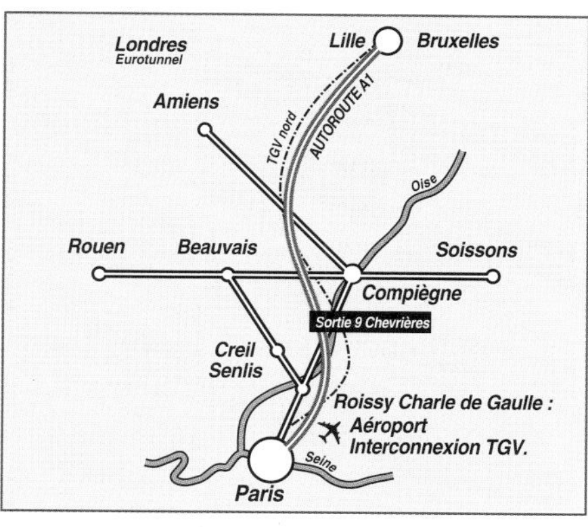

COMPIÈGNE

Dans un environnement exceptionnel, la ville et le Sivom de Compiègne vous proposent une gamme complète de zones d'activités : Parc scientifique en lien étroit avec l'Université de Technologie de Compiègne, parc tertiaire, parc artisanal et services, zone commerciale et industrielle. Vous y trouverez des terrains entièrement équipés adaptés à vos besoins, de 1500 m² à 10 ha et plus.

CONTACTS :

Mairie de Compiègne (60321)
Service Economique : Melle BOIN
Tél : 03 44 40 73 36 - Fax : 03 44 40 73 90

Sivom de Compiègne
Secrétaire Général : Mr HALLO
Tél : 03 44 40 73 50 - Fax : 03 44 40 25 90

Graffiti Compiègne - Tél : 44 40 31 26 - Photo J. P. Gilson

DOC 2 Publicité du SIVOM de Compiègne pour attirer des entreprises.

■ Quels arguments la municipalité de Compiègne et ses voisines utilisent-elles pour vanter leur agglomération et leur zone d'activité ?

4 L'Europe aménage-t-elle plus juste ?

OBJECTIFS

Connaître les motivations de la politique d'aide européenne

Comprendre les conséquences de l'élargissement de l'Europe sur la répartition des aides

Au départ, la Communauté européenne n'a eu pour but que d'harmoniser les grands secteurs de la production économique (charbon, acier, blé). Petit à petit, elle s'est davantage préoccupée de résoudre les inégalités territoriales de développement, d'où la mise sur pied d'une véritable politique d'aménagement du territoire.

A - Une action controversée : la politique agricole commune

▶ Une grande partie des dépenses de l'Europe commune depuis quatre décennies a concerné l'agriculture. **Le but de la PAC était de subventionner les agriculteurs confrontés à la concurrence** de leurs voisins européens ou du reste du monde. Le résultat s'est avéré peu probant : les pays encourageaient la modernisation, l'augmentation des rendements – souvent au prix d'une pollution excessive – et de la productivité ; Bruxelles payait au prix fort les excédents qui en résultaient (beurre, lait en poudre, fruits, vin, etc.) et les revendait à bas prix ou les détruisait.

▶ Une telle politique a eu pourtant pour effet de **maintenir en production certains espaces agricoles** qui, sans elle, auraient été abandonnés. Elle a malheureusement quelque peu découragé l'initiative et l'imagination. La **mise en friche subventionnée** de certains espaces marque la fin absurde d'une telle politique. D'autres idées sont désormais mises en œuvre. L'**agriculture de qualité**, bénéficiant d'appellations d'origine contrôlée, est désormais reconnue comme une solution d'avenir.

B - Le soutien aux régions défavorisées

▶ L'Union européenne s'est tournée maintenant vers l'**aide aux régions en difficulté sur des programmes précis et variés**. Ces régions sont d'anciens pays noirs en reconversion industrielle, des montagnes, des îles (Corse, DOM), des périphéries. Au titre de divers programmes, la France bénéficie d'aides sur environ les 2/3 de son territoire (doc.3 et 4).

▶ Encore faut-il que les collectivités territoriales sachent quelles sont les aides disponibles, sachent monter de complexes dossiers et les accompagner dans des filières plus ou moins bureaucratiques. C'est pourquoi beaucoup de villes, départements et régions disposent de **bureaux de représentation à Bruxelles** dont la mission est de convaincre les décideurs (députés européens, commissaires, chefs de services et de bureaux) et de décrocher les aides demandées. Certaines collectivités sont spécialement habiles dans cet exercice d'influence (souvent appelé **lobbying**).

C - Conséquences de l'élargissement

▶ Les premiers membres de la Communauté économique européenne étaient des **pays du centre-ouest du continent**, ayant en commun un **niveau de développement comparable**, à l'exception de quelques périphéries (Mezzogiorno italien, Corse, Écosse, par exemple).

▶ Avec l'entrée d'un nombre croissant de pays, **les régions défavorisées ont vu leur proportion augmenter au sein de l'actuelle Union européenne.** Le Portugal, l'Espagne du sud, la Grèce, l'Allemagne de l'Est, l'Irlande demandent des **aides multiples** (doc.2). La France fait donc figure de pays riche et il n'est plus si facile d'obtenir des financements. Ceci implique de préparer des dossiers solidement motivés et d'utiliser l'**argent public** à des fins de stimulation en vue d'un réel développement et non de dépenses de prestige ou, pis encore, d'encouragements à l'inaction (doc.1).

DOC 1

Rappel des principaux objectifs territorialisés d'aide européenne aux régions

Objectif 1	Développement et ajustement structurel des régions en retard de développement
Objectif 2	Reconversion des régions ou des parties de régions gravement affectées par le déclin industriel
Objectif 5b	Développement et ajustement structurel des zones rurales

DOC 1 **« Vaches à prime » en Corse.** Cet élevage non productif, pratiqué uniquement en vue des subventions qu'il rapporte de Bruxelles, est un exemple de détournement des politiques européennes d'aide au développement.

DOC 2

Un aménagement national et européen

Les deux dimensions (nationale et européenne) sont indissolublement liées et le seront de plus en plus. Si les mécanismes européens de contrôle des aides nationales et de coordination des aides nationales et communautaires sont bien loin d'être efficaces, l'impact des instruments financiers de la Communauté en faveur du développement régional a été fortement augmenté en 1988, après l'adoption de l'Acte unique européen. (...)

Le Conseil européen de Bruxelles a décidé un doublement des crédits des fonds structurels en 1993 par rapport à 1987, par augmentation annuelle de 1,3 milliard écus. Les transferts financiers qui en ont résulté sont équivalents à une sorte de « plan Marshall » pour la Grèce, le Portugal et l'Irlande (pour ces trois États, les transferts pourraient atteindre 2,5 à 3,5 % du produit intérieur brut).

La réforme réalisée en 1993 maintient l'effort financier de la Communauté. Surtout, celle-ci, dépassant la simple politique régionale européenne, s'oriente vers une politique européenne d'aménagement du territoire.

Y. Madiot, *Aménagement du territoire*, A. Colin, Paris, 1996.

DOC 3

Les secteurs d'intervention retenus au titre de l'objectif 1

Ces programmes concernent le Guyane, la Martinique, la Réunion, la Corse et, dans la région Nord-Pas-de-Calais, les arrondissements d'Avesnes, de Douai et de Valenciennes.

Lorsqu'on examine les programmes 1994-99 mis en œuvre, il apparaît que le soutien direct aux activités économiques est la première priorité (40% des dépenses totales).

La modernisation agricole et l'aménagement rural constituent également des points forts des interventions programmées sur le FEOGA-Orientation.

L'irrigation et l'alimentation en eau potable connaissent un grand développement dans toutes les zones d'objectif 1, hors métropole.

L'ensemble de ces actions nécessite la mise en œuvre d'un volet valorisation des ressources humaines qui constitue une des principales priorités des programmes.

Campagnes à la Page, Dossier n°116, août-septembre 1996.

DOC 4

Quelques exemples dans le choix des mesures retenues au titre de l'objectif 5b

Secteurs d'intervention	Régions concernées	Mesures retenues
Agriculture	Limousin	Maintien des actifs agricoles et des services en milieu rural par la mise en place de projets globaux d'adaptation.
PMI/PME	Haute-Normandie	Accompagnement des artisans du bâtiment pour l'utilisation des techniques traditionnelles.
Tourisme	Aquitaine	Action de soutien à la cuisine régionale.
Cadre de vie, animation	Auvergne	Généralisation de l'action « 43 services », société créée pour rechercher et organiser les prestations de service qui peuvent accompagner les agriculteurs en milieu rural.
Formation	PACA	Formations pour le personnel saisonnier et intermittent.

■ Quelle volonté générale de développement traduisent ces mesures ? Pourquoi sont-elles différentes ?

Le TGV, un pari pour l'Europe, un défi pour l'aménagement

- Après avoir été l'une des inventions fortes de la première révolution industrielle, le chemin de fer a subi de plein fouet la concurrence de l'automobile.
- L'invention de la « grande vitesse » a relancé ce mode de transport, qui se heurte cependant aux difficultés de son insertion dans l'environnement.
- Malgré des difficultés locales d'implantation, le réseau des lignes TGV contribue aujourd'hui à créer un véritable espace européen.

I. Le TGV, de l'échelle française à l'échelle européenne ?

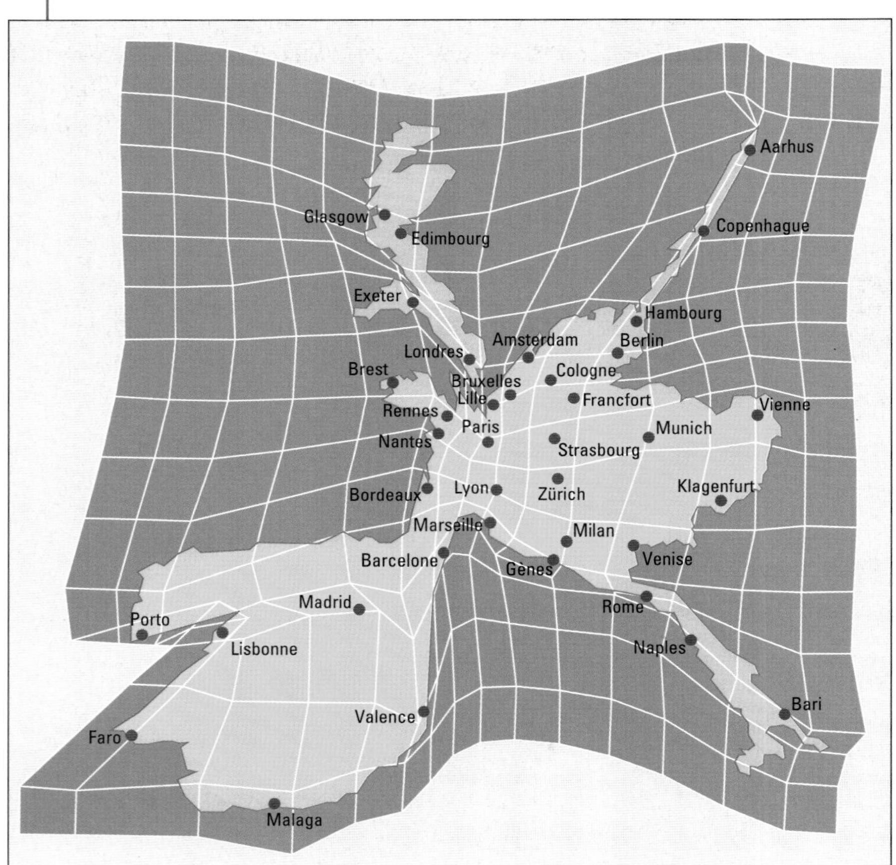

DOC 3 **L'Europe ferroviaire à l'horizon de 2015 : le rétrécissement de l'espace temps opéré par le TGV.**

DOC 1

L'invention du chemin de fer

L'invention du chemin de fer permit d'augmenter immédiatement la quantité des marchandises transportées et la rapidité des transports sans inconvénients pour la chaussée. On se rend mal compte, aujourd'hui, à quel point le progrès fut foudroyant. (...) Une diligence renfermait 16 places; une malle-poste, 3 seulement; on entassa dans les premiers trains une centaine de personnes : au lieu d'une famille, on transportait d'un coup un village. Même saut pour la vitesse : (...) dès 1850 on atteignait 70 km à l'heure entre Londres et Bristol, alors que les malles-poste, ces rapides à chevaux, ne dépassaient pas 15 kilomètres.

D'après M. Capot-Rey, *Géographie de la circulation sur les continents*, Gallimard, Paris, 1946.

DOC 2

L'invention de la vitesse

Le TGV, dont le sigle quelque peu magique n'a guère besoin aujourd'hui d'être explicité, apparaîtra dès lors comme un « sauveur » du rail. Il apportera, au chemin de fer un second souffle et stoppera cette évolution déclinante à laquelle on se résignait. Le TGV est au chemin de fer traditionnel ce que l'autoroute est à la route : une simple adaptation du mode de transport mais qui apporte puissance, confort, vitesse, sécurité. Ce nouveau chemin de fer provoquera un considérable engouement, son domaine passera du territoire national à celui de l'Europe, et il s'exportera même sur d'autres continents. Toutefois, il conviendra d'en analyser avec précision les bienfaits et les limites, voire les effets ségrégatifs.

D'après J.-F. Troin, *Rail et aménagement du territoire. Des héritages aux nouveaux défis*, Elisud, Aix-en-Provence, 1995.

II. Le TGV : une insertion pas toujours facile

DOC 4 La gare TGV-Picardie à Ablaincourt-Pressoir : une gare dans le désert ?

DOC 5

De nouvelles gares : pour qui ?

Le recours quasi systématique aux gares sur ligne nouvelle obéit à la logique d'entreprise de la SNCF (...). Les promoteurs de cette conception du TGV semblent oublier que son intérêt premier est la desserte des centres-villes. Pourquoi s'acharner à lui conférer le plus grand handicap de son principal concurrent, l'avion, à savoir une accessibilité difficile des points d'entrée sur le réseau ?

D'après P. Zembri, « TGV - Réseau classique : des rendez-vous manqués ? », *Annales de Géographie*, n °571, mai-juin 1993.

DOC 6

Coûts environnementaux attribués à chaque mode de transports

Modes de transport	Coûts (milliards de F.)
Routes	87,5
Rail	4,0
Avion	16,0

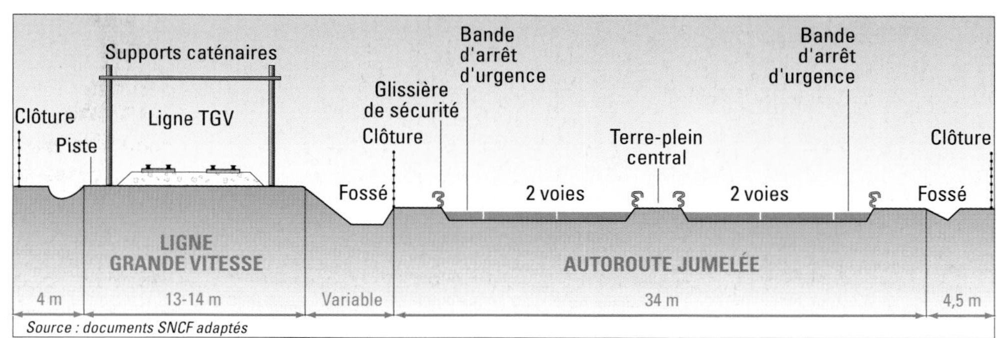

DOC 7 Comparaison des emprises d'une ligne à grande vitesse et d'une autoroute.

DOC 8 Manifestants anti-TGV : comment concilier intérêt général et interêts locaux ?

QUESTIONS

- **Doc 1 et 2** - Retracer rapidement l'histoire des transports ferrées.
- **Doc 3** - Mesurer les enjeux du réseau TGV sur l'aménagement du territoire européen.
- **Doc 4 à 8** - Évaluer les avantages, les inconvénients, voire les erreurs, liés à ce mode de transport, en France.
- **SYNTHÈSE** - En dépit de certaines difficultés locales d'implantation, le TGV apparaît comme un mode de transport adapté à l'échelle européenne. Pourquoi ?

Lire un organigramme

Savoir

• Qu'est-ce qu'un organigramme ?
C'est une représentation schématique qui met en évidence une chaîne d'actions, en identifie l'origine et les conséquences.

• Pourquoi un organigramme ?
– Les relations de cause à effet qui caractérisent un phénomène sont très complexes. Il est possible de les présenter à l'aide d'un organigramme : les acteurs ou événements concernés figurent dans des cases ; des flèches reliant ces cases entre elles indiquent les relations qui existent entre ces acteurs ou événements.
– L'utilisation d'un organigramme facilite la mise en mémoire de phénomènes complexes. Toutefois la lecture d'un organigramme reste assez difficile et ne dispense pas du devoir d'analyse et de réflexion.

Méthode

Lire un organigramme

Trois sens de lecture peuvent être retenus :
– **Le sens horizontal** permet, au niveau de l'État, d'identifier les ministères sollicités par les programmes régionalisés, ainsi que les organismes participants, européens ou nationaux.
Puis, suivant la numérotation et au travers des trois étages de l'organigramme :
– **De bas en haut**, s'établit la chaîne (bleu) des initiatives et des propositions, révélant que les programmes sont l'affaire des autorités locales avant tout.
Une fois le projet parvenu au sommet :
– **De haut en bas**, descend la chaîne hiérarchique (en rouge) des décisions laissant apparaître le souci des institutions européennes d'harmoniser les réalisations.

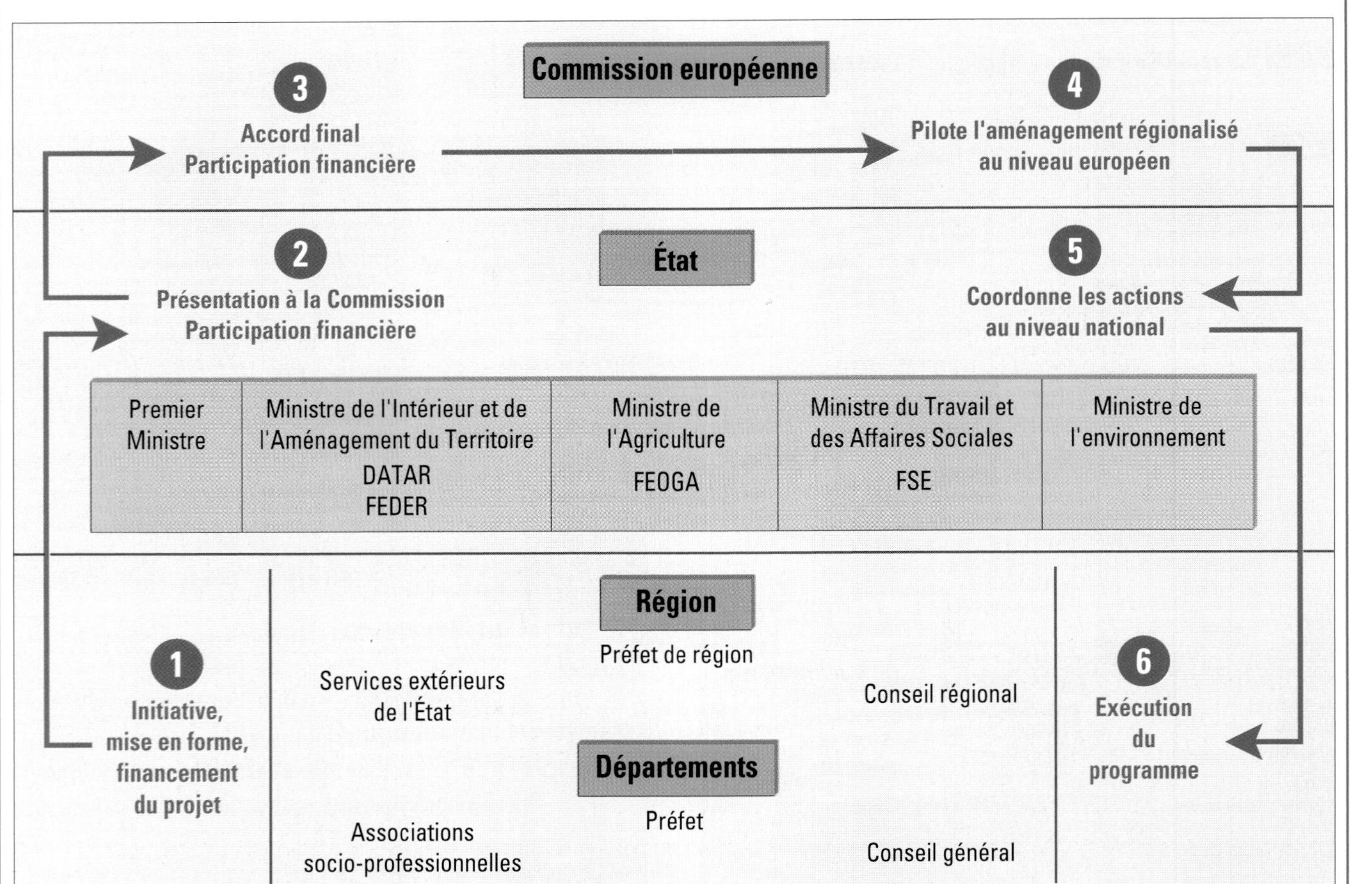

DOC 1 **L'exemple des programmes régionalisés d'aménagement.**
Il s'agit d'identifier les acteurs d'un aménagement du territoire à l'échelle régionale, mais dans un cadre européen.

L'aménagement du territoire

Les notions clés

- Aménagement
- Commune
- Décentralisation
- Département
- Politique territoriale de l'Europe
- Rapports État/collectivités territoriales
- Région

L'essentiel

- L'aménagement du territoire a été pendant des siècles – et même deux millénaires – un quasi-monopole de l'État. Les grandes infrastructures ont été mises en place à partir du XVIIe siècle.
- Après la Seconde Guerre mondiale, un ensemble d'investissements, largement issus de l'État ou encouragés et garantis par lui, a transformé les campagnes, les villes, les moyens de communications, l'industrie.
- La création de la DATAR en 1963 a marqué la volonté de développer les régions.
- La loi de décentralisation de 1982-83 a donné beaucoup de pouvoir aux différentes collectivités territoriales (communes, départements, régions) en matière d'aménagement.
- L'Union européenne, enfin, dispose de financements importants pour atténuer les différences entre les régions. Elle est devenue un acteur essentiel de l'aménagement

Les collectivités territoriales

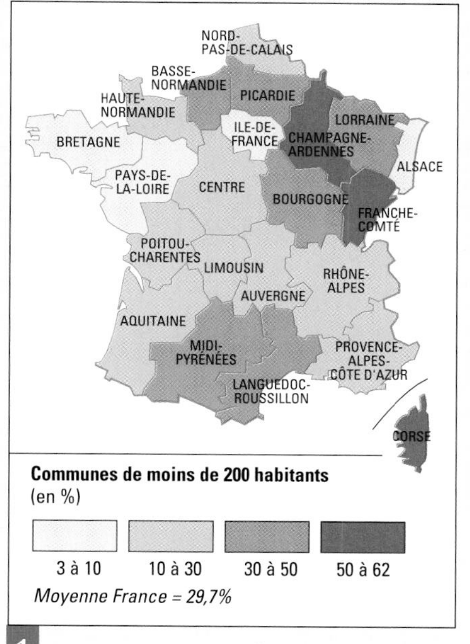

1 Les communes de petite taille.

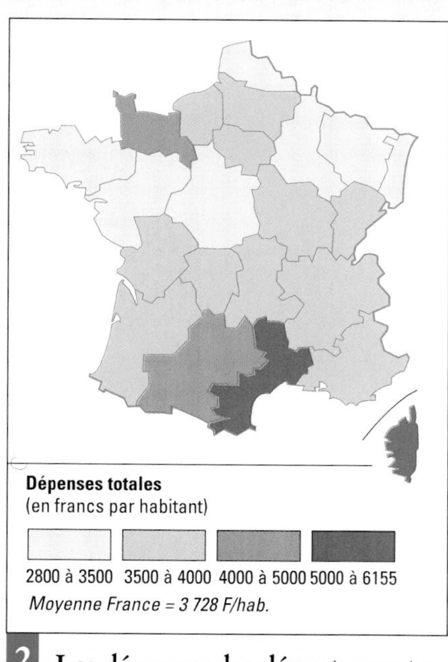

2 Les dépenses des départements.

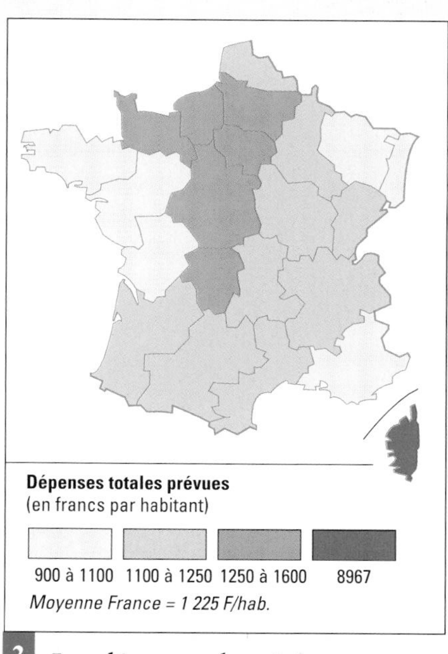

3 Les dépenses des régions.

TROISIÈME PARTIE

États et régions en France et

1. Eurostar en gare de Waterloo à Londres.
Le TGV a rapproché la plupart des pays du cœur de l'Union européenne. Son réseau s'étend de plus en plus vers la périphérie. Grâce à lui et au tunnel sous la Manche, Londres n'est plus qu'à trois heures de Paris.

2. Olivettes en Andalousie.
L'agriculture européenne offre une grande variété de situations et de paysages. La culture de l'olivier est l'une des plus anciennes. Des paysages semblables à celui-ci existaient déjà il y a des millénaires, à l'époque de la colonisation romaine.

3. Vintimille, première ville italienne de la Riviera, après la frontière française, au débouché de la vallée de la Roya.
Bien abrité des vents du nord, le versant méditerranéen des Alpes ligures est un balcon ensoleillé depuis longtemps consacré au maraîchage, aux vergers d'agrumes, à la culture des fleurs.
C'est aussi un lieu privilégié de villégiature pour les Européens du Nord.
Un faisceau de routes, d'autoroutes et de voies ferrées utilisant de nombreux ouvrages d'art sillonnent ces montagnes escarpées reliant l'Italie à la France.

CHAPITRE 9

Régions et politiques régionales en Europe

- L'Europe est diverse par la nature, la culture, la société et l'économie. Cette diversité régionale est en soi une richesse car elle favorise les complémentarités et sous-tend des identités régionales fortes. Qu'entend-on par région européenne ?
- Les diversités sont toutefois à l'origine de disparités, de déséquilibres régionaux, freinant les cohésions au sein des États et entre les États. Comment expliquer et réduire les disparités régionales ?
- Pour y remédier, la plupart des pays ont développé des politiques régionales, politiques aujourd'hui coordonnées et complétées par la politique régionale européenne. Comment les États interviennent-ils en matière régionale ? Comment l'Union européenne aide-t-elle les régions ?

PLAN DU CHAPITRE

Agriculture intensive sous serre sur la Costa del Sol, dans la région d'Almeria (Espagne). Les régions méditerranéennes de l'Europe, autrefois moins développées que le nord de l'Europe, ont bénéficié d'aides importantes depuis le Traité de Rome en 1957. Certaines sont aujourd'hui devenues aussi performantes et intensives que la Californie ou les Pays-Bas.

Reykjavik
ISLANDE
SUÈDE
FINLAND
NORVÈGE
Oslo
Helsinki
Stokholm
Tallinn
ESTONI
MER
DU
NORD
MER BALTIQUE
Riga
LETTO
EIRE
Dublin
ROYAUME-UNI
DANEMARK
Copenhague
LITUANIE
Vilnius
RUSSIE
PAYS-BAS
Amsterdam
OCÉAN
ATLANTIQUE
Londres
Berlin
POLOGNE
BIÉLO
Varsovie
Bruxelles
BELGIQUE
ALLEMAGNE
Prague
Paris
LUXEMBOURG
RÉP.TCHÈQUE
SLOVAQUIE
LIECHTENSTEIN
Vienne
Bratislava
FRANCE
Berne
AUTRICHE
Budapest
SUISSE
Ljubljana
HONGRIE
SLOVÉNIE
Zagreb
ROUMA
CROATIE
Belgrade
PORTUGAL
BOSNIE
ANDORRE
MONACO
YOUGOSLAVIE
SAINT-MARIN
Sarajevo
SERBIE
Madrid
BU
Lisbonne
Corse
ITALIE
Sofia
MONTENEGRO
Skopje
Rome
ESPAGNE
VATICAN
Tirana
MACÉDOINE
Baléares
ALBANIE
MER
Sardaigne
Gibraltar (R.U.)
Alger
Rabat
Tunis
Sicile
Athèn
MAROC
ALGÉRIE
TUNISIE
MALTE
La Valette
MÉDITERRANÉ

1 Les régions en Europe.

QUESTIONS

1. Quelles explications pouvez-vous donner aux différences de taille entre les régions des pays européens ?

2. Et à l'intérieur même de certains pays ?

3. Cela représente-il des inconvénients ? Si oui, lesquels ? Si non, pourquoi ?

4. À partir de cette carte et de la lecture des chapitres 1 et 9, réfléchissez aux enjeux du débat sur l'Europe des nations et l'Europe des régions.

1 La région : un terme à préciser

OBJECTIFS

Connaître les principaux facteurs de différenciation des régions

Comprendre la diversité des découpages régionaux

Bien que largement répandu, le mot région est peu précis et recouvre des réalités diverses tant par leur contenu que par leur statut et leur taille. Aussi est-il utile avant toute étude régionale de se poser trois questions.

A - Quels signes distinctifs ?

▶ Dans le langage courant, **la région désigne d'abord une entité spatiale différente de ses voisines** par un ou plusieurs caractères. Mais, comme **les critères de différenciation sont nombreux** (par exemple : les cadres naturels, l'urbanisation, les activités économiques, les clivages linguistiques ou religieux...), les régions le sont tout autant.

▶ En géographie, le terme région est généralement réservé à une **entité ayant une structure et une dynamique propres,** dues soit à un **cadre naturel et humain** spécifique, à un **paysage** (région homogène ou géographique*), comme les Alpes, la Bretagne, ou les régions de Belgique (doc.1), soit à **l'articulation d'un territoire autour d'une ou de plusieurs villes** (région polarisée*) comme la Randstad Holland ou les régions polarisées par les grandes villes belges (doc.2).

▶ Pour la majorité des citoyens, la région est encore leur **espace de vie et de relations,** la partie du territoire à laquelle ils ont le sentiment d'appartenir. Ce sentiment conforte généralement l'**identité* régionale** et facilite la cohésion entre les acteurs (habitants, responsables publics, entrepreneurs...). Toutefois, il peut susciter des conflits avec les autres régions et freiner les **solidarités interrégionales**. Malgré de tels risques, il ne semble plus possible aujourd'hui de développer des politiques régionales en ignorant certains **régionalismes***.

B - Quel statut ?

▶ Différentes par leur contenu, les régions le sont aussi par leur statut, le terme région désignant également des **divisions administratives*, politiques* ou de planification*,** des unités de gestion ou d'intervention. Dans ce cas, les espaces ont des **limites précises** et le mot peut prendre une majuscule.

▶ Mais de telles régions « officielles » peuvent aussi différer fortement d'un pays à l'autre en raison de leurs institutions, de leurs compétences et de leurs modes de financement, c'est-à-dire en fonction des **modalités de la régionalisation*,** par ailleurs parfois très complexes comme en Belgique (doc.3 et 4).

C - Quelle taille ?

▶ Si les régions correspondent en général à des **entités spatiales d'échelle moyenne se situant entre le national** (ou le continental pour les régions transfrontalières) **et le local,** leur taille n'en varie pas moins tant au niveau des espaces d'analyse que des espaces d'intervention. En outre, pour un même pays, il existe souvent **plusieurs niveaux de régions** même d'un seul point de vue, par exemple administratif, géographique, de polarisation...

▶ En général, les **découpages « officiels »** sont influencés par de multiples variables comme l'étendue du pays, l'importance des contrastes territoriaux, les structures héritées du passé (combien de régions ne découlent-elles pas des anciens royaumes, duchés ou provinces ?), la volonté ou la nécessité d'accorder satisfaction à des régionalismes...

▶ **La taille, et plus particulièrement la population, est un paramètre important pour les politiques régionales** car, en dessous d'un certain seuil, il n'est guère aisé de mener des actions efficaces et, au-dessus, les régions sont difficilement des espaces de vie et de relations, ce qui complique singulièrement l'intervention active de leurs acteurs. D'où les efforts de l'Union européenne pour **harmoniser les découpages régionaux** (voir p. 172).

VOCABULAIRE

Identité : caractère de ce qui est un; spécificités d'un lieu ou d'un territoire.

Région administrative : territoire géré comme un tout au sein d'une nation.

Région de planification : territoire faisant l'objet d'un plan d'aménagement.

Région homogène : territoire correspondant à l'extension d'un paysage typique qui doit sa cohésion et sa personnalité au cadre naturel, à la population et à l'histoire ou à la prépondérance d'une activité.

Région polarisée : territoire centré sur une ou plusieurs villes et espace d'échange de biens ou de services.

Région politique : territoire doté, au sein d'un État, d'une autonomie politique.

Régionalisation : système qui confie différentes compétences aux régions.

Régionalisme : revendication d'une autonomie, affirmation d'une culture ou d'un particularisme régional.

Trois découpages régionaux de la Belgique

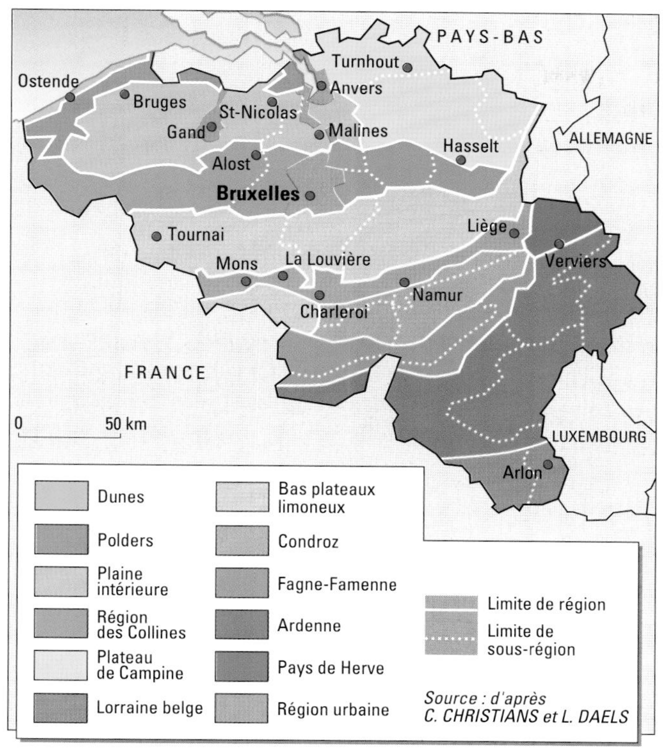

DOC 1 Les régions paysagères.

■ En vous aidant d'un atlas, recherchez les facteurs explicatifs de la diversité paysagère de la Belgique.

DOC 2 Les régions polarisées par les grandes villes.

■ Comparez le découpage en régions polarisées avec celui des régions paysagères.

DOC 3 Régions et Communautés.

DOC 4

Régions et Communautés belges

État fédéral depuis le 5 mai 1993, la Belgique comprend trois Régions (flamande, wallonne et de Bruxelles-Capitale) et trois Communautés (flamande, française et germanophone).
Les premières gèrent tous les domaines ayant trait au territoire (aménagement, transports, économie…) alors que les deuxièmes sont compétentes dans les matières culturelles, l'enseignement et certaines matières personnalisables comme la santé.
Toutes deux ont leur propre gouvernement et leur administration.
Régions et Communautés ne coïncident toutefois pas spatialement parlant puisque :
– la Région wallonne ne comprend qu'une partie de la Communauté française (pas Bruxelles-Capitale) mais englobe la Communauté germanophone;
– la Région de Bruxelles-Capitale relève à la fois de la Communauté française et de la Communauté flamande.
Par ailleurs, la Région wallonne comprend depuis le 1er janvier 1995 cinq provinces comme la Région flamande alors que Bruxelles-Capitale n'est plus rattachée à aucune province.

2 Les régions en Europe

OBJECTIFS

Connaître le découpage régional de l'Union européenne

Comprendre les différences de statut entre les régions ; les enjeux d'une Europe des régions

Le terme région renvoie d'abord à des découpages nationaux. Mais il évoque aussi l'Union européenne où il est de plus en plus souvent question d'une Europe des régions.

A - Les régions dans les États

▶ Dans la plupart des pays européens, les Régions sont généralement plus anciennes que les États qui les ont réunies soit par conquête militaire, soit par arrangements politiques ou administratifs.

▶ Les régions sont diverses en taille, en signes distinctifs et leur statut diffère selon les systèmes administratifs dans lesquels elles prennent place : la **centralisation***, la **décentralisation***, la **régionalisation*** ou le **fédéralisme***. Ainsi, simples échelons déconcentrés du pouvoir central dans les États centralisés, les régions peuvent avoir dans les États fédéraux de très larges compétences et les mêmes droits de souveraineté que ceux de la fédération (doc.1).

B - Les régions de l'Union européenne

▶ Cherchant à **mesurer les disparités régionales** puis à construire une politique régionale, la Communauté européenne a été rapidement confrontée au problème du **découpage régional.** Après quelques tentatives, une classification officielle a été arrêtée par l'Office statistique des Communautés européennes : celle-ci comprend **trois niveaux emboîtés de NUTS** (Nomenclatures des Unités Territoriales Statistiques), deux régionaux (les NUTS 1 et 2) et un local (les NUTS 3) correspondant plus ou moins à des divisions administratives des États membres. Ces trois niveaux n'existent toutefois pas dans certains pays comme le Danemark, l'Irlande, le Luxembourg et la Suède. Au total, l'Europe compte 77 régions de niveau 1, 206 régions de niveau 2 et 1 031 régions de niveau 3 (doc.3).

▶ Cette classification est fondamentale dans l'Union européenne puisque la politique régionale s'appuie sur elle (voir p. 176) et que c'est à ces niveaux que sont disponibles la plupart des informations régionales.

C - Vers une Europe des Régions ?

▶ La création et le développement de l'Union européenne, en effaçant progressivement les barrières entre les États, a certainement donné une impulsion à la régionalisation. **Les régions ont ainsi acquis une légitimité socio-économique** d'abord, **culturelle et identitaire** ensuite, légitimité encore renforcée par le Comité des régions institué par le traité de Maastricht en 1994 (doc.2).

▶ De là, a émergé, dans certains milieux, **l'idée d'une Europe des Régions,** d'une Europe où l'on concilierait **union et décentralisation, diversité et solidarité.** En effet, les collectivités territoriales souhaitent aujourd'hui être reconnues comme des ayants droit à la différence, comme des entités pouvant dialoguer, non seulement avec leurs États mais aussi entre elles et avec l'Union européenne. S'agit-il d'une simple compétition pour le pouvoir ou d'un **nouveau mode d'organisation plus soucieux des intérêts concrets des citoyens et d'une plus grande démocratie ?** Seul l'avenir permettra de répondre à cette interrogation fondamentale pour l'avenir de l'Europe. Quoi qu'il en soit, la réponse apportée à un tel débat dépendra de la conception que chaque pays se fait des idées de nation et d'État, réalités politiques qui restent très fortes dans certains pays, en France par exemple.

VOCABULAIRE

CENTRALISATION : système d'administration qui attribue les pouvoirs de décision à des autorités soumises au pouvoir central.

DÉCENTRALISATION : système d'administration qui permet à des collectivités de s'administrer elles-mêmes sous le contrôle de l'État en les dotant d'une autorité propre et de ressources.

FÉDÉRALISME : système qui accorde l'autonomie politique à des collectivités (synonyme : confédération).

RÉGIONALISATION : voir p. 170.

D'après C. du Granrut, *Europe, le temps des Régions*, L.G.D.J., Paris, 1996 (2e éd.).

DOC 1

Quatre grands statuts de régions en Europe

Types d'État	Statuts	Exemples
1. États centralisés	Échelons déconcentrés du pouvoir central	– les 12 Provinces des Pays-Bas – les 59 Comtés du Royaume-Uni – les 13 Régions de la Grèce
2. États décentralisés	Collectivités territoriales ayant des compétences propres et les budgets correspondants, à qui l'État central a délégué une partie de son pouvoir exécutif	– les 22 régions métropolitaines de la France ainsi que les 4 régions d'outre-mer
3. États régionalisés	Collectivités territoriales autonomes ayant de larges compétences (dont la compétence fiscale), à qui l'État central a réparti une part de son pouvoir législatif	– les 20 Régions de l'Italie – les 17 Communautés autonomes de l'Espagne
4. États fédéraux	États indépendants disposant du pouvoir législatif pour toutes les matières relevant de leur compétence	– les 16 Länder de l'Allemagne – les 3 Régions et les 3 Communautés belges

DOC 2

Un nouvel acteur dans l'Union européenne : le Comité des Régions

Composé de 222 représentants des régions et des collectivités locales – en majorité des élus au niveau régional ou local –, le Comité est consulté obligatoirement sur cinq politiques communautaires : éducation, culture, santé publique, réseaux transeuropéens (transports, télécommunications, énergie), cohésion économique et sociale. Il peut en outre donner, de sa propre initiative, un avis sur d'autres politiques. Il exprime le point de vue général des collectivités territoriales auprès de la Commission et du Conseil des Ministres, lors de la préparation des décisions communautaires.

Commission européenne, 1996.

DOC 3

Correspondances entre les NUTS et les découpages administratifs nationaux

	NUTS 1		NUTS 2		NUTS 3	
Allemagne	Länder	16	Regierungsbezirk	38	Kreize	445
France	Zeat + DOM	8 1	Régions	22 4	Départements	96 4
Italie	Groupes de régions	11	Régions	20	Provinces	103
Pays-Bas	Landsdelen	4	Provinces	12	COROP	40
Belgique	Régions	3	Provinces + Rég. Bruxelles-Cap.	11	Arrondissements	43
Luxembourg		1		1		1
Royaume-Uni	Standard regions	11	Groupes de comtés	35	Comtés/autorités locales	65
Irlande		1		1	Régions de planification	8
Danemark		1		1	Amter	15
Grèce	Groupes de régions de développement	4	Régions de développement	13	Nomoi	51
Espagne	Regroupements de Communatés autonomes	7	Communautés autonomes + Mellila et Ceuta	17 1	Provinces	50
Portugal	- Continent - Régions autonomes	1 2	- Commissions de coordination régionale - Régions autonomes	5 2	Groupes de communes	30
Autriche	Groupes de provinces fédérales	3	Provinces fédérales	9	Groupes de districts politiques	35
Finlande	Finlande continentale/Îles	2	Grandes régions	6	Provinces	19
Suède		1	Grandes régions	8	Comtés	24
Europe des 15		**77**		**206**		**1 031**

Source : Eurostat

3 Diversité, disparités et politiques régionales

OBJECTIFS

Connaître la différence entre diversité et disparité ; les moyens et les acteurs des politiques régionales

Comprendre l'origine des problèmes régionaux

Les régions européennes sont diverses mais la diversité est souvent source de disparités, d'écarts de développement et de niveau de vie*, dont les causes sont profondes. L'ampleur des problèmes ne pouvait laisser indifférents les États qui ont un peu partout développé des politiques régionales.

A - Des diversités aux disparités

▶ L'Europe est multiple : elle présente des **milieux très contrastés,** une **grande diversité politique,** des modes de répartition des hommes et des activités variés, de **nombreux clivages sociaux et culturels.**

▶ Source de richesse et d'identité régionale, ces diversités* sont toutefois ressenties comme des handicaps quand elles traduisent d'importants **contrastes économiques et sociaux.** Ce sont alors des disparités*. Ainsi, au début des années 1990, les dix régions les plus pauvres de l'Union européenne avaient un produit intérieur brut (PIB)* par habitant 3,5 fois moindre que celui des dix régions les plus riches et le taux de chômage des dix régions les moins favorisées sur le plan de l'emploi dépassait jusqu'à 7 fois celui des régions les mieux placées.

B - Origine et localisation des problèmes régionaux

▶ L'origine et l'explication des problèmes régionaux tiennent soit à la structure sectorielle des activités, soit à une trop grande concentration des hommes ou des activités sur un territoire, soit encore à la localisation même des régions.

▶ En effet, beaucoup de **régions en retard de développement** se caractérisent par leur **dépendance relativement grande à l'égard d'une agriculture faiblement productive.** De même, de nombreuses **vieilles régions industrielles** développées sur le charbon, la sidérurgie ou le textile sont en crise depuis parfois plus de trente ans.

▶ **L'extrême concentration des hommes et des activités** est aussi source de profonds déséquilibres régionaux et pose d'importants problèmes à la fois dans et en dehors du cœur de l'Europe comme en **Grèce,** par exemple, où plus de 30 % de la population vit dans la région d'Athènes.

▶ Par ailleurs, beaucoup de régions parmi les plus pauvres se situent en **périphérie de l'Europe,** voire dans certaines régions frontalières* ou transfrontalières*.

C - Les politiques régionales

▶ Pour réduire les écarts entre les régions, la plupart des pays ont élaboré des politiques régionales. Celles-ci tentent de **redistribuer la croissance,** de **réduire les écarts injustes** grâce à divers moyens touchant les activités (aides financières, structures d'accueil comme les parcs d'activités, formation du personnel..., doc.3 et 4) ou les espaces eux-mêmes (nouvelles infrastructures de transport, nouveaux équipements collectifs..., doc.1 et 2).

▶ Si les acteurs de ces politiques ont été dans un premier temps les responsables nationaux, aujourd'hui ce sont de plus en plus les **responsables régionaux et locaux** qui interviennent depuis l'élaboration des programmes jusqu'à la recherche des financements nationaux et internationaux.

▶ L'**impact des politiques régionales** est en général difficile à mesurer. On se heurte au **problème du choix des critères** (le PIB, les revenus, les emplois, le taux de chômage...), à celui du choix de la période (souvent les effets n'interviennent pas très rapidement), ainsi qu'à la **difficulté de distinguer une évolution régionale d'une évolution générale.**

VOCABULAIRE

DISPARITÉ : inégalité ressentie comme une injustice ; souvent associée à une différence de revenus, voire de formation ou d'accès à des services (notamment de santé, de culture...).

DIVERSITÉ : variété des caractéristiques régionales.

NIVEAU DE VIE : expression quantitative du mode de vie moyen d'une population, exprimée à l'aide d'indicateurs traduisant, par exemple, le niveau de richesse, de savoir, de santé.

PRODUIT INTÉRIEUR BRUT : mesure des biens et des services produits en une année par tous les agents économiques à l'intérieur d'un territoire donné.

RÉGION FRONTALIÈRE : région proche d'une frontière.

RÉGION TRANSFRONTALIÈRE : région s'étendant de part et d'autre d'une frontière.

DOC 1 Le barrage d'Alqueva sur le Guadiana dans l'Algarve (Portugal).

DOC 2

De l'eau pour l'Algarve (Portugal)

Dans certaines régions d'Europe, le minimum fait encore défaut. Ainsi, en Algarve, l'eau courante ne l'est plus toujours quand l'été et les touristes reviennent.

Dans le passé, l'approvisionnement en eau des villages d'Algarve était assuré par des puits. Depuis peu, face au développement des villes côtières, renforcé par l'explosion du tourisme, cette solution apparaît insuffisante et même dangereuse car elle risque d'assécher la nappe phréatique et d'accélérer la salinisation des terres. C'est pourquoi l'option préconisée est le recours à l'eau de surface, même s'il faut aller la chercher beaucoup plus loin.

Pour alimenter la région de Faro, par exemple, les autorités municipales concernées, soutenues par l'Union européenne, ont décidé de dresser deux barrages sur le Beliche et l'Odeleite, et de conduire une partie de l'eau de ces fleuves vers la station de Tavira qui dispose d'une capacité de traitement des eaux de 190 000 m^3 par jour.

Paris Match International, octobre 1996.

DOC 3

Un programme social pour le Merseyside (Royaume-Uni)

Liverpool est mondialement connu grâce aux Beatles et à son club de football. Mais ce port du nord-ouest de l'Angleterre fut d'abord un haut lieu du dynamisme industriel et technologique britannique : premier train de passagers, première locomotive à vapeur, première utilisation du rayon X, premier aéroglisseur...

Hélas aujourd'hui, la ville est surtout caractérisée par ses performances économiques bien en deçà de la moyenne nationale : taux de chômage, fracture sociale, médiocre qualité des logements...

Face à cette situation, le projet « Pathways to integration » soutient les initiatives personnelles des habitants pour revitaliser leurs quartiers défavorisés. Le projet, qui couvre 38 zones du Merseyside abritant un demi-million d'habitants, a bénéficié d'un financement communautaire de 125 millions d'écus. Il a permis de mettre sur pied une multitude d'actions comme l'accompagnement des chômeurs, l'organisation de formations adaptées aux besoins ou aux carences de la population locale, la création de centres d'aides aux PME.

Paris Match International, octobre 1996.

DOC 4 Un quartier populaire dégradé de Liverpool, l'un de ceux qui va bénéficier du programme social européen « Merseyside ».

4 La politique régionale de l'Union européenne

OBJECTIFS

Connaître les régions bénéficiaires des aides européennes et les modalités des aides européennes

Comprendre l'articulation entre les politiques nationales et les politiques européennes

Élaborée à partir des années 1970, la politique régionale européenne a davantage complété et coordonné des politiques régionales nationales qu'initié des programmes spécifiques. Actuellement, ses moyens sont concentrés sur quatre grands types de régions et sur six grands groupes de mesures.

A - Principes de base

▶ Limitée jusqu'en 1988 au seul soutien des actions présentées par les États membres, **la politique européenne a toujours tenté de coordonner les politiques régionales nationales**. Elle visait de la sorte à concilier des points de vue souvent contradictoires : celui des États avec pour référence leur territoire national et celui de la Communauté avec pour référence l'Europe. Ainsi, comment limiter les interventions dans une région pauvre d'un pays riche alors qu'à l'échelle européenne cette région pauvre est plus riche qu'une région riche dans un pays pauvre ?

▶ Depuis 1989 et **la réforme des fonds structurels***, la politique régionale européenne complète et coordonne toujours les politiques nationales mais ses ressources et ses actions sont concentrées sur des **objectifs précis et des régions bien délimitées** (doc.1 et 3).

▶ De plus **l'Union peut intervenir directement via des programmes d'initiative européenne**, comme le programme INTERREG, qui cherche à favoriser la **coopération transfrontalière** ou le programme EHVIREG œuvrant en faveur de la **protection de l'environnement**. C'est sans conteste un progrès en vue d'une réelle cohésion économique et sociale même si le budget de ces programmes est encore réduit.

B - Les régions aidées

▶ Elles correspondent pour la période 1994-1999 à **quatre grands types d'espaces** : les **régions en retard de développement** (objectif 1), les **régions en déclin industriel** (objectif 2), les **régions rurales peu prospères** (objectif 5b) et les **régions peu peuplées de la Suède et de la Finlande** (objectif 6).

▶ Délimitées sur la base de **critères objectifs** tels le revenu par habitant, le taux de chômage, le taux d'emploi industriel ou agricole, la densité de population..., ces régions abritent près de 51 % de la population. Comme le montre la répartition du budget (doc.4), ce sont logiquement les régions éligibles à l'objectif 1 qui recevront l'essentiel des aides, soit près de 68 % du total. Mais celles-ci ne pourront excéder 75 % du coût total dans ces régions alors que dans les régions des objectifs 2 et 5b cette valeur est ramenée à 50 %.

C - Les mesures

▶ 90 % des interventions cofinancent des programmes de développement proposés par les autorités nationales ou régionales.

Elles concernent six grands domaines :

- **la création des infrastructures** (adduction d'eau, réseaux transeuropéens de transport, de télécommunications...),
- **l'aide aux entreprises** (via le financement de régimes d'aides nationaux ou régionaux et le développement de services aux entreprises),
- **l'amélioration des équipements** d'éducation et de la formation,
- le soutien à la **recherche** et au **développement technologique**,
- des actions curatives et préventives en matière d'environnement,
- **la promotion du développement local***.

▶ Cette politique dispose de **cinq instruments financiers dénommés fonds structurels** pour les quatre premiers et Fonds de cohésion pour le cinquième (doc.2).

VOCABULAIRE

FONDS STRUCTUREL : fonds cofinançant avec les États membres des actions de développement par le biais d'aides non remboursables.

DÉVELOPPEMENT LOCAL : mécanisme de développement qui s'appuie sur les forces et spécificités d'un milieu (ressources, acteurs, moyens).

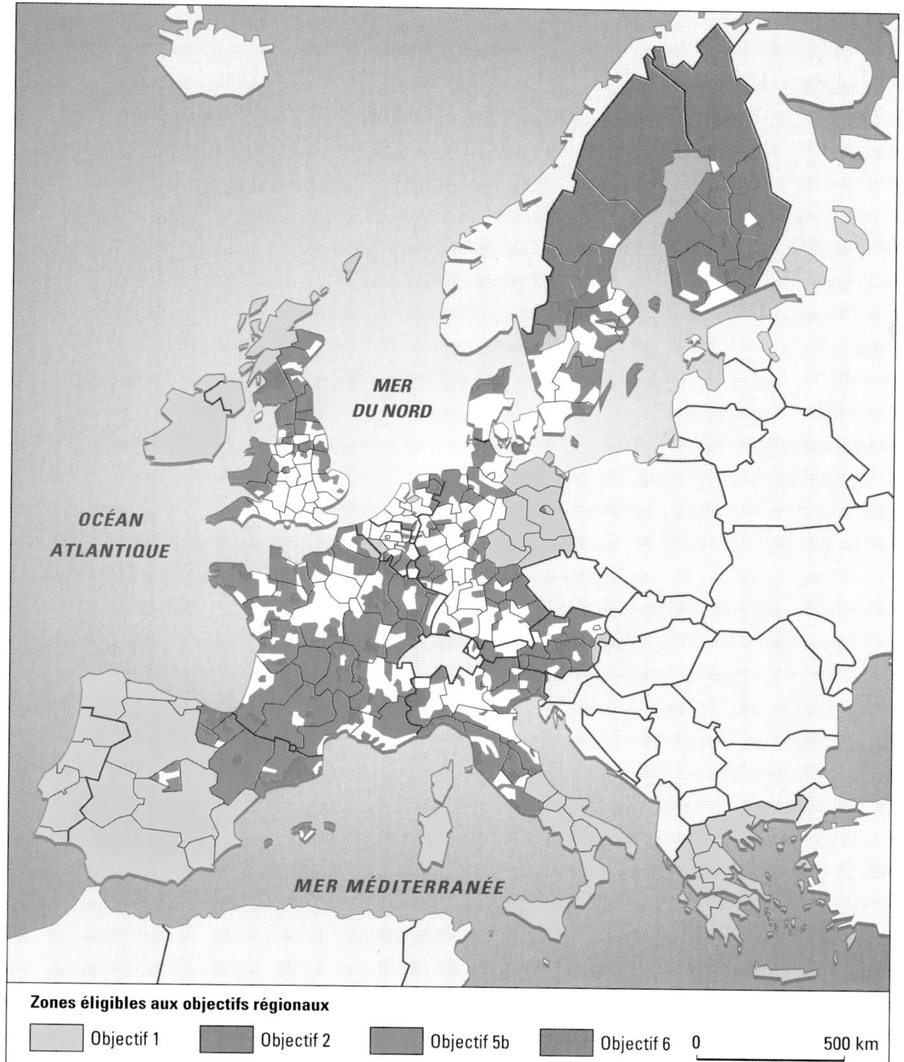

DOC 1 Les zones bénéficiaires des politiques régionales européennes.

DOC 2

Les sources de financement : les fonds structurels et le Fonds de cohésion

– Le **Fonds européen de développement régional (FEDER),** créé en 1975. Ses interventions, limitées aux régions défavorisées, concernent principalement les investissements productifs, les infrastructures et le développement des PME.
– Le **Fonds social européen (FSE)** dont l'action est centrée sur la formation professionnelle et les aides à l'embauche.
– le **Fonds européen d'orientation et de garantie agricole, section orientation (FEOGA-O).** Il soutient l'adaptation des structures agricoles et les actions de développement rural.
– Depuis 1993, l'**Instrument financier d'orientation de la pêche (IFOP)** soutient l'adaptation des structures de ce secteur.
Le **Fonds de cohésion,** institué par le Traité de Maastricht à côté des fonds structurels existants, est destiné à faciliter la préparation à l'Union économique et monétaire de 4 pays dont le PIB par habitant n'atteignait pas 90 % de la moyenne communautaire en 1992 : Grèce, Portugal, Irlande, Espagne. Il intervient sur l'ensemble de leur territoire pour soutenir des projets dans le domaine de l'environnement et celui des réseaux transeuropéens d'infrastructures de transport.

Commission européenne, *L'Europe au service du développement régional*, 2e éd. (1996).

DOC 3

Les 6 objectifs de développement prioritaire

Objectif 1	Développer les régions en retard
Objectif 2	Reconvertir les régions industrielles en déclin
Objectif 3	Lutter contre le chômage de longue durée et le chômage des jeunes
Objectif 4	Aider les travailleurs à s'adapter aux mutations industrielles
Objectif 5	Adapter les structures agricoles et diversifier l'économie des zones rurales vulnérables
5a	• Moderniser les structures de production, de transformation et de commercialisation dans l'agriculture, la sylviculture et la pêche
5b	• Financer le développement des zones rurales fragiles
Objectif 6	Aider les régions nordiques peu peuplées

N.B. : Les objectifs 3 (lutte contre le chômage), 4 (adaptation des travailleurs aux mutations de l'industrie) et 5a (adaptation des structures agricoles et de la pêche) couvrent toute l'Union européenne et ne sont dès lors pas régionalisés.

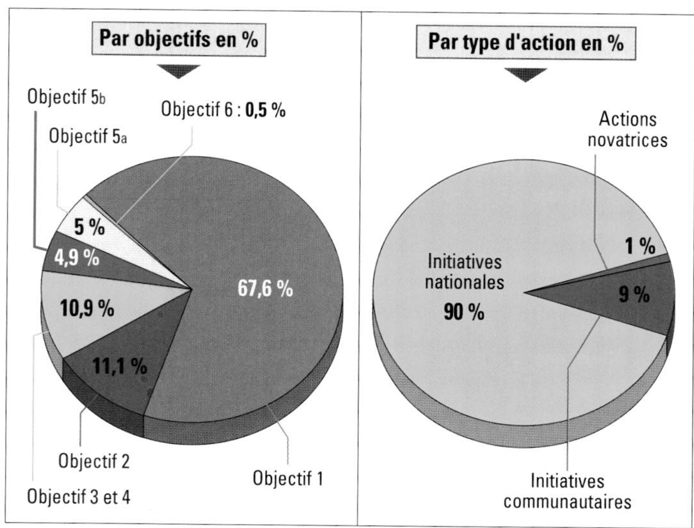

DOC 4 La répartition des aides européennes par objectif et par type d'action pour la période 1994-1999.

JEU : comment choisir les régions italiennes à aider

▶ Même au sein d'un pays contrasté comme l'Italie, il est difficile pour les responsables européens de sélectionner les régions auxquelles doivent aller les subventions.

▶ En effet, les critères de sélection retenus peuvent être aussi différents que le taux de chômage et l'importance de la population.

▶ Les savoir-faire géographiques peuvent aider à la décision : il faut ici analyser un tableau afin de construire une carte.

DOC 1

Principaux indicateurs régionaux de l'Italie en 1992

CRITÈRES / LES 20 RÉGIONS	SUPERFICIE	POPULATION	TAUX DE VARIATION ANNUEL[1] POPULATION 1983-1992	POPULATION moins de 25 ans	TAUX DE NATALITÉ	TAUX D'ACTIVITÉ[2]		TAUX DE CHÔMAGE[3]			PIB/HAB EN SPA[4]
	km²	en milliers	%	%	%	HOMMES %	FEMMES %	HOMMES %	FEMMES %	- de 25 ans %	EUROPE à 12 = 100
Abruzzes	10 794	1 255	0,2	31,2	10,0	61,5	33,5	5,6	16,2	31,9	94
Basilicate	9 992	610	0,0	35,5	12,0	59,4	27,4	12,4	24,3	50,9	67
Calabre	15 080	2 074	0,0	38,1	12,9	60,0	31,1	18,1	29,1	56,9	63
Campanie	13 595	5 668	0,3	39,8	14,6	63,3	27,8	18,6	33,6	62,1	73
Émilie-Romagne	22 124	3 920	– 0,1	24,7	7,2	62,3	41,8	4,3	9,6	18,0	128
Frioul-Vénétie-Julienne	7 844	1 195	– 0,3	25,5	7,5	60,7	34,4	5,1	9,0	20,9	122
Latium	17 227	5 162	0,3	30,8	10,0	63,9	32,4	8,5	15,3	41,0	120
Ligurie	5 418	1 668	– 0,7	23,2	7,0	58,8	30,5	7,6	14,2	30,6	121
Lombardie	23 859	8 882	0,0	28,8	8,7	66,3	38,4	4,3	8,8	17,2	134
Marches	9 694	1 434	0,1	27,9	8,5	61,0	37,8	3,6	10,5	17,1	104
Molise	4 438	331	0,1	31,7	10,4	62,0	34,4	13,1	23,7	48,0	82
Ombrie	8 456	814	0,1	26,8	8,2	59,1	35,3	6,3	12,7	32,1	103
Piémont	25 399	4 303	– 0,4	26,5	7,8	62,3	37,0	6,1	11,8	26,9	119
Pouilles	19 357	4 050	0,4	37,9	12,6	63,2	26,0	13,0	20,0	41,7	77
Sardaigne	24 090	1 651	0,3	35,9	9,8	64,3	29,9	16,5	28,4	47,8	79
Sicile	25 707	4 997	0,1	36,8	13,8	62,2	24,7	18,3	31,0	56,3	73
Toscane	22 993	3 528	– 0,1	25,8	7,4	62,4	36,3	5,0	12,5	21,4	112
Trentin-Haut Adige	13 607	896	0,2	31,7	11,2	69,5	39,0	3,1	5,9	8,0	124
Val d'Aoste	3 264	117	0,3	27,2	8,5	63,6	44,1	5,0	6,9	16,0	129
Vénétie	18 365	4 395	0,1	29,6	9,0	67,0	36,6	4,3	9,9	14,4	117
LES VALEURS MOYENNES											
Italie	301 301	56 960	0,0	31,3	10,1	64,3	33,6	9,0	15,6	31,9	105
France	543 965	57 529	0,6	34,6	13,0	64,1	47,7	10,6	14,1	27,2	112
Allemagne	356 960	80 975	0,3	29,1	10,0	69,9	47,6	7,4	10,3	8,2	107
Espagne	504 790	39 114	0,3	35,5	10,0	63,4	33,8	20,1	31,5	45,4	77
EUROPE à 12	2 358 406	347 335	0,3	32,6	11,4	67,1	44,0	10,2	13,0	21,6	100

1. Taux de variation annuel = différence de population exprimée en % de la population totale entre 1983 et 1992.
2. Taux d'activité = rapport entre la population active et la population totale de plus de 15 ans.
3. Taux de chômage = rapport entre les chômeurs et la population active.
4. SPA = standards de pouvoir d'achat = valeur pondérée en fonction du coût de la vie.

DOC 2 **Les régions administratives italiennes.**

FICHE TECHNIQUE N° 1 : classer les données numériques

1. Trier les données selon un ordre croissant.

2. Constituer 4 ou 5 classes d'effectifs égaux (le même nombre de régions dans chaque classe).

3. Attribuer une couleur à chaque classe afin de construire une légende cartographique.

FICHE TECHNIQUE N° 2 : réaliser une analyse multicritères

1. Pour chacun des critères retenus, classer les régions dans l'ordre croissant des besoins des régions.

2. Attribuer aux régions les valeurs de 1 à 20 en suivant l'ordre du classement.

3. Additionner les points obtenus pour chacune des régions : sélectionner celles qui ont totalisé le plus de points.

RÉGLE DU JEU

1 - Constituer dans la classe des groupes de 4 à 5 élèves, « experts européens », équipés d'un fond de carte des régions administratives italiennes.

2 - Chaque groupe doit choisir dans le tableau un critère susceptible de traduire les disparités régionales existant en Italie (taux de chômage, taux de natalité...). Le travail s'effectue ensuite par groupes.

3 - Mettre en application de la **fiche technique n° 1**.

4 - Cartographier les résultats.

5 - Présenter les travaux à l'ensemble de la classe afin de confronter les résultats des différents groupes : une première sélection des critères faisant apparaître les disparités régionales les plus fortes est alors possible.

6 - Choisir ensuite trois critères pertinents et mettre en application la **fiche technique n°2.**

7 - Cartographier les résultats obtenus : il reste alors à effectuer la sélection finale et à choisir les régions italiennes qui recevront des aides.

Une cartographie des régions à l'échelle européenne

▶ Voici une carte des régions européennes, établie d'après les travaux de la Commission européenne.

▶ Une telle carte révèle comment l'Europe se pense elle-même : où elle situe son centre, les ensembles périphériques, dans quelle direction elle pourrait s'étendre…

▶ Retrouvez les termes de la légende en répondant aux questions.

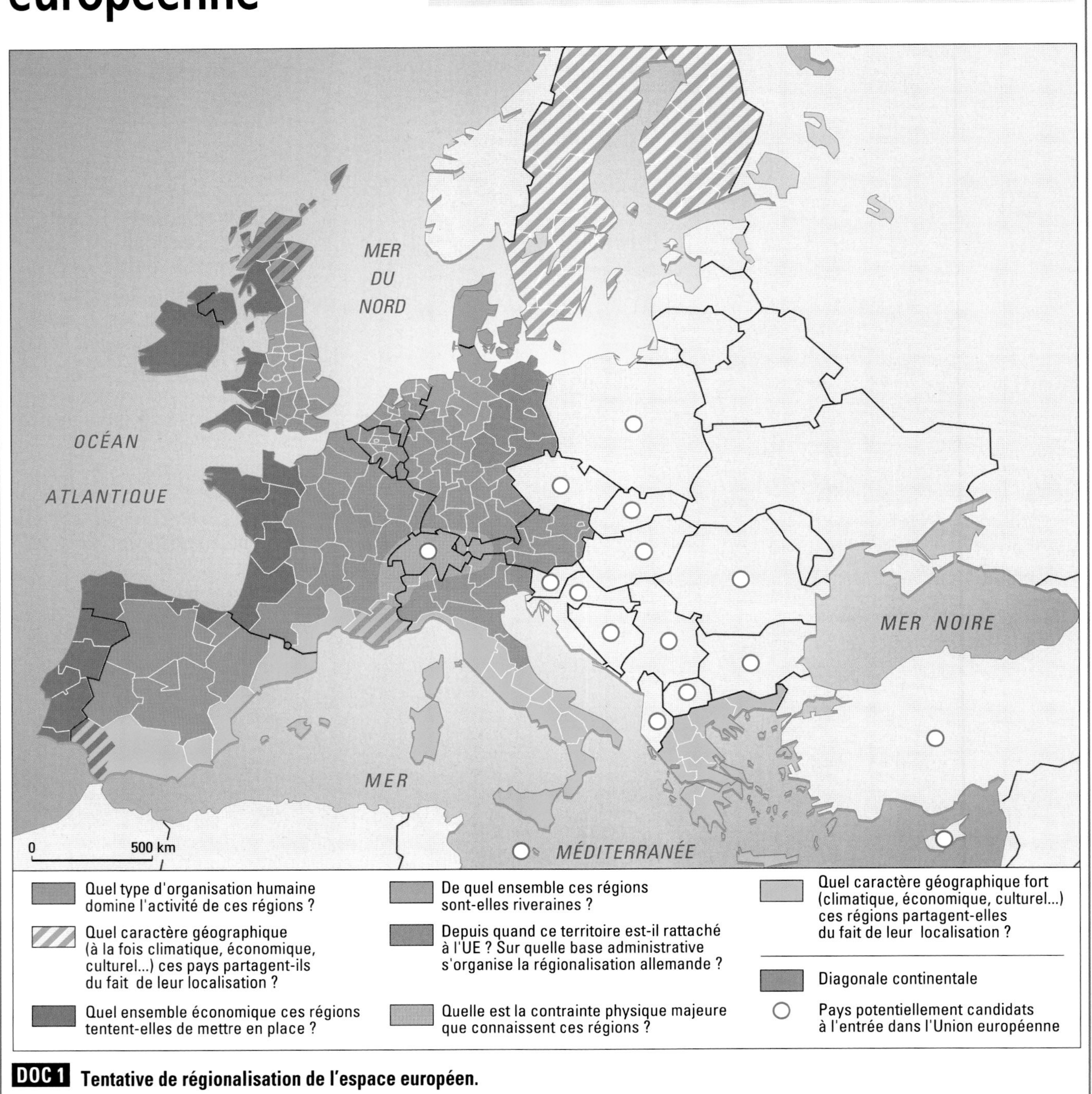

DOC 1 **Tentative de régionalisation de l'espace européen.**

Les régions en Europe

L'essentiel

- La notion de région peut fortement varier d'un pays à l'autre. Pour la préciser, il convient de prendre en compte ses signes distinctifs, son statut et sa taille.
- En Europe, les régions correspondent à la fois à des divisions d'un État et au découpage officiel opéré par l'Union européenne. C'est sans conteste la construction européenne qui a permis aux régions de renaître ou de naître.
- La diversité régionale est souvent source de disparités, elles-mêmes à l'origine des politiques régionales.
- La politique régionale européenne complète et coordonne généralement les politiques nationales ; seuls quelques programmes régionaux européens sont initiés par l'Union européenne.

Les notions clés

- Disparités régionales
- Diversité régionale
- Politique régionale
- Région

Les aides européennes aux pays de l'Union européenne

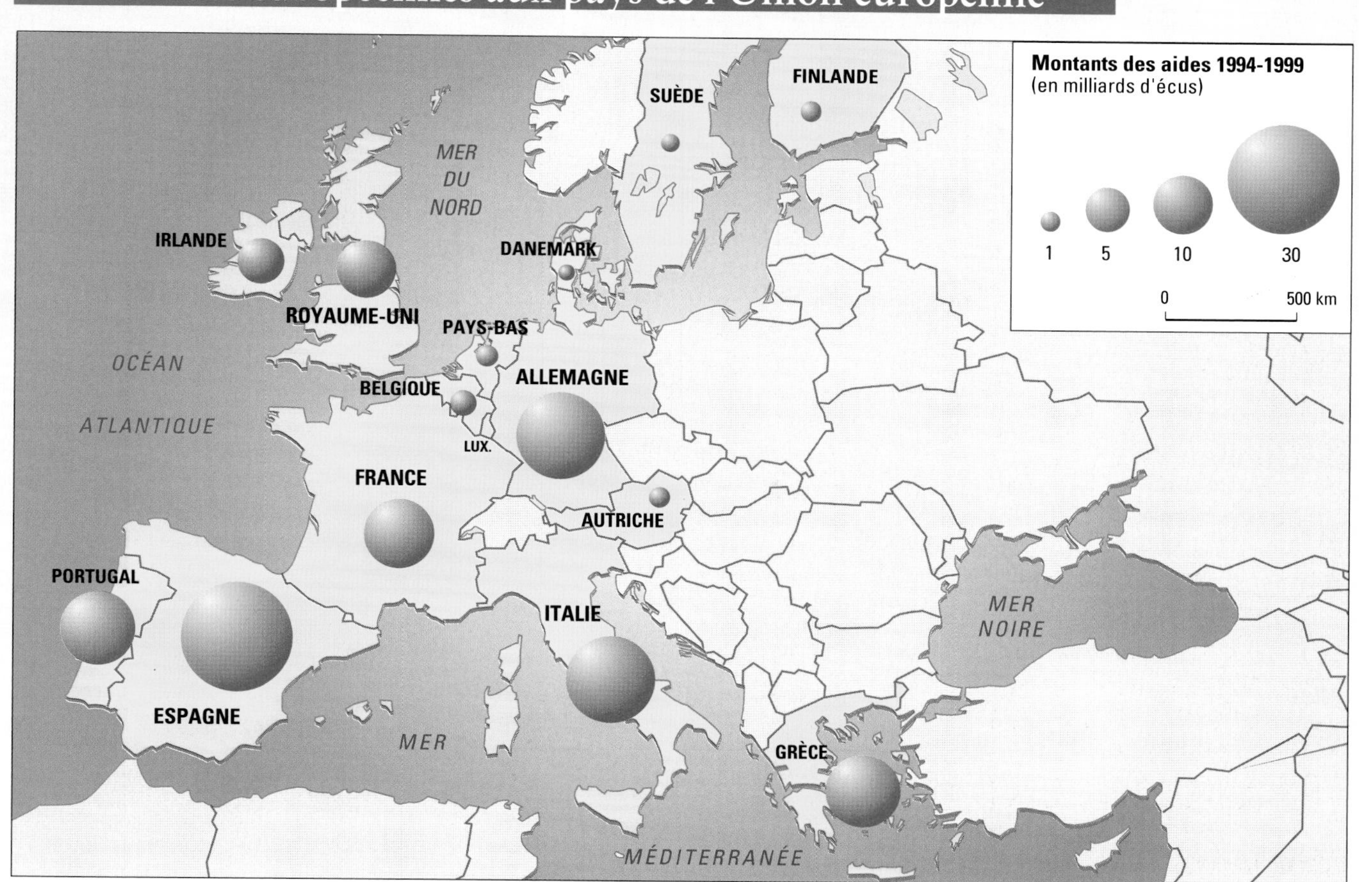

CHAPITRE 10

Paris et le Bassin parisien

- Paris s'intègre dans une agglomération urbaine qui occupe l'essentiel de l'Île-de-France, au point que c'est toute la région qui s'identifie à la capitale française. Comment s'expriment spatialement et quels sont les pouvoirs de commandement et d'organisation de la métropole parisienne ?
- Son rayonnement, son pouvoir d'attraction, sa capacité d'organisation s'étendent à tout un espace qui, bien au-delà des limites administratives régionales, est celui du « Bassin parisien » correspondant à la zone d'influence directe de la capitale.
- Mais l'influence de la capitale française s'exerce aussi au-delà des frontières nationales. Aussi l'essor du rôle international de Paris est-il lié à la solidarité de l'espace qui l'entoure et doit donc s'appuyer sur un meilleur partage du développement et des responsabilités entre la capitale et l'ensemble du bassin. Quelles sont l'organisation spatiale et la place du Bassin parisien en France et en Europe ?

PLAN DU CHAPITRE

L'axe de la Seine dans l'est de Paris. Au premier plan, des quartiers en cours de remodelage laissent apparaître des bâtiments symboles du rayonnement de la capitale : Bibliothèque nationale F. Mitterrand et palais omnisport de Bercy pour les aspects culturels et de loisirs ; le ministère des Finances pour le pouvoir de commandement économique et financier ; et, pour les voies de communication, la gare d'Austerlitz, l'ensemble de la gare de Lyon ainsi que les voies routières qui longent la voie navigable constituée par la Seine.

■ *Rechercher, à l'arrière-plan, d'autres bâtiments symboles de diverses fonctions métropolitaines de Paris.*

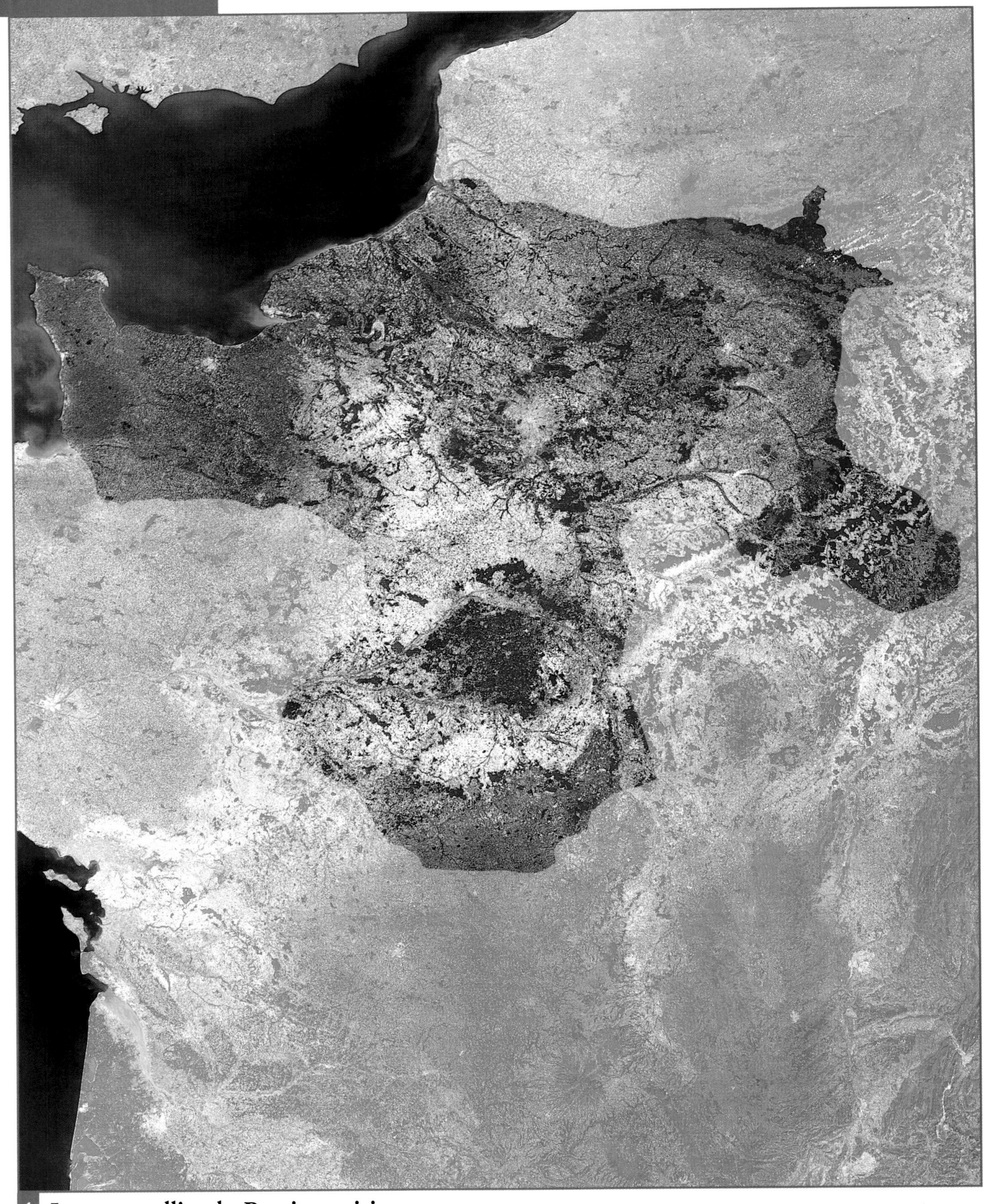

1 Image satellite du Bassin parisien.

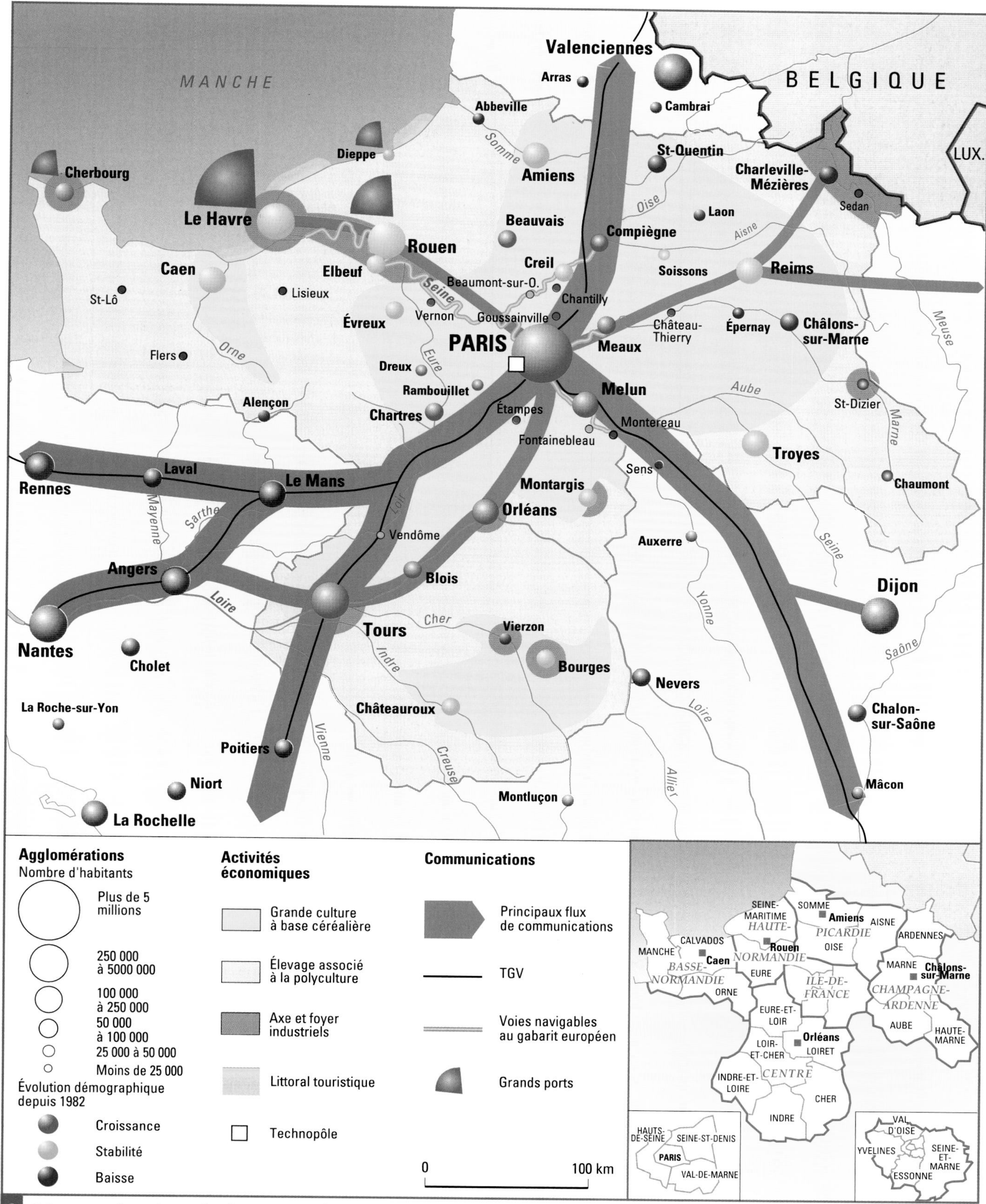

2 L'organisation de l'espace du Bassin parisien.

1 Paris : capitale nationale, métropole internationale

OBJECTIFS

Connaître les formes et les limites du pouvoir de commandement de Paris

Comprendre les aspects et les moyens du rayonnement international de Paris

En France, plus qu'ailleurs, le rôle de la capitale et celui de l'État se renforcent l'un par l'autre tant nationalement qu'internationalement. Aussi l'incontestable rayonnement mondial de Paris est-il hors de proportion avec la taille de la ville ou de son agglomération.

A - Paris, ville du pouvoir

▶ Capitale de la France, Paris possède un **pouvoir politique** qui s'est affermi pendant des siècles grâce à une tradition centralisatrice jusqu'aux lois de décentralisation de 1982-83. Paris concentre les **pouvoirs centraux de l'État,** les principales administrations nationales, les sièges des partis politiques et des syndicats (doc.3).

▶ La recherche d'externalités* favorise le **regroupement des centres de décision,** des hommes et des capitaux. Le pouvoir économique s'y exprime par la **concentration des sièges sociaux** des grandes entreprises et du **tertiaire décisionnel.**

▶ Paris forme les élites et les cadres avec ses **universités** (13), ses **grandes écoles** qui ouvrent l'accès aux emplois de commandement dans l'administration et les entreprises. Avec ses laboratoires et ses centres de recherche, la capitale possède un **pouvoir de conception et de création.**

▶ Cette concentration des diverses formes du pouvoir explique la **surreprésentation des cadres, professions libérales et employés à Paris** (doc.1) ainsi que des revenus moyens plus élevés que dans le reste de la France. Les « beaux quartiers » à proximité des lieux de décision politique et économique (centre, ouest de Paris, La Défense) témoignent de cette richesse.

B - Paris, métropole internationale

▶ Paris est aussi une place internationale. Son pouvoir politique à l'étranger tient à la présence d'**organismes internationaux** comme l'Unesco et à la place de la France dans les relations internationales. Avec sa bourse, Paris est la **quatrième place financière mondiale.** Elle attire les capitaux étrangers et participe de la chaîne continue des transactions mondiales. En outre, bien des multinationales choisissent l'implantation parisienne pour mieux couvrir ou pénétrer le marché européen.

▶ Pour beaucoup d'étrangers, Paris est surtout une ville mythique, un **haut lieu culturel et touristique mondial** (doc.2). Ainsi, la plupart des circuits touristiques étrangers passent par la capitale qui offre un **patrimoine culturel et monumental** considérable (plus de 125 musées, dont le plus grand du monde, 2 opéras, 150 théâtres et salles de concert) et qui apparaît comme le **centre mondial de la gastronomie et de la haute couture.** Ses grandes écoles et universités drainent étudiants et chercheurs de plus de 140 nationalités. Paris reste depuis quinze ans le **premier centre mondial de congrès** et d'expositions.

C - Une petite métropole mondiale ?

▶ Avec **9,3 millions d'habitants,** l'agglomération parisienne soutient la comparaison avec les grandes métropoles mondiales, même si, à l'échelle de la planète, son poids démographique est en recul relatif face à la croissance des villes des pays pauvres. Paris a l'avantage d'appartenir et d'être **reliée par des flux denses et divers au réseau des grandes places décisionnelles de la planète.**

▶ En revanche, à la différence de ses rivales (New York, Tokyo, Londres...), elle se situe dans une région qui, hors agglomération, est peu densément peuplée. **Vitrine nationale et internationale de la France,** Paris tend cependant à mieux partager son rayonnement avec sa région.

DOC 1

La surqualification de l'Île-de-France

Part dans les emplois salariés en %

	Île-de-France	France
Ingénieurs et cadres techniques	8,9	5,1
Techniciens	6,0	5,2
Ouvriers qualifiés	8,7	17,7
Ouvriers non qualifiés	4,3	10,3
Chercheurs de l'industrie	2,1	1,0

L'Atlas des régions, L'Usine Nouvelle, 1993.

VOCABULAIRE

EXTERNALITÉS : avantages offerts aux entreprises du simple fait qu'elles sont installées à proximité les unes des autres (communications plus faciles, services plus variés, conclusion plus aisée de contrats, etc.).

DOC 2 La dalle des droits de l'homme du Trocadéro et la tour Eiffel. Ces deux monuments, hérités d'expositions universelles passées, attirent de nombreux touristes.

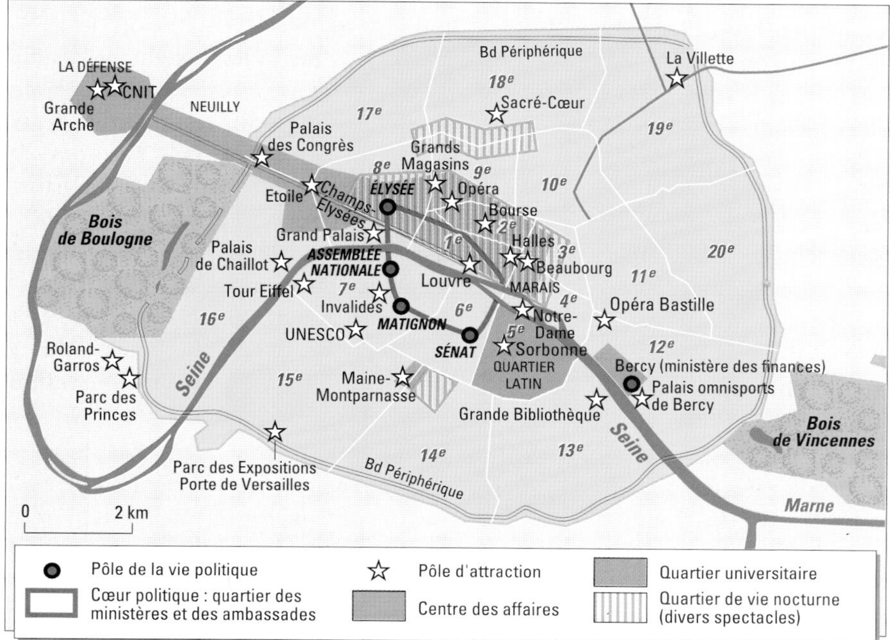

DOC 3 Les fonctions centrales dans l'espace parisien.

DOC 4 La domination de la région Île-de-France dans la vie économique, sociale et culturelle.

2 Une agglomération multipolaire

OBJECTIFS

Connaître la différenciation spatiale de l'agglomération parisienne

Comprendre la structure fonctionnelle de l'agglomération parisienne

L'Île-de-France, bien qu'elle conserve de belles forêts et de riches espaces agricoles, est fortement urbanisée. L'agglomération parisienne y forme un ensemble tentaculaire et hétérogène d'où se dégagent quelques principes d'organisation.

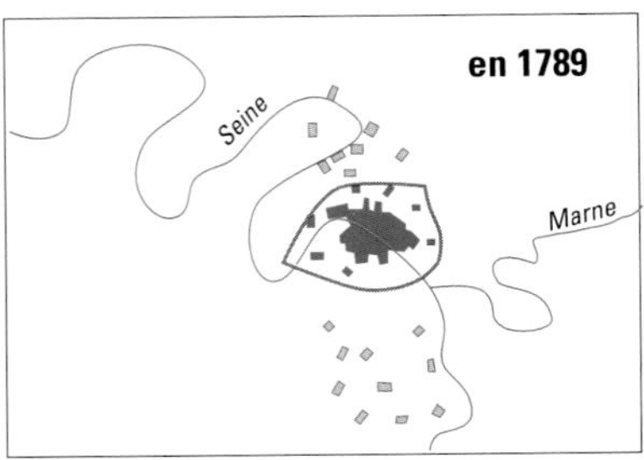

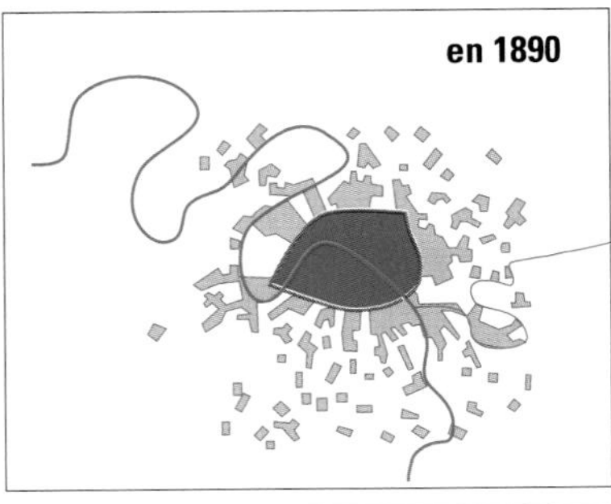

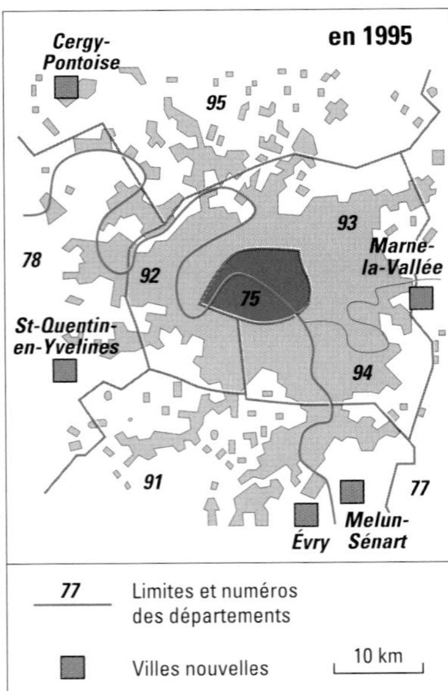

DOC 1 La croissance spatiale de l'agglomération parisienne entre 1789 et 1995.

A - Paris et ses banlieues

▶ Les étapes de la croissance de l'agglomération parisienne se lisent dans le paysage urbain qui s'étale sur un rayon d'une cinquantaine de kilomètres (doc.1 et 2).

▶ Au centre de l'agglomération, Paris se caractérise par la **densité de son bâti,** la **richesse de son patrimoine architectural** et son animation due à la présence de 1,8 million d'emplois pour seulement 2,1 millions d'habitants. Sa population, en baisse depuis 40 ans, est marquée par une **forte proportion de personnes seules** (personnes âgées, étudiants, divorcés).

▶ Dans une première couronne, la **proche banlieue** voit sa population stagner. Elle présente des **paysages très hétérogènes** au bâti désordonné et souvent vieilli. Elle rassemble aussi bien de **vieilles usines,** des résidences ouvrières avec des friches industrielles et des îlots insalubres en cours de rénovation comme à Saint-Denis, que des **centres tertiaires modernes** comme La Défense, des **ensembles pavillonnaires** de l'entre-deux-guerres comme Bagneux, des **communes résidentielles bourgeoises** comme Saint-Cloud, des grands ensembles et des lotissements pavillonnaires. Elle concentre en outre les **grands équipements** au service de l'agglomération.

▶ La **grande couronne** (grande banlieue et région hors agglomération) connaît aujourd'hui **la plus forte croissance en emplois et en habitants.** Elle offre des paysages variés : **villes nouvelles** (Cergy-Pontoise, Saint-Quentin-en-Yvelines, Évry, Marne-la-Vallée, Melun-Sénart) destinées, à partir des années 1970, à restructurer et rééquilibrer la croissance de l'agglomération en offrant des pôles d'emplois et d'habitat ; villes moyennes et **villages anciens** gonflés de quartiers pavillonnaires ou de nouveaux villages ; **espaces de loisirs et de récréation ;** activités consommatrices d'espaces ou génératrices de nuisances (aéroports, parcs industriels, d'expositions, gares de triage) ; **zones d'activités de haute technologie** (plateau de Saclay et vallée de l'Yvette).

B - Une métropole multipolaire

▶ À cette différenciation centre-périphérie s'ajoute un **déséquilibre est-ouest,** déjà ancien. Dans le passé, l'Ouest de l'agglomération plus tertiaire et résidentiel s'opposait à l'Est plus populaire et industriel. Ce déséquilibre crée des flux et sature les voies de communication est-ouest. La création du pôle de Marne-la-Vallée vise à rééquilibrer ces flux et fait apparaître une **tripolarisation de l'agglomération** (doc.4 et 5).

▶ De nouveaux pôles, exploitant la situation de carrefour entre des axes de communications radiants du réseau étoilé centré sur Paris et les transversales autoroutières (A86, Francilienne) ou de TGV, en liaison avec les aéroports, se développent. Ainsi, à l'est, **Roissy, Marne-la-Vallée, Melun-Sénart structurent un axe « logistique »** (de transport, entrepôts et stockage) alors qu'au sud, **l'axe Orsay-Saclay-Massy-Orly-Évry constitue la plus dynamique technopole du pays** (doc.3).

▶ Cette organisation doit beaucoup au schéma directeur de 1965 qui a cherché à réaliser un aménagement régional d'ensemble pour **structurer la croissance de l'agglomération parisienne.** Aujourd'hui, l'avenir de la métropole parisienne est solidaire non seulement de l'Île-de-France, mais des régions qui l'entourent et de l'Europe.

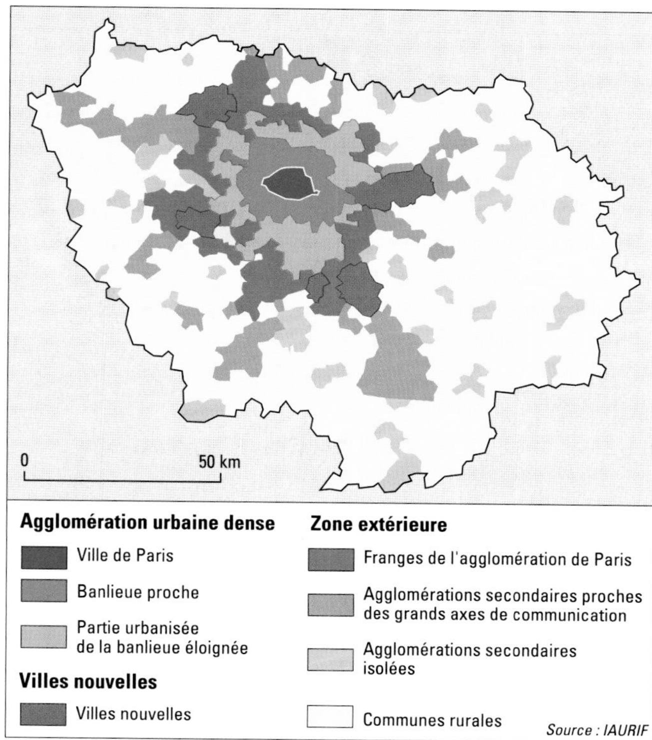

DOC 2 **Les types d'espaces de l'agglomération parisienne.**

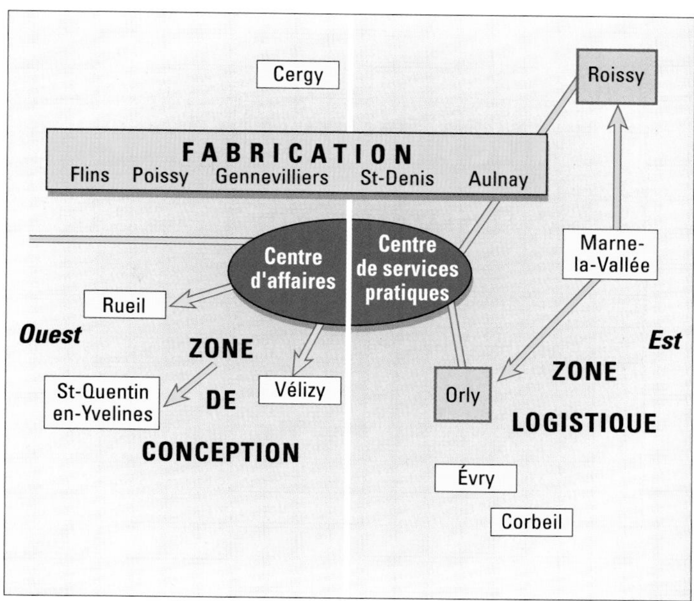

DOC 3 **Le système productif de la région Île-de-France.**
Paris reste la zone directionnelle, tandis que le quart sud-ouest constitue l'espace technique de conception. Pour le reste, la fabrication est concentrée dans la partie nord-ouest et l'Est parisien récupère la logistique.

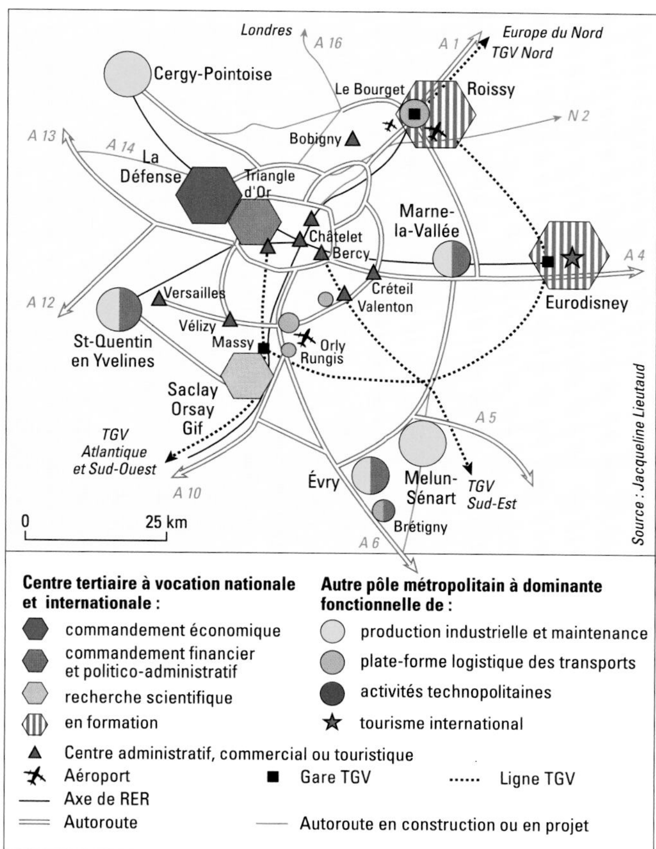

DOC 4 **La métropole multipolaire des années 1990.**

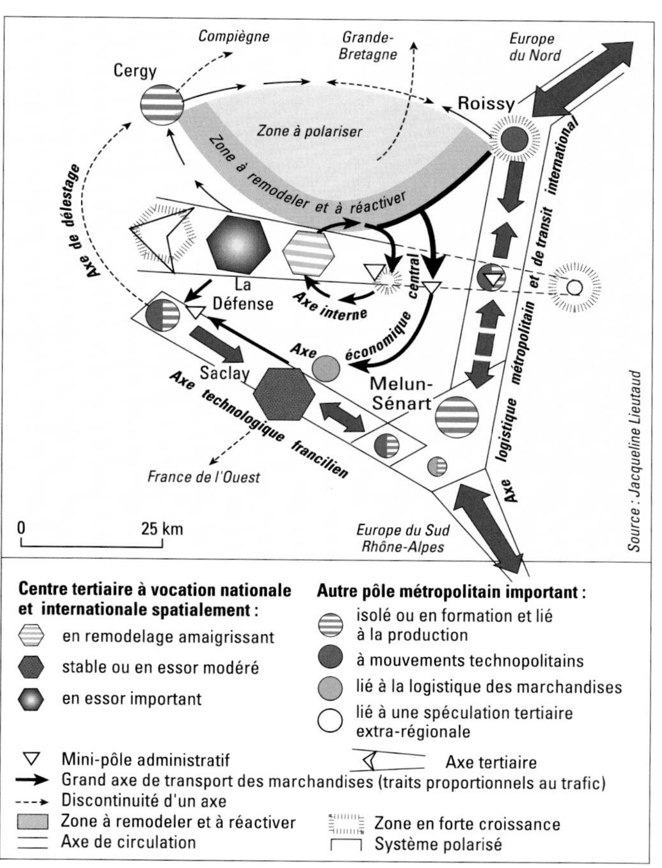

DOC 5 **Les axes dynamiques de la métropole parisienne.**

Un espace aux visages multiples : la banlieue

▶ La banlieue de Paris se singularise par son extension et sa très grande diversité.

▶ L'étude d'une seule petite partie de la carte topographique de Corbeil-Essonnes (au sud de Paris) fait apparaître plusieurs types de banlieues.

DOC 1 Extrait de la carte IGN de Corbeil-Essonnes au 1/50 000 : les pavillons résidentiels de Sceaux et les grands ensembles de Massy.

DOC 2 Les grands ensembles de Massy.

DOC 3 Les pavillons résidentiels à proximité du parc de Sceaux.

QUESTIONS

■ **Doc 1** - Repérez sur la carte les grands équipements qui font partie de la banlieue Sud de Paris. Pourquoi se sont-ils installés là ?

■ **Doc 2 et 3** - Repérez sur la carte la localisation des deux photos. Quel type de banlieue représente chacune de ces photos ? Sont-elles très éloignées l'une de l'autre ?

3 Un bassin polarisé par Paris

OBJECTIFS

Connaître les liens fonctionnels entre Paris et son bassin

Comprendre ce qu'est l'aire d'influence directe d'une métropole

Le Bassin parisien correspond à l'espace organisé par Paris en tant que capitale régionale. Mais si les solidarités avec la capitale sont fortes, les limites restent floues.

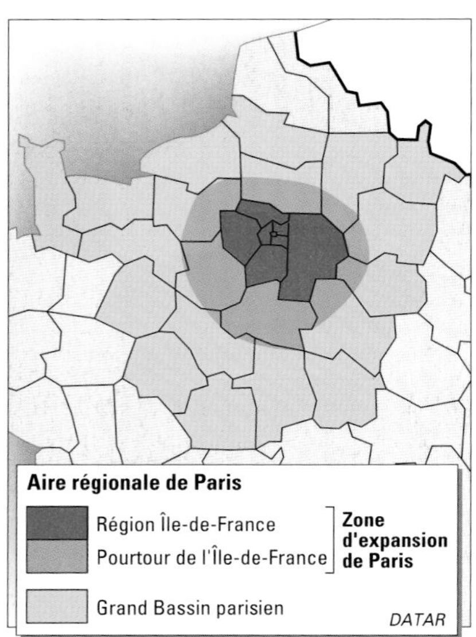

DOC 1 Le Bassin parisien.

VOCABULAIRE

DÉCONCENTRATION : transfert des activités depuis Paris et sa banlieue vers des villes situées dans un rayon d'environ 300 km, les sièges sociaux demeurant dans la capitale.

MIGRATIONS ALTERNANTES : voir p. 82.

RURBANISATION : contraction des mots *rural* et *urbanisation*. Phénomène de diffusion dans l'espace rural d'activités, de modes de vie ou d'aménagements de type urbain (ex : lotissements périurbains de pavillons individuels au milieu des champs, habités par des actifs qui travaillent à la ville).

A - Qu'est-ce que le Bassin parisien aujourd'hui ?

▶ **Le Bassin parisien, au sens géographique, correspond à un vaste espace autour de l'Île-de-France** (doc.1) **où Paris exerce un rôle organisateur.** Cet ensemble comprend à la fois l'Île-de-France, les régions qui l'entourent (Haute-Normandie, Picardie, Champagne-Ardenne, Centre) ainsi que le versant parisien de la Bourgogne (Yonne et Nièvre) à l'est, la Basse-Normandie et la Sarthe à l'ouest. Il compte, au total, près de **20,5 millions d'habitants.**

▶ Ainsi défini, le Bassin parisien ne constitue pas une unité naturelle. La diversité l'emporte aussi bien pour les paysages (bocage à l'ouest et openfield à l'est) que pour les données naturelles (absence d'unité hydrographique, géologique ou climatique). **La cohérence de cet espace est assurée par la métropole parisienne.**

B - Un espace au service de Paris

▶ L'aménagement du Bassin parisien, répond aux besoins de l'agglomération parisienne (doc.2). Les **réseaux de communication** matérialisent la polarité exercée par la capitale (doc.3) : ils forment une **étoile centrée sur Paris.** Dans ces liaisons, **la Seine constitue un axe vital assurant les débouchés du Bassin parisien sur la mer.**

▶ Les moyens de transport drainent vers Paris un flux important de travailleurs venant parfois d'assez loin. Ces personnes qui travaillent dans la capitale mais préfèrent habiter dans un cadre rural (phénomène de **rurbanisation***) ou dans des villes moyennes engendrent d'**intenses migrations alternantes*** quotidiennes.

▶ Le ravitaillement de l'agglomération parisienne a aussi induit une organisation de l'espace centrée sur Paris. La **disposition en auréoles concentriques des centrales électriques** ou les **ceintures agricoles successives** (maraîchère, céréalière, herbagère) en témoignent. D'importants aménagements hydrauliques en amont de Paris, sur la Seine et ses affluents, évitent les crues et assurent au fleuve un débit régulier.

▶ Paris a aussi favorisé l'organisation, dans un rayon de 250 km, d'**espaces de loisirs et de détente**, comme, par exemple, les bois ou forêts d'Île-de-France et de Sologne ou le littoral normand. Cette aire est aussi celle des résidences secondaires.

C - Un espace animé et dominé par Paris

▶ Le Bassin parisien a parfois souffert de la **domination de Paris** dans le passé. La capitale absorbait toutes les forces vives en drainant l'essentiel de l'exode rural qui a frappé très tôt les campagnes environnantes.

▶ Paris a aussi transmis son dynamisme aux régions qui composent le Bassin parisien. Ainsi, la **déconcentration* industrielle** de la capitale a permis une diffusion et un renouveau de l'industrie qui a renforcé l'axe de la vallée de la Seine et a réanimé les villes de la couronne parisienne.

▶ Malgré cette déconcentration des activités et la décentralisation, la dépendance à l'égard de la capitale demeure. **Paris exerce une prééminence intellectuelle et culturelle écrasante** par ses universités, ses grandes écoles, ses groupes de presse, ses entreprises de spectacles… **Son pouvoir de décision en matière économique se renforce.**

▶ Le réseau urbain porte la trace de cette **influence étouffante de Paris.** Hormis Orléans, les grosses agglomérations dotées d'un tertiaire supérieur et de fonctions de commandement régional se localisent à plus de 150 km de Paris.

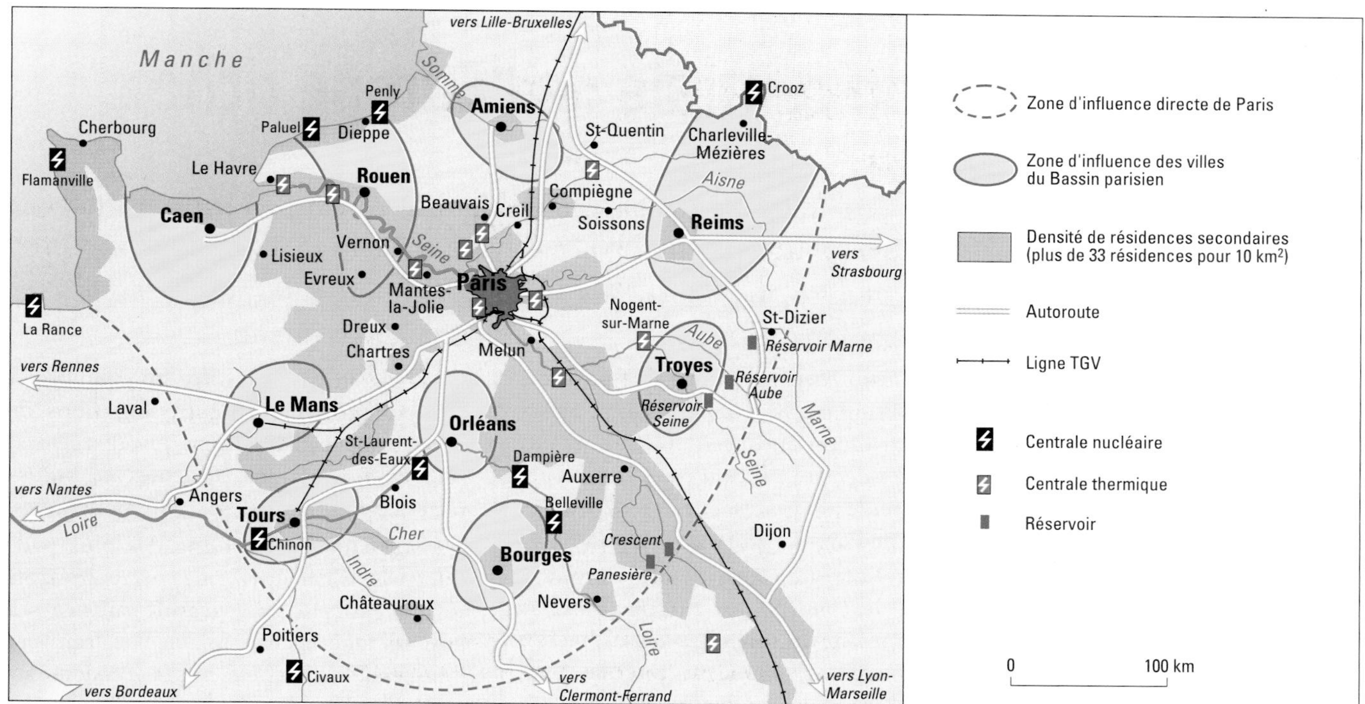

DOC 2 **Un espace au service de Paris.**

DOC 3 **TGV atlantique et autoroute A10.**
Ces deux grands axes de communication, au service de Paris, traversent un peu en étrangers bien des espaces du Bassin parisien.

4 Une région centrale de l'Europe riche

OBJECTIFS

Connaître les composantes de la richesse du Bassin parisien

Comprendre la situation du Bassin parisien dans l'Union européenne

Par sa position et son poids économique, le Bassin parisien constitue une région capitale de l'Europe occidentale.

A - Une région européenne de transition?

▶ Le Bassin parisien occupe une **position de transition** entre les régions très peuplées du Nord-Ouest européen et l'Europe des moindres densités. Il doit cette situation à son **auréole d'espaces ruraux dépeuplés autour de Paris** au profit de la capitale.

▶ Paris et sa région appartiennent aussi à la dorsale des métropoles européennes. Le poids humain de son agglomération, son rôle et son rayonnement international, font de la capitale française un **pôle majeur de la mégalopole européenne qui s'étend de Londres à Milan.**

▶ Le Bassin parisien est aussi une **interface entre l'Europe riche du Nord et ses périphéries méridionales, moins opulentes.**

B - Une position centrale dans l'Union européenne

▶ Le Bassin parisien s'intègre pleinement dans le grand système de communications de l'Europe communautaire. **Autoroutes et voies ferrées** font du Bassin parisien un **passage obligé des liaisons entre les États du sud et ceux du nord de l'Union européenne.** Avec l'ouverture du **tunnel sous la Manche** et les **axes ferroviaires rapides**, l'espace parisien est un carrefour en bonne position stratégique dans les relations avec toutes les parties occidentales de l'Europe. Paris est aussi une **plaque tournante aérienne d'importance mondiale.**

▶ Enfin, avec 8,4 % du PIB de l'Europe des douze, soit le 3e rang après l'Italie du Nord et l'Allemagne centrale, le Bassin parisien est une **région vitale de la puissance économique de l'Union européenne.** Il possède, d'ailleurs, le plus fort PIB/habitant des régions de la communauté. Cette richesse est le résultat d'activités diversifiées.

C - Une composante de l'Europe riche

▶ Le Bassin parisien offre un équilibre et une complémentarité entre **fonctions de services** concentrées dans le pôle central (Paris) et **fonctions agricoles et industrielles** étalées sur les espaces périphériques.

▶ **L'agriculture est l'une des plus productives d'Europe.** Elle présente trois visages (doc.2). **La « grande culture » à base céréalière** sur les plateaux calcaires et limoneux du centre : ses rendements records, sa productivité, son organisation et son opulence sont exemplaires. À la périphérie, **l'élevage bovin** est surtout pratiqué sur des herbages, sous climat humide et sur des sols imperméables, dans des exploitations familiales petites ou moyennes, en faire-valoir direct. **Les cultures délicates** (légumes, fruits, vigne) pratiquées dans de petites exploitations intensives prédominent dans les vallées et sur les coteaux (Seine, Loire, Marne...) (doc.3).

▶ L'industrie est aujourd'hui bien présente dans les villes de la couronne parisienne. Le Centre et l'Ouest ont été les principaux bénéficiaires de la **déconcentration des industries de main-d'œuvre** : construction mécanique, électrique, chimie, confection, etc. L'**industrie lourde** subsiste dans les ports ou le long des voies navigables (Oise). Les activités textiles et métallurgiques du Nord et de l'Est se reconvertissent difficilement pour survivre. Au total, **l'Île-de-France concentre la majorité des cadres de l'industrie** alors que le reste du bassin souffre d'un sous-encadrement et apparaît comme un réservoir de main-d'œuvre.

▶ Le Bassin parisien appartient à l'Europe riche. Son essor passe à la fois par une revitalisation de ses centres urbains périphériques et par un renforcement des fonctions métropolitaines de sa capitale.

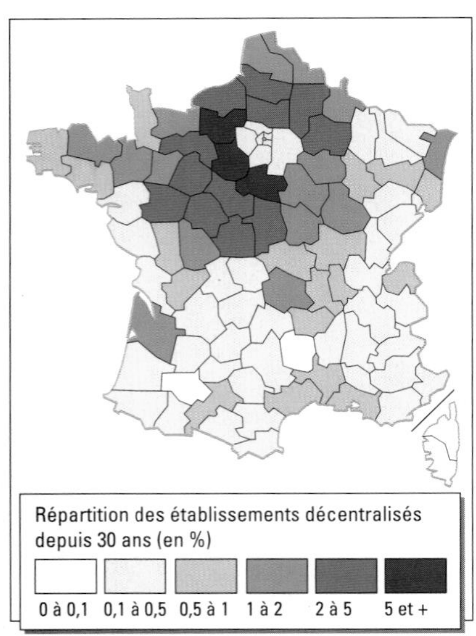

DOC 1 Le Bassin parisien, grand bénéficiaire de la décentralisation industrielle.

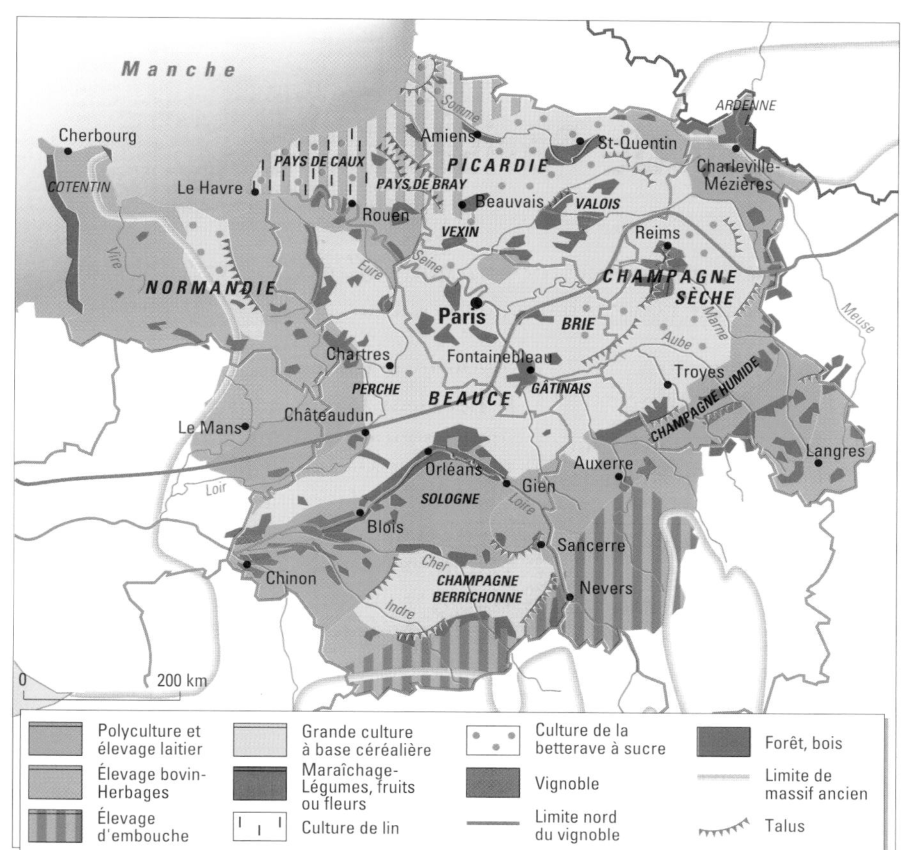

DOC 2 **L'agriculture du Bassin parisien.**

DOC 3 **Vignoble de Champagne.** Le vignoble champenois contribue à la richesse agricole du Bassin parisien.

DOC 4 **Le port industriel et commercial du Havre,** porte maritime de Paris et du Bassin parisien (vu vers l'est). À droite la Seine ; au centre le bassin de marée prolongé à l'arrière-plan par le canal maritime desservant la zone industrielle ; à l'arrière-plan, à gauche : ancien port et bassins à flot.

■ Recherchez et classez les équipements constitutifs d'un organisme portuaire (bassins, quais, outils de déchargement, de stockage, d'expédition).

■ À partir de cette image, construisez un croquis ou un schéma simple de l'organisation de l'espace géographique de l'estuaire de la Seine.

5 Des régions autour de Paris

OBJECTIFS

Connaître la personnalité des régions qui composent le Bassin de Paris

Comprendre la situation des diverses régions du Bassin parisien vis-à-vis de Paris

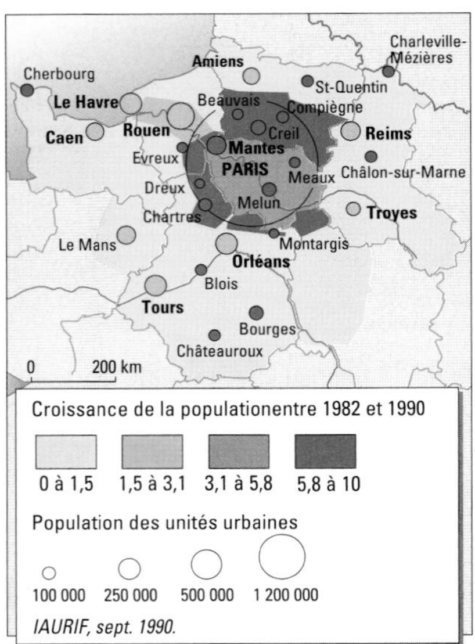

DOC 1 La croissance démographique de la population du Bassin parisien entre 1982-1990.

Le Bassin de Paris se compose de régions qui s'efforcent, avec difficulté, d'affirmer leur personnalité géographique, dans le cadre de la décentralisation.

A - La Normandie, ouverture maritime du bassin de Paris

▶ La Normandie assure le **débouché sur la mer** de l'agglomération parisienne. Cette situation de façade maritime a favorisé l'**essor de stations touristiques littorales** qui, dès le XIXe siècle, comme Deauville, accueillent la clientèle parisienne.

▶ C'est la basse vallée de la Seine avec le **premier complexe industrialo-portuaire français** (Le Havre et Rouen) qui bénéficie le plus de la proximité parisienne. La décentralisation* a permis l'**essaimage des industries automobiles, électriques et électroniques dans la région** qui se sont ajoutées aux industries chimiques, papetières, textiles et de raffinage, plus anciennes, alimentées en matières premières importées. Plus éloignés de la capitale, les **ports de Basse-Normandie** doivent l'essentiel de leur trafic aux liaisons transmanche. **Caen**, actif centre tertiaire, souffre de la crise de ses industries. **Cherbourg** est plus autonome grâce à son arsenal et au nucléaire.

▶ La Normandie assure aussi une transition vers la France de l'Ouest plus océanique et bocagère. Le climat plus humide et doux a favorisé très tôt la **spécialisation laitière de la région.** Les plateaux calcaires se consacrent plutôt à la céréaliculture.

B - Les espaces intermédiaires de Picardie et Champagne

▶ Situées entre Paris et les régions de la France du Nord et de l'Est, Picardie et Champagne conservent, grâce aux réseaux autoroutier et ferroviaire, une **fonction de passage très ancienne** (l'axe Italie-Flandres du Moyen Âge avec ses foires de Champagne). Mais en raison de la proximité de Paris (Amiens) ou de leur rivalité (Reims, Châlons-en-Champagne, Troyes), les grandes villes de ces régions peinent à affirmer leur autonomie.

▶ **Les vieux foyers industriels métallurgiques sont en crise ou en reconversion.** C'est le cas de la vallée de l'Oise, de Saint-Quentin, de la partie ardennaise de la Meuse et de la Haute-Marne mais aussi du **textile** (bonneterie à Troyes). Ces deux régions se diversifient industriellement en bénéficiant de retombées de la décentralisation parisienne.

▶ Constituées dans l'ensemble de **riches plateaux agricoles** où règnent la **grande culture mécanisée** (céréales, fourrages, betteraves, produits maraîchers...) et de **puissantes industries agroalimentaires,** Champagne et Picardie bénéficient assez largement des débouchés et des prix garantis par la politique agricole commune de l'Union européenne. En outre, le **vignoble champenois,** bien délimité mais en constante extension, assure des revenus élevés.

C - Au sud, des espaces régionaux en quête d'identité

Au sud, Paris exerce une telle attraction qu'elle pose des problèmes d'identité et d'écartèlement aux régions Centre, Bourgogne, Pays de la Loire.

▶ **La Basse-Bourgogne** (Yonne, Nièvre) prolonge les cultures riches du centre du Bassin parisien, accueille des PMI* (Sens et Auxerre) et héberge résidences secondaires et retraités franciliens.

▶ **La région Centre,** constituée d'une mosaïque de pays, se partage entre un axe ligérien aux villes les plus importantes et dynamiques (Orléans, Tours) dans l'orbite de la capitale (doc.3) et un Sud à forte empreinte rurale aux villes petites et moyennes (Bourges, Châteauroux).

▶ **La Sarthe,** avec la ville industrielle du **Mans** reliée par TGV, ne risque-t-elle pas de devenir une grande banlieue parisienne ?

VOCABULAIRE

DÉCENTRALISATION : pratique d'aménagement du territoire par laquelle l'État cherche à encourager l'implantation des activités des administrations et des entreprises dans des régions autres que l'Île-de-France.

PMI : petites et moyennes industries.

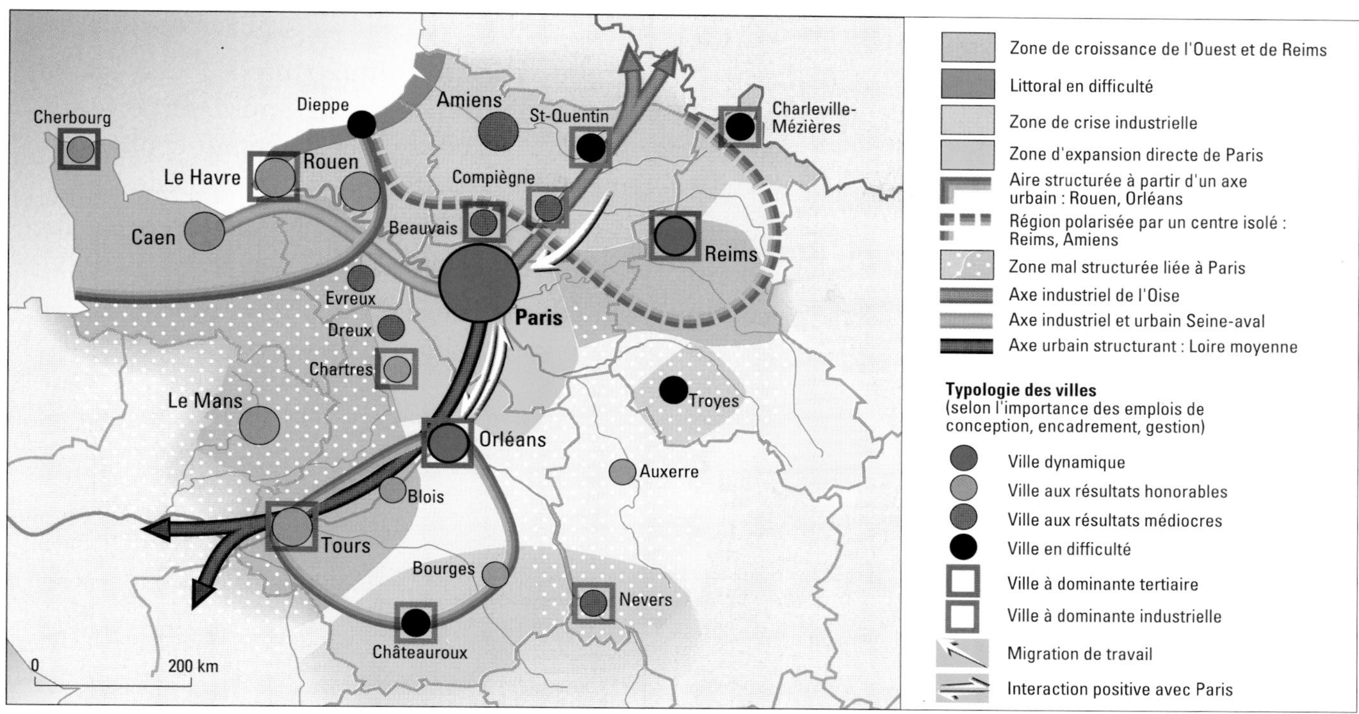

DOC 2 **Organisation urbaine et système productif du Bassin parisien.**

DOC 3 **Orléans, le quartier La Source :** bénéficiaire de la déconcentration tertiaire de Paris (centre de chèques postaux), ce quartier est un des pôles de croissance de l'agglomération orléanaise.

■ Observez puis classez les types et styles d'habitat. Peut-on définir plusieurs époques de construction ?

Analyser et cartographier une série statistique

▶ En partant d'une série statistique simple à une dimension, plusieurs possibilités de cartographie sont offertes : par valeur absolue, par classe d'égale étendue, par classe d'égal effectif et par classe de groupes homogènes.

▶ Chacune de ces représentions cartographiques exprime une vision de l'espace avec ses avantages et ses inconvénients.

▶ Maîtriser les méthodes de représentation est une nécessité si on veut pouvoir critiquer une carte.

DOC 1

L'impôt de solidarité sur la fortune : les données brutes

Régions	Déclarations imposables	Impôt de solidarité sur la fortune	
	Nombre	*Milliers de Francs*	*Moyenne en francs*
Île-de-France	89 003	5 138 513	57 734
Nord-Pas-de-Calais	6 045	309 180	51 146
Alsace	2 640	122 557	46 423
Picardie	3 158	144 660	45 807
Basse-Normandie	2 141	95 325	44 524
Rhône-Alpes	12 704	537 651	42 321
Champagne-Ardenne	2 272	95 889	42 205
Limousin	957	39 697	41 481
Centre	4 679	192 274	41 093
Poitou-Charentes	2 338	93 010	39 782
Lorraine	2 552	100 214	39 269
Franche-Comté	1 179	45 125	38 274
Pays de la Loire	4 869	182 301	37 441
Haute-Normandie	2 993	111 230	37 163
Aquitaine	5 302	195 984	36 964
Bourgogne	2 663	93 319	35 043
Auvergne	1 743	60 118	34 491
Provence-Alpes-Côte d'Azur	16 489	568 283	34 464
Bretagne	4 115	136 382	33 143
Corse	318	10 480	32 956
Midi-Pyrénées	3 848	122 899	31 938
Languedoc-Roussillon	3 118	97 624	31 310
FRANCE MÉTROPOLITAINE	**175 126**	**8 492 715**	**48 495**

Source : Direction Générale des Impôts (DGI)

QUESTIONS

■ **Doc 2 à 5** - Expliquer sur quels critères chaque carte est construite. Compter le nombre de régions par classe et évaluer l'étendue de chaque classe. Commenter chaque carte. Les résultats sont-ils les mêmes ?

■ **Doc 5** - En quoi la carte par groupes homogènes vous semble-t-elle la mieux adaptée ?

■ **SYNTHÈSE** - Le choix du traitement statistique de la représentation cartographique n'est pas neutre. Quels avantages et quels inconvénients chaque carte offre-t-elle ?

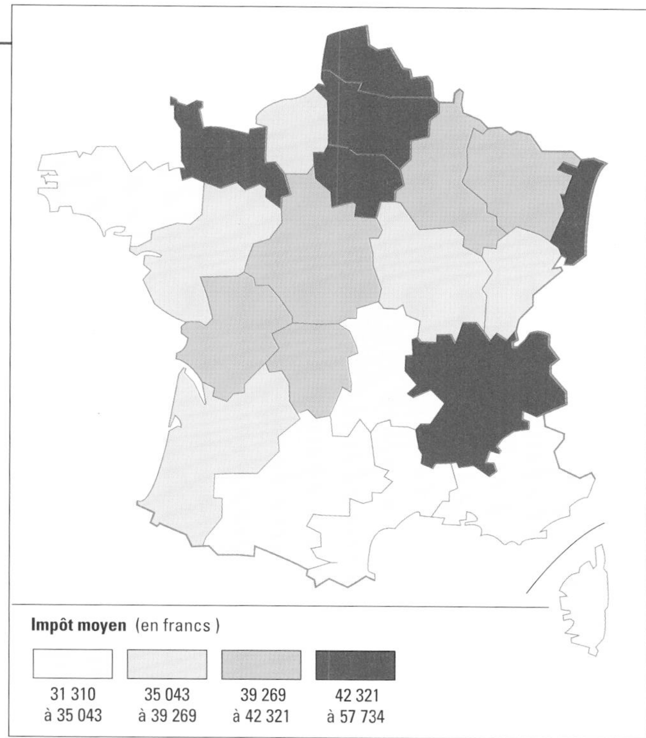

DOC 2 L'impôt de solidarité sur la fortune en 1995.
Une valeur est dispropotionnée par rapport aux autres.

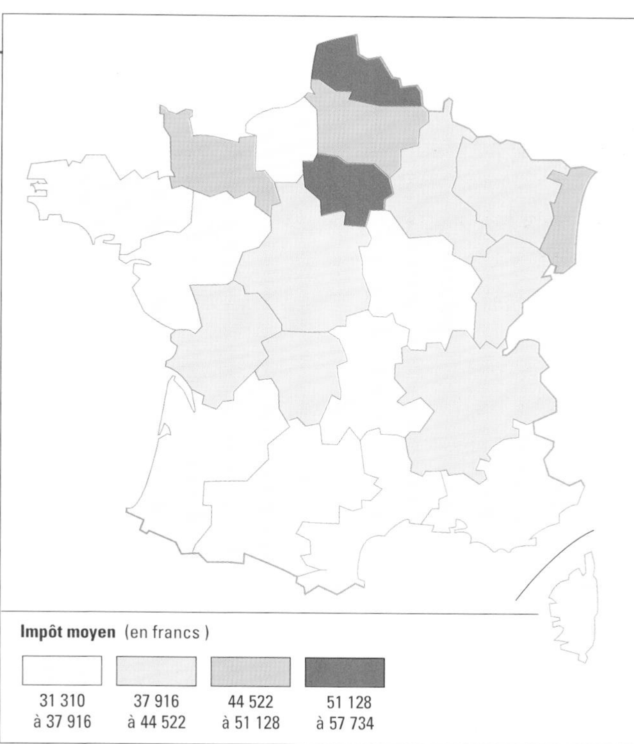

DOC 3 L'impôt de solidarité sur la fortune en 1995.
Les classes ont été choisies pour qu'elles contiennent le même effectif de régions. En contrepartie, leur amplitude est variable.

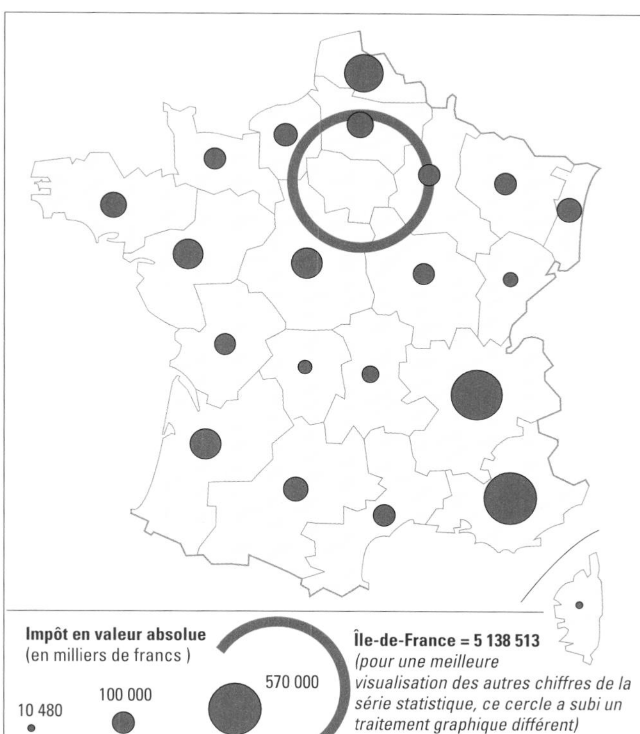

DOC 4 L'impôt de solidarité sur la fortune en 1995.
Les classes ont été choisies pour qu'elles couvrent la même amplitude. En contrepartie, l'effectif des régions par classe est variable.

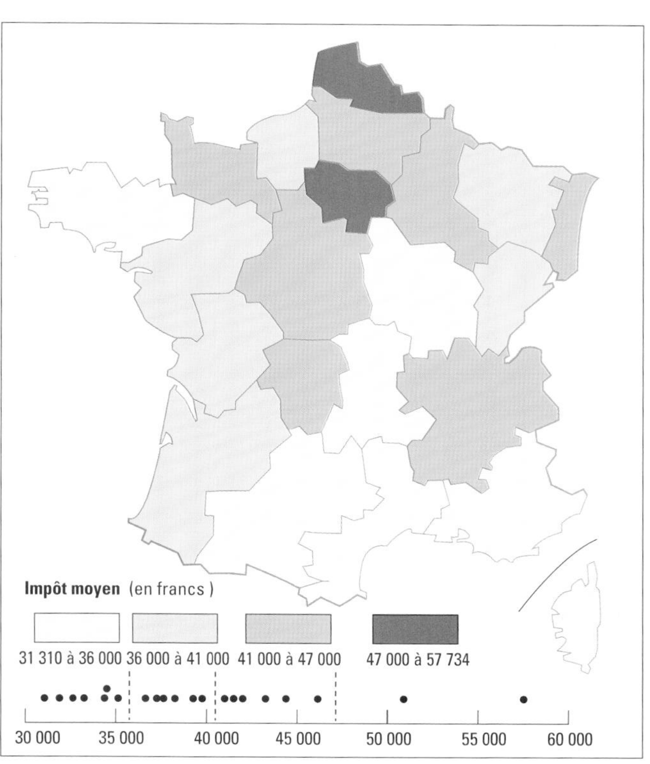

DOC 5 L'impôt de solidarité sur la fortune en 1995.
Cette carte par groupes homogènes est établie d'après les seuils observés.

Les villes « nouvelles » trente ans après...

Créées en 1965, les villes nouvelles devaient canaliser la croissance de l'agglomération parisienne et rapprocher les lieux d'habitat des lieux de travail. Le bilan est aujourd'hui mitigé.

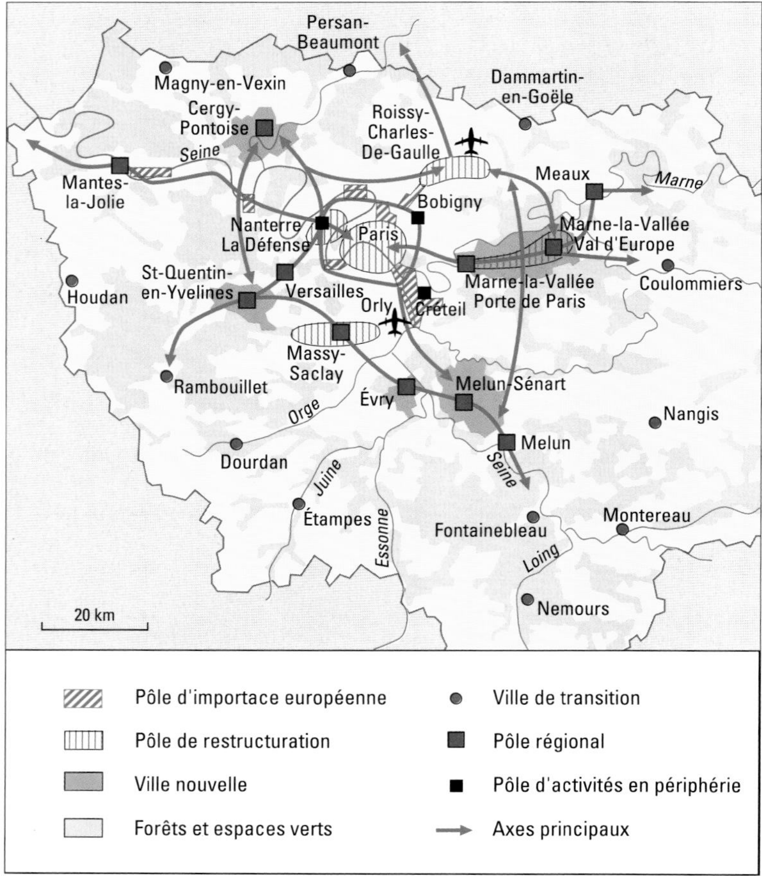

DOC 1 Les villes nouvelles de l'Île-de-France.

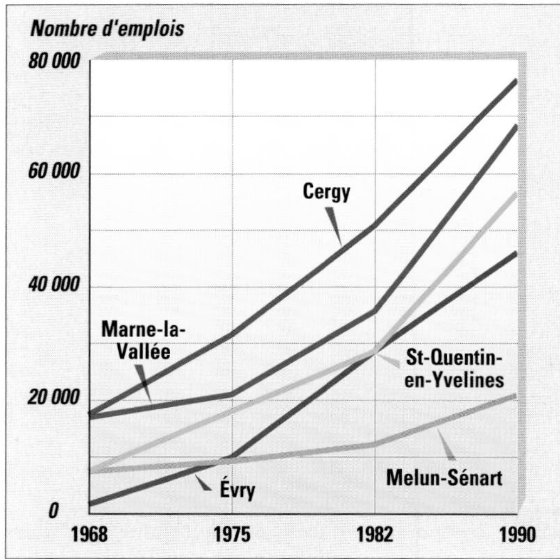

DOC 2 L'emploi dans les villes nouvelles.

DOC 3

Quelques éléments pour un bilan humain

Le second grand enjeu du schéma (de 1965) consistait à lancer les centres secondaires destinés à rapprocher les services des habitants de la banlieue. (...).

L'identité des villes nouvelles reste encore peu perçue des habitants. La plupart sont là parce qu'ils y ont trouvé un logement à leur convenance. (...). Faut-il parler d'échec ? Non, car les villes nouvelles ont amplement démontré qu'il était parfaitement possible de proposer une alternative à la croissance désordonnée des banlieues. (...).

Les villes nouvelles, malgré leur succès quantitatif indiscutable, pèsent encore peu dans le système économique parisien. (...). L'objectif prioritaire de réaliser un équilibre global emploi-population les a contraintes à jouer une politique « attrape-tout » sans chercher de spécialisation économique. (...).

Ne manque-t-il pas encore quelque chose d'essentiel et d'indéfinissable en termes de projet, cette charge symbolique qui ne s'acquiert que par la fréquentation répétitive du centre par des générations successives d'habitants ? Les villes nouvelles vivront « quand leurs cimetières seront pleins » ?

D'après J.-P. Lacaze, *Paris, Urbanisme d'État et destin d'une ville*, Flammarion, Paris, 1994.

QUESTIONS

■ **Doc 1 -** Localiser les villes nouvelles de l'Île-de-France. Quels éléments ont pu guider ces choix d'implantation ?

■ **Doc 2 et 3 -** Quel bilan peut-on aujourd'hui en tirer sur le plan humain ? Sur le plan économique ?

■ **SYNTHÈSE -** Que signifie la phrase : « Les villes nouvelles vivront quand leurs cimetières seront pleins » ?

Paris et le Bassin parisien

L'essentiel

- Paris, capitale politique, possède un pouvoir économique et exerce une fonction intellectuelle et culturelle au rayonnement international.
- La croissance de l'agglomération a produit diverses couronnes de banlieues aux paysages urbains variés, selon l'âge et les restructurations. La structure multipolaire de l'agglomération a été en partie forgée par le précédent schéma directeur qui organisait la croissance urbaine.
- Au fil des siècles, Paris a organisé une vaste aire d'influence. En retour, cette région a profité du dynamisme et de la déconcentration des activités de l'Île-de-France. Le Bassin parisien est l'une des plus riches régions de l'Union européenne. Il se situe au carrefour des divers types d'espaces européens.
- Avec la décentralisation, les régions qui composent le Bassin parisien tentent d'affirmer leur identité. Mais la proximité de Paris leur laisse souvent une faible autonomie.

Les notions clés

- Agglomération
- Banlieue
- Décentralisation
- Déconcentration
- Externalités
- Métropole multipolaire
- Rurbanisation
- Zone d'influence

Les chiffres clés

	Picardie	Haute-Normandie	Basse-Normandie	Centre	Île-de-France	Champagne-Ardenne
INDICATEURS DÉMOGRAPHIQUES ET DE PEUPLEMENT						
Superficie (% du territoire)	19 399 km² (3,6 %)	12 317 km² (2,3 %)	17 589 km² (3,2 %)	39 151 km² (7,2 %)	12 012 km² (2,2 %)	25 606 km² (4,7 %)
Population en millions (% de la pop. française)	1,8 (3,2 %)	1,7 (3 %)	1,4 (2,4 %)	2,4 (4,2 %)	10,9 (19 %)	1,3 (2,3 %)
Densité *(moy. France : 106 hab./km²)*	95,8	143,5	80,1	61,6	913	52,8
Solde migratoire (par an, 1982-1990)	– 0,02 %	– 0,03 %	– 0,09 %	0,31 %	– 0,06 %	– 0,46 %
INDICATEURS SOCIAUX ET ÉCONOMIQUES						
PIB par habitant (francs/hab.) *(moy. France : 122 000 francs)*	101 400	122 100	107 000	110 600	187 500	114 500
Taux de chômage *(moy. France : 11,7 %)*	12,2 %	13,6 %	11,5 %	10,8 %	10,4 %	12,3 %
PIB régional (en % du PIB national)	2,7	3	2,1	3,8	29,1	2,2
Répartition du PIB par secteur :						
Agriculture	5,1 %	2,5 %	5,5 %	4,9 %	0,2 %	9,7 %
Industrie	33,8 %	41,0 %	32,3 %	33,6 %	26,3 %	33,2 %
Tertiaire	61,1 %	56,5 %	62,2 %	61,5 %	73,5 %	57,1 %
PRINCIPALES AGGLOMÉRATIONS	Amiens : 156 120 Creil : 97 119 St-Quentin : 71 113 Compiègne : 67 057 Beauvais : 57 704	Rouen : 380 161 Le Havre : 253 627 Evreux : 57 968 Elbeuf : 53 886 Dieppe : 43 348	Caen : 191 490 Cherbourg : 92 045 Alençon : 42 471 Lisieux : 28 022 Saint-Lô : 26 577	Tours : 282 155 Orléans : 243 153 Bourges : 94 731 Chartres : 85 933 Châteauroux : 67 090	Agglomération parisienne : 9 318 821 *dont* Paris : 2 152 423 Boulogne-Bill. : 101 743 Montreuil : 94 757	Reims : 206 437 Troyes : 122 763 Charleville-Mézières : 67 213 Châlons : 61 452 Saint-Dizier : 40 097

CHAPITRE 11

Le Nord-Pas-de-Calais : une région transfrontalière

▶ La population du Nord-Pas-de-Calais est une des plus jeunes de France. Par de nombreux aspects, notamment culturels et historiques, elle est proche de la population des pays voisins. Cette proximité n'est-elle pas un atout considérable au moment où les frontières s'ouvrent ?

▶ La région a connu une grave crise économique, dont les conséquences sont encore aujourd'hui perceptibles. Mais le Nord-Pas-de-Calais s'est lancé dans la reconversion de son espace économique. Quels sont les points forts de l'économie régionale. Quelles sont les stratégies employées pour sortir de la crise ?

▶ Les autorités locales souhaitent ouvrir la région sur le reste de l'Europe et développer la coopération transfrontalière avec les États voisins. Quelles sont les actions déjà mises en œuvre dans la gestion transfrontalière de l'espace ?

PLAN DU CHAPITRE

Face à la crise des activités minières, certaines communes se sont reconverties dans le tourisme. Le terril de Nœuds est transformé en piste de ski synthétique utilisable en toute saison. Au deuxième plan, on peut voir un plan d'eau destiné au loisir de la population locale, ainsi qu'une zone industrielle de création récente.

1 Image satellite du Nord-Pas-de-Calais.

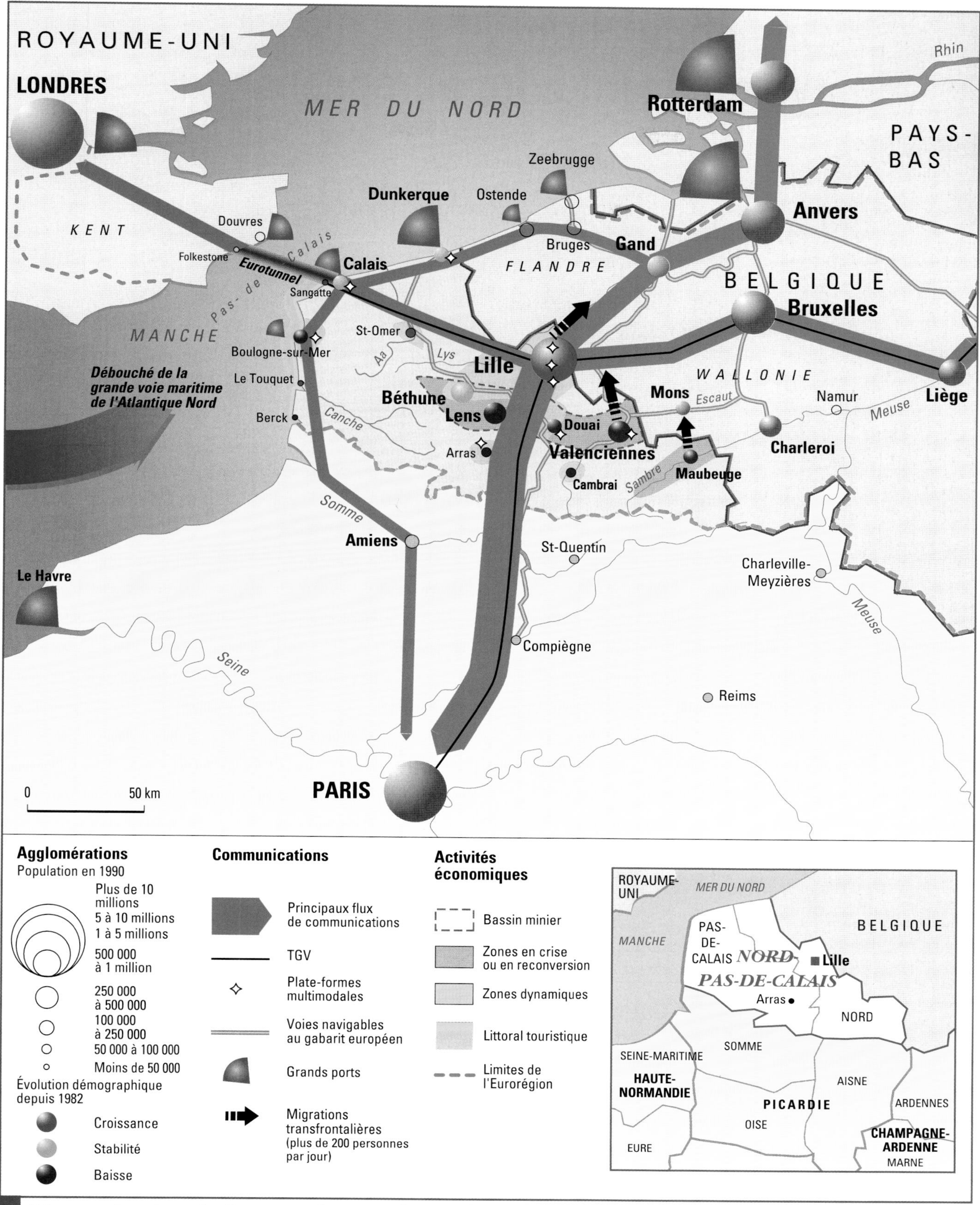

2 L'organisation de l'espace du Nord-Pas-de-Calais.

1 Une population typiquement nord-européenne

OBJECTIFS

Connaître les caractères démographiques du Nord-Pas-de-Calais

Comprendre les liens historiques et culturels avec les États voisins

La population de la région Nord-Pas-de-Calais a de nombreux caractères qui l'apparentent à celles de pays voisins et la distinguent du reste de la population française, notamment sur le plan culturel.

A - Une démographie en relatif déclin

▶ Malgré un **réel tassement de sa vitalité démographique,** dû en partie à un **solde migratoire* négatif, la région reste plus jeune que la moyenne française.** En 1993, les jeunes représentaient 38 % de la population, tandis que les plus de 60 ans n'en représentaient que 17,4 %. Cela est dû à une **fécondité* qui reste élevée** : les familles comptant trois enfants et plus sont encore nombreuses.

▶ Comme le Benelux, le Nord-Pas-de-Calais se distingue par une **densité de population* élevée,** avec 321 hab./km², contre une moyenne française de 106 (doc.3 et 4). De telles densités sont dues au **nombre important des villes,** qui se rattachent à la **mégalopole européenne.** Les densités de population rurale sont élevées également, grâce à une **agriculture intensive dynamique, exigeante en main-d'œuvre.** Cette agriculture à hauts rendements est concentrée sur quelques spécialités : les céréales et l'élevage dominent, mais la betterave à sucre, la pomme de terre et les légumes occupent toujours des surfaces importantes. Ces diverses productions alimentent les puissantes IAA* régionales.

B - Une ancienne civilisation urbaine

▶ Avec **86,2 % de citadins,** la région est une des plus urbanisées de France. **L'urbanisation est ancienne** et remonte au Moyen Âge grâce au développement de l'artisanat, puis du commerce européen qui mettait ici en relation les marchands de l'Europe du Nord et du Sud. Elle s'accentua au XIXe siècle avec la **révolution industrielle,** fondée sur l'extraction du charbon, le textile et la métallurgie.

▶ Le **réseau urbain,** dominé en théorie par Lille (doc.1), est en réalité **mal hiérarchisé et très complexe.** Beaucoup de villes appartiennent à de **vastes conurbations* franco-belges,** artificiellement coupées par la frontière : en particulier les villes du bassin minier – qui se prolonge en Belgique vers Mons et Charleroi – et **l'agglomération de Lille-Roubaix-Tourcoing,** qui comprend aussi les villes belges de Mouscron, Courtrai et Tournai. Ailleurs, seul le littoral est notablement urbanisé.

C - Une identité régionale forte

▶ La population a une **identité culturelle forte** qui la rapproche des populations belges et néerlandaises. En plus du français, utilisé des deux côtés de la frontière, elle appartient à **deux aires linguistiques** : le **domaine picard,** qui englobe de nombreuses régions belges; et le **domaine flamand** qui se poursuit vers les Pays-Bas. Les patois* picards restent très utilisés, bien que souvent francisés, surtout dans les zones rurales et les milieux populaires. Une part notable de la population est bilingue, pouvant utiliser le français et le flamand, en plus du patois.

▶ Les habitants de la région sont attachés à leurs traditions parmi lesquelles les **fêtes patronales.** La vie associative, comme en Belgique, est très intense, et de nombreuses villes organisent régulièrement des festivités très suivies par la population – notamment les **kermesses*** et les **ducasses*** qui affermissent le **sentiment d'appartenance à une communauté locale,** très attachée à ses traditions comme à ses paysages (doc.2).

VOCABULAIRE

CONURBATION : type particulier d'agglomération où il y a plusieurs noyaux urbains importants, dont les banlieues se rejoignent et se mêlent. Exemple : la conurbation de Lille-Roubaix-Tourcoing.

DENSITÉ DE POPULATION : voir p. 74.

FÉCONDITÉ : voir p. 76.

IAA (industries agroalimentaires) **:** filière de transformation des produits agricoles destinées à la consommation humaine et animale.

KERMESSES ET DUCASSES : Les **kermesses** sont des fêtes annuelles ponctuées de mascarades et de processions, organisées pour le jour du saint titulaire de la principale église locale. Les **ducasses,** tant dans les Flandres qu'en Artois, sont des fêtes de villages ou de quartiers dans les grandes villes. Elles font partie de l'identité du Nord-Pas-de-Calais et de la Belgique.

MÉGALOPOLE : voir p. 114.

PATOIS : parler ou dialecte local employé par une population généralement peu nombreuse, souvent rurale. Le patois est employé surtout oralement.

SOLDE MIGRATOIRE : voir p. 80.

DOC 2

Les paysages et l'identité du Nord

Le dernier puits du bassin houiller du Nord-Pas-de-Calais arrêtera ses ascenseurs le 2 décembre prochain à Oignies... Tous les retraités de la mine tireront un trait sur leur passé. De leur immense labeur, il ne restera plus... que les trois cents crassiers qui, sur 110 kilomètres, forment comme une « chaîne des puits* »...

Des collines élevées à force de sueur et de sang, que certains détestent et voudraient voir disparaître à jamais. Des monuments symboliques marquant l'identité du plat pays, que d'autres, de plus en plus nombreux, veulent conserver. Un comité de défense s'est même constitué pour défendre un terril proche de Denain dont on voulait tirer des matériaux d'autoroute. Au premier rang des manifestants, une veuve s'écriait : « Ce terril, c'est la sueur de mon mineur. Pas question qu'on y touche. »

Marc Ambroise-Rendu,
Le Monde, 17 décembre 1990.

* De forme conique comme les volcans d'Auvergne, ces terrils ou crassiers rappellent la chaîne des Puys.

■ Comment expliquez-vous l'attachement des habitants du bassin minier aux terrils ?

DOC 1 **Le vieux Lille et EuraLille.** ▲
À proximité du vieux Lille, ce centre d'affaires et de service révèle les ambitions européennes de la métropole lilloise.

■ Quels sont les aménagements qui illustrent cette ambition ?

DOC 3

Densités de population comparées en Europe du Nord-Ouest

FRANCE	106
NORD-PAS-DE-CALAIS	321
WALLONIE	193
FLANDRE	426
KENT	409
PAYS-BAS	367
ALLEMAGNE	229
LUXEMBOURG	160

Sources : *Perspectives pour l'Eurorégion*, Eurorégion.

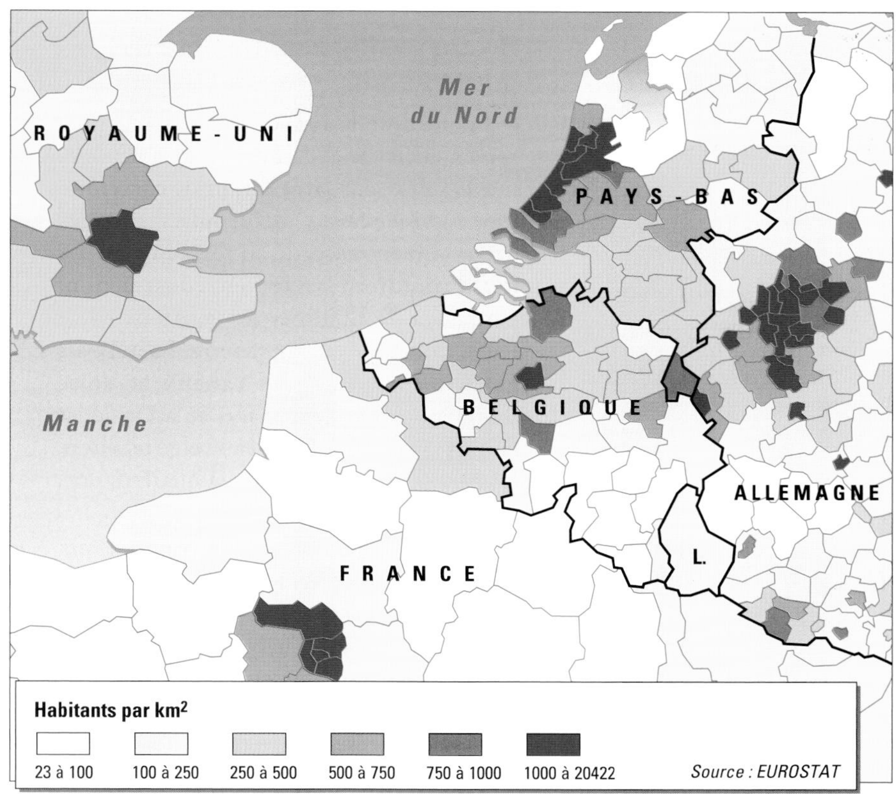

DOC 4 **Les densités de population dans l'Europe du Nord-Ouest en 1990.**

■ Quelles sont les continuités spatiales perceptibles sur cette carte malgré la présence de la frontière ?

2 Un nouveau carrefour de l'Europe du Nord-Ouest ?

OBJECTIFS

Connaître la reconversion des activités économiques régionales

Comprendre les stratégies de la reconversion

Le nord-ouest de l'Europe fut longtemps un carrefour important. Seule la stabilisation progressive des frontières, du XVIIe au XIXe siècle, a privé le nord de la France de cette vocation qu'il tente de ranimer en profitant de l'ouverture des frontières.

A - Une situation avantageuse

▶ Le Nord-Pas-de-Calais fait partie de la **mégalopole nord-européenne.** La **métropole lilloise** est située à moins de 350 km de six pôles urbains majeurs : Londres, Paris, Bruxelles, Amsterdam, Bonn et Luxembourg. Cette situation peut en faire un **point de rencontre privilégié au cœur de ce puissant ensemble économique et urbain.**

▶ Elle est placée **au croisement d'axes d'échange commerciaux majeurs : le puissant couloir rhénan, le track* de l'Atlantique et la Northern Range***.

B - De vastes aménagements pour une plus grande ouverture

▶ Le nord de la France est tout sauf une région enclavée et de nombreux aménagements valorisent sa **situation de carrefour** (doc.3). Le **réseau autoroutier** est très dense et bien raccordé au réseau belge. La future autoroute A16, en construction, permettra de fluidifier les relations entre Paris, Boulogne et l'Angleterre. La **mise au gabarit européen* des canaux et voies fluviales,** notamment la Lys et la Deule, et leur raccordement au réseau belge facilitera le transit des marchandises et matières premières vers la mer du Nord.

▶ Le **TGV** permet de rayonner vers Londres et le Kent grâce au **tunnel sous la Manche** (doc.1 et 2), et vers la Belgique grâce au réseau Thalys*. Londres, et Bruxelles ne sont plus qu'à deux heures de Lille, Paris à une heure. En outre, la région dispose d'un **réseau serré de plates-formes multimodales*,** afin de densifier les trafics transfrontaliers et de gérer les flux de marchandises dans toute l'Europe. Roubaix s'est doté d'un téléport* connecté avec 149 pays.

C - Reconversion économique et ouverture

▶ Avec l'**épuisement des ressources locales** et l'apparition de concurrents plus compétitifs, l'économie locale a connu une **grave crise** et un **déclin de ses activités traditionnelles : textile, extraction du charbon et sidérurgie.** Cette crise a engendré un **chômage très élevé** qui touche de nombreuses familles de la région.

▶ La **reconversion** comprend plusieurs volets. D'abord, un **développement accéléré des services** qui représentent **65,2 % des emplois en 1995.** Ce phénomène est symbolisé par le développement des formations supérieures et de plusieurs pôles universitaires, dont celui de Lille, lié au **technopôle* de Villeneuve d'Ascq.**

▶ Les **activités traditionnelles** ont été abandonnées (le charbon), modernisées (le textile et la sidérurgie), en partie avec l'aide de l'État et avec une volonté d'ouverture sur les grands courants d'échange internationaux. Le **textile** et la **sidérurgie** ont été orientés sur certaines spécialités et concentrés vers de grands pôles (Roubaix-Tourcoing, ZIP de Dunkerque). D'autres activités se développent rapidement, comme les **IAA et les industries à haute technologie.** On encourage **l'installation d'entreprises étrangères,** attirées par la situation géographique et le bon niveau de formation de la population. On en compte 450, dont 113 belges, représentant 15 % des emplois.

▶ Le Nord reste marqué par son vieux passé industriel, avec de **hauts terrils,** de **nombreux corons** et des **friches industrielles, souvent en cours de réaménagement et de réhabilitation.** Des sites miniers sont aménagés en parc de loisirs et en musée.

VOCABULAIRE

GABARIT EUROPÉEN : largeur et profondeur nécessaires à un fleuve ou à un canal artificiel pour laisser passer des péniches ou des barges d'un minimum de 1 350 tonneaux de jauge brute.

NORTHERN RANGE : façade portuaire et industrielle du Nord-Ouest de l'Europe qui rassemble des ports parmi les plus importants du monde comme Rotterdam, Anvers, Hambourg et Le Havre. C'est une des principales régions industrielles du monde.

PLATE-FORME MULTIMODALE : infrastructure, souvent associée à un port, permettant en un minimum d'espace et de temps de combiner plusieurs types de transports.

RÉSEAU THALYS : nom du réseau TGV qui dessert la Belgique (Bruxelles et Liège). À terme, ce réseau doit être prolongé vers Cologne et la Randstad Holland.

TECHNOPÔLE : voir p. 82.

TÉLÉPORT : centre-relais terrestre de réception des informations fournies par satellite qu'il redistribue.

TRACK : grande route commerciale maritime qui traverse l'Atlantique Nord et qui joint la côte Est des États-Unis à l'Europe du Nord-Ouest, en passant par la Manche.

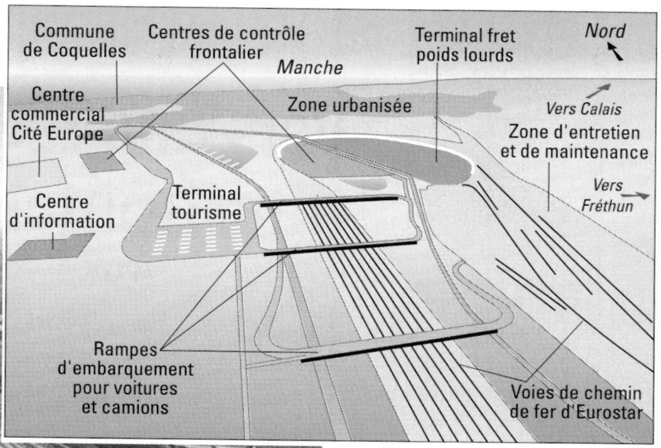

DOC 1 **Le terminal France du tunnel sous la Manche.** Ce site sert à l'accueil des voyageurs. Des activités de services et de hautes technologies s'installent. Le vaste centre commercial de la Cité-Europe reçoit des consommateurs français, belges et anglais.

DOC 2

Le tunnel sous la Manche

La frontière entre le Kent et le Nord-Pas-de-Calais, fortement matérialisée par la Manche, semble s'estomper peu à peu dans les esprits ; les habitants des deux régions commencent à se rendre des visites d'un week-end ou d'une petite journée… Depuis la construction du tunnel sous la Manche, les Britanniques se sont ainsi portés acquéreurs d'un grand nombre de résidences secondaires dans le Pas-de-Calais… Philippe Jenkinson, avocat d'affaires, fêtera bientôt son centième voyage en Eurostar. « Le tunnel me permet de faire fonctionner mes deux cabinets, à Lille et Londres », explique-t-il. Se comparant à un banlieusard qui viendrait travailler en centre-ville, il raconte : « Le matin, je dépose mon enfant à l'école à Lille, puis je prends l'Eurostar. A 9 h 40 avec le décalage horaire, je suis à mon bureau londonien. » Dans le train, il rencontre bon nombre d'hommes d'affaires en route pour un rendez-vous de travail en Angleterre ou en France, qui seront de retour chez eux le soir même.

Pascale Krémer, *Le Monde*, 2 septembre 1996.

■ Quelles sont les conséquences de la construction du tunnel sur les comportements des habitants du

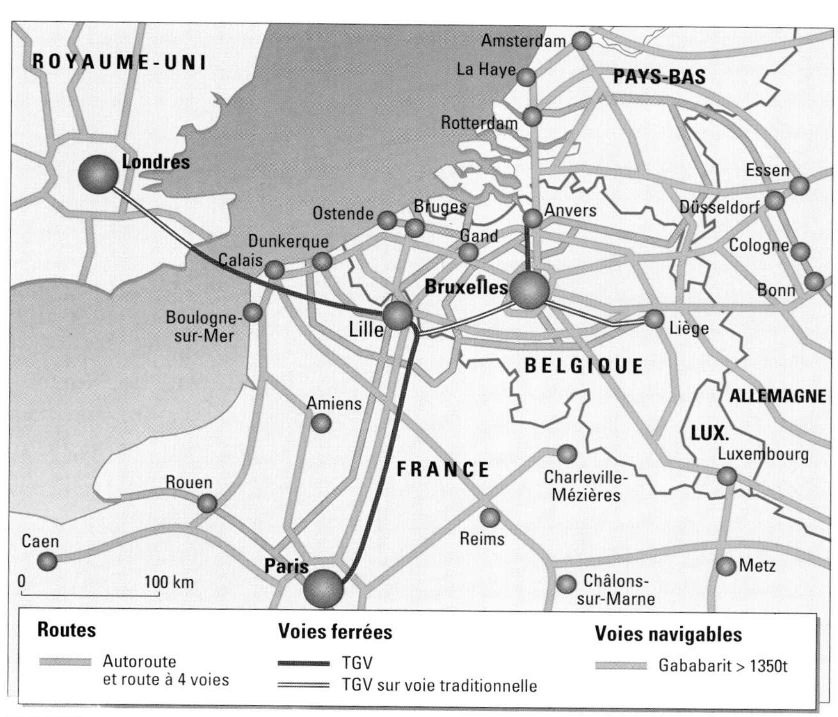

DOC 3 **Le réseau de voies de communication dans le Nord-Pas-de-Calais.**

3 Vers une région économique transfrontalière ?

OBJECTIFS

Connaître le rôle de Lille et du Nord-Pas-de-Calais dans l'espace européen

Comprendre le développement de la coopération transfrontalière

La région voit son salut dans deux grandes directions : une véritable coopération transfrontalière avec les États voisins et la recherche d'une nouvelle image, pour effacer le passé tenace du pays noir défiguré par la crise.

A - Le développement de la coopération internationale

▶ On assiste depuis la fin des années 1980 à la formation d'associations transfrontalières. Après le **PACTE*** en 1989, la création la plus spectaculaire fut celle de l'**Eurorégion** en 1991. Elle unit le Nord-Pas-de-Calais, le Kent britannique, et trois régions belges, Bruxelles-capitale, la Flandre et la Wallonie, et doit **accroître leur coopération dans des domaines variés** : développement économique, environnement, aménagement du territoire… En outre, on développe aujourd'hui les associations entre chambres de commerces et organismes de formation supérieure français et belges pour **faciliter la reconversion économique.**

▶ Ces initiatives ont déjà recueilli des résultats encourageants et il semble que la dimension transfrontalière soit peu à peu intégrée dans les mentalités et les comportements des populations et des élus locaux.

B - Vers une métropole transfrontalière ?

▶ La **métropole de Lille-Roubaix-Tourcoing** ne cesse d'accroître son rayonnement pour devenir un **carrefour incontournable de l'Europe du Nord-Ouest.** Cela s'est traduit par l'apparition d'équipements nouveaux, tels le vaste **centre d'affaires et de commerce EuraLille,** qui doit accueillir de nombreuses entreprises de service. Associé à la gare TGV Lille-Europe, ce complexe ultramoderne de 70 hectares doit faire de Lille un puissant pôle économique d'échelle européenne, fondé principalement sur les services.

▶ En raison de son extension spatiale, cette métropole est une **vaste conurbation qui rassemble 1,1 million d'habitants du côté français et 0,5 du côté belge** (doc.2 et 4). Aussi la **CUDL*** s'est-elle associée avec Ypres, Mouscron, Tournai et Courtrai pour engager une politique concertée d'aménagement de l'espace et organiser la création d'une grande métropole transfrontalière. L'objectif final est la rédaction d'un schéma transfrontalier d'aménagement et de développement du territoire* franco-belge pour l'an 2000.

▶ Cette politique a déjà des **conséquences sur la vie quotidienne des habitants.** Des **lignes de bus** et de **grands axes routiers transfrontaliers,** ainsi qu'une **Eurozone*** (doc.3), ont été créés. Parallèlement, un nombre croissant de Belges se font hospitaliser dans des hôpitaux français lorsqu'ils sont plus proches de chez eux, avec la garantie du remboursement de leurs soins par leur propre mutuelle…

C - La région Nord et son avenir

▶ La région veut **effacer son passé de pays noir sinistré.** Pour cela, elle compte sur le rôle moteur de la métropole lilloise. Grâce à sa situation géographique et à la richesse de sa vie culturelle, elle entend **donner l'image d'une ville dynamique et agréable.**

▶ Le Nord-Pas-de-Calais compte sur l'abondance, la variété et l'attrait de ses paysages pour en faire la promotion et accroître davantage un **tourisme en pleine expansion,** notamment sur le littoral de la Côte d'Opale. Le tourisme bénéficie en effet d'atouts importants, des plages de sable nombreuses et vastes, des littoraux à falaise, ainsi que des paysages urbains anciens et bien conservés.

▶ Afin de consolider son développement, la région souhaite améliorer ses infrastructures et ses équipements et diffuser une image positive en France et dans les pays proches.

VOCABULAIRE

CUDL : Communauté urbaine de Lille.

EUROZONE : projet de zone d'activité franco-belge spécialisée dans l'agroalimentaire, la logistique, les services, la recherche.

PACTE : programme d'action et de coopération transfrontalier européen.

SCHÉMA TRANSFRONTALIER D'AMÉNAGEMENT ET DE DÉVELOPPEMENT DU TERRITOIRE : document de planification de l'aménagement de l'espace élaboré par la CUDL, Tournai, Courtrai et Mouscron.

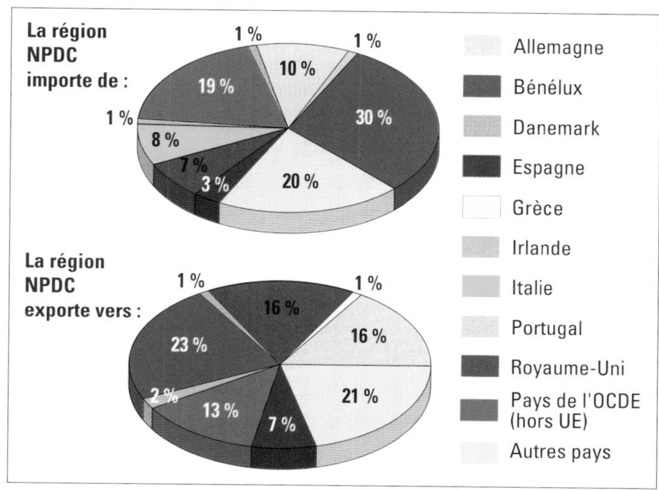

DOC 1 **Importations et exportations entre le Nord-Pas-de-Calais et les pays européens.**

DOC 2 **La frontière franco-belge entre Tourcoing et Mouscron.**
La frontière tranche un tissu urbain continu.

■ Quels éléments de cette photo indiquent la nécessité d'un schéma d'aménagement et d'urbanisme transfrontalier ? La métropole transfrontalière n'existe-t-elle pas déjà dans les faits ?

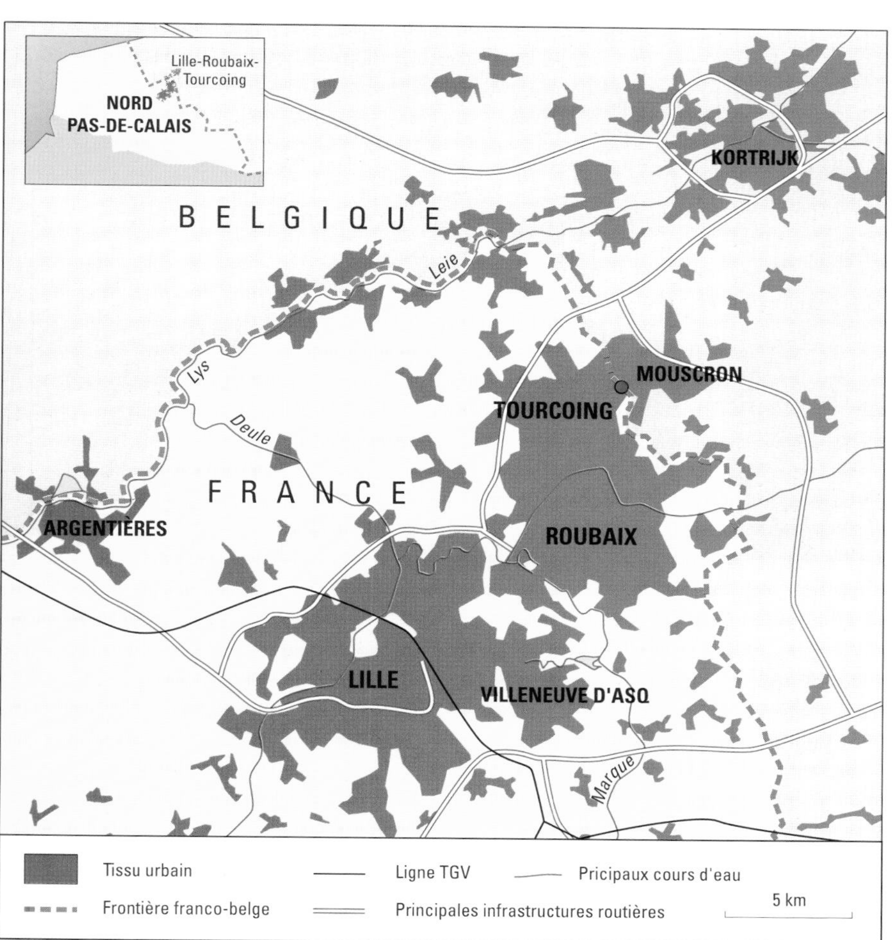

DOC 4 **La métropole lilloise transfrontalière.**

DOC 3

L'Eurozone, un des grands projets de la métropole franco-belge

Le projet va beaucoup plus loin que le simple aménagement d'une zone d'activité à cheval sur la frontière franco-belge. Lancé en 1989 par les villes de Wattrelos, Mouscron et Estaimpuis, rejointes (...) par Roubaix et (...) Helchin, il s'agit en fait d'un concept transfrontalier d'aménagement s'étendant à l'ensemble de territoire des cinq partenaires.

Concrètement, il consiste à organiser, sur l'ensemble de la zone, une offre foncière cohérente à l'intention des entreprises et des équipements de développement économique (...). Il prévoit l'aménagement d'un certain nombre de zones d'activité nouvelles, ou l'extension de celles qui existent déjà, dans une optique de complémentarité entre elles (...).

L'Eurozone a pour vocation d'accueillir des activités agroalimentaires ainsi qu'un pôle logistique et des services aux entreprises qui exerceraient leurs activités de part et d'autre de la frontière. Et notamment des structures de recherche et de formation universitaires qui travailleraient en étroite liaison avec les entreprises implantées dans leur environnement immédiat.

C. J., *La Gazette*, 9 février 1996.

■ Pourquoi peut-on dire que l'Eurozone est un projet transfrontalier ?

La reconversion d'une ville charbonnière : Bruay-la-Buissière

▶ L'exploitation minière a créé des paysages typiques, les « pays noirs ». Il en est ainsi du site de Bruay, localisé à l'extrémité occidentale du bassin minier du Nord-Pas-de-Calais.

▶ Les activités d'extraction ont cessé, mais le paysage est resté à l'état d'abandon.

▶ La transformation de ces lieux est devenu une nécessité afin de créer un cadre de vie conforme aux aspirations des hommes d'aujourd'hui.

I. De Bruay-en-Artois, ville minière…

DOC 1 La mine au milieu des champs vers 1910.

DOC 2

Le développement d'une ville minière

À Bruay, tout a commencé en 1885, lorsque la Compagnie de Bruay a décidé de construire des complexes de maisons ouvrières afin de fixer les nouveaux venus. Le bourg, de 700 habitants en 1850, prend alors vite les dimensions d'une ville qui atteint 30 000 habitants en 1930. En septembre 1979, l'exploitation du charbon cesse avec la fermeture de la fosse n° 6.

M. Perigord, *Le paysage en France,* PUF, coll. « Que sais-je ? », n° 1362, Paris, 1996.

II.… qui devient Bruay-la-Bussière, ville abandonnée…

DOC 3

Un paysage à l'abandon

Malgré la fusion avec le commune de Bussière, la population n'est plus que de 25 000 habitants, alors qu'elle atteignait encore les 28 000 en 1968. L'état des lieux abandonnés fait apparaître 90 ha de carreaux de fosses, 50 ha d'usines désaffectées, 11 ha de voies ferrées et ateliers de chemins de fer.

M. Perigord, *Le paysage en France,* PUF, coll. « Que sais-je ? », n° 1362, Paris, 1996.

DOC 4 Un paysage marqué par la mine en 1968.

III.... puis Bruay-la-Bussière, nouvelle ville

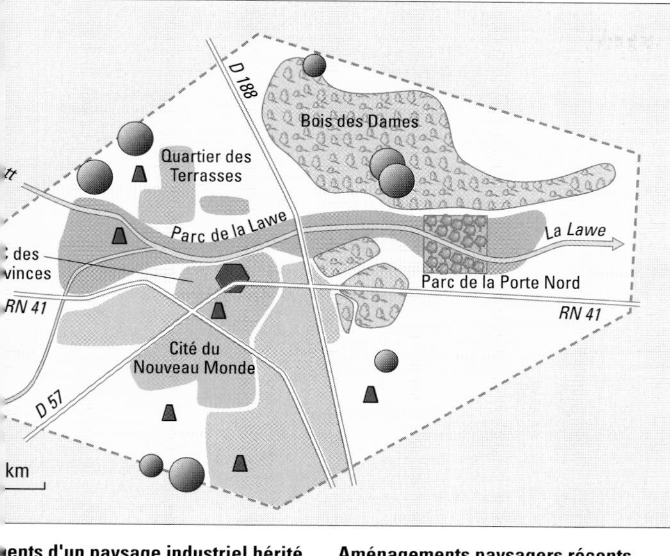

DOC 5 **L'aménagement paysager de Bruay-la-Buissière.**

DOC 6 **Un espace reconverti.**

DOC 7

Les différentes facettes de la transformation de la ville

La modification du nom même de la ville traduit une rupture avec le passé, mais aussi une restructuration complète et de verdissement.
– Un véritable centre-ville est créé à partir de deux carreaux de mines, d'une ancienne voie ferrée et de 600 logements édifiés au moment où le village avait été urbanisé (...).
– Le quartier des Terrasses est reconstruit sous la forme d'une cité-jardin.
La cité du Nouveau-Monde (...) est réhabilitée et son plan remanié.
– Une zone commerciale est créée à partir d'une colline artificielle (...).
– Une trame verte est créée.
– Au nord, le bois des Dames a retrouvé son unité.
Au total, cette commune de 1 600 hectares compte à présent 300 hectares boisés et 100 autres mis en pelouse, soit le quart de la superficie communale.

D.R.

QUESTIONS

■ **DOC 1 à 7** - Retracer l'histoire d'un lieu à partir de documents différents. Décrire « Bruay-en-Artois », « Bruay-la-Bussière ».

■ **DOC 3** - Comment expliquer l'agonie de Bruay-la-Buissière ?

■ **DOC 4** - Quelles traces la période d'extraction minière a-t-elle laissé dans l'espace ?

■ **DOC 5 et 7**- En quoi consiste la transformation de Bruay-la-Buissière ?

■ **DOC 6** - Quels éléments de la période minière ont été conservés ? Quelles significations nouvelles prennent-ils aujourd'hui ?

■ **SYNTHÈSE** - En changeant de nom, le lieu a-t-il changé d'usage et d'image ? Quels sont les enjeux d'une reconversion paysagère ?

Wimereux 1910-1997

▶ Les pratiques de loisir sont une constante de la société française depuis plus d'un siècle. Les stations balnéaires qui valorisent le littoral français, y compris dans le Nord du pays, en constitue un témoignage clair. C'est le cas notamment de Wimereux.

▶ Mais la permanence des pratiques signifie-t-elle la similitude des lieux et des comportements ?

WIMEREUX ■ Hier et Aujourd'hui

DOC 1 **Carte postale de Wimereux (Pas-de-Calais) : le front de mer de Wimereux en 1910 et aujourd'hui.**

QUESTIONS

■ Étudier les similitudes et les différences qui existent entre ces deux dates dans les lieux et les pratiques sociales de Wimereux.

■ En quoi le rappel des pratiques passées, soulignées par cette carte postale, peut-il valoriser l'attractivité touristique actuelle de Wimereux ?

Le Nord-Pas-de-Calais

L'essentiel

- Le Nord-Pas-de-Calais est une région en cours de reconversion économique.
- La modernisation de ses activités passe par une ouverture accrue sur le reste de l'Europe du Nord-Ouest et par le développement de nouvelles spécialités : recherche, services, industries de pointe.
- Elle s'est engagée dans la voie d'une plus grande coopération transfrontalière et souhaite faire de la métropole lilloise un carrefour incontournable.
- Beaucoup reste à faire, mais ses atouts sont nombreux : des liens anciens avec les pays voisins, l'ouverture des frontières et une bonne situation géographique.
- La naissance d'une véritable région transfrontalière reste toutefois à venir et suppose l'émergence de nouveaux comportements parmi les populations locales et chez les élus.

Les notions clés

- Identité culturelle
- Métropole transfrontalière
- Ouverture/désenclavement
- Reconversion économique
- Région transfrontalière

Les chiffres clés

INDICATEURS DÉMOGRAPHIQUES ET DE PEUPLEMENT	
Superficie (% du territoire)	12 414 km² (2,3 %)
Population en millions (% de la population française)	3,9 (6,9 %)
Densité *(moy. France : 106 hab./km²)*	321
Solde migratoire (par an, 1982-1990)	– 0,54 %
INDICATEURS SOCIAUX ET ÉCONOMIQUES	
PIB par habitant (francs/hab.) *(moy. France : 122 000 francs)*	97 600
Taux de chômage *(moy. France : 11,7 %)*	15,4 %
PIB régional (en % du PIB national)	5,6
Répartition du PIB par secteur :	
Agriculture	1,6 %
Industrie	31,8 %
Tertiaire	66,6 %

PRINCIPALES AGGLOMÉRATIONS

Lille-Roubaix-Tourcoing : 959 234
Valenciennes-Denain : 338 392
Lens : 323 174
Béthune : 261 535
Douai : 199 562

CHAPITRE 12

Le Grand-Est

▶ Le Grand-Est est un assemblage de régions fort différentes qui ont cependant en commun d'être situées sur l'isthme européen qui met en contact la Méditerranée et la mer du Nord. Ces pièces d'un ancien État médiéval éphémère ont été rattachées très progressivement à la France. Pourquoi la diversité des régions composant le Grand-Est ne peut-elle se comprendre sans une longue remontée dans l'histoire ?

▶ Avec le Nord, le Grand-Est est aussi l'ensemble français le plus engagé dans l'Europe industrialisée du Nord-Ouest, et celui qui a les plus intenses relations transfrontalières avec ses voisins. Les échanges nombreux qui se développent entre le Nord et le Sud du continent lui permettront sans doute de jouer un rôle de premier plan dans l'Europe en formation. Comment le Grand-Est peut-il convertir le handicap de sa marginalité française en atout pour l'avenir ?

PLAN DU CHAPITRE

A la charnière de la France et de l'Allemagne, Strasbourg a longtemps été disputée entre les deux puissances dont elle synthétise les traits culturels. Elle est aujourd'hui une ville symbole pour l'Union européenne dont elle abrite le Parlement (à l'arrière-plan).

1 Image satellite du Grand-Est.

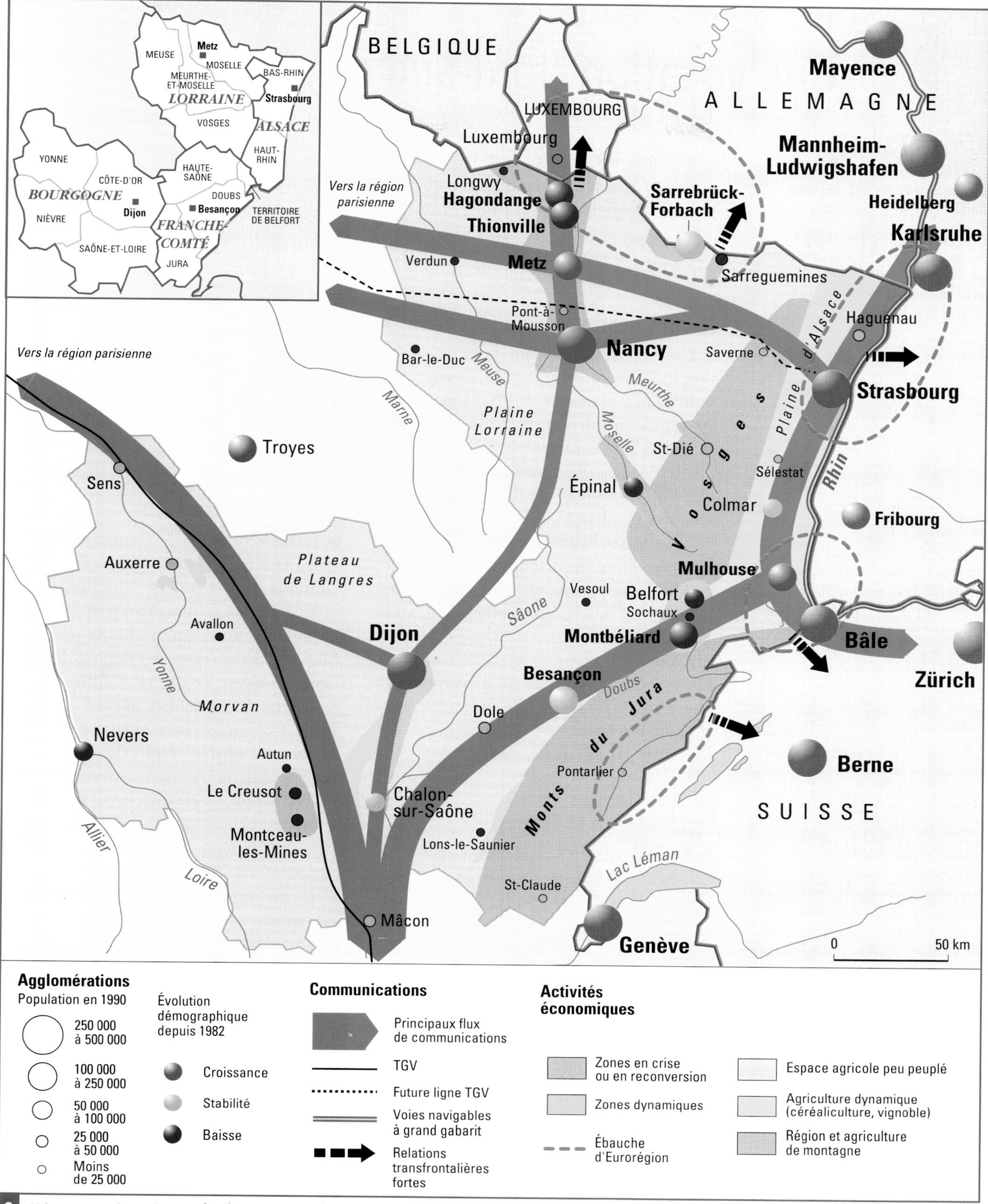

2 L'organisation de l'espace du Grand-Est.

1 Une vocation Nord-Sud contrariée

OBJECTIFS

Connaître les grandes étapes de l'intégration des régions du Grand-Est à la France

Comprendre que les régions du Grand-Est auraient pu avoir un destin très différent si la Lotharingie médiévale avait survécu

L'histoire du Grand-Est est celle d'une vocation européenne méridienne* contrariée par les ambitions de deux puissances continentales, la France et l'Allemagne. Vestige d'une grande Lotharingie*, ce quart nord-est de la France a été peu à peu intégré au royaume qui a grandi au cœur du Bassin parisien.

A - Si la Lotharingie avait vécu

▶ Lors du démantèlement du vaste empire de Charlemagne est né, en 843, un **royaume « du milieu »,** installé de l'Italie aux Pays-Bas, sur le **grand isthme européen*.** Cette longue bande continentale était l'héritière des grands flux qui s'étaient mis en place au cours de l'Antiquité romaine sur la **grande fracture nord-sud qui favorise la circulation,** celle des fleuves, mais aussi celles des hommes et des marchandises.

▶ Alimentée par les richesses du domaine nordique et de la Méditerranée, la **grande Lotharingie** (doc.2) avait tout pour devenir une puissance économique continentale; mais sa **démesure géographique** faisait aussi sa fragilité face aux appétits des royaumes « franc » et « germanique », nés du même partage de l'Empire.

B - L'arrimage progressif à la France

▶ La Lotharingie s'est d'abord décomposée en un grand nombre de principautés médiévales de toute taille; puis celles-ci ont été progressivement absorbées par ses deux puissants voisins.

▶ Les régions actuelles du Grand-Est ont, en effet, longtemps fait partie d'un **puzzle politique complexe.** Ce dernier comportait de véritables États comme la Bourgogne mais aussi une **multitude de micro-principautés** dépendantes d'un réseau complexe de liens féodaux. Ce n'est qu'entre le XVe siècle et la fin du XVIIIe que ces vestiges d'États médiévaux ont été, par étapes, rattachés à la France. Parmi les plus importants, **la Bourgogne** l'a été déjà sous Louis XI, **la Lorraine,** en revanche, n'est devenue française que sous Louis XV. Des soubresauts des **vieux conflits franco-germaniques** se sont encore produits à la fin du XIXe siècle et même au cœur du XXe, et ils ont, pour un temps, détaché de la France l'**Alsace** et une partie de la **Lorraine.**

C - L'irrésistible attraction parisienne

▶ Le rattachement des régions du Grand-Est à la France a désorganisé les grands courants qui s'étaient installés sur la grande voie de l'isthme européen.

▶ Le **centralisme monarchique, puis jacobin*, de l'État français** a imposé des **relations est-ouest,** en dépit des difficultés que supposait l'agencement général du relief dans le Bassin parisien et à sa périphérie. Malgré les **obstacles physiques,** tous les grands axes de communication, depuis le XVIIIe siècle, et surtout le XIXe, ont été tracés perpendiculairement aux lignes de côtes et aux blocs soulevés des montagnes hercyniennes.

▶ Le **chemin de fer** a dû s'adapter au relief en empruntant les petites vallées bien orientées et les percées des côtes. Le **canal de la Marne au Rhin,** surtout, n'a pu être tracé qu'au prix de la construction d'un nombre incalculable d'écluses et de longs tunnels sous les plateaux calcaires (doc.1). C'était le prix à payer pour assurer une **intégration économique de ces périphéries nationales.**

▶ Mais aujourd'hui encore, la **difficulté des relations** et la marginalité d'une partie au moins du Grand-Est s'expriment dans le retard pris par la construction de la dernière ligne du TGV.

VOCABULAIRE

ISTHME EUROPÉEN : le continent européen possède plusieurs rétrécissements qui rapprochent les mers périphériques. Le plus court relie la Méditerranée à l'Atlantique, sur le territoire français, par le seuil du Lauragais. Celui qui nous concerne ici, plus large, a toujours joué un rôle géographique important. Le troisième isthme sépare la mer Noire de la Baltique.

JACOBIN : adjectif qui fait référence à une des grandes forces politiques de la France révolutionnaire. Les jacobins, très radicaux, ont imposé un gouvernement fortement centralisé afin d'assurer le succès de leurs réformes sociales et la défense du pays menacé sur ses frontières. jacobinisme est devenu synonyme de tendance très centralisatrice en matière de gouvernement.

LOTHARINGIE : royaume né du traité de Verdun en 843 et confié à Lothaire, un des petits-fils de Charlemagne. Par son nom, la Lorraine (en allemand, *Lotharingen*) perpétue le souvenir de ce royaume médiéval.

MÉRIDIENNE : de direction nord-sud, conformément au tracé des méridiens qui, à la surface du globe, relient virtuellement les deux pôles.

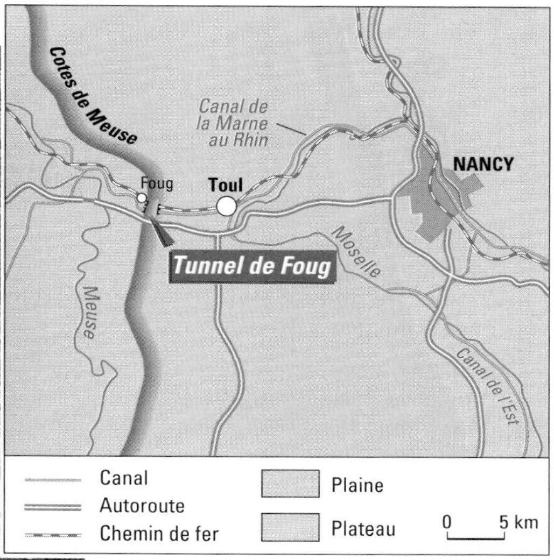

DOC 1 **Le canal de la Marne au Rhin et le tunnel de Foug.**

■ Quelles directions empruntent les voies de communication ? Sont-elles adaptées au relief ? Pourquoi ?

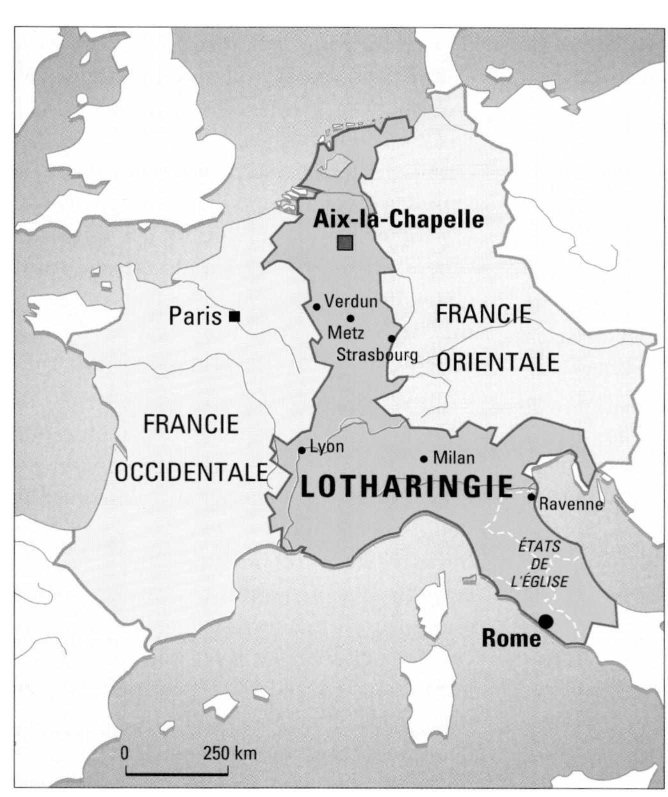

DOC 2 **La Lotharingie après le traité de Verdun en 843.**

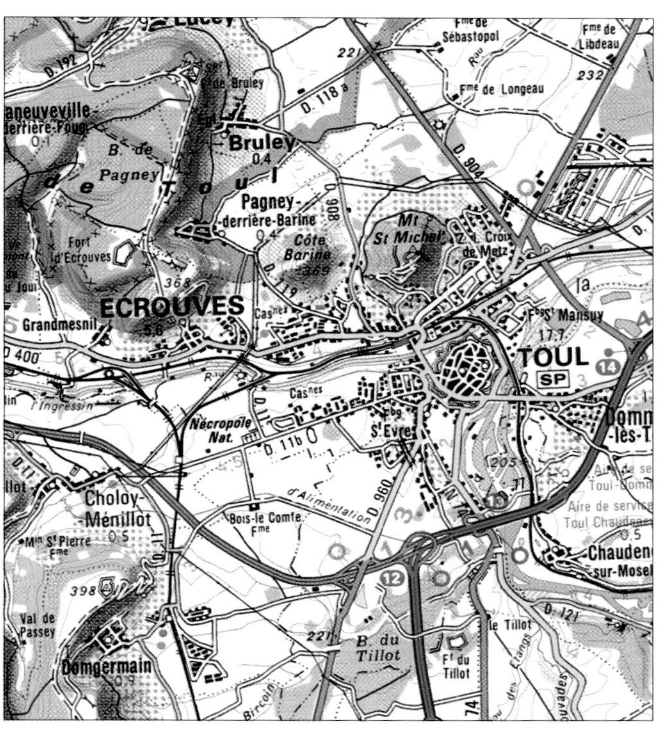

DOC 3 **Extrait de la carte IGN de Toul au 1/100 000.**

■ Décrire la position de carrefour de cette ville lorraine. En quoi est-elle représentative de toute la Lorraine ?

2 Alsace et Lorraine, si proches et si différentes

OBJECTIFS

Connaître les différences essentielles qui opposent les deux régions voisines

Comprendre que les problèmes de reconversion industrielle se posent de façon très différente en Alsace et en Lorraine

L'Alsace et la Lorraine sont séparées par les Vosges (1 300 m) qui ne constituent jamais un obstacle infranchissable. Cependant, les deux provinces voisines ne semblent pas regarder dans la même direction. Si les conditions de leur rattachement à la France – tardif et souvent remis en cause – a pu faire croire à une parenté de destin, en réalité celui-ci est bien différent.

A - L'Alsace rhénane et européenne

▶ L'Alsace a mieux réalisé que la Lorraine la **synthèse des deux cultures** qui s'est produite au contact entre les terres romanisées de l'Ouest et le monde germanique. La plupart des Alsaciens sont ainsi bilingues.

▶ Plus que la Lorraine, l'Alsace était aussi ouverte aux **grands courants commerciaux et culturels** qui empruntaient la vallée du Rhin entre les Alpes et les Pays-Bas, et très tôt s'est installé un réseau **dense de petites villes marchandes.** Même son agriculture a profité de cette mobilité des hommes et des marchandises. Le vignoble des collines sous-vosgiennes est un bel exemple du succès d'une **culture commerciale*.** Il en est d'autres comme le tabac, le houblon ou les betteraves sucrières.

▶ Animés par l'**esprit d'entreprise** qui caractérise les mentalités protestantes, les Alsaciens ont développé les **industries les plus variées,** du textile à la construction automobile, en passant par les industries agroalimentaires (sucreries, brasseries). Si la région n'a pas échappé à la crise et à la récession* économique, elle a été plus apte à résister et à réagir que d'autres. Elle a su attirer de **nouveaux investissements,** le plus souvent étrangers (doc.3), et une partie de sa population a trouvé des emplois, de l'autre côté de la frontière, en Allemagne et en Suisse.

▶ La **vie urbaine ancienne** s'est concentrée aujourd'hui dans quelques agglomérations importantes et différentes : **Strasbourg, au nord, ville tertiaire plus qu'industrielle** et qui espère profiter de la présence du Parlement européen pour devenir une grande métropole régionale ; **Mulhouse,** au sud, qui doit son essor à l'industrie textile, puis à la potasse, mais aussi à la chimie et à la construction mécanique. Entre les deux, **Colmar,** beaucoup plus modeste, est considérée comme le « joyau de l'Alsace ».

B - La Lorraine à la recherche d'une voie post-industrielle

▶ Plus vaste mais moins densément occupée que l'Alsace (200 hab./km^2), la Lorraine (100 hab./km^2) ne donne pas la même impression de foisonnement et d'intensité de la vie. Moins urbanisée que sa voisine, elle ne possède pas non plus ses campagnes animées et variées. Si l'industrie a constitué l'atout économique majeur de la région depuis le XIXe siècle, celle-ci n'a jamais connu la diversité et la souplesse de celle de la province rhénane. Fondée sur quelques piliers d'**industrie lourde (extraction charbonnière, sidérurgie) ou de base (chimie, textile),** l'économie lorraine a subi la crise de plein fouet et presque simultanément dans ses divers secteurs d'activité.

▶ Les plans successifs et les incitations diverses ont été incapables de compenser les **dizaines de milliers d'emplois perdus** depuis le début de la crise, et les **friches industrielles*** se sont multipliées. Les **emplois transfrontaliers** ont permis d'amortir un peu le choc, mais la Lorraine compte aussi sur l'intérêt que peuvent lui porter les investisseurs étrangers : les industriels allemands ont déjà implanté de nombreuses entreprises dans la zone du bassin houiller, proche de la frontière et germanophone (doc.1 et 2).

VOCABULAIRE

CULTURE COMMERCIALE : dont les productions sont destinées à la commercialisation. L'expression est généralement opposée à « culture vivrière ». Cette différence ne se justifie plus guère aujourd'hui car la plupart des productions culturales sont l'objet de négoce, y compris et surtout les céréales. Beaucoup de cultures commerciales sont des cultures industrielles.

FRICHE INDUSTRIELLE : l'expression désigne des espaces autrefois industrialisés dont les installations ont été abandonnées à la suite d'une crise du secteur d'activité auquel ils appartenaient. Les friches industrielles les plus spectaculaires sont celles des anciens complexes sidérurgiques paralysés ou démantelés.

RÉCESSION : le terme ne doit pas être confondu avec le mot crise. La récession est une période souvent prolongée de stagnation ou de baisse de l'activité industrielle et commerciale.

DOC 1 Chantier de l'usine de la Smart à Sarreguemines-Hambach (Lorraine). De cette usine devraient sortir chaque année 200 000 voitures MCC (*micro compact car*) appelées Smart.

■ Quels éléments de l'environnement du site de l'usine, visibles sur la photo, peuvent être considérés comme favorables ?

DOC 2

Pourquoi l'usine de la Smart a-t-elle été implantée à Sarreguemines-Hambach ?

Face à 66 prétendants européens, Hambach a été choisie pour l'implantation de l'usine de fabrication de la Smart. Le site vient d'ailleurs d'être récemment baptisé « Parc industriel Smart de Sarreguemines-Hambach ». La main-d'œuvre qualifiée, bon marché (car jeune) et bilingue, la notoriété des équipements installés en Lorraine, la position centrale du site par rapport aux marchés européens et la qualité des infrastructures de communication ont beaucoup pesé dans la balance.

Extrait de B. Saulnier, *Économie Lorraine,* mars 1996.

■ Quelles remarques faites-vous à propos des capitaux investis en Alsace ?

DOC 3

Origine des investissements (supérieurs à 120 millions de francs) en Alsace pour 1996/97

Investissements (en millions de F)	**Origine nationale des capitaux**	**Secteur d'activité**
1 000	Suisse	Pharmacie
900	France (PSA)	Automobile
630	États-Unis	Automobile
649	États-Unis	Pharmacie
500	France (Roquette)	Agroalimentaire
415	Danemark	Textile
200	États-Unis	Chimie
160	Suisse	Pharmacie
141	Japon	Bureautique
135	France (BIMA)	Chimie
132	France (Clémessy)	Électronique
125	États-Unis	Agroalimentaire
122	Allemagne	Imprimerie
121	Allemagne	Matériaux

Source : *L'Usine nouvelle,* hors série, juin 1996.

3 Bourgogne et Franche-Comté

OBJECTIFS

Connaître les principaux caractères géographiques qui différencient la Bourgogne et la Franche-Comté

Comprendre pourquoi l'organisation des réseaux de communication peut être déterminante pour l'évolution géographique d'une région

Le voisinage physique de ces deux régions du Grand-Est ne signifie pas la ressemblance, loin s'en faut. Tantôt confondues dans une grande Bourgogne, tantôt séparées, elles se sont forgé des personnalités différentes.

A - Une plaine qui divise

▶ Bourgogne et Franche-Comté occupent ensemble la plus grande partie du **large couloir de plaines drainé par la Saône** et ses affluents; celui-ci se prolonge, vers le sud, par le **sillon rhodanien** qui, depuis l'Antiquité, met les terres du Nord en contact avec le monde méditerranéen et par où, aujourd'hui, s'écoulent des flux de **plus en plus intenses.** Cette plaine aurait pu être le cœur d'une région géographique et historique unifiée : il n'en a rien été; au contraire elle est aujourd'hui partagée et associée à de plus hautes terres dans chacune des deux régions.

B - Les deux visages bourguignons

Il n'est pas excessif de dire qu'il existe **deux Bourgogne** qui se tournent le dos.

▶ Par ses **hautes terres de l'Ouest, plateaux de la bordure du Bassin parisien,** la Bourgogne ressemble beaucoup à la Lorraine occidentale avec ses clairières de labours isolées au milieu des étendues forestières. Cette « montagne » bourguignonne est aujourd'hui, souvent, regagnée par la **friche** et très **faiblement peuplée.**

▶ Mais la Bourgogne possède un visage plus riant, c'est celui de la **plaine** qui bénéficie déjà des influences venues du sud, et c'est surtout le **mince liseré du talus viticole** qui sépare les deux domaines. À ce vieux vignoble, un des plus fameux de France (doc.1 et 2), est associée une vie rurale intense et toute une activité foisonnante favorisée par les grands axes de communication installés dans la plaine. C'est là que se sont développées aussi les villes les plus importantes : **Dijon, Chalon, Beaune, Mâcon.**

▶ L'opposition entre les deux Bourgogne est renforcée encore par l'**extension de la région vers le nord-ouest,** qui place les **confins de l'Yonne dans l'aire d'influence* de Paris** plus que dans celle de Dijon. Les relations faciles par l'autoroute et le TGV ont rapproché encore davantage la région de Paris. Cette **entrée dans l'orbite parisienne** a sans aucun doute favorisé la **reconversion des vieilles industries métallurgiques** qui caractérisaient l'économie bourguignonne, même si les nouvelles activités très diversifiées (matériel électrique, chimie fine, industries agroalimentaires) sont le plus souvent contrôlées par la région parisienne.

C - La Franche-Comté, verte et cependant industrieuse

▶ **La Franche-Comté a longtemps été une mosaïque agricole** : les plaines étaient céréalières, la montagne pastorale. Aujourd'hui, elle est plus uniformément occupée par l'herbe, les cultures fourragères et la forêt (doc.3).

▶ En dépit de sa pauvreté en matières premières industrielles, la Franche-Comté est une région où le **secteur secondaire tient une place essentielle,** particulièrement dans les secteurs de la **métallurgie,** de la **mécanique** et de l'**automobile,** bien représentés par les entreprises PSA et Alsthom. La concentration de certaines de ces activités a même donné naissance à un **foyer urbain important, Sochaux-Montbéliard,** qui se pose en rival de Besançon. Mais la région est aussi caractérisée par la présence d'une **myriade de petites entreprises** qui reprennent la tradition des ateliers de montagne **(horlogerie, lunetterie)**; ces industries dispersées n'ont pas été épargnées par la crise et beaucoup n'ont dû leur salut qu'à des mouvements de concentration face à la concurrence des nouveaux pays ateliers*.

VOCABULAIRE

Aire d'influence : espace plus ou moins circulaire centré sur la ville qui en assure la desserte quant à certaines fonctions urbaines. Plus une ville est grande, plus les fonctions sont rares, plus large est l'aire d'influence.

Pays atelier : pays du Sud-Est asiatique qui ont fondé leur développement sur des industries de main-d'œuvre abondante, comme la confection ou l'électronique.

DOC 1 **Le vignoble de Beaune autour du Clos de Vougeot.** Habillant la totalité de la partie inférieure du talus, la vigne entre en contact, vers le haut de la pente, avec les forêts et les friches qui occupent le plateau.

■ Situer le paysage sur le bloc diagramme ci-dessous.

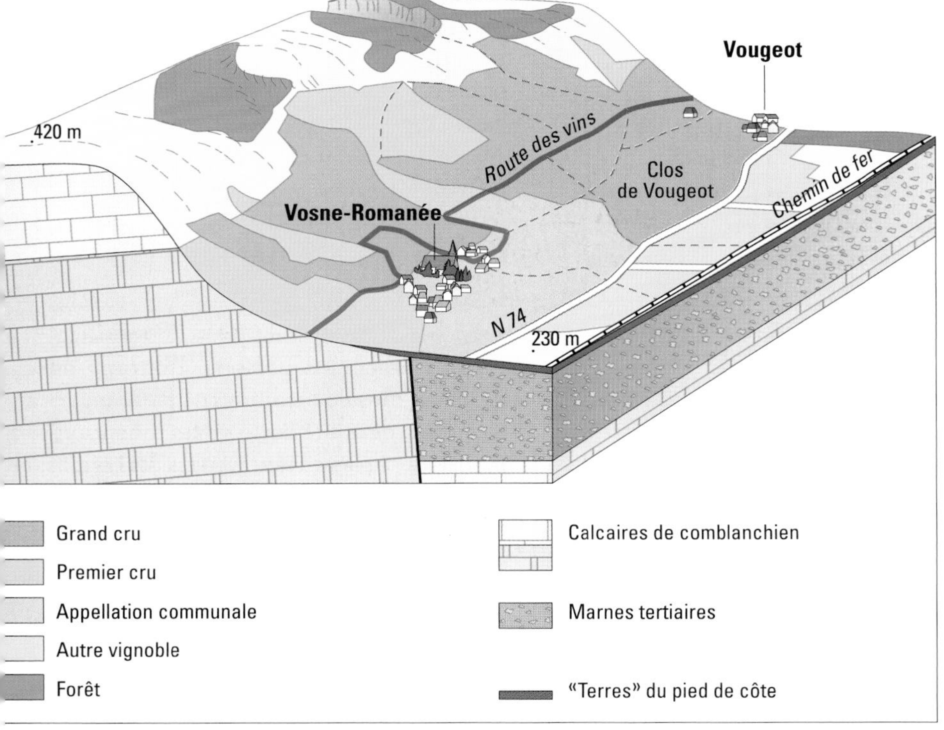

DOC 2 **Le vignoble de Bourgogne : de Vosne-Romanée à Vougeot.**

DOC 3

Le potentiel touristique de la Franche-Comté

Si l'environnement c'est la qualité de la vie, c'est aussi, et singulièrement pour la Franche-Comté, un formidable atout pour le développement touristique de la région. Aujourd'hui cette activité pèse encore bien peu dans l'économie régionale. De plus, elle se concentre surtout dans le massif jurassien. Malgré les aléas climatiques, toujours très sensibles en moyenne montagne, la présence de la neige en saison froide a permis le développement de deux stations de ski alpin : Métabief-Mont d'Or et Les Rousses. Surtout le massif du Jura possède le premier domaine français de ski nordique avec plus de 2 000 km de pistes balisées. En été la fréquentation ne faiblit pas et se concentre autour de quelques pôles majeurs où l'eau, la forêt, les paysages et les sites remarquables constituent les attraits essentiels : Saint-Point, lacs du Jura, vallée de la Loue.

Extrait de D. Mathieu, J.-P. Nardy, A. Robert, *La France dans ses régions. Franche-Comté*, Sedes, 1994.

■ Sur quelles bases le développement touristique de la Franche-Comté peut-il s'appuyer ? Qu'en est-il de la Bourgogne ?

4 L'Europe, une nouvelle chance pour le Grand-Est ?

OBJECTIFS

Connaître les principales régions des pays voisins qui ont des contacts privilégiés avec les régions du Grand-Est

Comprendre par quels mécanismes se mettent en place, progressivement, des régions transfrontalières

Le Grand-Est, par sa situation géographique, est particulièrement concerné par l'ouverture des frontières européennes. Des courants d'échanges intenses se sont établis avec les pays voisins, au point de faire naître, parfois, de véritables régions transfrontalières. L'émergence d'une vaste Europe communautaire redonne aussi une vigueur nouvelle à l'axe nord-sud dont devrait profiter le Grand-Est.

A - L'estompage des frontières

▶ Les régions du Grand-Est qui ont des **frontières communes avec les États européens** ont déjà tissé avec eux des **relations économiques et culturelles** qui semblent ignorer les frontières.

▶ L'Alsace fait figure de pionnier en la matière mais, comme elle, la Lorraine et la Franche-Comté envoient des dizaines de milliers de **travailleurs** chaque jour en Allemagne, au Luxembourg, en Belgique ou en Suisse. De plus en plus, les consommateurs ignorent les frontières. Le **tourisme et la villégiature de proximité** ont fait proliférer les bases de loisirs* et les résidences secondaires occupées par les Allemands, en Alsace et dans la nord de la Lorraine. Même si ces mouvements s'expliquent encore souvent par des différences de niveau économique et de vie, ils traduisent néanmoins un **estompage indiscutable des frontières** (doc.1).

▶ Dans le domaine culturel, des **réseaux d'échanges universitaires** ignorent les vieilles limites d'États : un espace universitaire du Rhin supérieur s'est ainsi créé avec Strasbourg, Mulhouse, Karlsruhe, Fribourg et Bâle. Les **flux financiers** sont plus indépendants encore des frontières et les **investisseurs étrangers** sont de plus en plus nombreux, en Alsace et en Lorraine.

B - Naissance d'un foyer européen transfrontalier ?

▶ Cette **perméabilité des frontières** annonce-t-elle la naissance d'un véritable espace européen transfrontalier dans lequel seraient incluses les régions du Grand-Est ?

Plus qu'une volonté politique des États joueront sans doute les **mécanismes économiques favorisés par l'intégration européenne.** Pour l'instant, les exemples de véritables foyers transfrontaliers sont souvent le résultat de différences (d'activités, d'emplois, de salaires et de prix) plus que de rapprochements volontaires. Bien que la Suisse n'appartienne pas à l'Union européenne, les phénomènes transfrontaliers sont cependant très intenses entre celle-ci et les zones franc-comtoises proches.

▶ Les véritables réalisations transfrontalières sont encore rares. Il existe néanmoins un **Pôle européen de développement** (PED), établi de façon délibérée dans la zone sidérurgique sinistrée autour du point de contact des frontières belge, française et luxembourgeoise (doc.3). Plus de 3 000 emplois ont été créés depuis le lancement du projet en 1986.

C - Les axes nord-sud réactivés

▶ Progressivement les antiques liaisons nord-sud se renforcent avec **l'intensification des flux qui unissent l'Europe du Nord au monde méditerranéen.** Les marchandises de toute sorte et les migrations humaines saisonnières traversent les régions du Grand-Est par les autoroutes tardivement construites. Les décisions et les projets se multiplient pour le **renforcement des infrastructures méridiennes (nouvelle autoroute dans le sillon mosellan, grand canal Rhin-Rhône)**. Tout un faisceau de circonstances politiques et économiques tend donc à redonner de la vigueur à l'**orientation méridienne de la vieille Lotharingie** (doc.2).

VOCABULAIRE

BASE DE LOISIRS : ensemble des installations destinées à accueillir des visiteurs auxquels on propose des activités ludiques et sportives. Dans les régions continentales, les bases de loisirs sont souvent associées à la présence d'un plan d'eau (étang, lac) naturel ou artificiel.

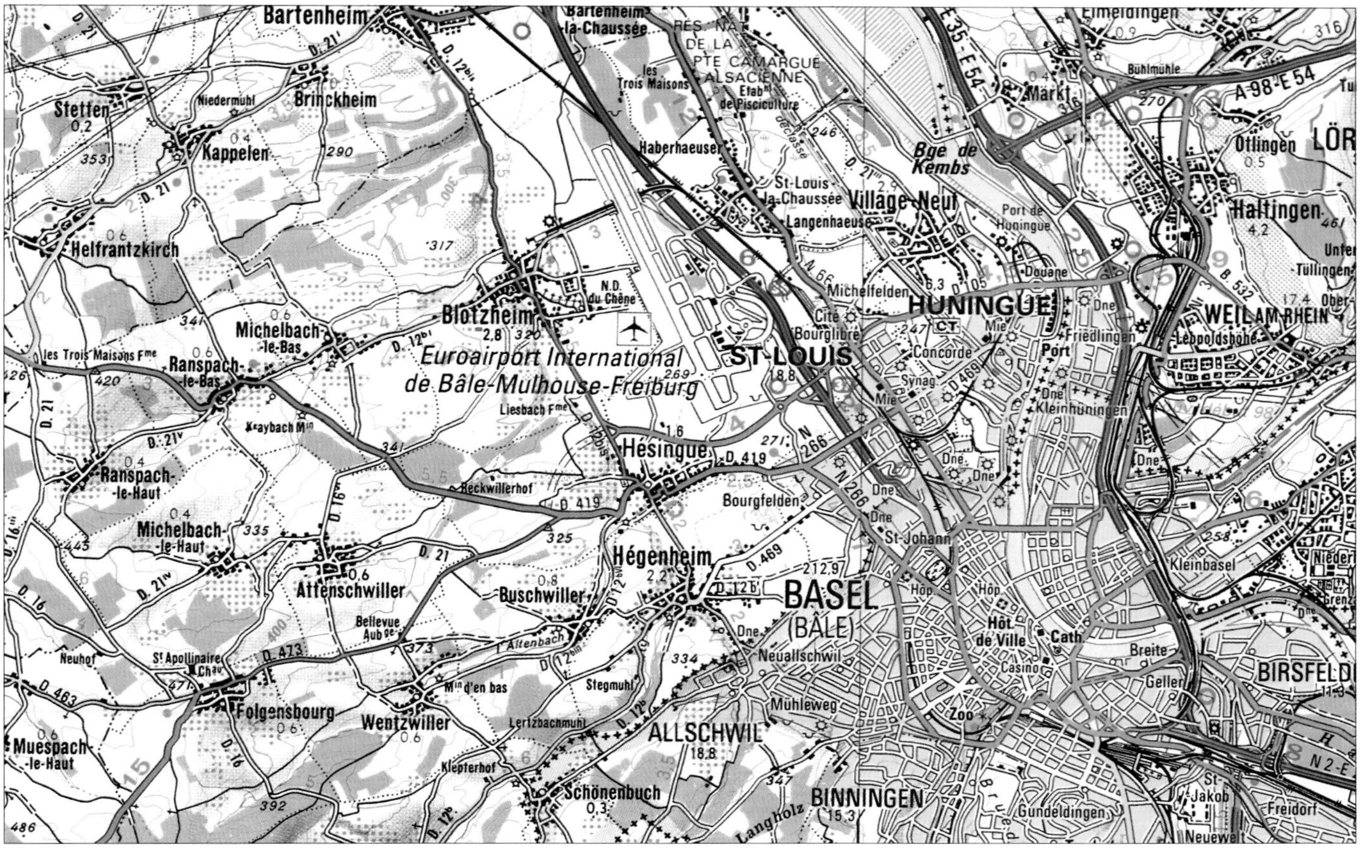

DOC 1 **Extrait de la carte IGN au 1/100 000 de la frontière franco-germano-suisse.**

■ La frontière limite-t-elle les échanges ?

DOC 2

La Lotharingie retrouvée ?

Le Grand-Est français connaît une restructuration vers les pays européens limitrophes, qui constitue une sorte de rupture de fait de la tutelle administrative et financière parisienne, qui a été dans l'incapacité de résoudre la grave récession des industries anciennes textiles et sidérurgiques (...). Mais n'est-ce pas là la vocation réaffirmée de cette Lotharingie et de ces provinces tardivement rattachées à la Couronne et disputées pendant trois siècles entre les Français et les Allemands ? Le sentiment d'appartenance à la communauté française n'empêche pas pour autant des affinités et des liens interactifs entre des régions européennes complémentaires.

Bernard Dézert, *La France face à l'ouverture européenne. Thèmes transfrontaliers*, Masson, 1993.

■ Qu'est-ce que le Grand-Est et la Lotharingie ont-ils en commun ?

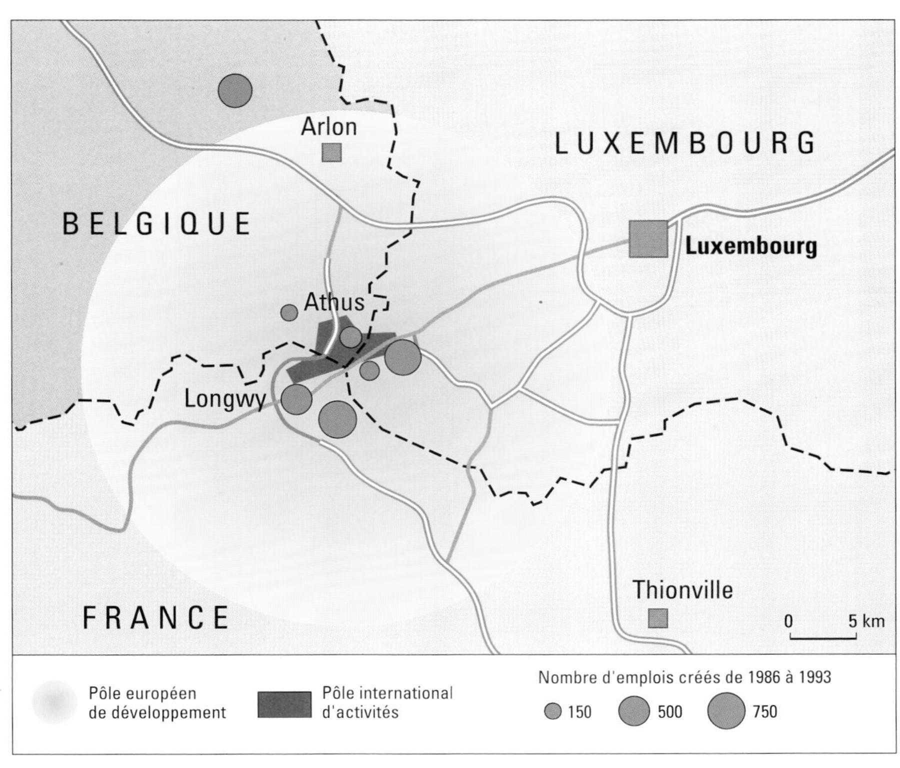

DOC 3 **Le Pôle européen de développement.**

■ Combien de pays sont concernés par cette réalisation transfrontalière ?

Un talus aux usages multiples : la cuesta

▶ Les plateaux de l'est de la France sont faiblement accidentés et les talus qui les différencient prennent une importance particulière.

▶ C'est ainsi que leur usage a évolué au cours de l'histoire et que leur mise en valeur s'en est trouvée parfois radicalement transformé.

I. Les talus articulent le paysage de l'Est français

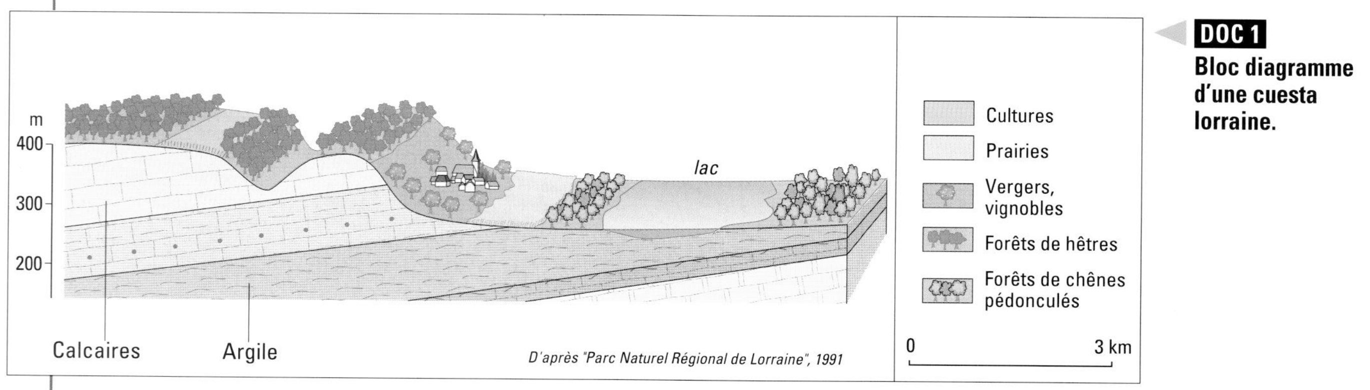

DOC 1 **Bloc diagramme d'une cuesta lorraine.**

II. Les talus, lieux de vie traditionnels

DOC 2

Des terroirs complémentaires

Coteaux et buttes ont joué dans le Bassin parisien un rôle hors de proportion avec leur faible étendue. Ces paysages linéaires ou ponctuels n'ont pas eu seulement un rôle stratégique, mais surtout ont constitué des lignes de peuplement dense, lié à la faveur d'une économie où vignes et vergers ont joué un grand rôle. (...) Sauf en exposition nord, les cuestas constituent un milieu favorable, protégé des vents, à l'abri des brouillards et des gels de la plaine, bien ensoleillé. Toutes les côtes s'ourlent ainsi de chapelets de villages, à mi-versant ou un peu plus bas, avec des finages perpendiculaires au tracé de la cuesta, associant les bois ou les landes du revers de la côte, domaine du pacage et de la coupe affouagère, à mi-pente le secteur des vignes et des fruitiers et en bas, les champs destinés aux céréales (...). Enfin, chaque fois qu'une rivière franchit une côte, une forteresse contrôle le passage, associé à une petite ville.

P. Estienne, *Les Régions françaises*, T. 1, Masson, Paris, 1993.

DOC 3 **Le village de Lucey et le vignoble des côtes de Meuse, au nord de Toul (Meurthe-et-Moselle).**

III. Les talus, remparts de la France en guerre

DOC 4 **La cuesta comme rempart à Domgermain.**

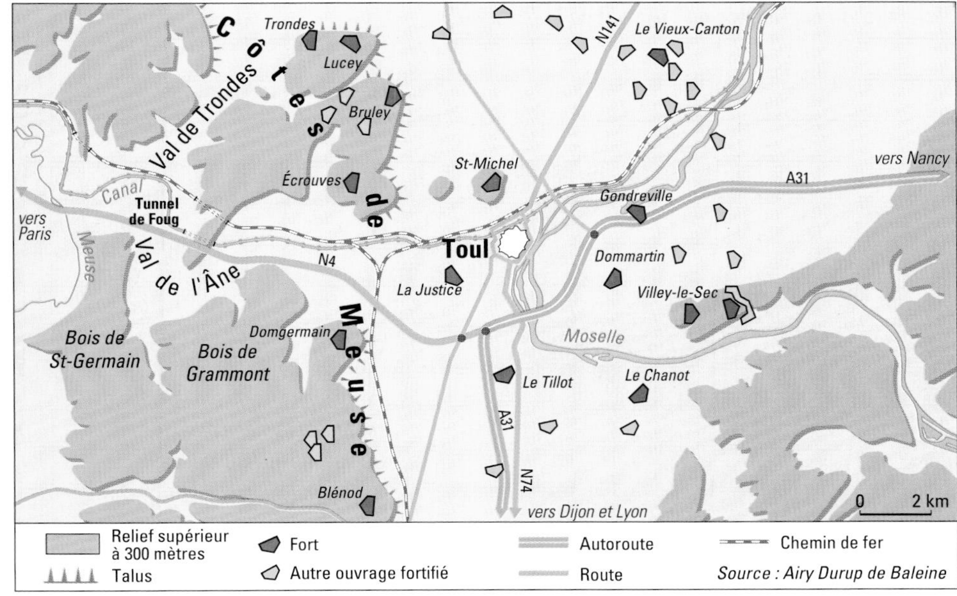

DOC 5 **Les fortification autour de Toul :** « À Toul, on ne passe pas ! » À Toul, la Moselle fait un coude et ouvre une percée dans la ligne de cuesta (voir la carte IGN p. 221).

QUESTIONS

- **Doc 1 à 3 -** En confrontant ces trois documents, retrouver les différents éléments qui composent le terroir des villages de cuesta.
- **Doc 4 -** Analyser la position choisie par les militaires (par rapport à la situation d'ensemble et par rapport au site) pour installer le fort. Que protège-t-il ? Quelle importance a-t-il aujourd'hui ?
- **Doc 5 -** Quel dispositif militaire a permis à l'armée française de contrôler l'un des rares passages Est-Ouest ? Contre quel ennemi ?

IV. Les talus, directeurs des activités économiques et des transports

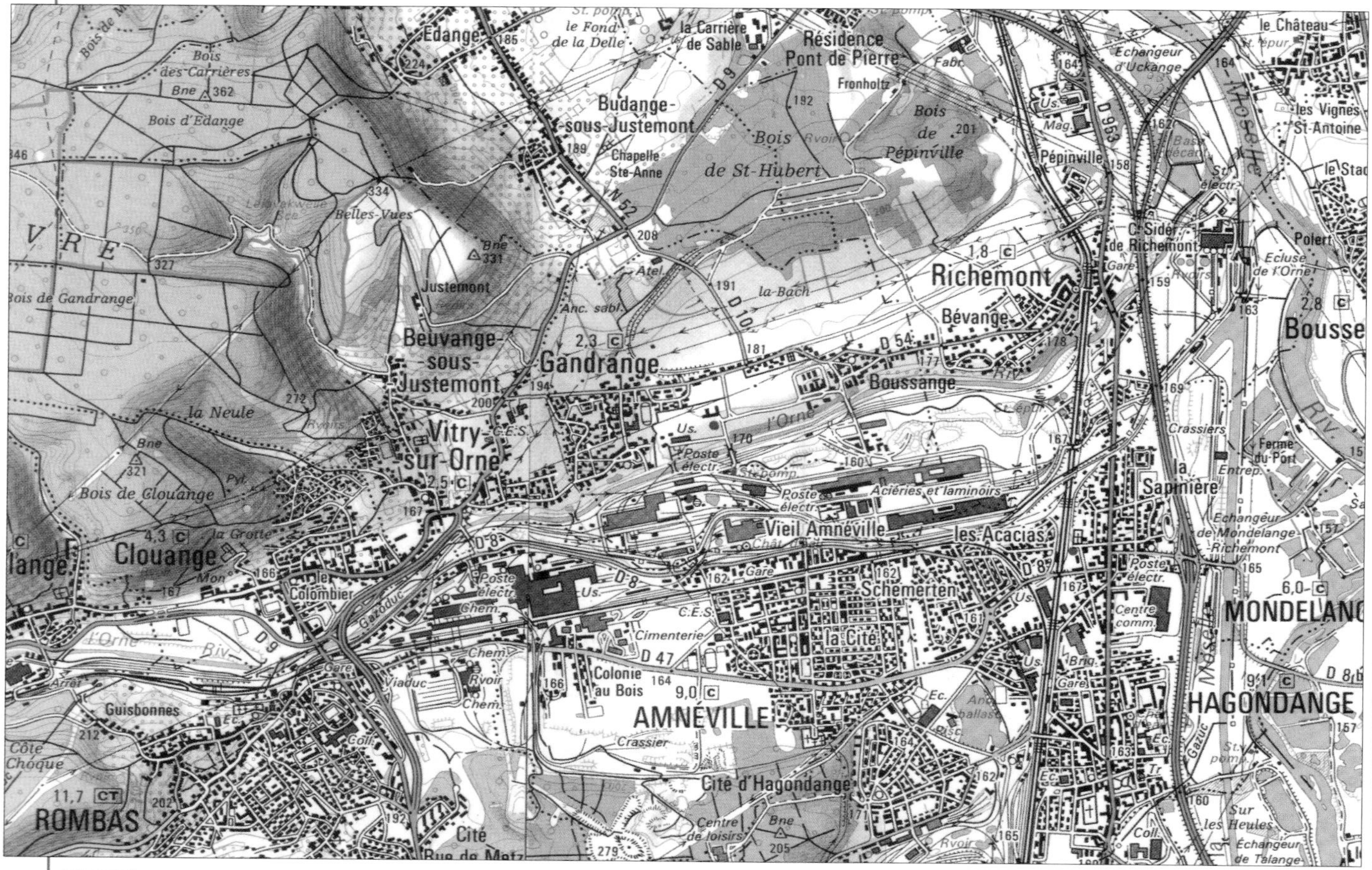

DOC 6 Extrait de la carte IGN au 1/50 000 d'Uckange : la confluence de l'Orne et de la Moselle.

DOC 7 La zone industrielle de Rombas.

QUESTIONS

■ **Doc 6 et 7-** Repérer et classer les principales formes d'occupation et de mise en valeur de l'espace par les hommes.
En quoi la cuesta a-t-elle pu orienter la mise en place des aménagements humains ?

■ **SYNTHÈSE -** Quels peuvent être les usages et les fonctions des talus ? Comment les sociétés humaines tirent-elles profit de cet élément du paysage ?

Le Grand-Est

L'essentiel

- Le Grand-Est est une mosaïque de régions qui ont souvent été rattachées tardivement à la France.
- Les quatre régions qui composent cet ensemble régional ont des personnalités bien affirmées. Les plus grandes d'entre elles (Lorraine et Bourgogne) présentent des contrastes très marqués entre des espaces dynamiques et de vastes territoires peu peuplés.
- Les régions du Grand-Est ont aussi réagi de façon différente à la crise. La plus affectée est la Lorraine qui a dû subir le handicap d'une industrie lourde trop exclusive.
- La région du Grand-Est est, parmi toutes les régions françaises, une de celle qui entretient les contacts les plus nombreux et les plus étroits avec l'Europe communautaire ; c'est pourquoi une partie de son territoire est progressivement intégrée aux eurorégions qui naissent sur les frontières.

Les notions clés

- Aire d'influence
- Eurorégion
- Friche industrielle
- Récession
- Reconversion industrielle

Les chiffres clés

	Alsace	Lorraine	Franche-Comté	Bourgogne
INDICATEURS DÉMOGRAPHIQUES ET DE PEUPLEMENT				
Superficie (% du territoire)	8 280 km² (1,5 %)	23 547 km² (4,3 %)	16 202 km² (3 %)	31 582 km² (5,8 %)
Population en millions (% de la population française)	1,6 (2,9 %)	2,3 (4 %)	1,1 (1,9 %)	1,6 (2,8 %)
Densité *(moy. France : 106 hab./km²)*	200,7	97,5	68,5	51,1
Solde migratoire (par an, 1982-1990)	0 %	– 0,58 %	– 0,33 %	– 0,03 %
INDICATEURS SOCIAUX ET ÉCONOMIQUES				
PIB par habitant (francs/hab.) *(moy. France : 122 000 francs)*	123 400	102 200	109 100	105 200
Taux de chômage *(moy. France : 11,7 %)*	7,1 %	10,4 %	9 %	11 %
PIB régional (en % du PIB national)	2,9	3,4	1,7	2,4
Répartition du PIB par secteur :				
Agriculture	2,7 %	2,4 %	3,5 %	5,4 %
Industrie	36,8 %	33,8 %	41,0 %	31,4 %
Tertiaire	60,5 %	63,8 %	55,5 %	63,2 %
PRINCIPALES AGGLOMÉRATIONS	Strasbourg : 388 483 Mulhouse : 223 856 Colmar : 83 816 Saint-Louis : 33 509 Haguenau : 33 724	Nancy : 329 447 Metz : 193 117 Thionville : 132 413 Hagondange-Briey : 112 061 Forbach : 98 758	Besançon : 122 623 Montbéliard : 117 510 Belfort : 77 844 Dole : 31 904 Vesoul : 28 735	Dijon : 230 451 Châlon-sur-Saône : 77 764 Nevers : 58 915 Montceau-les-Mines : 47 283 Mâcon : 46 714

CHAPITRE 13

La France atlantique

▶ De la baie du Mont-Saint-Michel à Hendaye, de Brest aux Pyrénées, un tiers de la France bénéficie de la proximité de l'océan Atlantique. La France atlantique est-elle une façade ou un promontoire ?

▶ Dans l'ensemble français, la France atlantique se caractérise par de faibles densités de population et par l'importance du milieu rural et agricole. Par ailleurs, au regard des grands foyers de peuplement et d'activités européens, le tiers occidental de la France apparaît comme un espace périphérique, à l'écart des grands flux de circulation du continent. Quelle place occupe la France atlantique dans l'espace français et européen ?

▶ L'ouverture de l'Europe vers le Sud ibérique en 1985 a facilité l'ancrage communautaire de ce vaste ensemble atlantique. Quels seront l'autonomie et l'avenir des régions atlantiques en France et en Europe ?

Le marais poitevin en hiver. Entre mer et terre, le marais poitevin s'étend aux confins des Pays de la Loire et du Poitou-Charentes.

■ *Quelles sont les activités susceptibles de se développer dans ce type de milieu ?*

1 Image satellite de la France atlantique.

2 L'organisation de l'espace de la France atlantique.

1 La France des faibles densités

OBJECTIFS

Connaître les oppositions au sein de l'espace de la France atlantique

Comprendre les liens entre densité de population et développement économique

Les six régions de la façade* atlantique regroupent sur plus du tiers du territoire moins d'un quart de la population. C'est une situation ancienne qui pose le problème de l'homogénéité d'un territoire au sein duquel le littoral s'oppose à l'intérieur et les régions proches de Paris à celles qui en sont éloignées.

A - L'ombre de la « diagonale du vide »

▶ La Bretagne et les Pays de la Loire ont des densités proches, bien qu'inférieures, à la moyenne nationale. Partout ailleurs, **les densités moyennes sont basses** (doc.2). Le **Limousin** (42 hab./km^2) est la seule des 22 régions françaises à voir sa population diminuer depuis 20 ans (doc.3).

▶ Même si la faiblesse du peuplement n'empêche pas forcément le développement, la question la plus préoccupante pour la France atlantique est celle des zones à basse densité de population qui continuent à se **dépeupler.** C'est le cas des **montagnes limousines et pyrénéennes** mais aussi des petites régions de la Bretagne intérieure ou du Bassin aquitain. On est là au cœur du **rural profond** (doc.1), où la **déprise*** cède la place à la **friche*** et à la forêt.

B - Façade ou périphérie* de l'Europe ?

▶ À l'échelle européenne, les régions de la Bretagne au Pays Basque forment une **façade maritime** pour la France mais aussi pour une partie de l'Europe médiane (Suisse, sud de l'Allemagne). C'est une possible vitrine, tournée vers l'Amérique, pour le continent européen. Pourtant, aucun port de première importance n'anime le **littoral* atlantique** et les relations avec les autres finistères* européens (péninsule Ibérique, îles Britanniques) ne sont pas soutenues.

▶ Adossé au Massif central et à la chaîne pyrénéenne, les régions de la France atlantique ont souvent été considérées comme un « coin » de France. La Bretagne, comme le Sud-Ouest, ont longtemps été mal desservis, leurs relations avec Paris et l'Europe caractérisées par la distance et une certaine lenteur en comparaison avec d'autres régions françaises (ex : couloir rhodanien). Les trente dernières années, marquées par l'**intégration européenne** et l'**amélioration des transports,** n'ont pas vu le retard se combler; cependant grâce aux autoroutes et au TGV, **l'accessibilité* d'ensemble de la région s'est bien améliorée.**

C - Une double opposition

▶ Les indicateurs de population et de peuplement montrent des contrastes, **nord/sud et ouest/est.** La Bretagne et les Pays de la Loire ont une population plus dense, plus jeune, plus urbaine que celle des régions méridionales (Limousin, Aquitaine, Midi-Pyrénées), fortement marquées par le vieillissement (plus de 10 % de plus de 75 ans dans le Limousin, la Dordogne).

▶ La **frange littorale** qui s'étend du Mont-Saint-Michel à la frontière espagnole présente, elle, une situation homogène où se conjuguent **fortes densités, réseau urbain serré et attraction migratoire soutenue.** Dès lors, c'est la question des relations avec le reste du territoire métropolitain et celle du pouvoir de commandement sur les arrière-pays qui deviennent primordiales. Les **grosses cités du littoral**, les mieux connectées au reste du territoire, ne font guère cas des confins de l'intérieur des terres. L'exemple des Pays de la Loire est significatif : l'influence nantaise s'estompe très vite en remontant la Loire.

VOCABULAIRE

ACCESSIBILITÉ : pour un lieu donné, facilité avec laquelle il peut être rejoint à partir de l'ensemble des autres lieux de l'espace de référence.

DÉPRISE : voir p. 142.

FAÇADE : lieu tourné vers l'extérieur. La façade atlantique, c'est ce que l'on perçoit du territoire français lorsqu'on l'aborde depuis l'océan.

FINISTÈRE : extrémité d'un continent où sont venues s'arrêter les migrations provenant de l'intérieur des terres. C'est un espace qui s'avance dans la mer et qui dispose d'une accessibilité réduite.

FRICHE : terrain qui a perdu son rôle productif (terre non cultivée). Une friche agricole peut être naturelle lorsque les broussailles puis les arbres prennent possession d'un ancien terroir agricole. Elle peut être sociale et économique (« gel » des terres dans le cadre de la PAC). On parle aussi de friche urbaine ou industrielle.

LITTORAL : portion du territoire proche des côtes où l'influence maritime est forte.

PÉRIPHÉRIE : espace situé à l'écart, en bordure. Une périphérie se détermine par rapport à un centre.

DOC 1

Campagne corrézienne entre Brive et Hautefort. Prairies, cultures, bois, friches... L'homme perd du terrain dans ces paysages limousins. La déprise gagne les hauteurs et l'activité se concentre dans les zones accessibles.

■ Comment se marque dans le paysage le recul de l'activité humaine ?

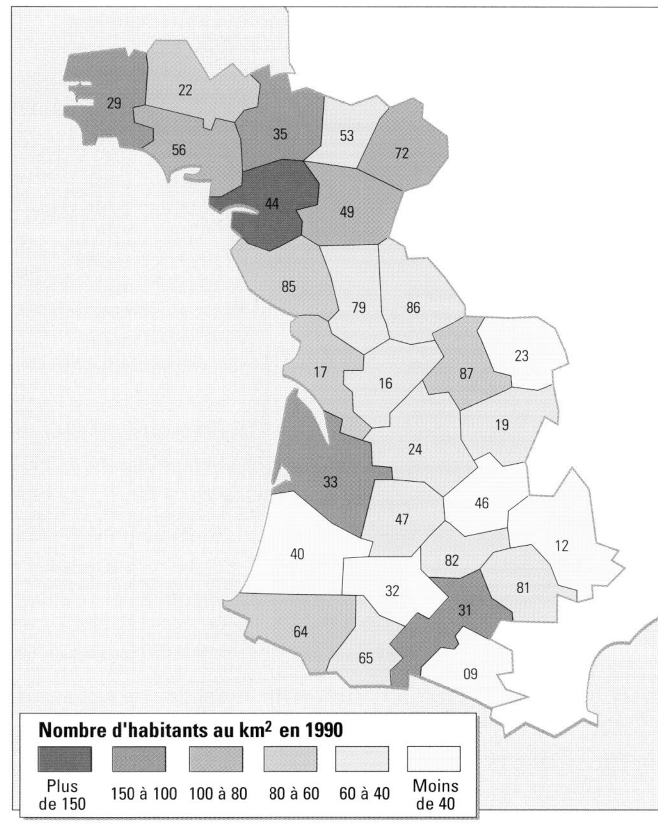

DOC 2 Les densités de population en 1990.

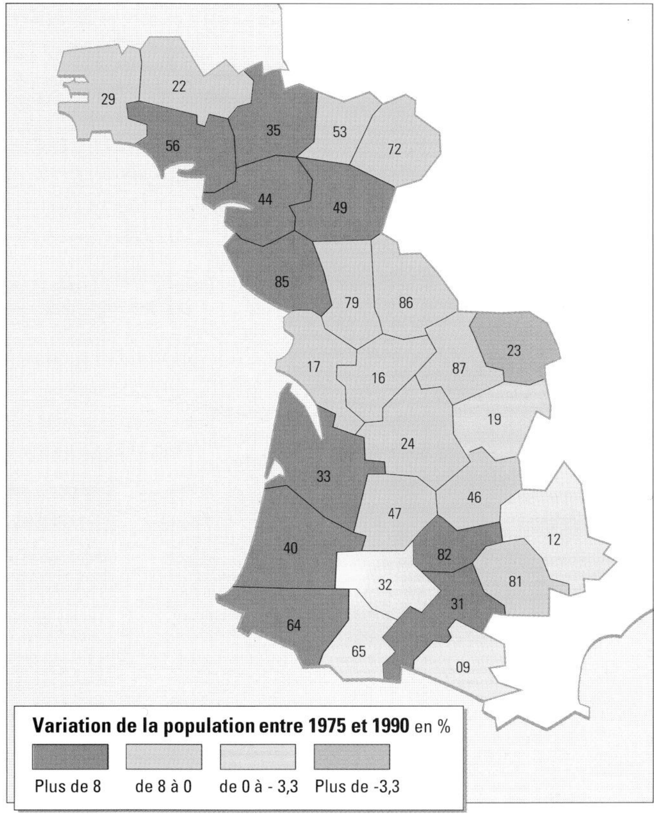

DOC 3 Les variations de la population entre 1975 et 1990.

2 Un ancrage rural marqué

OBJECTIFS

Connaître les spécificités rurales et agricoles de la France atlantique

Comprendre les enjeux de la modernisation des campagnes atlantiques

La France atlantique se singularise par son littoral et par l'importance qu'y conservent le monde rural et les activités agricoles. Le secteur primaire y occupe presque deux fois plus d'actifs que dans l'ensemble du pays.

A - Une mosaïque de paysages

▶ Le **littoral atlantique** présente une alternance de **côtes rocheuses et échancrées** (Bretagne) et de **côtes basses et sableuses** (de la Vendée à l'Espagne). **Deux grands estuaires** s'enfoncent à l'intérieur des terres, débouchés de la vallée de la Loire et de celle de la Garonne (la Gironde). D'Ouessant au large de Brest, à Oléron, sur le littoral charentais, se succède un chapelet d'îles (Belle-Île, Noirmoutier et Ré).

▶ **À l'intérieur des terres,** l'espace est fragmenté en multiples cellules (doc.1). Le **bocage** est encore présent en Bretagne et dans les Pays de la Loire en dépit des remembrements. L'arbre est une composante majeure du paysage atlantique, sous forme de haies, de bois et de **forêts**, comme celle des Landes. Les contreforts du Massif central et les Pyrénées proposent une palette complète de paysages allant de la moyenne à la haute montagne.

B - Une France maritime, rurale et agricole

▶ La part de l'agriculture dans le PIB régional de la Bretagne (6,8 %), des Pays de la Loire (5,5 %), du Poitou-Charentes (6,6 %) et de l'Aquitaine (7,4 %) est plus de deux fois supérieure à la moyenne nationale (2,9 %). Cela traduit l'**importance du nombre des exploitants** mais surtout la **rentabilité de certaines productions.**

▶ La France de l'Ouest est traditionnellement une **terre d'élevage** (Limousin), ou l'est devenue (Bretagne, pour la filière porcine) au fur et à mesure de l'intégration européenne. Celle-ci a accompagné les **profonds changements de l'agriculture atlantique**, dont le retard de modernisation a été en grande partie résorbé. On assiste à une **homogénéisation des cultures** (maïs) et à une **standardisation des productions,** fruit d'une même politique agricole. La **Bretagne** a ainsi connu une **véritable révolution agricole** qui repose sur une **forte intégration à la filière agroalimentaire*** (doc.2). Les coopératives et les industries de transformation ont soutenu les efforts de modernisation qui se sont traduits par une hausse de la productivité et d'importants remembrements. La **tradition rurale industrieuse** est ancienne, avec un tissu de PME dynamique (dans le Choletais, par exemple).

C - Le maintien de spécialisations marquées

▶ Le littoral atlantique est l'un des derniers secteurs des côtes françaises où se maintient une **véritable vie maritime** comme autour des ports de Bretagne méridionale (Douarnenez, Le Guilvinec, Concarneau, Lorient). Avec les **bassins de Marennes-Oléron et d'Arcachon,** la région s'impose comme une **grande zone conchylicole***, intégrant toute la chaîne de production du naissain d'huître à sa commercialisation, plusieurs années plus tard.

▶ Les **vignobles** sont une caractéristique de la région avec les vins de la vallée de la Loire et du Bordelais, et les eaux de vie de Cognac et d'Armagnac. L'**élevage hors-sol***, indépendant du milieu, prend son extension maximale en Bretagne (porcs, volailles) mais touche toute la région (doc.3 et 4). Le Limousin combat la désertification par la promotion du bovin local, alors que se maintiennent un peu partout des **spécialisations locales** (primeurs en Bretagne, tabac et kiwi du Sud-Ouest). Cette spécialisation aiguise la **concurrence à l'échelle européenne** (avec le Danemark pour la viande porcine).

VOCABULAIRE

CONCHYLICULTURE : élevage des coquillages comestibles. L'**ostréiculture** est l'élevage des huîtres, la **mytiliculture** celle des moules.

ÉLEVAGE HORS-SOL : élevage d'animaux dans des bâtiments fermés, et nourris grâce à des aliments issus de l'industrie agroalimentaire.

FILIÈRE AGROALIMENTAIRE : ensemble des activités de production et de transformation des produits agricoles.

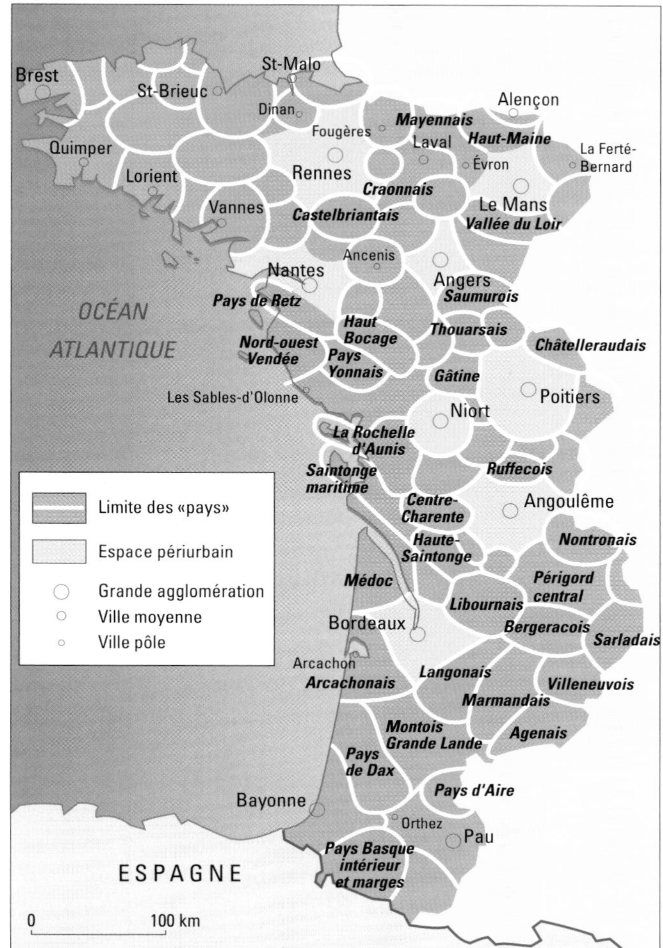

DOC 1 **Les « pays » dans l'ouest de la France.** La notion de « pays » s'impose de plus en plus dans le domaine de l'aménagement du territoire. Elle est basée sur la cohésion économique et paysagère, et sur les habitudes de vie et d'appartenance des habitants par rapport à leur territoire.

DOC 2

Les limites du productivisme en Bretagne

Le productivisme a un coût. Un tiers des cantons serait saturé de lisier et une quarantaine des communes du littoral seraient touchées par des marées d'algues vertes dopées par les pesticides, à l'odeur pestilentielle. De quoi faire fuir les touristes et les consommateurs. De quoi aussi grever les budgets communaux en stations d'épuration de plus en plus sophistiquées.
Portée par une demande croissante, la Bretagne s'est contentée de « faire du chiffre » : elle élève, elle abat, sans apporter de valeur ajoutée. Les plats cuisinés, par exemple, sont préparés ailleurs. Le « productivisme » agricole qui a fait la force de la région a donc atteint ses limites, même si l'agroalimentaire reste le socle de l'économie. Sans le développement intensif, la Bretagne serait peut-être allée vers la situation du Massif central : peu de pollution, mais peu d'agriculteurs. Aujourd'hui la crise de la « vache folle » met un peu plus à mal le « tout productif ».

Martine Valo, *Le Monde,* 8 octobre 1996.

DOC 3

Gers : l'industrie est-elle dans le pré ?

« C'est très bien d'affirmer que *Le bonheur est dans le pré*, encore faudrait-il qu'il y ait des gens et plus particulièrement des Gascons pour en profiter. L'agriculture gersoise reste performante mais elle aura de moins en moins besoin de bras pour vivre », s'exclame Alain Daguin, le grand chef qui porte également la toque de président de la chambre de commerce et d'industrie d'Auch et du Gers. « Il faut donc créer de nouvelles activités afin que notre jeunesse ne s'expatrie pas pour trouver du travail. »
Le Gers est peuplé d'un peu moins de 175 000 habitants et d'un peu plus de 2,5 millions de canards. Les seconds font souvent vivre les premiers. Entre 1987 et 1992, l'impact économique de l'agriculture dans la richesse produite par le département a chuté de 20 à 17 % avec un chiffres d'affaires de 4,25 milliards de francs. Les effectifs agricoles ne représentent plus que 25 % des personnes actives contre 37 % il y a dix ans. Paradoxalement, l'image de marque de ruralité qui colle à la peau du Gers s'avère aujourd'hui être un atout. Les investisseurs, notamment des secteurs de haute technologie, sont attirés par les zones vertes.

D'après M. Charbonnières, *Le Figaro*, 30 janvier, 1997.

■ Comment peut-on qualifier la place de l'activité agricole dans l'économie gersoise ?

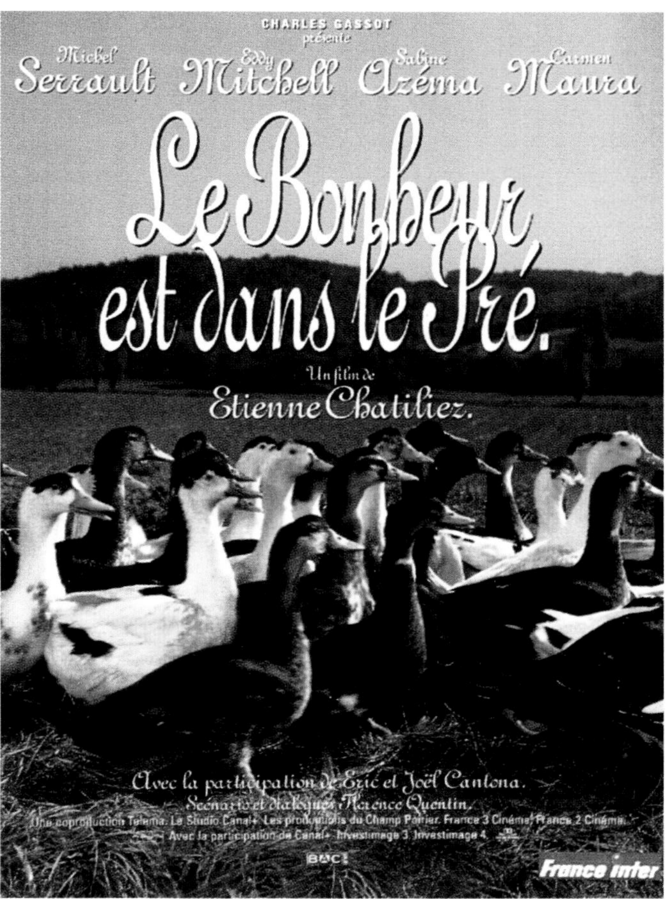

DOC 4 **L'affiche du film *Le bonheur est dans le pré.***

3 L'attrait du littoral et du piémont

OBJECTIFS

Connaître les principales améliorations de la desserte de la France atlantique

La France atlantique passe souvent pour assoupie. Pourtant, de nombreux secteurs présentent un dynamisme enviable. Le littoral et le piémont* attirent les activités et les populations alors que les zones de montagne se vident.

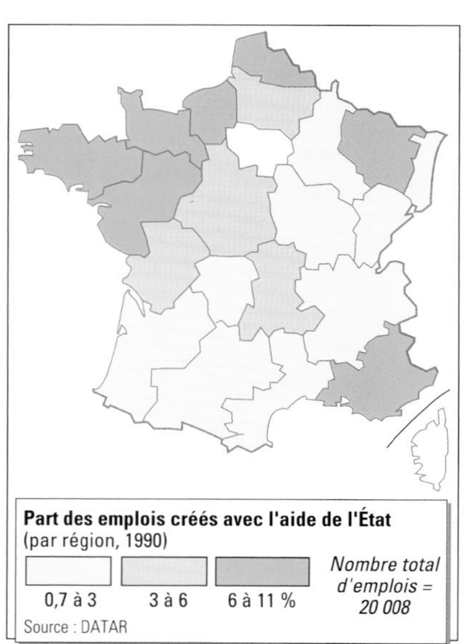

DOC 1 **L'Ouest, premier bénéficiaire des emplois créés avec l'aide de l'État.**

A - Les progrès de l'accessibilité

▶ Le **littoral** et les **vallées de la Loire et de la Garonne** ont toujours connu une **bonne accessibilité.** À l'inverse, certaines régions de la France atlantique concentrent les **angles morts** de la carte de l'accessibilité française, des régions éloignées des grandes infrastructures de transport (autoroute, TGV, aéroport) (doc.3). C'est le cas d'une partie de la **Bretagne** et de la **Vendée,** du **sud du Limousin** et de **certains secteurs landais et pyrénéens.**

▶ Le **plan routier breton,** le **réseau autoroutier** rayonnant (A11 et A10) depuis Paris ont permis un premier **désenclavement** et **l'intensification de la vie de relation.** La ligne ferroviaire atlantique à grande vitesse jusqu'au Mans et Tours diffuse ses gains de temps de Brest à Nantes et de La Rochelle à Bordeaux. Les villes du Sud-Ouest (Toulouse, Pau) profitent à plein de **liaisons aériennes efficaces.**

▶ Toutefois, des retards subsistent. Les **transversales,** de La Rochelle et Bordeaux vers Lyon, n'avancent pas. La façade reste en partie aveugle et ne possède **aucun axe structurant** (voie ferrée non électrifiée et autoroute des estuaires incomplète).

B - La dynamique littorale

▶ **À l'échelle européenne,** la France atlantique fait figure, avec ses voisines ibérique et britannique, de **façade et de périphérie mal intégrée. À l'échelle nationale,** le littoral atlantique apparaît comme une **région dynamique, attrayante et bien reliée à la capitale.** L'armature portuaire est solide, partagé entre des **ports de commerce** (Bordeaux, Nantes - Saint-Nazaire, La Rochelle - La Pallice) et des **ports militaires** (Brest, Lorient). L'amélioration de leur desserte autoroutière leur procure de larges marges de développement. Ce sont pourtant des ports modestes en Europe en dépit de leur brillant passé (liaison avec les Amériques).

▶ Le littoral atlantique est devenu le principal **espace balnéaire** français devant la Méditerranée. Pourtant, il n'a pas connu d'aménagements massifs en dehors de certaines portions de la côte vendéenne ou aquitaine. La **vocation touristique** à partir de **stations balnéaires*** solidement ancrées (La Baule, Royan, Arcachon) est ancienne. La clientèle est familiale et anime une multitude de petits centres de villégiature. Le secteur touristique est le premier employeur (hôtellerie/restauration). Il a permis le développement d'une **véritable filière nautique de rang mondial,** avec la construction de bateaux de plaisance dans le secteur Sud-Vendée - La Rochelle.

C - Que faire des « montagnes » atlantiques ?

▶ Les bassins périphériques du Massif central (Brive) et le piémont pyrénéen concentrent population et activités. Les **principales villes** (Limoges, Tarbes...) ont attiré une bonne part de la main-d'œuvre des régions montagnardes proches. Les hautes vallées et plateaux appartiennent désormais à ce que l'on appelle le **« rural profond ».** Les **tourismes vert** (Périgord) **et hivernal** (Pyrénées) connaissent quelques succès, mais la diffusion de la manne touristique est lente.

▶ Le « rétrécissement » de l'espace occupé est en cours mais les **tentatives de désenclavement** (A89 Bordeaux - Brive - Clermont-Ferrand) semblent insuffisantes lorsque les autoroutes traversent des « déserts ».

VOCABULAIRE

PIÉMONT : région située au pied d'un important ensemble montagneux.

STATION BALNÉAIRE : station touristique en bord de mer (à l'origine : où l'on prenait des bains de mer).

DOC 2 Le bassin ostréicole de Marennes-Oléron : le premier d'Europe. Les huîtres sont élevées en mer, puis affinées à terre dans des bassins rectangulaires (les claires) avant d'être commercialisées.

■ Réaliser un schéma de ce paysage en faisant apparaître les canaux de circulation de l'eau, les exploitations, les claires, la côte.

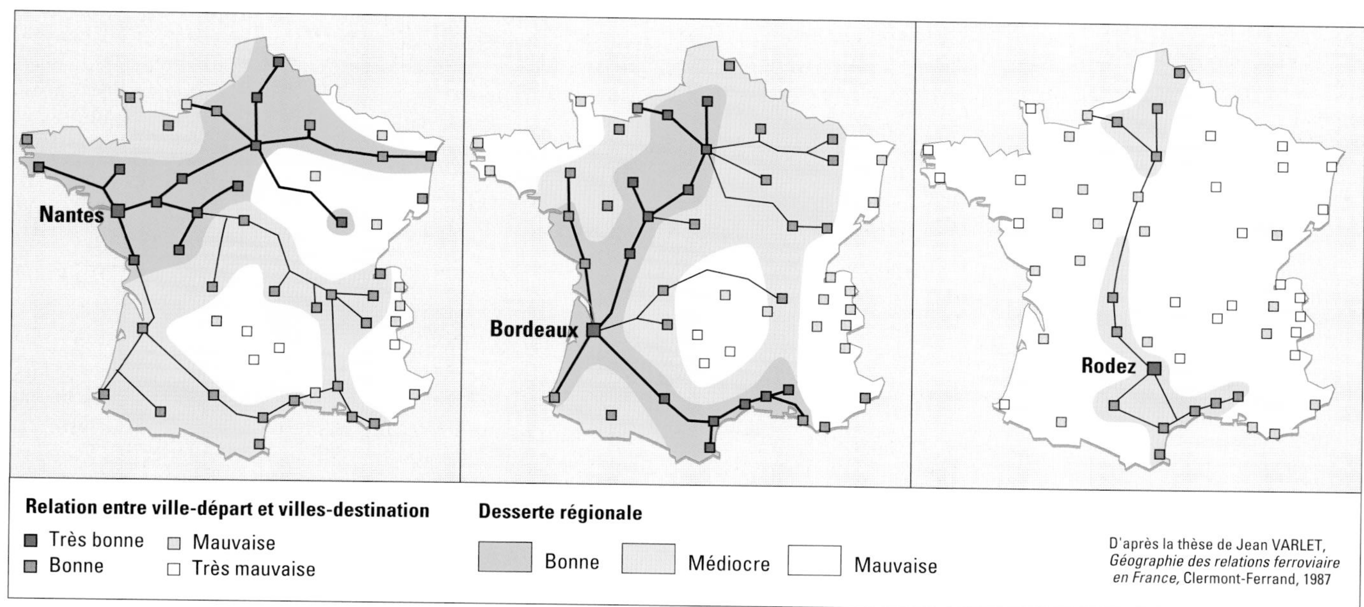

D'après la thèse de Jean VARLET, *Géographie des relations ferroviaire en France*, Clermont-Ferrand, 1987

DOC 3 Les espaces de relations ferroviaires de Bordeaux, Nantes et Rodez. Onze critères de commodités de transport - relatifs, entre autres, au temps, à la vitesse, à la fréquence - ont été sélectionnés pour réaliser ces cartes.

■ Comparer ces trois cartes. Que reflète l'inégale desserte de ces villes ?

La façade atlantique : tourisme et environnement

- Le littoral atlantique est aujourd'hui la première destination balnéaire de France.
- À côté des activités touristiques classiques (baignade, sports...), se développe un tourisme d'un nouveau genre, lié à l'environnement.
- Le long des 3 000 km de côtes atlantiques, ce sont plus de 140 points d'accueil qui reçoivent près d'un million de visiteurs par an dans les parcs et réserves naturels.

I. Le tourisme de nature sur la façade atlantique

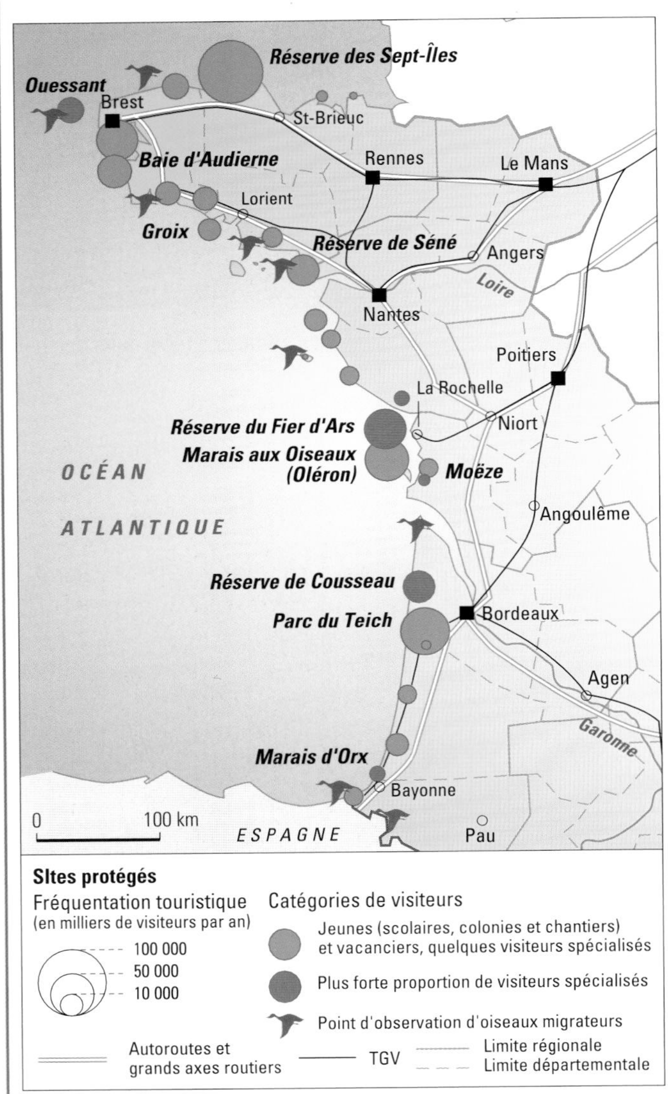

DOC 1 La fréquentation touristique des espaces protégés du littoral.

DOC 2

Un tourisme différent

L'idée d'un possible développement du tourisme de nature, voire de l'écotourisme sur le littoral français se propage rapidement depuis la fin des années 1980. Sans posséder de véritable nomenclature distinguant les activités de loisirs de plein-air, les activités de découverte et d'interprétation du milieu et les pratiques plus spécialisées d'observation d'espèces sauvages, les administrations comme les collectivités locales déploient autour des secteurs protégés du littoral des stratégies complexes. (...)
Les activités proposées sur les sites littoraux protégés rentrent dans le cadre du tourisme de nature. Elles possèdent une visée moins sportive ou ludique que cognitive ou contemplative. Elles ont pour objet la découverte, l'observation et la compréhension du milieu : géologie, botanique, zoologie et ornithologie, météorologie, astronomie, lecture du paysage couvrent les principaux thèmes de visite. En outre, ces activités possèdent un aspect éducatif, elles ont pour finalité, par-delà la transmission de connaissances, l'apprentissage de conduites respectueuses du milieu. Enfin, ces activités sont conduites à l'intérieur des espaces protégés (ou sur leur pourtour s'ils sont trop fragiles). Elles s'effectuent par petits groupes de visiteurs encadrés par un ou plusieurs guides naturalistes.

Nacima Yelles, *Espaces protégés et tourisme de nature sur le littoral atlantique français*, Thèse, Paris I, 1997.

DOC 3

Un enjeu spatial important

Les questions posées aujourd'hui à propos du tourisme de nature et de ses perspectives de développement sur les littoraux français prennent une acuité particulière sur le littoral atlantique. Sur les côtes des régions de Bretagne, des Pays de la Loire, de Poitou-Charentes et d'Aquitaine, soit 2 976 km de côtes, les périmètres de protection sont largement étendus : 17 réserves naturelles littorales, 4 parcs naturels régionaux côtiers, près de 500 sites littoraux acquis par des institutions foncières, Conservatoire du littoral, départements, fondations et associations. La concentration de ces types de protections explique la poussée du tourisme de nature sur cette côte.

N. Yelles, *op. cit.*.

II. La réserve naturelle de Lilleau des Niges (Fiers d'Ars)

DOC 4 **Site d'observation des oiseaux à Lilleau des Niges sur l'île de Ré.**

DOC 5

Lilleau des Niges : une réserve d'oiseaux

Véritable carrefour migratoire, cette réserve naturelle gérée par la Ligue pour la protection des oiseaux (LPO) s'étend sur les 220 hectares du Fiers d'Ars, sur l'île de Ré, et sert d'escale, de site de nidification et d'hivernage à plus de 300 espèces d'oiseaux.

La réserve, créée en 1980 sur d'anciens marais salants, est composée de bassins, séparés par des bosses, reliés entre eux par un réseau hydraulique. Elle présente de très fortes potentialités pour l'accueil des oiseaux. Pendant les migrations et l'hivernage, des dizaines de milliers d'oiseaux fréquentent la réserve.

Les pôles-nature en Charente-Maritime, Conseil général de la Charente-Maritime, 1996.

DOC 6 **Les sites protégés en Poitou-Charentes.**
La directive européenne « Natura 2000 » vise à délimiter des zones spéciales de conservation du milieu. La France est réticente à l'appliquer. Le littoral charentais concentre des sites potentiels. Cette directive devrait permettre, si elle est appliquée, la pérennisation et le développement du tourisme environnemental.

QUESTIONS

Doc 1 - Quelles sont les régions où la fréquentation des sites de tourisme est la plus forte ? Comment expliquer cette répartition ?

Doc 2 et 3 - Quelles sont les modalités du tourisme de nature ? En quoi le développement de ce type de tourisme représente-t-il un enjeu important pour les espaces littoraux ?

Doc 1, 4, 5 et 6 - Quelles sont les caractéristiques de la réserve naturelle de Lilleau de Niges. Quels types de visiteurs accueille-t-elle ? Comment expliquer l'importante fréquentation de cette réserve naturelle ? Comparer le tourisme de nature sur l'île de Ré avec les autres îles du littoral atlantique. Que peut-on constater ?

SYNTHÈSE - Le lien entre le tourisme de nature et le tourisme balnéaire classique est-il étroit ? Pensez-vous que la protection de la nature et le développement touristique sont compatibles ?

4 Des métropoles au cœur de l'Arc atlantique

OBJECTIFS

Connaître la hiérarchie urbaine de la France atlantique

Prendre conscience des modalités de développement de la région

Les villes de la façade atlantique concentrent désormais l'essentiel de l'activité économique de la région. Elles ont toutes connu des croissances importantes depuis une trentaine d'années et certaines se posent comme de véritables métropoles. Reste à savoir si elles sont capables de s'insérer dans un réseau européen, au creux de l'Arc atlantique*.

DOC 1 Le poids écrasant de la métropole toulousaine.

A - Métropoles et pouvoir de commandement

▶ Aucune des quatre plus grandes agglomérations françaises ne se situe dans les régions atlantiques. Pourtant **Bordeaux** (696 000 hab.), **Toulouse** (650 000 hab.), ou **Nantes** (496 000 hab.) forment des métropoles solides, dotées d'un fort pouvoir de commandement et d'un faisceau d'activités de premier ordre.

▶ **Bordeaux** (doc.4) **et Nantes**, en fond d'estuaire, sont des **villes administratives** doublées d'une base économique liée au **commerce maritime.** Bordeaux assoit sa puissance sur son vignoble alors que Nantes est en concurrence avec Rennes pour le contrôle de la Bretagne.

▶ **Toulouse,** elle, est l'exemple type de la métropole qui a fait le vide autour d'elle. Son développement économique repose sur des **secteurs longtemps dynamiques** (aéronautique, armement), qui cherchent aujourd'hui un second souffle (doc.1). Ces métropoles sont relayées par un **semis dense de villes moyennes** (Pau, Poitiers, Brest, Limoges, La Rochelle) (doc.2).

B - Décentralisation ou développement autonome

▶ Le développement économique des régions atlantiques françaises a connu une embellie à partir des années 1960 dans le cadre de la **politique de décentralisation*** menée par l'État afin de réduire les disparités sur le territoire français. L'Ouest en a largement profité à travers les **filières automobiles** (Rennes) ou **électriques** (Le Mans). Les villes du Sud-Ouest ont vu s'installer des activités liées à l'État, **armement et aéronautique** (doc.3). Cette politique, en transférant peu de postes de direction, a souvent renforcé la dépendance au centre parisien. Elle n'a pas entaché le **succès de certaines régions rurales** notamment dans le Choletais (industries rurales), en Bretagne (IAA), et dans certains « pays » au pied des Pyrénées. Celles-ci s'appuient sur un **réseau de PMI-PME,** à l'inverse des actions de décentralisation qui impliquent souvent de grosses unités.

▶ Les métropoles n'ont souvent que peu de liens entre elles et les liaisons avec Paris restent prioritaires. Pourtant, le littoral dispose d'un **potentiel propre susceptible d'être mis en valeur à partir de ses ports et de son littoral.** La filière pêche a tardé à s'intégrer mais une recomposition est possible. Le **tourisme et les activités liées à la santé ou à la retraite** sont un lien entre des villes trop souvent concurrentes.

C - Quelle place en Europe ?

▶ Les régions atlantiques européennes se sont réunies dans un **groupe de pression efficace : l'Arc atlantique.** La prise de conscience est salutaire, les réalisations encore sommaires. Les tentatives de créer de nouvelles liaisons maritimes et aériennes entre le littoral atlantique et ses voisins (Espagne, Angleterre, Irlande) se sont soldées par des déboires. En revanche, la façade atlantique est en train de devenir, avec la saturation de l'axe Londres - Lyon - Méditerranée, un **axe de transport majeur en Europe entre le nord et le sud de la communauté.** Il peut favoriser un meilleur arrimage s'il va de pair avec la création de transversales enfin efficientes.

VOCABULAIRE

ARC ATLANTIQUE : la Commission Arc atlantique réunit 32 régions de l'Union européenne. Elle vise à favoriser la coopération interrégionale et à renforcer le poids de ces régions proches de l'océan Atlantique dans les programmes européens.

DÉCENTRALISATION : pratique d'aménagement du territoire par laquelle l'État cherche à encourager l'implantation des activités des administrations et des entreprises dans des régions autres que l'Île-de-France.

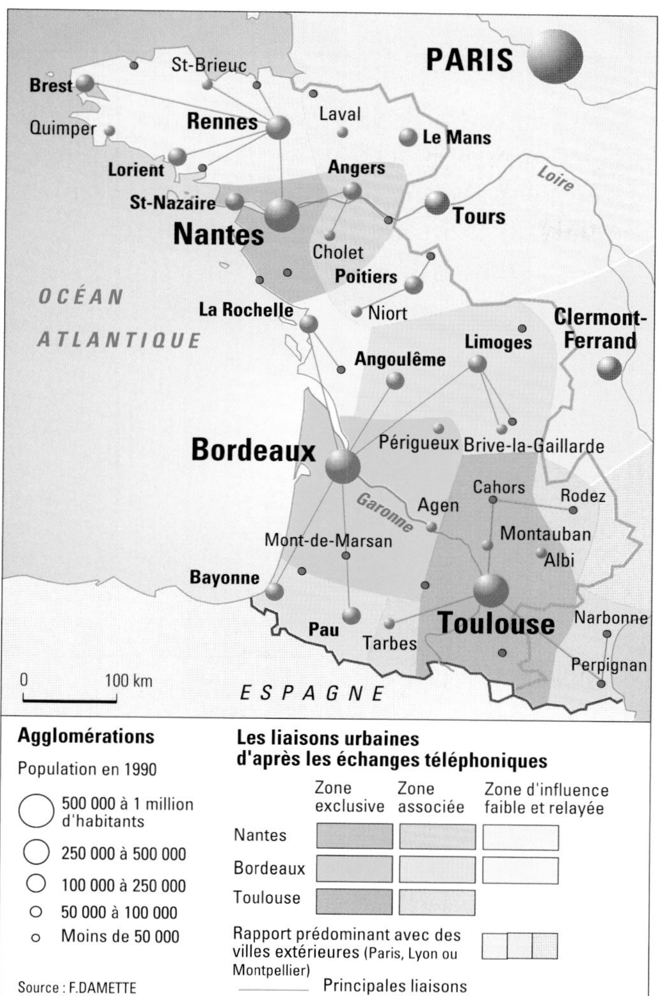

DOC 2 **L'organisation urbaine de la France atlantique** (d'après les échanges téléphoniques).

■ Quelles sont les principales caractéristiques du réseau urbain de la France atlantique ?

DOC 3 **Chaîne de montage de l'Airbus à Toulouse.**

■ Quels sont les pays associés à la France pour la construction de l'avion européen ?

DOC 4

Vue générale de Bordeaux.

■ Repérer les différents plans de cette vue aérienne : Gironde, vieille ville, quartier récent de Mériadeck, espaces périurbains landais.

L'Arc atlantique existe-t-il ?

▶ Née en 1989 dans le cadre de la Conférence des régions périphériques maritimes (CRPM), la Commission Arc atlantique regroupe 32 régions. Son objectif est de créer un axe de coopération sur le littoral atlantique européen.

▶ La mise en place d'un tel groupe de pression et de réflexion est née de la crainte de voir ces régions mises à l'écart et marginalisées au sein de l'espace européen avec l'élargissement de l'Europe vers l'est. Qu'en est-il aujourd'hui des projets et des réalisations de l'Arc atlantique ?

I. Les fondements de l'Arc atlantique

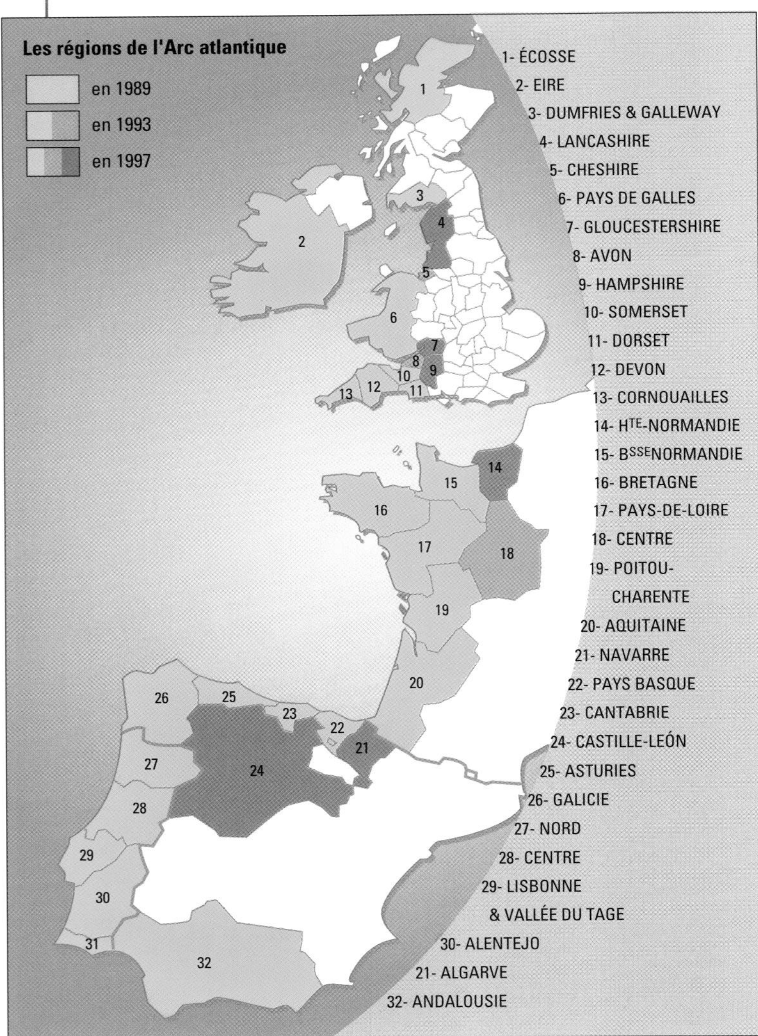

DOC 2 L'élargissement progressif de l'Arc atlantique.

DOC 1

Le texte fondateur

Les régions de la CEE que baigne l'Atlantique présentent de nombreuses caractéristiques socio-économiques communes qui sont de nature à favoriser la mise en valeur de leurs complémentarités. (...)

Les régions atlantiques bénéficieront moins que les régions déjà les plus développées des effets positifs de la création du Marché unique. En outre, l'ouverture à l'est de la CEE tend à éloigner davantage l'Ouest atlantique du centre de gravité sinon de l'Europe, du moins de son économie.

Aussi le moment semble-t-il venu de favoriser la naissance d'une solidarité active entre les régions qui, de l'Écosse à l'Andalousie, constituent la façade atlantique de l'Europe, notamment par :

– la réalisation d'infrastructures et de moyens de communication terrestres, aériens et maritimes, voire télématiques, aptes à favoriser le développement de ces régions,

– la préparation et la promotion dans ces régions de grands projets industriels s'appuyant sur les infrastructures de la façade maritime, ce qui aurait pour effet de valoriser leurs fonctions portuaires et de contribuer au développement des zones intérieures,

– la mise en valeur de leur potentiel touristique,

– le développement de mesures spécifiques de protection de l'environnement pour conserver à ces régions une qualité de vie attractive.

La CRPM souhaite que se renforce la coopération entre les régions de la façade atlantique et prépare une série d'actions destinées à créer, dans cette partie de l'Europe, un véritable noyau attractif.

Elle décide la création d'une commission « Arc atlantique » qui, dans la perspective du Marché unique, proposera des actions concrètes en liaison avec le groupe Atlantique du Parlement européen.

Conférence des régions périphériques maritimes, octobre 1989.

II. Du mythe à la réalité, de la réalité au mythe

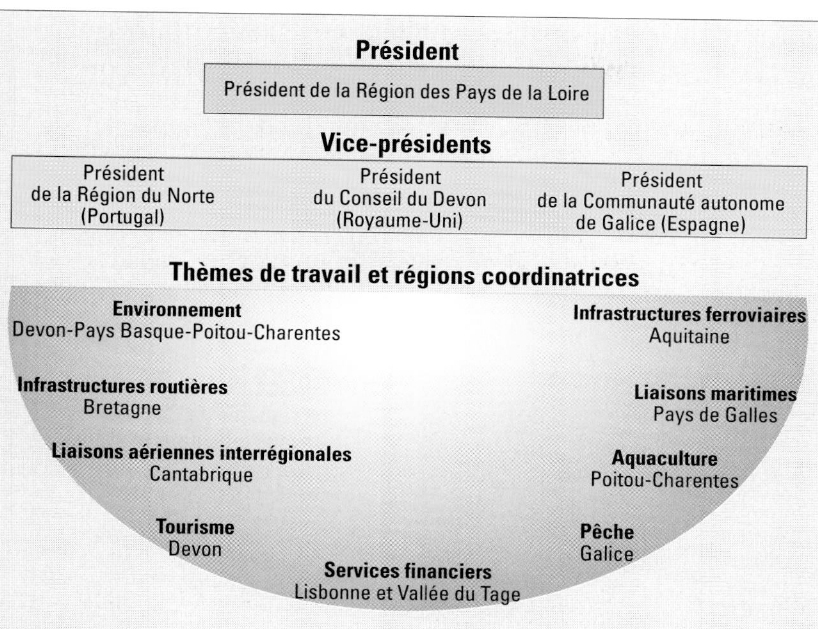

DOC 3 Organigramme de l'Arc atlantique.

DOC 4

L'Arc atlantique : une virtualité active ?

Enfin, au niveau le plus élevé, toutes les régions de l'Ouest ont pris conscience de leur faible poids dans l'ensemble européen et du risque de marginalisation ; d'où le ralliement à la politique de l'Arc atlantique, tendant à promouvoir un rapprochement et une coopération entre une vingtaine de régions de la façade atlantique de l'Europe, depuis l'Écosse et l'Irlande jusqu'au Portugal et l'Andalousie.
Mais l'Arc atlantique, né d'une réaction de survie, constitue plus une virtualité qu'une réalité. Car, malgré d'indéniables caractères communs, l'Arc n'est aujourd'hui qu'une frange hétérogène et discontinue, dont les divers tronçons sont subordonnés aux grandes métropoles nationales et européennes, en raison de la prédominance des liaisons radiales.
Aussi, dans l'immédiat, est-il nécessaire de donner priorité à la modernisation des liaisons transversales directes indispensables à l'intégration de la façade atlantique dans l'économie européenne.

Jacques Jeanneau, « La France de l'Ouest », *L'Aménagement du territoire français (hier et demain)*, Sedes, 1996.

DOC 5

L'Arc atlantique en 2015

Disons-nous que nous sommes aujourd'hui le 18 avril 2015 ! Bien sûr il fait beau sur l'Arc atlantique, sur toutes ces régions qui s'étendent du nord de l'Écosse au sud du Portugal, comme il faisait beau il y a vingt ans lorsque nous étions réunis à Cholet pour réfléchir à l'avenir des villes de taille moyenne.
Aujourd'hui, en 2015, on regarde autour de nous et il y a lieu d'être satisfaits.
On s'aperçoit que nos régions de l'Ouest, dont tout faisait redouter la périphérisation, sont maintenant parfaitement intégrées au socle européen et en même temps jouent un rôle majeur au sein d'un vaste complexe d'échanges entre les régions du nord, de l'est et de l'ouest de l'Europe et même du monde, puisque nous sommes au beau milieu de cette zone de libre-échange qui s'est créée autour de cette *mare nostrum atlanticum.* Puis, dans le même temps, alors que quatre ou cinq grandes villes ont atteint la fameuse et nécessaire dimension européenne afin de nous permettre de mieux accrocher notre zone de l'Ouest à des réseaux plus puissants qui quadrillent l'univers, voilà que tout un ensemble de villes de taille moyenne qui, autrefois, étaient éloignées des grands centres, qui étaient enclavées, qui ne possédaient pas de structures universitaires, voilà que ces villes de taille moyenne jouent désormais un rôle central d'animation pour les pays et les bassins de vie qui les entourent, et voilà qu'elles se révèlent particulièrement attractives pour les entreprises. Quelle évolution lorsqu'on savait que dans les années 1990 tout poussait à la polarisation des activités.

Y. Morvan, « L'Arc atlantique », *Norois*, n° 171, 1996.

QUESTIONS

- **Doc 1** - Quelles motivations ont conduit certaines régions à se regrouper et à former l'Arc atlantique ?
- **Doc 2** - Comment caractériser l'évolution de l'Arc atlantique ? Quelles tendances constate-t-on ?
- **Doc 1 et 3** - L'organigramme actuel coïncide-t-il avec les projets du texte fondateur ? Dans quelle mesure peut-on parler d'un décalage ?
- **Doc 4** - Pourquoi l'Arc atlantique n'est-il pour l'heure qu'une virtualité ?
- **Doc 5** - Que sous-entend ce texte « visionnaire » ? Est-il réaliste ? Justifiez votre réponse.

Château Beychevelle : un vignoble au bord de la Gironde

▶ Les meilleurs crus du Médoc sont ceux, dit-on, qui « voient l'eau ». Cette image est en réalité liée au fait que les sols propices à une viticulture de qualité sont situés sur des croupes qui dominent la Gironde. Il s'agit de terrasses alluviales de cailloutis – les graves – héritées des périodes glaciaires.

▶ Ce facteur est important mais si un grand vignoble est né dans le Bordelais dès le Moyen Âge, c'est aussi parce que la proximité d'un port permettait d'exporter le vin vers des marchés lointains, en particulier celui de l'Angleterre.

DOC 1 Le vignoble de Château Beychevelle dans le Médoc.

CHÂTEAU BEYCHEVELLE
Grand vin 1993
12 % Vol — SAINT-JULIEN — 750 ml
APPELLATION SAINT-JULIEN CONTRÔLÉE
SOCIÉTÉ CIVILE CHATEAU BEYCHEVELLE PROPRIÉTAIRE
A SAINT-JULIEN-BEYCHEVELLE (GIRONDE FRANCE)

DOC 2

Un grand Médoc

C'est l'un des plus grands vignobles du Médoc. (…) Sa réputation et ses prix dépassent de beaucoup sa place dans la classification de 1855 où il figure comme Quatrième Cru.
Le château long, bas, avec une grande aile, est peut-être le plus beau du Médoc. Il fut construit en 1755 (…). Un énorme belvédère, d'au moins 50 mètres de long, domine les pelouses de gazon descendant vers la Gironde, sur quelque 800 mètres : perspective qui rappelle Versailles à plus petite échelle. (…).
Le nom de Beychevelle date du temps où le duc d'Épernon, grand amiral du royaume de France, était le seigneur du lieu. Pour lui rendre hommage, les navigateurs abaissaient les voiles en passant devant son château : *beyche velle* signifie en gascon « baisse voile ».

Alexis Lichine,
Encyclopédie des vins et des alcools de tous les pays,
Robert Laffont, Paris 1982.

QUESTIONS

- Quelles sont les caractéristiques géographiques du vignoble du château Beychevelle (situation, site…) ?
- Décrire le paysage de la photo.
- De quoi témoigne la présence d'un aussi grand château sur une exploitation agricole ?

La France atlantique

L'essentiel

- Six des 22 régions françaises forment la France atlantique. Sur le tiers du territoire métropolitain, réside moins d'un quart de la population : la France atlantique est une région de faible densité de population présentant un caractère rural et agricole prononcé.
- L'ouverture et l'intégration européennes, le désenclavement et la modernisation des régions permettent à cet ensemble régional de présenter un nouveau visage. C'est celui des métropoles à vocation européenne (Nantes, Bordeaux, Toulouse) qui structurent cet espace. L'amélioration de la desserte (autoroutière, ferroviaire, aérienne) met en valeur les potentiels de la région. Le littoral atlantique, en particulier, offre de nombreux atouts balnéaires et touristiques.
- Au sein de l'Europe, la commission de l'Arc atlantique cherche à promouvoir l'image et les intérêts de cette trop discrète façade européenne. Cela implique de capter une partie des flux maritimes qui passent au large et de renforcer les complémentarités avec la péninsule Ibérique et les îles Britanniques.

Les notions clés

- Façade atlantique
- Littoral
- Finistère
- Désenclavement
- Politique de décentralisation
- Arc atlantique

Les chiffres clés

	Bretagne	Pays de la Loire	Poitou-Charentes	Limousin	Aquitaine	Midi-Pyrénées
INDICATEURS DÉMOGRAPHIQUES ET DE PEUPLEMENT						
Superficie (% du territoire)	27 208 km² (5 %)	32 082 km² (5,9 %)	25 810 km² (4,7 %)	16 942 km² (3 %)	41 308 km² (7,6 %)	45 348 km² (8,3 %)
Population en millions (% de la pop. française))	2,8 (4,9 %)	3,1 (5,4 %)	1,6 (2,8 %)	0,7 (1,2 %)	2,8 (4,9 %)	2,9 (4,3 %)
Densité *(moy. France : 106)*	104,2	97,6	63	42,4	69,2	54,7
Solde migratoire (par an, 1982-1990)	0,18 %	0,05 %	0,09 %	0,14 %	0,59 %	0,54 %
INDICATEURS SOCIAUX ET ÉCONOMIQUES						
PIB par habitant (francs/hab.) *(moy. France : 122 000 francs)*	99 300	103 800	97 900	95 300	107 900	101 700
Taux de chômage *(moy. France : 11,7 %)*	10,5 %	11,7 %	11,9 %	9,3 %	12,9 %	11,1 %
PIB régional (en % du PIB national)	4 %	4,6 %	2,3 %	1 %	4,4 %	3,6 %
Répartiton du PIB par secteur :						
Agriculture	6,8 %	5,5 %	6,6 %	3,1 %	7,4 %	3,8 %
Industriel	25,4 %	30,8 %	27,7 %	28,7 %	26,1 %	27,0 %
Tertiaire	67,8 %	63,7 %	65,7 %	68,2 %	66,5 %	69,2 %
PRINCIPALES AGGLOMÉRATIONS						
	Rennes 245 065	Nantes 496 078	Poitiers 107 625	Limoges 170 065	Bordeaux 696 364	Toulouse 650 336
	Brest 201 480	Angers 208 282	Angoulême 102 908	Brive-la-Gail. 64 379	Bayonne 164 378	Tarbes 77 787
	Lorient 115 488	Le Mans 189 107	La Rochelle 100 264	Tulle 20 200	Pau 144 674	Albi 64 359
	Saint-Brieux 83 861	St-Nazaire 131 511	Niort 65 792	Guéret 14 706	Agen 67 960	Montauban 53 010
	Quimper 65 954	Laval 56 855	Châtellerault 36 298	Ussel 11 448	Périgueux 63 322	Castres 46 482

CHAPITRE 14

Un espace de dynamisme : le Grand Sud-Est

▶ Vaste territoire de montagnes mais aussi de grands couloirs de circulation, le Grand Sud-Est est sans doute un des ensembles régionaux les plus contrastés, avec ses montagnes actives sous l'influence de grands foyers urbains dynamiques, sa façade méditerranéenne qui voudrait jouer le rôle d'une Sun Belt à la française, et ses massifs occidentaux qui tentent de dépasser les handicaps de la France du vide.

▶ Pourquoi de hautes montagnes au climat rude font-elles preuve d'un grand dynamisme ? Pourquoi les montagnes moyennes du cœur du Massif central ont-elles du mal à sortir de leur isolement et de leurs difficultés économiques ? La façade méditerranéenne du Grand Sud-Est peut-elle devenir une Sun Belt française animée par le tourisme et les hautes technologies ?

PLAN DU CHAPITRE

Le couloir de la chimie au sud de Lyon. La vallée du Rhône concentre un faisceau d'axes majeurs de circulation. De gauche à droite (d'ouest en est), le vieux Rhône, le Rhône canalisé et régularisé par des barrages situés en amont et en aval, l'autoroute du Soleil, la voie ferrée Lyon-Marseille.

La raffinerie de pétrole s'explique par la présence d'un autre axe de circulation, invisible. Lequel ?

1 Image satellite du Grand Sud-Est

2 L'organisation de l'espace du Grand Sud-Est

1 Hautes terres, sillons et façade ensoleillée

OBJECTIFS

Connaître la disposition et l'importance des grandes masses montagneuses du Sud-Est

Comprendre que l'importance des masses montagneuses n'est pas un obstacle à la circulation intérieure, ni aux relations avec l'extérieur

Ce grand ensemble régional qui couvre exactement le quart de la surface métropolitaine est extrêmement varié. Il contient la plus grande partie des masses montagneuses du pays, mais celles-ci sont rarement des obstacles à la circulation des hommes et aux aménagements. Couloirs et rocades aèrent et relient, animent les montagnes et diffusent l'activité jusqu'en leur cœur.

A - La plus grande partie des montagnes du pays

Avec le segment français de l'arc alpin et l'essentiel du Massif central, **le Grand Sud-Est rassemble la plus grande partie des montagnes du pays.**

▶ De l'arrière-pays niçois au lac Léman et de la frontière italienne à la vallée du Rhône, **les Alpes** (doc.2), puissamment plissées, forment l'ensemble le plus élevé de tout le Sud-Est et cependant l'une des régions les plus actives. À l'ouest, **le Massif central,** moins élevé que les Alpes malgré la chaîne volcanique des Puys, se présente davantage comme une mosaïque de contrées souvent isolées les unes des autres et parfois mal reliées aux villes périphériques (Lyon, Montpellier, Bordeaux).

▶ Les autres montagnes du Grand Sud-Est ne sont que des terminaisons de reliefs extérieurs au Grand Sud-Est : c'est **le Jura méridional,** prolongement des montagnes comtoises, et l'**extrémité orientale du massif pyrénéen** qui, cependant, marque fortement la personnalité de la Catalogne française.

B - De grands couloirs de circulation

▶ **Cet ensemble de régions dominées par la présence des montagnes est pourtant un des plus ouverts qui soit.** La masse des reliefs est en effet percée de **grandes vallées où l'on circule rapidement** en toute saison (TGV, autoroute). Entre les Alpes et le Massif central, le **sillon rhodanien est l'une des plus anciennes voies de communication d'Europe occidentale,** active dès avant l'époque gallo-romaine. C'est par ce couloir étroit que s'écoulent aussi les flux de l'époque contemporaine entre Paris et la périphérie méditerranéenne. Il accueille aussi les flux méridiens croissants orientés vers l'Europe moyenne et septentrionale.

▶ Au sud, la **vallée du Rhône** se prolonge par deux branches d'ampleur inégale, en forme de Y, qui mettent la France du Nord en relation avec les pays méditerranéens voisins (Italie et Espagne), partenaires actifs dans l'Union européenne.

▶ Mais l'ouverture ne se résume pas à cet axe dédoublé majeur. Toute une arborescence de vallées bien dessinées sont greffées sur le tronc principal et drainent les montagnes jusqu'au cœur des massifs les plus puissants et les plus éloignés.

C - La Sun Belt française

▶ La **longue et étroite façade méditerranéenne** tendue en arc de cercle entre l'Italie et l'Espagne ne forme pas un ensemble uniforme mais constitue de plus en plus une **active Sun Belt*** qui met à profit ses **avantages climatiques** (été chaud et sec, hiver doux) et le **recentrage de l'espace européen.**

▶ Boulevard animé de flux d'hommes, de marchandises et d'informations, cette ceinture est aussi une **zone de contact entre le Nord et le Sud,** les pays développés et une partie du monde en voie de développement. Cette double fonction ne peut que lui donner un poids grandissant dans l'ensemble français à l'heure où l'intégration européenne élargit de façon considérable les horizons économiques.

VOCABULAIRE

Sun Belt : expression anglo-saxonne signifiant « ceinture de soleil » ou « ceinture ensoleillée » et qui désigne, aux États-Unis, une bande territoriale aux limites assez floues, s'étendant de la Floride à la Californie et vers laquelle se produit un redéploiement industriel moderne. Les conditions climatiques plus agréables que dans le vieux Nord-Est industriel (Rust Belt) attire vers la Sun Belt les activités à haute valeur ajoutée fondées sur l'exploitation de la matière grise et des technologies de pointe (Silicon Valley en Californie).

DOC 1 **Le littoral méditerranéen autour de Gruissan.**

■ Comment les hommes ont-ils mis à profit ce milieu particulier ?

DOC 2 **Le massif du mont Pourri (Savoie) dans les Alpes du Nord.**

■ Quelles formes de glaciation et d'érosion glaciaire repérez-vous sur cette photo ?

2 Rhône-Alpes : des couloirs et des montagnes dynamiques

OBJECTIFS

Connaître le dynamisme économique de la région Rhône-Alpes

Savoir que la région Rhône-Alpes est dominée par le poids de la métropole lyonnaise

Autour de l'axe rhodanien, la région Rhône-Alpes réunit un ensemble géographique qui paraît plutôt disparate. Dominée par les montagnes, cette région est cependant une des plus dynamiques du pays et son avenir européen semble prometteur.

A - Des couloirs urbanisés

▶ L'axe majeur de circulation autour duquel s'articulent les sous-ensembles de la région Rhône-Alpes est ramifié en de **nombreuses vallées qui pénètrent à l'intérieur des massifs montagneux** constituant l'essentiel de la région. Mais ces couloirs ne sont pas seulement des **voies de passage,** ils ont fixé la vie et polarisé les activités.

▶ Aux grands carrefours sont nées et se sont développées les villes les plus importantes, et notamment la première d'entre elles, la capitale, **Lyon, deuxième agglomération française avec 1,3 million d'habitants.** L'oppidum* romain est devenue capitale européenne de la soie dès le XVIe siècle, et Lyon (doc.1, 2 et 4) a établi sa puissance sur une fonction industrielle de plus en plus diversifiée jusqu'au milieu du XXe siècle. Aujourd'hui, ce sont les fonctions tertiaires, administratives, universitaires et de recherche qui font de l'ancienne capitale des Gaules une **métropole nationale aux ambitions européennes** (doc.3).

▶ Bien d'autres villes occupent des carrefours stratégiques : **Valence,** dans la vallée moyenne du Rhône, **Saint-Étienne** dans un sillon du Massif central, **Grenoble, Chambéry et Annecy,** dans les grandes avenues alpines dessinées par les glaciers quaternaires.

B - Les hautes montagnes favorisées de l'arc alpin

▶ Longtemps les hautes montagnes des Alpes du nord ont entretenu une population de paysans et de pasteurs à la vie rude, obligée souvent de chercher des moyens de subsistance à l'extérieur de la montagne. Les vallées ont servi longtemps d'exutoire à des campagnes surpeuplées et ont canalisé vers l'extérieur, non seulement l'eau libérée par la fonte des neiges mais aussi les richesses naturelles de la montagne.

▶ La multiplication des **équipements hydroélectriques** a donné naissance à une industrie qui a concentré les hommes dans les vallées. Mais surtout, le **développement des loisirs** a inversé les flux de richesse. Le handicap climatique est devenu un atout de prospérité et les secteurs autrefois les plus défavorisés accueillent les **équipements touristiques** vers lesquels convergent, été comme hiver, des millions de citadins.

▶ Si les Alpes n'isolent plus, elles séparent aussi de moins en moins la région de ses voisines italiennes ou suisses : les **grandes percées alpines*** ont déjà rapproché les deux versants, et une ligne TGV, avec un long tunnel de 50 km, devrait **intensifier les relations économiques entre la région lyonnaise et l'active plaine du Pô.**

C - Une moyenne montagne à la recherche d'un nouvel équilibre

▶ À l'ouest du Rhône, le **quart nord-oriental du Massif central** appartient à la région Rhône-Alpes. Cette bordure de moyennes montagnes est depuis longtemps dans l'aire d'influence de Lyon qui y avait, autrefois, diffusé le travail de la soie. La révolution industrielle du XIXe siècle avait fait de la région de **Saint-Étienne** et de **Roanne** une **aire manufacturière prospère, mais qui a été sinistrée par la crise.** Ces montagnes ne possèdent pas les mêmes atouts touristiques que les Alpes et elles cherchent plutôt leur salut dans une **reconversion industrielle* diversifiée** qui semble donner des résultats encourageants.

VOCABULAIRE

Oppidum : agglomération fortifiée de l'époque romaine. Celui de Lyon occupait l'emplacement de la colline de Fourvière et a constitué le point de départ de la ville gallo-romaine qui s'est étendue sur la rive droite de la Saône.

Percée alpine : grand tunnel permettant de faciliter le franchissement routier ou ferroviaire des Alpes, vers l'Italie notamment. Dans les Alpes françaises, la percée la plus fameuse est celle qui, sur plus de 11 km, passe sous le massif du Mont-Blanc et relie la vallée de Chamonix au Val d'Aoste, du côté italien.

Reconversion industrielle : ou conversion industrielle, c'est-à-dire réorientation des activités à la suite de la crise qui a frappé les industries anciennes, comme la sidérurgie ou le textile. Cette conversion, quand elle est possible, ne reprend pas obligatoirement les anciens sites, ni les structures primitives (taille, organisation) des industries initiales.

DOC 1 **Diversité du milieu urbain de l'agglomération lyonnaise.**

Saône
CALUIRE-ET-CUIRE
Côtière
Parc de la Tête-d'Or
Université
LA CROIX-ROUSSE
VILLEURBANNE
VAUX-EN-VELIN
Cimetière
FOURVIÈRE
LES BROTTEAUX
Canal de Jonage
Tunnel
LA PART-DIEU (gare)
Hôpitaux
PERRACHE (gare)
Rhône
Cimetière
BRON
OULLINS
GERLAND Stade
Boulevard de Ceinture
PARILLY
Port
ST-GENIS-LAVAL
Les Minguettes
VÉNISSIEUX
ST-PRIEST

- Ville "historique", au tissu dense souvent quadrillé
- Extensions modernes, au tissu hétérogène d'habitat, d'ateliers et d'usines
- Couronne urbaine extérieure : tissu lâche et hétérogène (usines, habitat pavillonnaire et grands ensembles résidentiels)
- Zone industrielle importante
- Secteur de grands ensembles résidentiels *(ex.: les Minguettes)*
- Habitat pavillonnaire
- Équipements et services divers
- Espaces verts et de loisirs
- Colline romaine de Fourvière
- Rupture de pente fortement marquée

DOC 2 **Croquis d'interprétation du doc.1.**

DOC 3

Lyon est-elle une métropole européenne ?

Parmi les métropoles régionales françaises, seule Lyon paraît pouvoir prétendre au rôle de métropole européenne. Lyon dispose en ce domaine d'autres atouts que Marseille ou Lille et domine une région économique puissante, dynamique et diversifiée, dans un remarquable carrefour français et européen sans cesse valorisé. (...). Elle est une grande ville culturelle, riche de monuments et de musées, très attractive dans un cadre grandiose. Elle est, par ailleurs, la seconde ville universitaire française, bien dotée de grandes écoles, d'établissements de recherche, de trois technopôles et d'un système hospitalier et médical réputé.

Cependant la ville abrite trop peu d'expositions internationales, de grands hôtels modernes, de services de très hauts niveaux, d'enseignements à vocation internationale. Enfin, du point de vue de l'activité bancaire, des services, des fonctions internationales, des congrès et salons, des sièges sociaux des grandes firmes, Lyon fait pâle figure face à des métropoles européennes relativement proches telles que Francfort, Genève, Zurich, Milan ou Barcelone.

Extrait de C. Vareille, in Baleste et al., *La France : 22 régions de programmes,* Masson, 1993.

DOC 4 **La gare de Lyon-Perrache au cœur de Lyon.**

■ Pouvez-vous orienter cette vue et la localiser sur le doc.1 ?

3 La façade méditerranéenne : une Sun Belt contrastée (1)

OBJECTIFS

Connaître les réalités géographiques de l'expression Sun Belt

Savoir que, malgré une unité incontestable de la région méditerranéenne, des différences bien marquées existent entre les différentes parties

Sur plus de 500 kilomètres, la longue façade méditerranéenne du Grand Sud-Est est loin d'être uniforme. Cependant, le climat dont elle jouit, et sa situation de rocade européenne, l'ont dotée de caractères communs que l'on retrouve de Nice à Perpignan.

A - La face ensoleillée de la vieille Europe industrielle

▶ Sur cette longue frange arquée de notre territoire règne une **ambiance particulière** qui s'impose après Valence lorsque l'on vient du nord. Elle est le résultat d'une **complexe combinaison de caractères climatiques et de phénomènes de civilisation** sécrétés depuis l'époque romaine au moins. Cette personnalité géographique si affirmée n'est sans doute pas prête de disparaître, en dépit de la mondialisation* qui tend à uniformiser les genres de vie.

▶ Ce Midi est réputé pour son ciel ensoleillé, ses étés chauds et ses hivers doux. La réalité est parfois plus rude : en hiver, le **mistral*** et la **tramontane***, qui soufflent avec violence, peuvent rendre la vie pénible aux hommes et aux animaux, et même affecter les plantes. En automne ou au printemps, des **trombes d'eau** peuvent au cours d'épisodes parfois dramatiques entraîner les maisons et les cultures.

▶ En dépit de ces **excès climatiques**, le Midi méditerranéen est devenu une **terre de loisirs** vers laquelle, dès le printemps, convergent les **flux nourris de touristes.** Ceux-ci se concentrent sur un mince liséré qui court de la frontière italienne à celle de la Catalogne espagnole.

B - Un boulevard européen urbanisé

▶ L'abondance des courants touristiques, mais aussi les rapports de plus en plus intenses entre l'Europe du Nord et les pays méditerranéens (Italie, Espagne) ont transformé le Midi en une **rocade européenne très fréquentée.** Par ce boulevard qui se subdivise en deux branches au débouché de la vallée du Rhône, circulent non seulement les hommes mais aussi les marchandises qu'échangent des économies complémentaires.

▶ Mais les hommes ne font pas que passer ici, car les hivers tempérés, le soleil et les abondants équipements de loisirs (ports de plaisance, golfs, casinos, etc.) contribuent de plus en plus à fixer les **activités technologiques ou tertiaires** qui ne sont pas tenues, par des conditions particulières, à une localisation septentrionale.

▶ **Progressivement naît une Sun Belt à la française** avec un faisceau dense de **voies de communication** et un chapelet de **villes dynamiques** qui perpétuent une vieille tradition urbaine née dans l'Antiquité (doc.1). Par ses deux extrémités, cette **active « ceinture ensoleillée »** tend à se fondre dans un ensemble européen plus vaste grâce à l'**effacement des frontières nationales,** entre la Côte d'Azur et la Riviera italienne d'une part, entre les Catalogne française et espagnole d'autre part.

C - Un arrière-pays de montagnes peu peuplées

▶ Le Midi méditerranéen comporte aussi un long amphithéâtre de montagnes qui n'est interrompu que par la vallée du Rhône et un étroit couloir qui sépare le Massif central des Pyrénées. Alors que la vie et les activités ont foisonné sur le littoral et dans les plaines qui bordent ce dernier, **les massifs montagneux se sont progressivement vidés** et ils ont été souvent **abandonnés à la friche et à la forêt.** De plus en plus, cependant, ils deviennent des **réserves d'eau et d'espaces verts** pour les populations des villes littorales et ils procurent un attrait supplémentaire au Midi touristique.

VOCABULAIRE

Mistral : vent violent qui souffle du nord ou du nord-ouest vers la mer, dans la vallée du Rhône et sur la Méditerranée.

Mondialisation : extension à l'échelle planétaire des transports et des échanges de personnes, de biens matériels, de services, d'informations et de pratiques culturelles.

Tramontane : vent froid venant du nord-ouest qui souffle sur le Languedoc et le Roussillon.

DOC 1 **L'agglomération de Montpellier.** Autour de la vieille ville, divers quartiers récents témoignent du dynamisme de l'économie du Languedoc. Industries à haute technologie et quartier Antigone (affaires, administration) se sont développés en direction de l'autotoroute.

DOC 2

Le Luberon, naguère région désertée, voit renaître sa prospérité autour d'une agriculture méditerranéenne modernisée (verger, oliviers, vignes) et du tourisme.

■ Que peut-on dire de l'habitat visible au dernier plan ?

4 La façade méditerranéenne : une Sun Belt contrastée (2)

En dépit des incontestables points communs qui les rapprochent, les différentes parties de la façade méditerranéenne du Grand Sud-Est possèdent des personnalités souvent bien affirmées qui ont leur origine à la fois dans une histoire et des contextes différents.

A - Riviera et tourisme programmé

Si l'ensemble du littoral méditerranéen ainsi que la Corse sont concernés par le tourisme, les conditions dans lesquelles ce dernier s'est développé ont donné naissance à des espaces géographiques souvent fort différents.

▶ Le secteur oriental de la côte, dans le Var et les Alpes-Maritimes, est la **Côte d'Azur,** célèbre dans le monde entier pour la **beauté de ses paysages,** la douceur de ses hivers, la **qualité de ses équipements touristiques** (hôtels de luxe, villas, marinas*, ports de plaisance...) et par les **manifestations culturelles** qui se succèdent au gré des festivals (Cannes, Juan-les-Pins, Bandol...).

▶ Alors que, depuis le XIXe siècle, la Côte d'Azur a fondé sa réputation sur le tourisme et la villégiature, le **littoral du Languedoc et du Roussillon,** avec ses immenses plages, est resté presque vide jusqu'aux années 1960. C'est la **volonté d'aménagement de l'État** qui est à l'origine du **boom touristique** que connaît le littoral depuis le début des années 1970 (doc.2 et 3).

▶ À 200 kilomètres des rivages continentaux, **la Corse,** une des plus belles îles de la Méditerranée occidentale, possède des **atouts incontestables** et le tourisme s'y est effectivement développé depuis les années 1960. Il semble maintenant stagner, sans doute en raison du **climat d'insécurité provoqué par les revendications nationalistes.**

B - Villes et hautes technologies

Le réseau urbain s'est partout étoffé entre les frontières italienne et espagnole mais les villes les plus importantes se sont développées dans des contextes économiques différents.

▶ À l'ouest, les villes (**Montpellier, Perpignan, Nîmes**) ont longtemps vécu de leur environnement agricole et ce n'est que récemment qu'elles doivent leur dynamisme à des **fonctions tertiaires d'une autre nature** (touristique, technologique...).

▶ À l'est du Rhône, il convient de faire une place à part à la **vieille métropole marseillaise** avec ses **fonctions portuaires** et les **industries** qui lui sont liées. Avec le déclin des activités de l'époque coloniale, les industries ont glissé vers l'étang de Berre et Fos-sur-Mer où ont été installées raffineries, construction aéronautique et **sidérurgie sur l'eau***. Très différentes sont les **villes de la Riviera** qui doivent une partie de leur essor à un **foisonnement d'activités industrielles** compatibles avec l'image touristique de la région : **confection, pharmacie, parfumerie, électronique,** etc. Avec le **technopôle* de Sophia-Antipolis,** Nice affirme son rôle moteur et se pose en rivale de Marseille dans l'ensemble PACA*.

C - Un poids différent de l'agriculture

▶ L'agriculture méditerranéenne n'a pas le même poids relatif ni dans l'économie, ni dans l'espace des deux grandes parties du Midi méditerranéen. **À l'est, la vigne, l'horticulture et le maraîchage irrigué** occupent les terroirs de petits bassins provençaux ou les coteaux de l'arrière-pays azuréen. **À l'ouest, la viticulture de masse** est encore prépondérante même si la recherche d'une meilleure image a provoqué l'arrachage d'une partie du vignoble ou sa reconversion à l'aide de cépages plus nobles, pour la production de vins d'AOC*.

VOCABULAIRE

AOC : Appellation d'origine contrôlée. Dénomination officielle attribuée à certains produits en raison de leur qualité reconnue. Les vins sont particulièrement concernés par les AOC qui sont liées à des périmètres délimités.

Marina : type d'installation littorale moderne qui consiste à rapprocher le plus possible les habitations balnéaires de l'eau, afin de faciliter l'accès à celle-ci et au bateau amarré. Port-Camargue ou Port-Grimaud sont deux exemples de marinas.

PACA : Provence-Alpes-Côte d'Azur.

Sidérurgie sur l'eau : usine sidérurgique localisée en bordure d'une voie d'eau importante, et le plus souvent au bord de la mer, afin de la faire bénéficier des commodités des transports de pondéreux (minerai, charbon) et d'éviter les ruptures de charge.

Technopôle : (nom masculin) parc technologique disposant de structures d'accueil spécifiques pour les entreprises et favorisant une étroite connexion entre centres de recherche et d'enseignement et industries de pointe.

DOC 1 **Port-Camargue : un aménagement touristique systématique du littoral languedocien.**

- Localiser cette photo sur la carte ci-dessous.
- Quels types d'équipements caractéristiques repérez-vous ?
- Quelles sont les principales reliques du milieu antérieures à la construction de la station ?

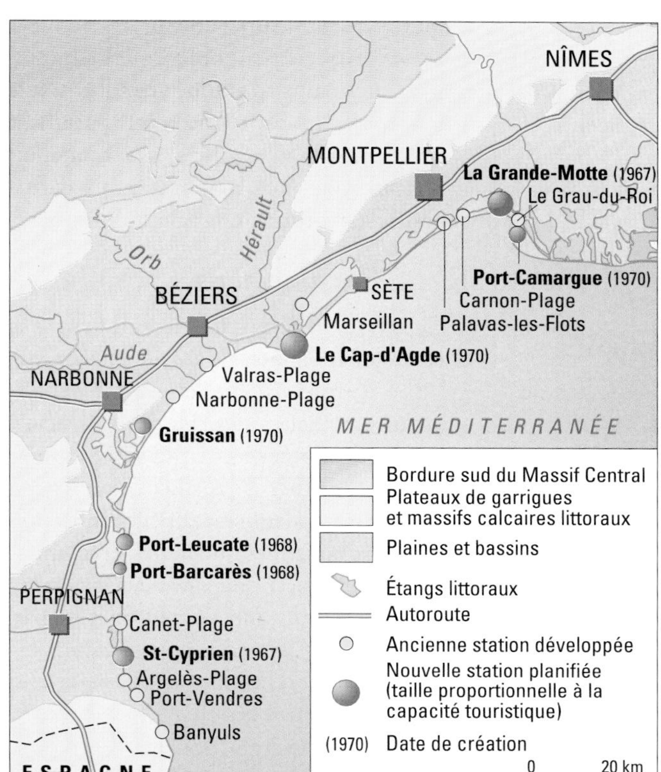

DOC 2

Les équipements d'un tourisme de masse

Pour capter une partie des flux de touristes qui s'écoulaient vers l'Espagne dans les années 1960, a été conçu un schéma d'aménagement systématique du littoral. Ce plan prévoyait une occupation discontinue de la bande côtière avec cinq grandes unités touristiques séparées par des espaces « naturels » conservés.

La mutation a été spectaculaire, avec l'explosion de la construction d'appartements et de pavillons, la multiplication des campings et la mise en place d'infrastructures routières et sportives, notamment les ports de plaisance.

Pour l'ensemble de la région, la fréquentation touristique a été décuplée entre 1965 et 1990 (de 500 000 à 5 millions) et le tourisme est devenu la première activité; mais celui-ci tend à aggraver les déséquilibres régionaux entre le littoral et l'intérieur et il n'est pas insensible aux fluctuations économiques ni aux modes que connaissent les phénomènes touristiques de masse.

© André Humbert, Nathan, 1997.

- Quelles sont les grandes unités touristiques créées par le schéma d'aménagement ?

DOC 3 **L'aménagement programmé du littoral méditerranéen.**

- Quels espaces naturels ont pu être conservés entre les grandes unités touristiques ? Quelle est la caractéristique principale de la desserte autoroutière des stations littorales ?

5 L'Auvergne : au centre ou en marge ?

OBJECTIFS

Connaître les déséquilibres régionaux dont souffre l'Auvergne

Comprendre pourquoi la montagne auvergnate ne connaît pas le même dynamisme que les Alpes

L'Auvergne est une terre de déséquilibres aggravés par les difficultés que connaissent les moyennes montagnes vidées de leurs hommes par le déclin de la petite agriculture. À côté des foyers dynamiques de certaines plaines, les massifs sont à la recherche de nouvelles voies fondées sur la diversité des activités.

A - Les bons pays des limagnes

▶ Dans les limagnes couvertes d'alluvions et au climat plus tempéré que les montagnes s'est développée une **vie agricole ancienne** (doc.1). La **céréaliculture intensive** a fait depuis longtemps la réputation des plaines de Clermont-Ferrand et Issoire. La modernisation par la mécanisation, l'emploi des engrais et l'irrigation ont encore renforcé cette spécialisation avec l'introduction de la culture de semences de maïs.

▶ **Ces plaines concentrent aussi l'essentiel de la vie urbaine et les grandes voies de communication.** Les plus humanisées sont celles du Val d'Allier où s'est développée l'agglomération de **Clermont-Ferrand** dont le dynamisme a reposé longtemps, et essentiellement, sur l'entreprise **Michelin.** D'autres industries sont aussi concentrées dans ce couloir de basses terres, d'Issoire ou Brioude, au sud, jusqu'à Vichy et Gannat, au nord. **Mais la crise a frappé beaucoup de ces activités, souvent concentrées en grandes entreprises.**

B - De hautes terres dépeuplées

▶ Bien que les montagnes auvergnates ne soient pas très élevées, elles souffrent aujourd'hui d'un **dépeuplement dramatique,** alors qu'elles avaient autrefois des hommes en excès. Longtemps restées fidèles à une polyculture familiale, sur de petites exploitations, ces terres froides se sont modernisées trop tardivement en se spécialisant **dans l'élevage** pour le lait ou la viande. Mais cette modernisation n'a pas donné les résultats escomptés en dehors de certains bassins de production* bien organisés, comme dans les Monts d'Auvergne, car dans un contexte de concurrence productiviste*, la montagne possède un lourd handicap dû au climat et à la pente.

▶ Les montagnes de l'Est, en **Haute-Loire**, plus proches des influences manufacturières du Lyonnais, ont conservé un dynamisme certain grâce à une **nébuleuse de petites industries** régénérées dans le textile, la mécanique ou le plastique.

▶ **De grandes espérances ont été fondées sur le tourisme pour sortir la montagne de son sous-développement,** mais le Massif central ne possède pas les mêmes atouts que les Alpes en raison de ses altitudes médiocres, et les **stations de ski comme Superbesse ou Superlioran** ne peuvent rivaliser avec leurs homologues alpines. Trop longtemps pratiqué par les seuls Auvergnats, le **tourisme vert*** pourrait trouver un second souffle s'il se diversifiait grâce au sport, aux manifestations culturelles, à l'agro-tourisme et au thermalisme*.

C - Sur un nouvel axe méridien

▶ **Située sur le plus court chemin entre le Bassin parisien et la façade méditerranéenne du pays, l'Auvergne est cependant un obstacle à des relations directes,** en raison des hautes terres qui s'interposent au sud des plaines de l'Allier. Une liaison rapide est cependant en cours de réalisation dans le prolongement de la **desserte autoroutière** de la Limagne déjà existante (doc.2). Une fois achevé, cet axe médian pourrait constituer un **facteur de désenclavement** en répartissant plus harmonieusement les flux qui s'écoulent entre le Nord et le Midi. L'Auvergne pourrait devenir un pivot territorial.

VOCABULAIRE

Bassin de production : région spécialisée dans une production particulière, comme certains secteurs des montagnes du Cantal qui se sont orientées vers la production laitière ou, au contraire, vers celle des veaux de boucherie.

Productivisme : mode de production dans lequel on s'efforce d'obtenir les rendements les plus élevés possibles. Dans un tel système sont mis en œuvre tous les moyens techniques et financiers (machines, engrais, semences sélectionnées) permettant d'améliorer les résultats. Ce mode de production est de plus en plus remis en cause et certains préconisent un retour à des systèmes culturaux plus extensifs.

Thermalisme : pratique qui consiste à utiliser des eaux chaudes naturelles dans un but thérapeutique.

Tourisme vert : forme de tourisme qui privilégie la fréquentation des campagnes, à la recherche d'un environnement « naturel » fait de champs, de prairies, de forêts et d'étangs. Le tourisme vert est souvent associé à des formes d'hébergement en milieu rural dans des fermes-auberges ou des gîtes ruraux.

DOC 1 **La Grande Limagne et la chaîne des Puys vus vers l'ouest.**

■ Quels sont les principaux caractères des paysages ruraux ? Quelles formes du relief reconnaissez-vous ?

DOC 2

Le désenclavement de l'Auvergne par l'A75.

■ Sommes-nous encore en Limagne ? Pourquoi ?

Les différentes phases de l'économie montagnarde

▶ L'exode rural a entraîné une forte déprise des activités traditionnelles en milieu montagnard dans tous les massifs français.

▶ La désertification du vaste domaine montagnard français a été évitée grâce à l'implantation d'industries très consommatrices d'électricité.

▶ C'est ensuite le tourisme de masse qui a pris le relais d'une industrie qui regagne la plaine et se rapproche des marchés.

I. Un milieu montagnard agricole

DOC 1 **Val d'Isère dans les années 1930 : un village rural de Savoie.**

DOC 2

La vie agro-pastorale ne peut plus retenir les hommes dans la montagne

Le désavantage montagnard s'accentue en matière d'intensification de la production. Si l'eau d'irrigation ne manque pas, les travaux d'amenée sur pente et l'entretien des canaux buttent devant le défaut de bras, qui ne permet plus la conservation des installations anciennes. Plus grave encore est le manque de chaleur ainsi que la brièveté de la saison végétative qui réduit la production végétale… La longueur de l'hiver impose une stabulation préjudiciable – baisse de rendement, récolte et transport de foin, surcroît de travail – que ne connaissent pas les régions basses. La production des nouveaux aliments du bétail, le maïs et l'orge, se heurte à la fois au déficit de chaleur et à l'exiguïté des terres labourables.

La nature montagnarde défavorise donc l'agriculture et l'élevage aujourd'hui plus que dans le passé. Lorsque l'agriculture avait un caractère extensif et nourricier, que tout le travail s'accomplissait par les seules forces humaines et animales, la montagne ne souffrait pas d'une infériorité trop criante. Maintenant qu'il s'agit de produire en quantité au plus bas prix, elle ne peut plus suivre.

D'après P. et G. Veyret, *Atlas et géographie de la France moderne*, Flammarion, 1979.

QUESTIONS

■ **Doc 1 et 2** - Relevez les conditions défavorables pour l'activité agricole en montagne dues : 1) au climat, 2) à la pente, 3) aux faibles densités humaines. Sur la carte (doc.4), retrouvez sur l'adret les traces de cette activité aujourd'hui disparue : toponymes agricoles, ruines.

■ **Doc 3** - Quel est le facteur déterminant qui, en augmentant le coût des produits, ne permettait plus à l'industrie en montagne d'être compétitive ?

■ **Doc 4** - Localisez l'usine électrique de Bourg-Saint-Maurice avec ses conduites forcées, ainsi que d'autres bâtiments industriels dans la vallée.

■ **Doc 1, 4 et 5** - Quels éléments du village traditionnel retrouvez-vous ? Définissez le sens d'exposition du versant aménagé pour le ski et justifiez ce choix. Retrouvez ces aménagements sur la carte.

■ **Doc 6** - Que doit offrir une station de montagne à sa clientèle de touristes ?

■ **Synthèse** - Comment, à travers les cycles d'activité, l'occupation humaine de la montagne a-t-elle évolué, aussi bien en densité qu'en type d'organisation (les versants, les altitudes, etc.) ?

II. Des usines en fond de vallée

DOC 3

Les illusions de l'épopée industrielle

La montagne était apparue comme un immense réservoir énergétique depuis qu'en 1869 Aristide Berges, un papetier, avait eu l'audace de capter sous des pressions énormes la chute d'eau de Lancey, qui tombait de 200 mètres en amont de Grenoble, pour en tirer une énergie utilisée à faire tourner un défibreur transformant le bois en pâte à papier. Mais de cette épopée industrielle de la montagne, il ne reste rien. L'énergie hydro-électrique n'a pas permis un véritable développement économique de la montagne, elle a été plutôt une illusion. Elle a favorisé l'implantation de grosses industries très consommatrices d'énergie, mais, gênée par l'extrême dispersion des richesses minières et par le double transport de matières premières et de produits fabriqués, cette industrie lourde, trop décentralisée, a glissé ensuite vers les grandes vallées.

B. Fischesser, *La vie de la montagne*, Chêne-Hachette, 1982.

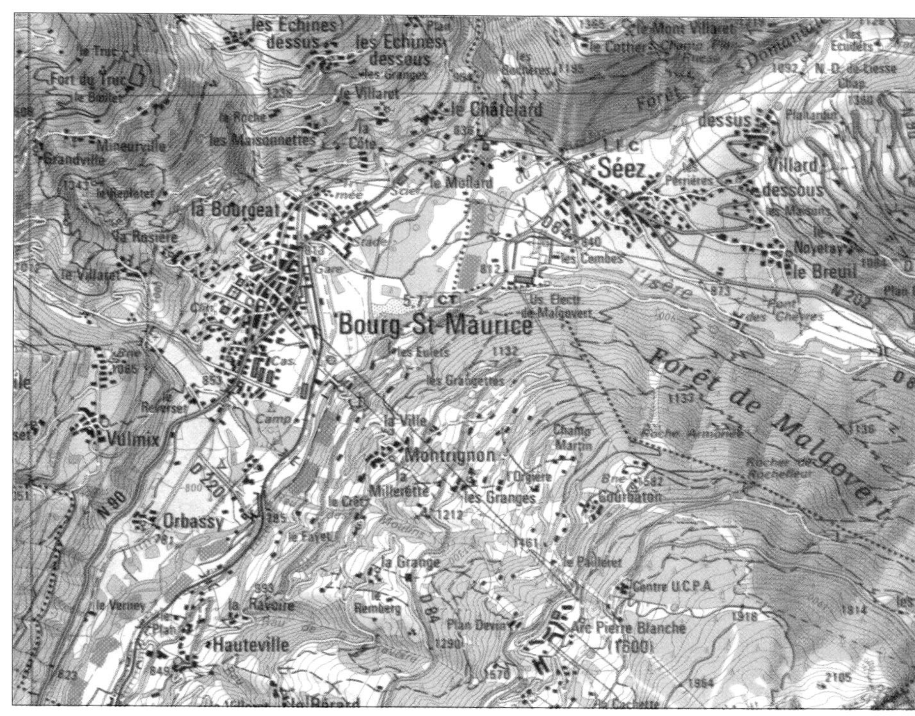

DOC 4 Extrait de la carte IGN de Bourg-Saint-Maurice (1977) au 1/50 000 : des aménagements industriels en fond de vallée.

III. Un espace organisé par le tourisme

DOC 5 Val d'Isère aujourd'hui : une grande station de sports d'hiver.

DOC 6

Megève (Haute-Savoie) : d'un village à une station touristique

Née pendant l'hiver 1919-1920 avec le rôle essentiel de la baronne de Rothschild, Megève acquiert rapidement l'image qui l'impose en France avec les premières remontées mécaniques, les téléphériques, et l'apparition d'une école de ski français. Dans les années 1950-1960, la station connaît sa célébrité maximale en jouant sur son enneigement, son ensoleillement, la fréquentation d'artistes et de vedettes très connus comme Jean Cocteau et Jean Marais. Tout change alors : le village pastoral connaît l'afflux des touristes, la multiplication des hôtels, des chalets et d'importantes opérations immobilières. Les résidences secondaires deviennent la principale forme d'hébergement. La croissance spatiale, considérable et assez anarchique, n'altère cependant pas l'aspect village de montagne.
Aujourd'hui, face à la concurrence, Megève cultive une image de station village authentique où l'on protège une certaine qualité de vie, une image de station sportive avec des équipement nouveaux. Elle offre, par ailleurs, une véritable saison d'été avec de multiples activités.

D.R.

Marseille, du Vieux Port au complexe portuaire

▶ L'expansion des activités portuaires et la transformation des conditions de navigation et des transports terrestres ont nécessité l'aménagement de nouvelles infrastructures, qui imposent parfois la construction d'un véritable nouveau port adapté aux besoins du moment.

DOC 2 Le complexe portuaire pétrolier de Lavéra près de l'Étang de Berre.

DOC 1 Le Vieux Port de Marseille et les extensions du port moderne.

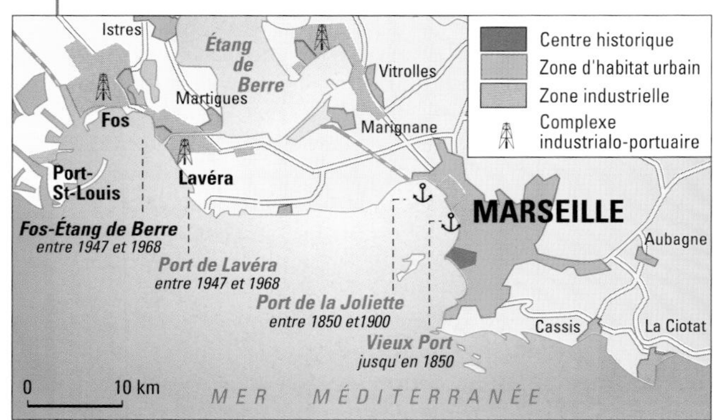

DOC 3 L'extension et le glissement des activités portuaires de Marseille.

QUESTIONS

■ **Doc 1 et 2** - À l'aide des photos, décrire les trois grands aménagements portuaires de Marseille (Vieux Port, port de commerce moderne de la Joliette, complexe portuaire de l'Étang de Berre). Quels types de bateaux y débarquent? Quels types d'activités ces bateaux entraînent-ils?

■ **Doc 3** - Repérer sur la carte chacun de ces trois ensembles. Pourquoi parle-t-on de glissement d'activités?

■ **Synthèse** - Quelle différence y-a-t-il entre un port et un complexe portuaire?

Le Grand Sud-Est

L'essentiel

- Vaste ensemble régional français, le Grand Sud-Est occupe un quart du territoire métropolitain. Amplement dominé par les montagnes, ce territoire est cependant largement ouvert sur l'extérieur grâce aux couloirs de circulation qui le sillonnent.
- C'est aussi une façade méditerranéenne, attractive et ouverte, qui pourrait devenir une véritable Sun Belt française.
- Quelques grandes métropoles polarisent l'espace du Sud-Est, mais des foyers urbains périphériques ont créé des aires dynamiques nouvelles et des zones de vieilles industries s'efforcent de sortir de la récession par la reconversion.
- En contact avec trois pays européens voisins, le Grand Sud-Est est situé de façon idéale pour jouer le rôle d'interface entre la vieille Europe développée du Nord et les pays méditerranéens de l'Union européenne.

Les notions clés

- Eurorégion
- Héliotropisme
- Interface
- Reconversion industrielle
- Sun Belt
- Technopôle
- Thermalisme
- Tourisme vert

Les chiffres clés

	Auvergne	Rhône-Alpes	Provence-Alpes-Côte d'Azur	Languedoc-Roussillon
INDICATEURS DÉMOGRAPHIQUES ET DE PEUPLEMENT				
Superficie (% du territoire)	26 013 km² (4,7 %)	43 698 km² (8 %)	31 400 km² (5,8 %)	27 376 km² (5 %)
Population en millions (% de la pop. française)	1,3 (2,3 %)	5,5 (10 %)	4,4 (7,6 %)	2,2 (3,8 %)
Densité *(moy. France : 106 hab./km²)*	50,5	126,3	140,3	80,5
Solde migratoire (par an, 1982-1990)	– 0,04 %	0,28 %	0,67 %	1,10 %
INDICATEURS SOCIAUX ET ÉCONOMIQUES				
PIB par habitant (francs/hab.) *(moy. France : 122 000 francs)*	99 000	119 700	108 900	92 800
Taux de chômage *(moy. France : 11,7 %)*	10,6 %	10,8 %	14,9 %	16,1 %
sPIB régional (en % du PIB national)	1,9	9,3	6,8	2,9
Répartition du PIB par secteur :				
Agriculture	3,7 %	1,9 %	2,2 %	4,8 %
Industrie	32,0 %	36,0 %	22,9 %	21,0 %
Tertiaire	64,3 %	62,1 %	74,9 %	74,2 %
PRINCIPALES AGGLOMÉRATIONS				
	Clermont-Ferrand : 254 416	Lyon : 1 262 223	Marseille : 1 230 936	Montpellier : 248 303
	Montluçon : 63 018	Grenoble : 404 733	Nice : 516 740	Perpignan : 157 873
	Vichy : 61 566	Saint-Étienne : 313 338	Toulon : 437 553	Nîmes : 138 527
	Le Puy : 43 499	Annecy : 126 729	Grasse-Cannes-Antibes : 335 647	Alès : 76 856
	Moulins : 41 715	Valence : 107 965	Avignon : 181 136	Béziers : 76 304

CHAPITRE 15

Le Royaume-Uni

▶ Le Royaume-Uni, dit-on souvent, constitue un cas à part en Europe sur le plan économique, social, politique... Est-ce lié à son caractère insulaire ?

▶ Le Royaume-Uni est un peu hésitant face à la construction européenne. En revanche, il occupe sur la scène mondiale un rôle qui dépasse celui de puissance moyenne – qui pourrait pourtant être le sien. Comment l'expliquer ?

▶ On parle souvent de la crise du Royaume-Uni. Qu'a-t-elle de spécifique ? Quelles en sont les composantes ? Quelle en est la traduction spatiale ?

West-End : le centre politique de Londres.
Londres possède deux centres : l'un financier (la City, voir p. 277), l'autre administratif et financier : le West-End.

■ *Comment expliquer cette séparation et cette concentration des ministères, du parlement, du palais de Buckingham ?*

■ *Comment décrire ce paysage urbain (architecture, densité, espaces verts...) ? Existe-t-il un quartier comparable à Paris (voir p. 187) ?*

PLAN DU CHAPITRE

Buckingham Palace
St James Park
Ministère des Affaires étrangères
Ministère de la Défense
Amirauté
Ministère de l'Agriculture
Gare de Charing Cross
Bank of England
Angle de vue de la photo de la City p. 277
CITY
St-James Park
WEST END
Angle de vue de la photo p. 269

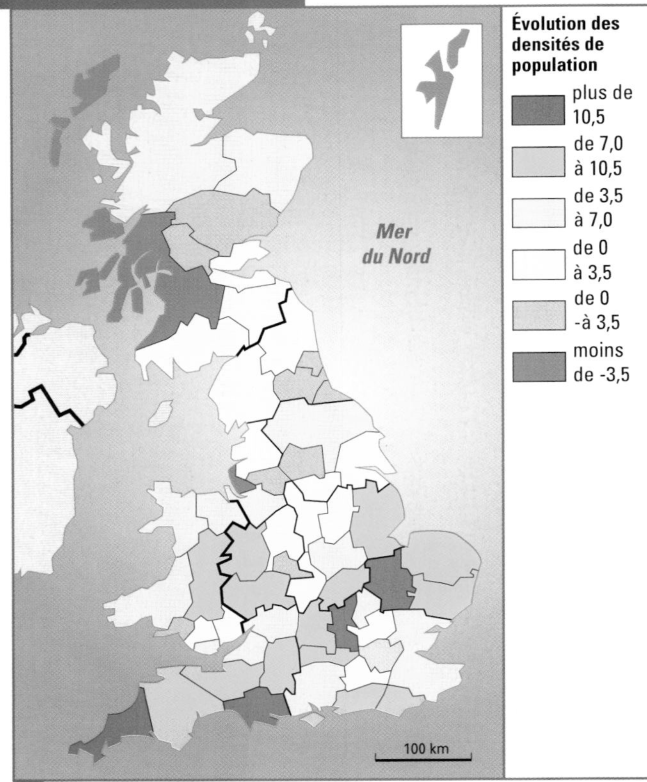

1 L'évolution des densités de population entre 1981 et 1991.

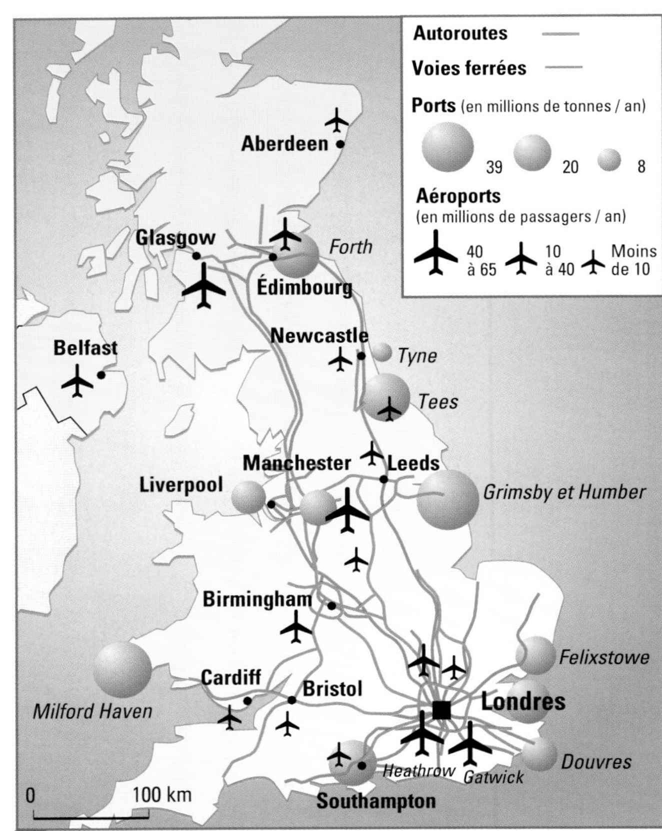

2 Les réseaux de transport.

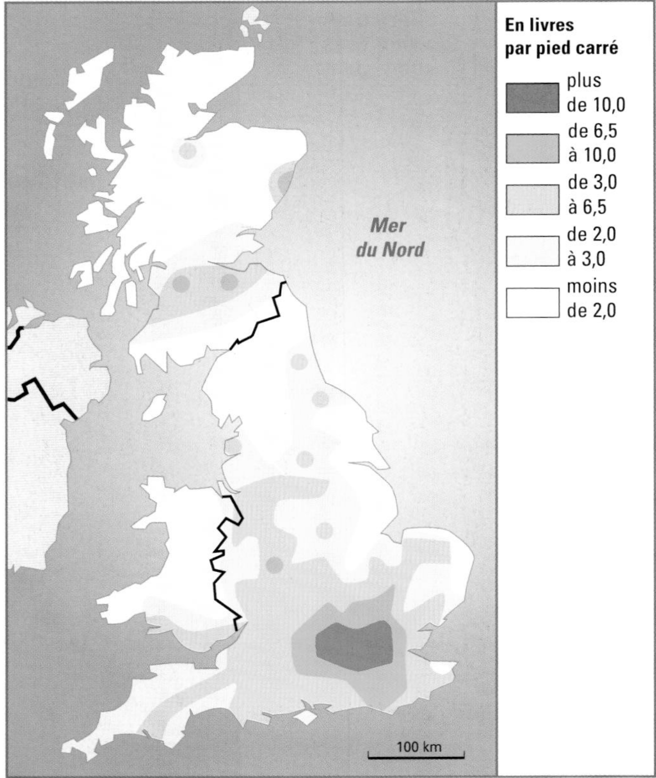

3 Le loyer des bureaux.

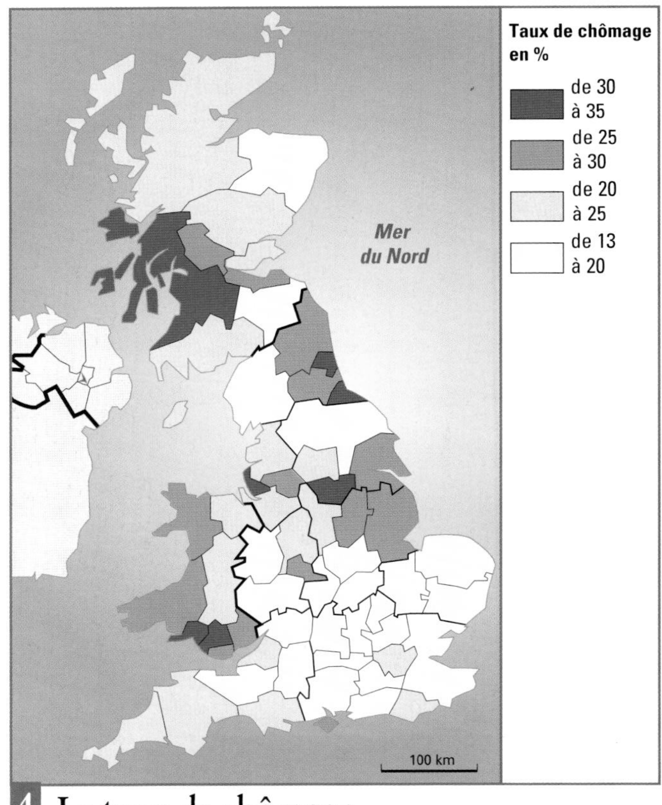

4 Le taux de chômage.

5 L'organisation de l'espace du Royaume-Uni.

1 Qu'est-ce que le Royaume-Uni ?

OBJECTIFS

Connaître la composition du Royaume-Uni

Comprendre en quoi le Royaume-Uni est une île

Le Royaume-Uni n'est pas un pays comme un autre. Ce genre d'affirmation vaut sans doute pour tout pays, mais le particularisme et l'insularité britanniques, la structure nationale lui confèrent en Europe une originalité certaine.

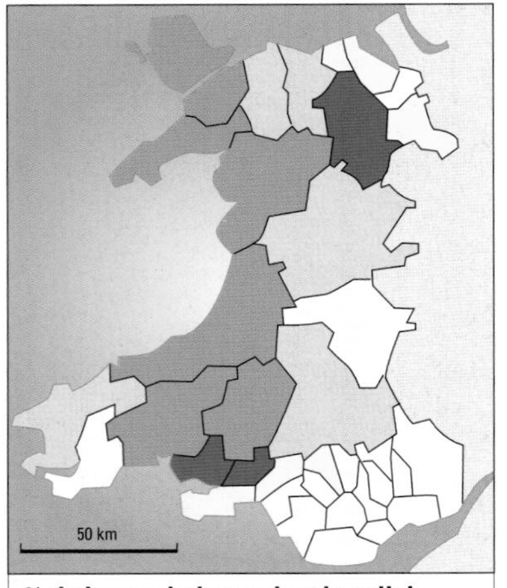

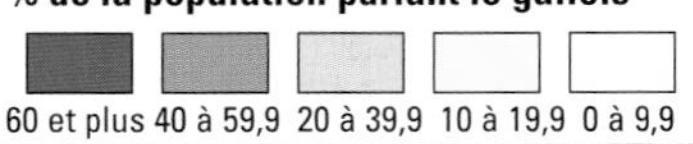

DOC 1 **Pourcentage de la population parlant gallois.**

A - Angleterre, Grande-Bretagne, Royaume-Uni, îles Britanniques ?

▶ La **Grande-Bretagne** est constituée de trois nations (doc.2), à l'autonomie très limitée : **Angleterre** (83 % de la population), **Pays de Galles** (uni au XVe siècle), **Écosse** (1707). La Grande-Bretagne et l'Irlande du Nord (Ulster) forment le **Royaume-Uni** (1921), qui adhère – tardivement – à la Communauté européenne (1973). Certaines îles comme Jersey et Guernesey appartiennent à la couronne, mais pas au Royaume-Uni. Il faut enfin ajouter quelques colonies – Gibraltar, Hong Kong (rétrocédé à la Chine en 1997). Le **Commonwealth** regroupe la plupart des anciennes colonies (Canada, Kenya...) et leur métropole sous l'égide le la reine (doc.3, p.275).

▶ Le Royaume-Uni est une **monarchie parlementaire** : Élisabeth II règne et dirige l'Église anglicane, le Premier ministre gouverne, la Chambre des communes légifère. **La structure du territoire est très centralisée** : tous les pouvoirs sont concentrés à Londres (à West-End). La cohésion du pays est toutefois menacée par la **guerre civile endémique en Ulster** (terrorisme de l'IRA, doc.4) et le renouveau du sentiment identitaire en Écosse et au Pays de Galles (où 1/5 des habitants parlent aussi gallois) (doc.1).

▶ Le pays constitue désormais une **moyenne puissance à l'échelle mondiale, de 58 millions d'habitants** ; mais qui dispose de l'arme nucléaire.

B - L'insularité

▶ « **L'Angleterre est une île** », ne peut s'empêcher d'affirmer le géographe qui commence la leçon sur le Royaume-Uni. Certes, il est bon de rappeler que la mer est toujours proche. À cette latitude, elle garantit un **climat océanique, humide et frais,** qui devient vite rigoureux à mesure qu'on s'élève en altitude ou qu'on gagne le Nord. Ceci vaut aux plaines et plateaux du Sud (les **Lowlands***, terres basses) un milieu assez accueillant, mais abandonne le Nord montagneux (**Highlands***, terres hautes) aux rigueurs du vent, du froid, aux paysages de landes.

▶ On peut aussi souligner que le pays, jeté à la mer, doit pour une part à son « destin » de **puissance maritime** son rôle de première puissance mondiale, économiquement et politiquement, jusqu'au XIXe siècle. Que son « **splendide isolement** », préservé par **la Manche**, la protège depuis presque 10 siècles des invasions, pérennise sa particularité et explique ses hésitations face à l'Union européenne. Mais combien d'îles ont connu un sort différent ?

▶ Il faut surtout souligner que **cette insularité a été construite au fil de l'histoire** : elle est largement le fait des hommes. Le pays s'est séparé de l'Europe, où il abandonne toute ambition territoriale dès le XVIIe siècle, dont il se défend (contre l'Espagne de Philippe II, la France de Louis XIV et de Napoléon, l'Allemagne de Bismarck puis de Hitler). La rupture avec la papauté (XVIe siècle), l'ambition coloniale, le choix d'un destin atlantique, la conscience précoce mais toujours très vivace d'une identité particulière face à l'Europe continentale ont peut être davantage joué dans le bilan de cette insularité... que les 30 km du Pas-de-Calais. Inversement, l'**ancrage dans l'Union européenne** marque un **abandon de l'insularité**, dont il n'est de meilleur symbole que le **tunnel sous la Manche.**

VOCABULAIRE

HIGHLANDS : pays haut. Montagnes et plateaux du nord et de l'ouest de l'Angleterre, souvent couverts de landes, froids et battus par les vents.

LOWLANDS : pays bas. Plaines du sud-est de l'Angleterre, au climat assez doux.

Grande-Bretagne = 3 nations : Angleterre + Pays-de-Galles + Écosse

Royaume-Uni = 1 État composé de la Grande-Bretagne et de l'Irlande- du- Nord

Îles Britanniques = 2 États : Royaume-Uni + République d'Irlande (Eire)

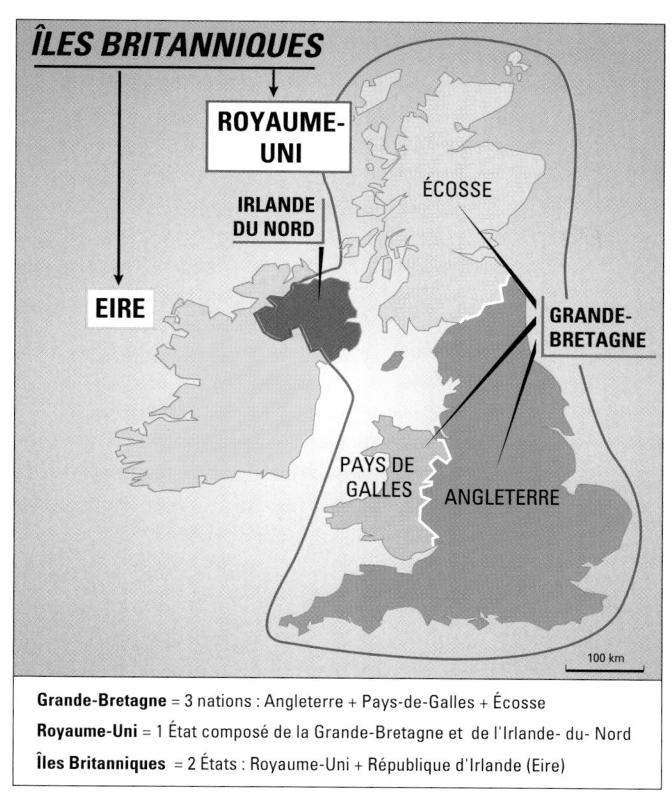

DOC 2 **Les îles Britanniques.**

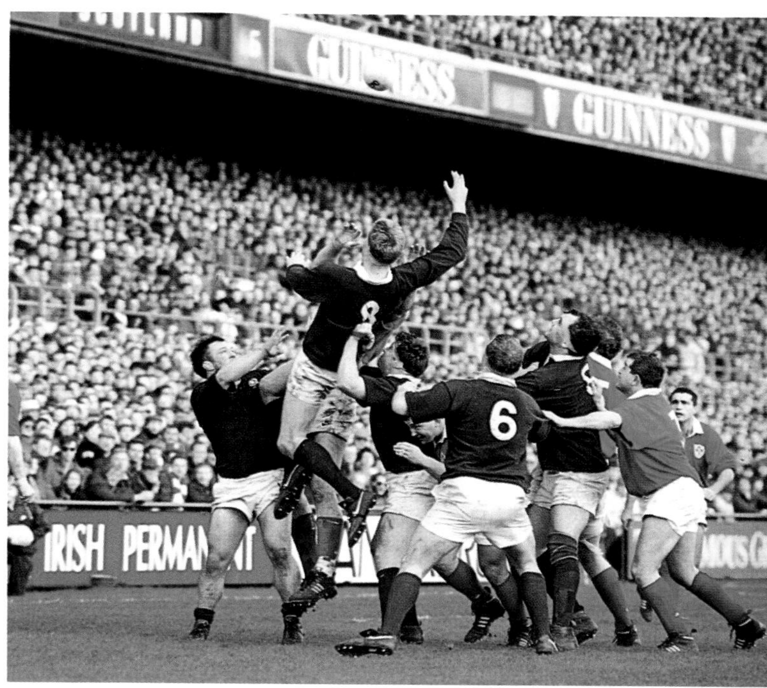

DOC 3 **Match Irlande/Écosse du tournoi des cinq nations.**

■ Quelles sont les cinq nations en question ? Pourquoi les équipes ne correspondent-elles pas complètement au découpage politique ?

DOC 4 **Mur peint à Belfast (Irlande du Nord).**

■ La fresque appelle à voter pour la branche politique du mouvement indépendantiste dont l'IRA est la branche armée.

■ Quelles sont ses revendications affichées ?

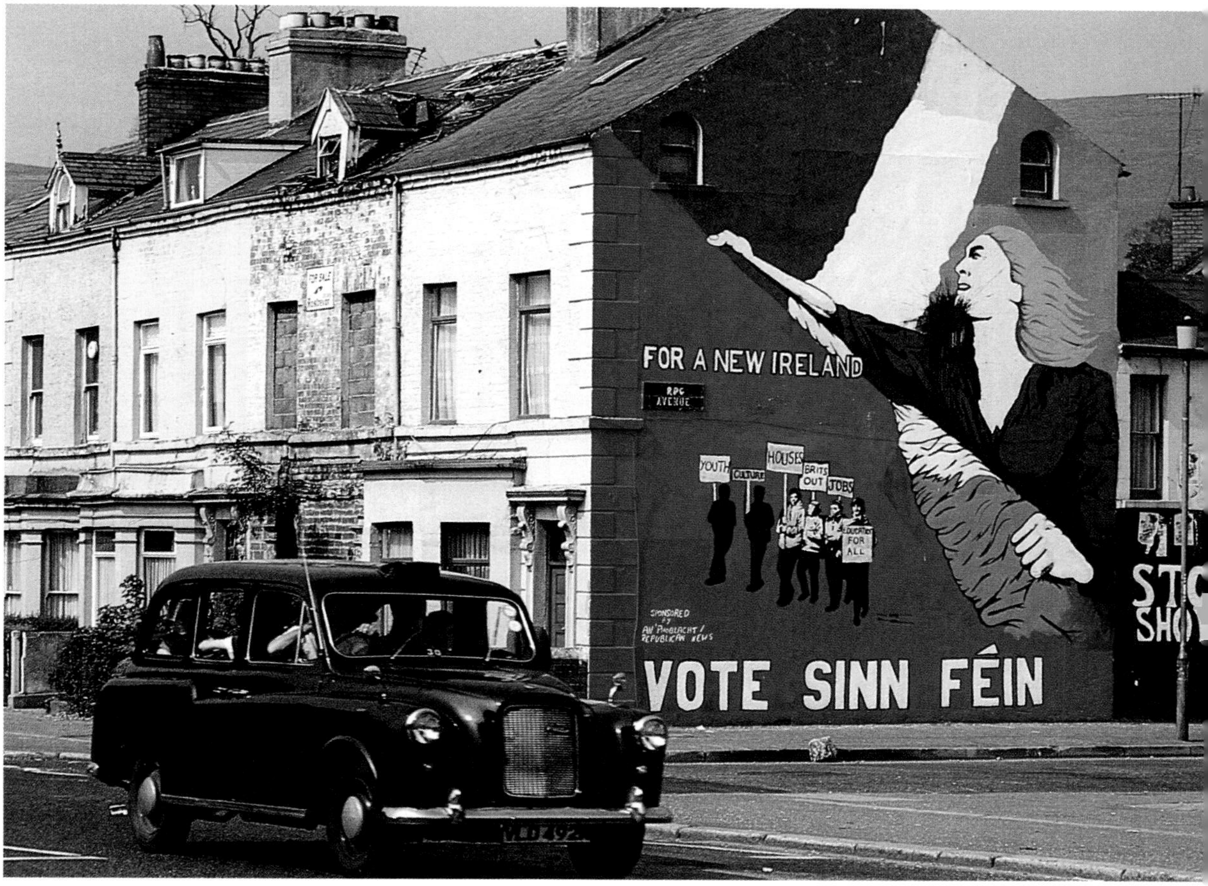

2 Le monde, l'Europe, le Royaume-Uni

OBJECTIFS

Prendre conscience de la nature particulière des rapports du Royaume-Uni au reste du monde

Comprendre les raisons des hésitations du Royaume-Uni face à l'Europe

On ne peut comprendre le Royaume-Uni sans se référer à sa dimension mondiale qui a été et reste encore essentielle, en contradiction avec la puissance effective du pays et avec son ancrage européen.

A - Le Commonwealth, les États-Unis et le monde

▶ Le **passé impérial du Royaume-Uni** et l'héritage de son statut de première puissance mondiale, la « **relation privilégiée** » qu'il entretient avec les **États-Unis d'Amérique** confèrent au pays une place particulière à l'échelle du globe.

▶ Grâce aux colons, aux commerçants, aux administrateurs et aux immigrants, **l'anglais s'impose dès la fin du XIXe siècle comme langue internationale.** Aujourd'hui deuxième langue parlée (451 millions de locuteurs) après le chinois , elle est comprise universellement, serait-ce sous la forme d'un pidgin*. La presse *(Financial Times)*, l'édition scientifique, la télévision et la radio (BBC) et l'ensemble de la **culture anglaise** (de Shakespeare aux Beatles), diffusée par le *British Council*, en tirent une dimension sans rapport avec les 58 millions d'habitants de l'archipel. Grâce à une décolonisation assez pacifique, **les relations restent très étroites avec les anciennes colonies**. La plupart (Inde, Afrique du Sud, Chypre...) appartiennent au Commonwealth (doc.1), qui fait symboliquement de la reine le chef d'État du Canada, de l'Australie... Les liens diplomatiques et économiques sont actifs, ce qui pose des problèmes à l'Union européenne. Les **confettis de l'empire** (Gibraltar, Hong Kong, Bermudes...) assurent la **présence anglaise en des endroits stratégiques**, que le royaume sait défendre (guerre des Malouines en 1982).

En 1945, l'empire, à son apogée, incluait le quart des terres émergées et de la population mondiale.

▶ **Les États-Unis d'Amérique assurent le relais de la prééminence culturelle de l'anglais.** Ils ont en partage avec le Royaume-Uni une histoire marquée par de grands moments de solidarité (les deux guerres mondiales) et quelques différends (les États-Unis d'Amérique sont les responsables de la débâcle de l'expédition franco-britannique de Suez en 1956). La **protection militaire accordée par les États-Unis** d'Amérique est un solide appui, mais ne va pas sans grincements de dents.

▶ Le Royaume-Uni garde donc, à l'échelle du monde, une position centrale, qui explique qu'il soit le **premier pays européen pour l'accueil de capitaux étrangers.**

B - L'Europe

▶ Les « **liens spéciaux** » **entre les États-Unis d'Amérique et le Royaume-Uni** sont d'ailleurs la raison pour laquelle le général de Gaulle a par deux fois opposé son veto (1963 et 1967) à l'entrée du pays dans la Communauté européenne (effective en 1973).

▶ **La position du Royaume-Uni au sein de l'Union européenne a toujours été ambivalente.** D'un côté, il tient farouchement à son **indépendance** et à sa spécificité, et se méfie de toute autorité supranationale. Le Royaume-Uni est autant lié aux États-Unis d'Amérique qu'à l'Europe. D'un autre côté, l'Europe est une sorte de fatalité à laquelle il ne peut échapper, sur le plan économique surtout, de crainte d'un nouveau « blocus continental ». Chaque nouvelle décision donne lieu à des négociations serrées quand ce n'est pas à des crises (dossier social, budget, SME, PAC, règles de vote, « vache folle », doc.2).

▶ C'est que le Royaume-Uni n'attend pas de l'Union européenne la même chose que ses partenaires. Par exemple, la France souhaite une Europe unie notamment pour assurer son « destin » européen, et pour contrebalancer l'influence américaine en se prémunissant de la menace soviétique, puis russe. **Le Royaume-Uni voit dans l'Europe une simple réalisation du libre-échange, et reste fidèle à son appui américain.**

VOCABULAIRE

PIDGIN : langue d'appoint composée d'un mélange d'anglais et de langues locales (chinois, mélanésien...) en usage en Extrême-Orient et dans l'océan Indien.

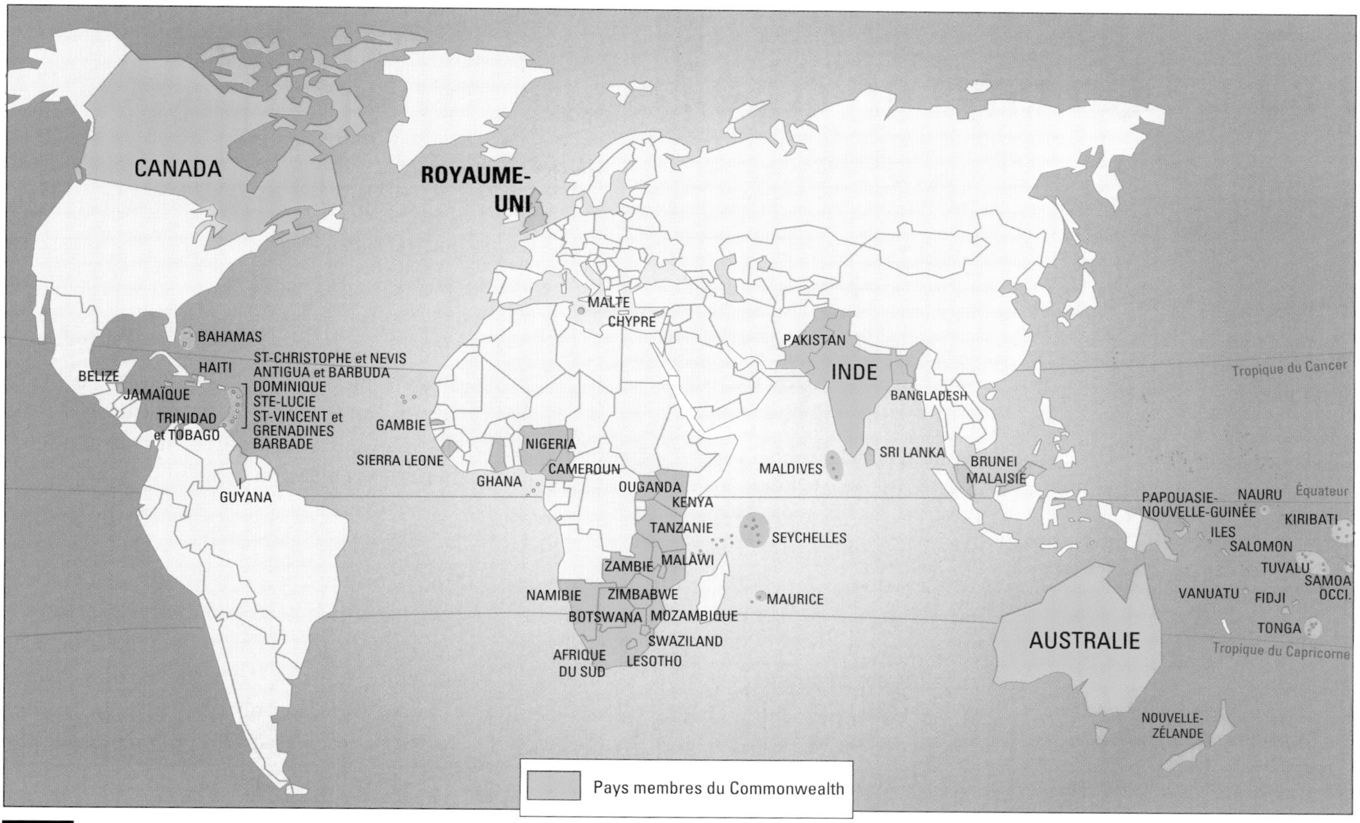

DOC 1 **Le Commonwealth.**

DOC 2 **« Des bovins et des Prussiens ».** Comment est présentée, dans un quotidien conservateur britannique, la menace européenne dans l'affaire de la vache folle. Reproduit dans *Der Spiegel* pour illustrer la germanophobie anglaise.

DOC 3 **La reine Elisabeth II en visite officielle au Kenya.** ▶

3 Un pays en crise ?

OBJECTIFS

<u>Connaître</u> les facteurs de la crise économique du Royaume-Uni, ainsi que ses manifestations

<u>Savoir</u> comment s'effectue la reconversion de l'économie britannique

Le thème du déclin du Royaume-Uni constitue un lieu commun : faillite industrielle, crise de société, monarchie qui bat de l'aile, effritement des valeurs… Qu'en est-il vraiment ?

- *Le Royaume-Uni produit 7 fois moins de houille qu'en 1913.*
- *Entre 1979 et 1994, l'industrie britannique a perdu 40 % de ses effectifs; la part de l'industrie manufacturière passe de 33 à 23 % du PIB.*
- *En 1987, le PIB par habitant de l'Italie dépasse celui du Royaume-Uni.*

A - Une reconversion par électrochocs

▶ **Le Royaume-Uni a été le premier pays à entrer dans l'ère industrielle, dès le XVIIIe siècle.** La prospérité de ses **industries manufacturières** (40 % de la production mondiale vers 1850), la **production de charbon**, la **suprématie de la livre** lui assuraient au XIXe siècle le leadership de l'économie mondiale.

▶ Le choc des deux guerres mondiales, l'émergence des États-Unis d'Amérique, des économies continentales (Allemagne, France) puis est-asiatiques (Japon, Corée), l'obsolescence de l'appareil industriel, un certain blocage social ont débouché sur une **crise économique majeure** qui prend toute son ampleur à partir des années 1960. **La désindustrialisation a été brutale,** surtout sous Mrs. Thatcher (1979-1990), dont la **politique ultra-libérale** (ouverture des frontières, privatisations en chaîne, lutte contre les syndicats) s'est traduite par la **faillite des entreprises les plus fragiles** et de très nombreux licenciements.

▶ Parallèlement à l'abandon programmé des industries non concurrentielles (charbon, sidérurgie, automobile…) émerge une **économie assez florissante, fondée sur les services rares de haut niveau,** incarnée par la **prééminence internationale de la City** de Londres (finance, commerce international, assurance) et sur une **industrie des hautes technologies** (technopôle* de Cambridge, appuyé sur la tradition universitaire, corridor de l'autoroute M4 Londres/Bristol).

▶ Ce retournement économique s'accompagne d'une **restructuration de la société et du territoire** (voir p.280). Cette **tertiarisation** concerne toutes les anciennes puissances industrielles (France, Allemagne, États-Unis d'Amérique…), mais elle a été au Royaume-Uni particulièrement brutale et précoce.

B - La crise urbaine

▶ Ces mutations économiques se traduisent par des **bouleversements spatiaux à l'échelle du pays et à celle de la ville.** Les anciennes usines ferment et des zones entières se métamorphosent en **friches industrielles,** les espaces portuaires périclitent, les anciens quartiers ouvriers – souvent en immédiate périphérie du centre – se paupérisent et se dégradent.

▶ **L'hypercentre, du fait de la tertiarisation, voit son rôle s'accroître.** Il se vide des ses habitants au profit des activités de bureaux, comme dans le quartier des affaires de Londres (la City, d'où le terme de **citysation***) (doc.3). Ce centre, quand il est à l'étroit, peut déborder et participer à la **reconversion des espaces industriels proches** : ainsi, à l'est de la City, les anciens docks (comme le Canary Wharf, l'Isle of Dogs) ont été réhabilités, dans le cadre de grandes opérations d'urbanisme, pour accueillir des bureaux et des logements de standing (**gentrification***, voir le TD p. 278).

▶ **L'*inner city*** où s'était faite la révolution industrielle bénéficie rarement de cette opportunité (doc.2). Les quartiers de logements insalubres de l'époque victorienne ou de HLM des années 1950/1960 sont abandonnés. Demeure une **population d'immigrés** (antillais et indo-pakistanais) et **de pauvres**; les taux de chômage atteignent fréquemment 50 %. Des **émeutes** secouent ces quartiers à Londres, Liverpool, Manchester… dans les années 1980.

VOCABULAIRE

Citysation : spécialisation des quartiers centraux dans les fonctions du tertiaire supérieur destiné aux entreprises (finance, droit, etc.) au détriment des autres activités urbaines.

Gentrification : réhabilitation des quartiers centraux pauvres et délabrés, qui sont réinvestis par les classes aisées (la *gentry*).

Technopôle : voir p. 82.

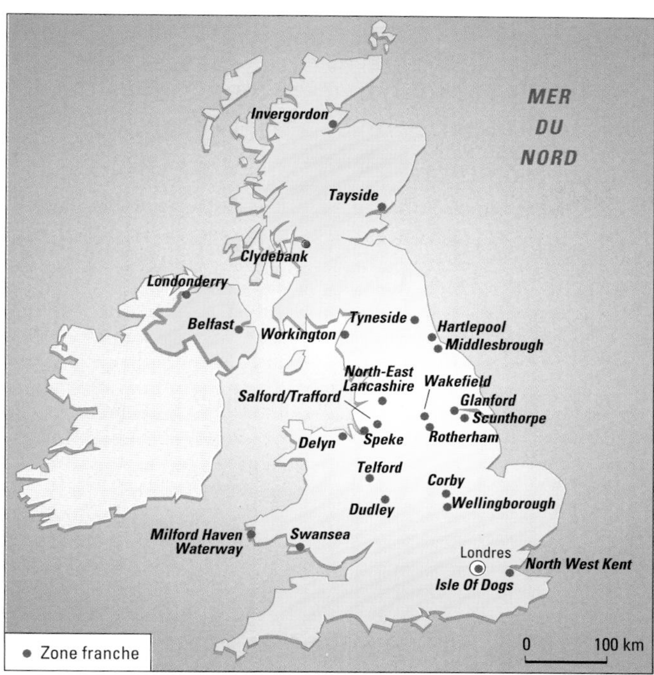

DOC 1 **Les villes où ont été créées des zones franches pour aider le développement industriel.**

DOC 2 **Londres, dans l'*inner city*.**

- Comment caractériser l'état des immeubles, la nature des commerces ?
- De quelle origine sont les passants ?
- Comment expliquer l'existence de ce type de quartier ?

DOC 3 **Londres, dans la City.** On note le bus rouge à impériale et le taxi typiquement « british ». Le bâtiment au premier plan est la banque d'Angleterre.

- Comment caractériser le paysage urbain et l'architecture ?

Londres : mutations économiques, mutations urbaines

- L'agglomération londonienne, moins dense que l'agglomération parisienne, s'étend en surface.
- Aux transformations des activités économiques qui l'affectent correspondent des transformations dans l'usage et, donc, dans l'aspect de certains quartiers.
- Le cas des docks, ces anciens quais de la partie orientale de l'agglomération, est très révélateur de cette tendance.

I. Une vaste agglomération… en expansion

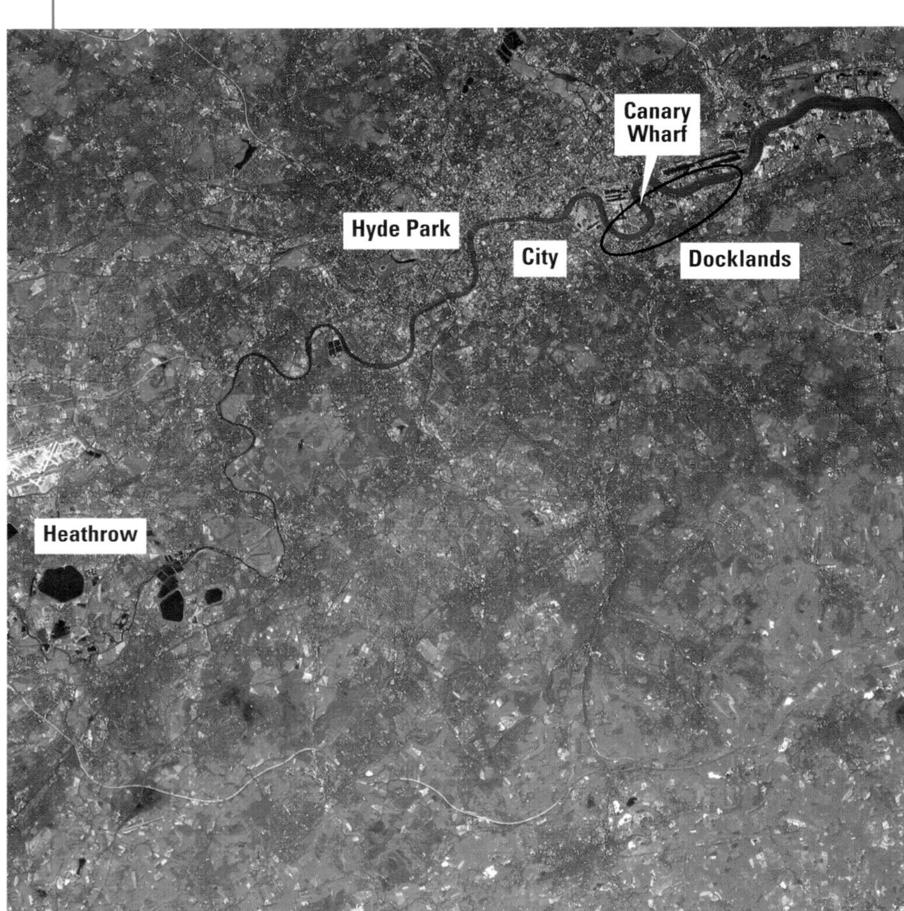

DOC 1 Image satellite (SPOT) de l'agglomération londonienne.

M 1
City
M 4
Heathrow
M 25
20 km

Agglomération
Ceinture verte
Paysage protégé
Principales voies de communication
Ville nouvelle
Ville d'expansion
Centrale nucléaire
Docklands

DOC 2 L'expansion de l'agglomération londonienne.

II. Nouvelles activités économiques et transformation de l'espace

DOC 3

Du secondaire au tertiaire

Depuis 1960, le Grand Londres a perdu plus de 1 million d'emplois industriels, et plus de 80 % des emplois sont aujourd'hui tertiaires. Deux pôles se dégagent. Le secteur politico-administratif, concentré à l'Ouest de la City autour du parlement, des ministères... regroupe près de 100 000 fonctionnaires. La City abritent un des premiers centres d'affaires du monde, et de loin le premier d'Europe. Négoce international (fret maritime, marché des métaux, des produits tropicaux, du pétrole), finances internationales (bourse, change), assurances (la fameuse Lloyd's), communication (Reuter), sièges sociaux de multinationales (Shell, Unilever...) monopolisent l'espace dans la City, qui n'abrite plus que 6 000 habitants (130 000 au milieu du XIXe siècle). Mais ces activités florissantes, en pleine expansion et dans un cadre de spéculation immobilière (Londres est la ville la plus chère du monde) se sont senties à l'étroit dès les années 1970, et ont annexé, après les avoir réhabilités, les anciens docks abandonnés par les fonctions industrielles et portuaires en plein déclin : les Docks constituent désormais une deuxième City.

© J.-F. Staszak, Nathan, 1997.

QUESTIONS

■ **Doc 1 et 2** - Décrire l'agglomération londonienne et repérer ses grandes parties (le centre, les différentes couronnes d'urbanisation...) en comparant la photo et le schéma.

■ **Doc 3** - Comment ont évolué les activités dans la ville ?

■ **Doc 4 et 5** - Comment se sont transformés les docks ? Sous quels facteurs ?

■ **SYNTHÈSE** - La fonction et l'aspect des lieux sont souvent très liés. En quoi l'exemple des docks londoniens le confirme-t-il ?

DOC 4 **Plan de la rénovation des docks de Londres.**

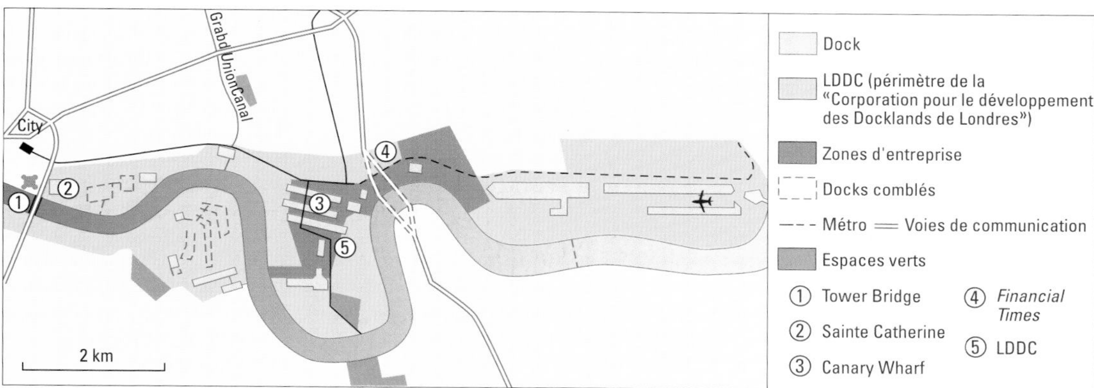

DOC 5 **Les docks de Londres : Canary Wharf, la « jetée des Canaries », 750 mètres de long sur 150 mètres de large entre deux bassins.**
On y trouve le gratte-ciel le plus haut d'Europe.

4 L'organisation de l'espace

OBJECTIFS

Décrire l'opposition entre le Sud-Est et le Nord-Ouest.

Connaître les facteurs explicatifs du basculement

La ligne qui court de l'estuaire de la Severn à la baie du Wash constitue la fracture autour de laquelle s'est opéré le basculement de l'espace britannique : de vifs courants migratoires ont répondu à des évolutions économiques très contrastées.

A - Le Sud-Est : le centre de décision

▶ Le **sud-est du pays,** plutôt conservateur, est celui des **Lowlands**, et de l'**Angleterre** heureuse. Les altitudes sont faibles, le temps plus clément, et l'économie, qui n'avait ici pas connu de vraie spécialisation industrielle (pas de charbon ni de pays noir), a moins souffert de la crise. Une **agriculture assez prospère** (la production a quadruplé depuis 1947), le **tourisme littoral et rural,** le **tertiaire supérieur** (Londres, *Oxbridge**) et les **industries de pointe** sont à la base de la croissance économique et démographique.

▶ Cette partie du pays est la mieux **intégrée à l'Europe,** elle est proche de son noyau le plus dynamique, auquel elle est reliée par le **tunnel sous la Manche**. Un véritable basculement spatial, qui a débuté dans les années 1930 mais s'est accéléré depuis les années 1960, s'est opéré à son profit.

▶ **Cet espace est polarisé par Londres,** auquel il doit une bonne part de son essor. **Ville mondiale, à la tête du réseau européen** (avec Paris), la capitale britannique est essentiellement **tertiaire.** Sa bourse (de fort loin la première d'Europe), ses assurances (la fameuse Lloyd's), ses banques, ses universités, ses pôles culturels (British Museum, London Symphony Orchestra...), ses quatre aéroports (première plate-forme européenne) lui assurent un rayonnement mondial. **Londres irrigue et en même temps écrase le Sud du pays,** marqué par la faiblesse du réseau urbain : le développement est souvent conditionné par la présence des autoroutes qui forment un **réseau radio-concentrique*** dont Londres est le centre (développement des industries de pointe le long de la M4 vers Bristol, la M11 vers Cambridge), ou par la proximité des aéroports londoniens (Heathrow).

B - Le Nord-Ouest : les périphéries

▶ **Le Nord,** plutôt travailliste, marqué par la culture celte, constitue une **périphérie à l'échelle du Royaume-Uni,** et encore plus à celle de l'Europe. Finistères et petites îles mal intégrés, **Highlands** (doc.1) **au climat rigoureux** recouverts par la lande (*Les Hauts de Hurlevent* des sœurs Brontë) connaissent des **densités très basses,** perdent leur population et voient leur activité réduite à l'**élevage extensif** et à un tourisme discret. Les bassins houillers des vieilles industries constituent des **pays noirs** au solde migratoire négatif, à l'**économie sinistrée,** frappés de plein fouet par le chômage (doc.2).

▶ Le bilan négatif est tempéré par l'impact de la **rente pétrolière sur les littoraux de la mer du Nord** (exploitation off-shore* du pétrole et du gaz du plateau continental) : les densités de population en mer du Nord sont parfois supérieures à celles des terres abandonnées de l'Écosse ! Si les implantations d'industries manufacturières destinées à compenser la crise ont rarement été couronnées de succès, le **développement des hautes technologies,** particulièrement en Écosse (Édimbourg : le Silicon Glen, qui se veut le reflet de la Silicon Valley californienne) est un élément d'espoir.

▶ La situation de l'**Irlande du Nord** reste très préoccupante : **isolement, guerre civile** plus ou moins larvée, **taux de chômage supérieur à 25 %.**

VOCABULAIRE

OFF-SHORE : au large. Désigne particulièrement l'exploitation du pétrole ou du gaz par des plates-formes en mer.

OXBRIDGE : mot formé à partir du nom des deux pôles universitaires anglais les plus prestigieux (Oxford et Cambridge). Le terme désigne l'élite intellectuelle issue de leurs *colleges*, qui monopolise les postes de responsabilité (haute administration, finance...).

RÉSEAU RADIO-CONCENTRIQUE : réseau en forme de toile d'araignée, constitué de radiales et de pénétrantes.

DOC 1 **Les Landes désolées et la crise industrielle dans les Highlands (Pays de Galles).**

DOC 2

Le déséquilibre entre le Nord et le Sud

Selon Lord Young, ancien ministre de l'Industrie, « puisque c'est dans le nord de l'Angleterre que l'industrialisation a été la plus forte, il est normal que cette région connaisse le taux de désindustrialisation le plus élevé », ce qui, pour être simplificateur, a quand même le mérite de souligner une réalité historique indéniable. Entre 1971 et 1979, les industries du Nord du pays perdent 500 000 emplois (soit 11 % de leur main-d'œuvre), un chiffre qui triple au cours de la décennie suivante. Parallèlement, dans le Sud du pays, les pertes d'emplois, entre 1971 et 1979, s'établissent à 300 000, soit près de 9 % des salariés de la région. La disparité entre les deux régions s'aggrave quand on observe que c'est dans la région de Londres que se situe l'essentiel des emplois perdus. En effet, le Sud-Est, l'est des Midlands et le sud-ouest de l'Angleterre, régions où se concentrent les industries de pointe et les services, voient leurs effectifs augmenter légèrement entre 1971 et 1979. Cette coupure du pays en deux moitiés, dont l'une est promise à un bel avenir et l'autre vouée au sous-développement et au chômage massif, s'est accentuée sous les gouvernements Thatcher. Il s'agit, en fait, des effets d'une politique délibérée des conservateurs, d'une rupture avec la politique d'aménagement du territoire, coûteuse et peu efficace, suivie jusqu'alors. Le ministre de l'Industrie, Sir Keith Joseph, décide, dès 1979, de limiter l'aide publique à un nombre restreint de zones de développement. Entre 1979 et 1982, les subventions allouées à ces zones sont en baisse de 10 % environ sur le niveau de 1978-1979 pour être encore réduites en 1983-1984, n'atteignant plus que les deux tiers du montant de 1978.

P. Vaiss, *Le Royaume-Uni*, Le Monde Éditions, Paris, 1996.

- Quelles sont les causes du déséquilibre entre le Nord et le Sud ?
- En France, a-t-on suivi la même politique en matière d'aménagement du teritoire ?

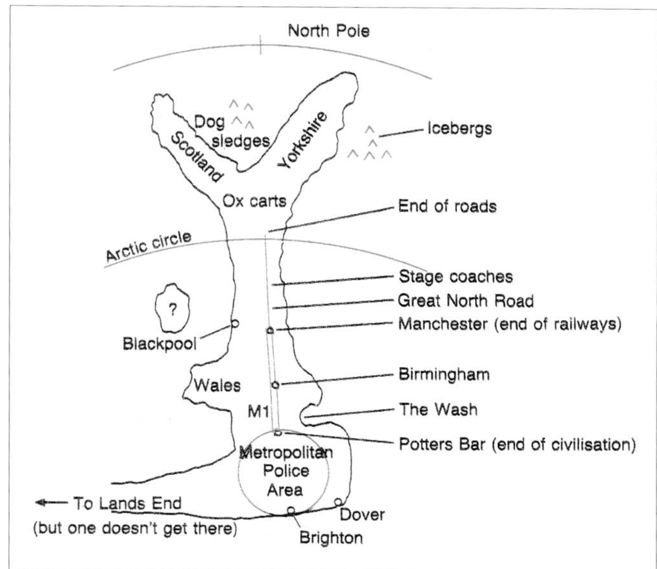

DOC 3 **Comment les Londoniens voient la Grande-Bretagne,** d'après le Doncaster Development Council (Yorkshire).
Par ce dessin, les autorités de cette ville du Yorkshire veulent dénoncer une vision qui les prive des investissements et les tient à l'écart du développement.

L'industrie automobile en Grande-Bretagne : mythe ou réalité ?

▶ L'industrie automobile britannique, prestigieuse dès le début du siècle, traverse une phase plus difficile. Sous quelle forme cette industrie existe-t-elle encore aujourd'hui ?

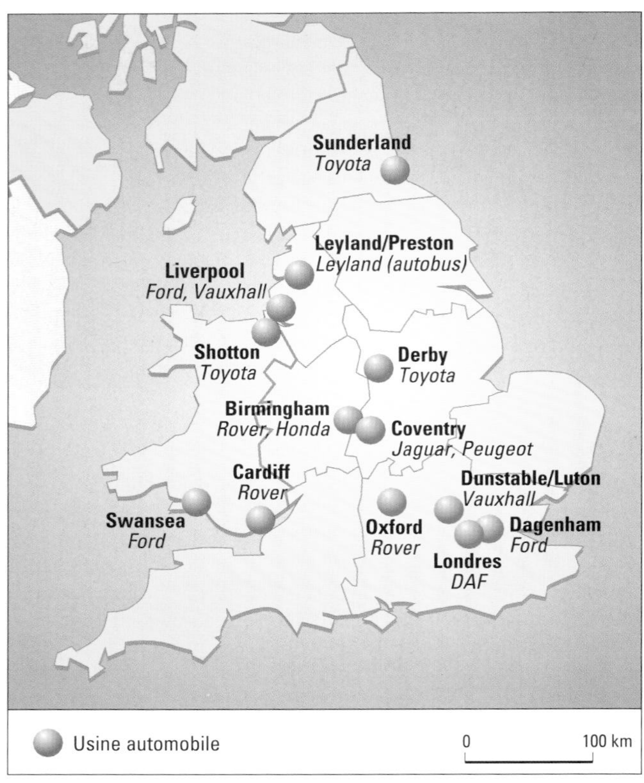

DOC 1 Les usines automobiles en Grande-Bretagne.

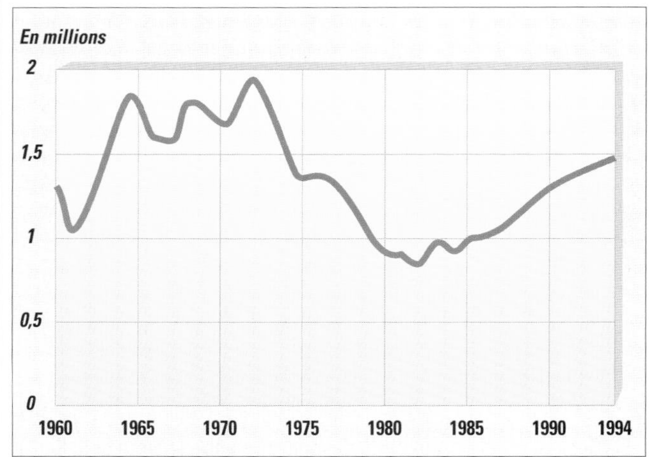

DOC 2 La production d'automobiles en Grande-Bretagne.

DOC 3

Les mutations de l'industrie automobile britannique

Dans les années 1980, l'option thatchérienne s'applique clairement à l'automobile : l'industrie nationale se montrant impuissante devant la concurrence, sa reconstruction passe par l'ouverture aux participations et aux investissements étrangers. Ford et General Motors (avec sa filiale Vauxhall) sont implantés depuis des décennies (près de 45 % du marché britannique en 1993). Peugeot s'installe avec sa filiale Peugeot-Talbot.

Le choix décisif réside évidemment dans l'accueil des Japonais : association Rover-Honda (notamment, prise de participation du second dans le premier, à hauteur de 20 % du capital ; moteurs communs) ; usines Nissan et Toyota...

En cette première moitié de la décennie 90, alors que l'industrie automobile traverse une crise majeure, impliquant de nouvelles restructurations, Rover, rajeuni par les finances et les méthodes nippones, se sort plutôt bien de l'épreuve, reconquérant en Grande-Bretagne une part significative du marché (13,7 % en 1993).

En janvier 1994, Rover est racheté à British Aerospace par l'entreprise allemande BMW (qui prend le contrôle de 80 % du capital). Le dernier constructeur britannique d'automobiles passe entre des mains étrangères. Rover, par son redressement, constitue une carte de choix dans une compétition de plus en plus âpre sur un marché européen à la croissance incertaine.

T. de Montbrial et P. Jacquet, IFRI, *Ramsès 95*, Dunod, Paris 1994.

QUESTIONS

■ **Doc 1** - Qui contrôle la production d'automobiles en Grande-Bretagne ?

■ **Doc 2** - Quelle évolution présente la courbe de production ?

■ **Doc 3** - Quelles restructurations connaît l'industrie automobile britannique ?

SYNTHÈSE

Le Royaume-Uni

L'essentiel

▶ Le Royaume-Uni, constitué de l'Angleterre, du Pays de Galles, de l'Écosse et de l'Irlande du Nord, s'est détaché de l'Europe continentale au cours de l'histoire.

▶ Il reste ouvert sur le monde, du fait de ses liens avec ses anciennes colonies (celles du Commonwealth) et, particulièrement, les États-Unis d'Amérique. Le Royaume-Uni attend surtout de l'Europe un cadre pour les échanges.

▶ La crise qui l'affecte est liée à une brutale reconversion économique (désindustrialisation). Elle touche les villes et le Nord du pays (Highlands). Le Sud (Lowlands) constitue un centre dynamique polarisé sur la métropole londonienne, place centrale à l'échelle du monde.

Les notions clés

- City
- Commonwealth
- Désindustrialisation
- Highlands/Lowlands
- Insularité
- Tertiarisation

Les chiffres clés

INDICATEURS PHYSIQUES	
Superficie (en km²)	244 880
Altitude maximale	1 342 m (Ben Nevis en Écosse)
Distance maximale à la mer	120 km
INDICATEURS DÉMOGRAPHIQUES ET DE PEUPLEMENT	
Population (en millions)	58,8
Densité	240 hab./km²
Taux d'urbanisation	90 %
Taux de natalité	12,9 ‰
Taux de mortalité	10,7 ‰
Taux de mortalité infantile	6,2 ‰
Espérance de vie à la naissance	79 ans
INDICATEURS ÉCONOMIQUES	
Monnaie	Livre sterling
PNB /hab. ($)	18 410
Répartition de la population active	
Agriculture	2 %
Industrie	25 %
Tertiaire	73 %
Taux de chômage	8,5 %
Part dans le commerce mondial	5 %
Rang dans le commerce mondial	5e
INDICATEURS POLITIQUES	
Régime politique	Démocratie parlementaire
Entrée dans l'Union européenne	1973
PRINCIPALES AGGLOMÉRATIONS	
(en millions d'hab.) (capitale)	Londres : 7,4 Birmingham : 2,2 Manchester : 2,2

CHAPITRE 16

L'Espagne et le Portugal

▶ Deux pays se partagent la même péninsule méditerranéenne parfaitement dessinée entre l'isthme pyrénéen et l'Afrique du Nord. Mais ce partage est inégal. Pendant de longs siècles, l'Espagne et le Portugal ont vécu, soit en rivaux, soit en semblant s'ignorer. Aujourd'hui, le rapprochement est d'ores et déjà ébauché. Leur intégration simultanée à l'Union européenne peut-elle contribuer, de façon décisive, à réunifier la péninsule Ibérique ?

▶ Même si des mutations politiques récentes se sont produites pour les deux voisins pratiquement au même moment, ils demeurent très différents l'un de l'autre. Comment peut-on expliquer de telles différences géographiques à l'intérieur d'une même péninsule méditerranéenne ?

Le fleuve Guadania, frontière entre l'Espagne et le Portugal. De part et d'autre du Guadania, les deux États se sont longtemps fait face dans un paysage méditerranéen marqué, au premier plan, par l'exploitation des salines. Les deux rives sont désormais reliées par un pont (un peu en amont) qui est le symbole de l'intensification des relations entre les deux voisins ibériques.

PLAN DU CHAPITRE

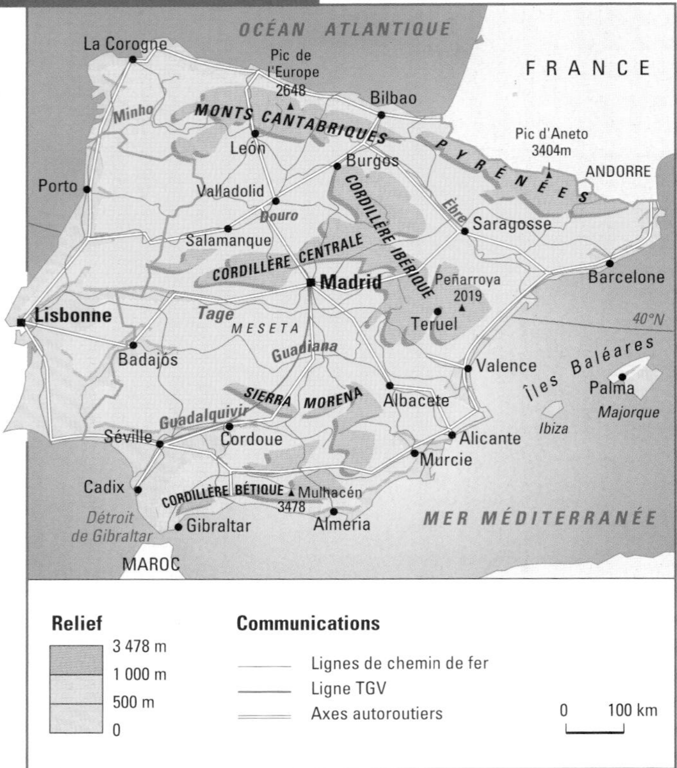

1 Le relief de la péninsule Ibérique.

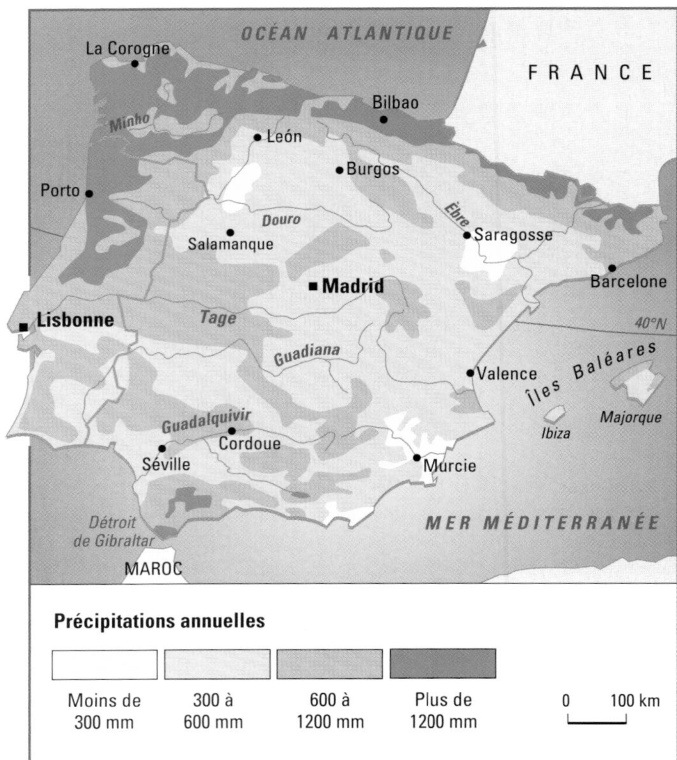

2 La répartition des précipitations annuelles.

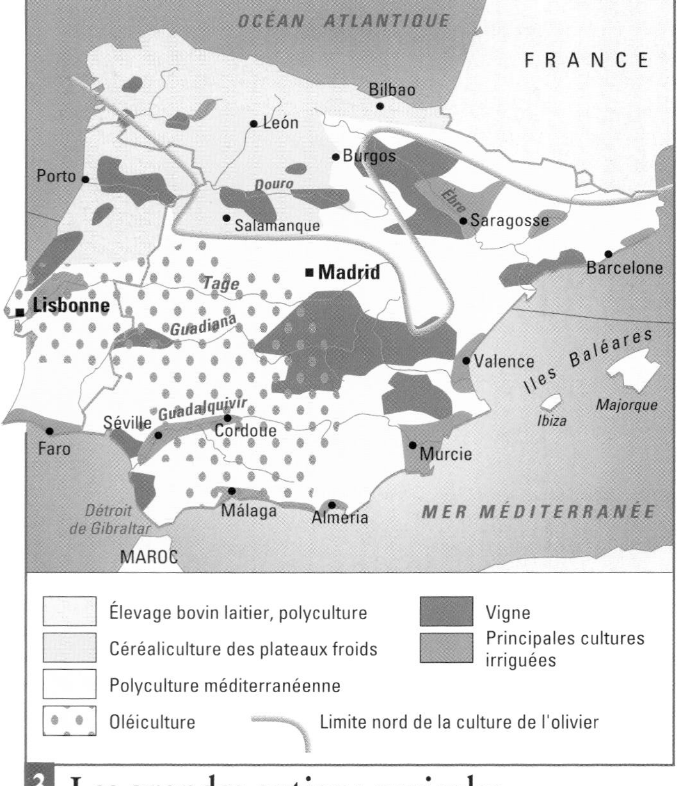

3 Les grandes options agricoles.

QUESTIONS

■ **CARTE 1** - Comment le relief de l'Espagne peut-il contribuer à accuser les contrastes entre l'intérieur du pays et les périphéries ?

■ **CARTE 2** - Estimez les écarts de précipitations entre le nord-ouest et le sud-est de la péninsule Ibérique. Quel autre facteur climatique aggrave encore ces écarts ?

■ **CARTE 3** - Quelles sont les régions espagnoles et portugaises où l'agriculture irriguée est la plus développée ? Quels facteurs expliquent cette répartition ?

■ **CARTE 3** - On utilise souvent la limite nord de la culture de l'olivier pour délimiter l'aire méditerranéenne. Quelle remarque pouvez-vous faire à ce sujet concernant l'Espagne et le Portugal ?

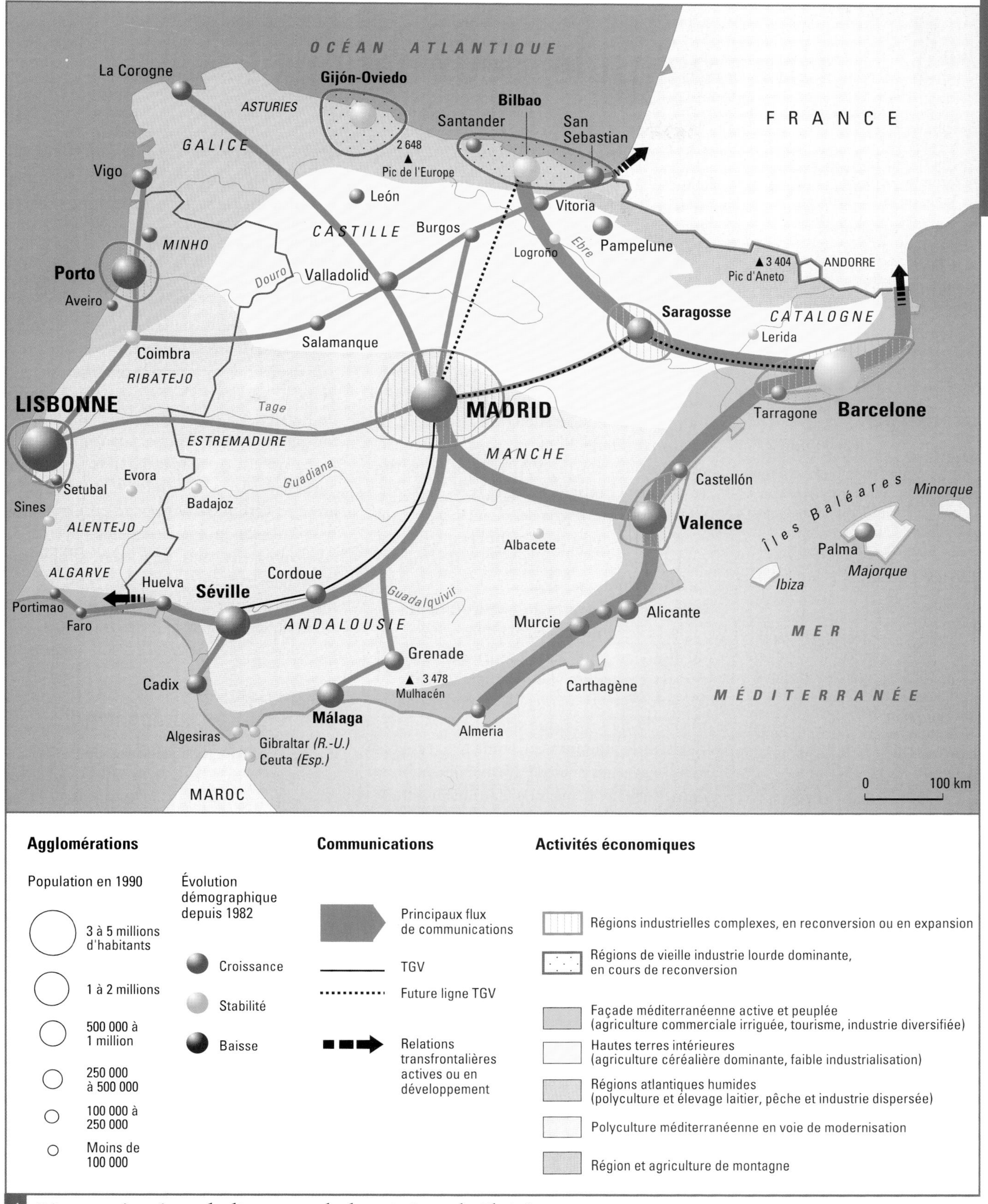

4 L'organisation de l'espace de la péninsule Ibérique.

1 Une péninsule, deux nations

OBJECTIFS

Connaître les grandes étapes de la formation des deux nations de la péninsule Ibérique

Comprendre qu'Espagne et Portugal, en dépit de leur proximité géographique, n'ont longtemps entretenu que des relations très distantes

VOCABULAIRE

Comptoir : petit territoire de leur empire – très souvent réduit à une ville – que les puissances coloniales contrôlaient et équipaient pour réaliser des échanges commerciaux avec les régions de l'arrière-pays.

Empire colonial : les colonies réunies par la couronne du Portugal l'ont été essentiellement aux XVe et XVIe siècles comme conséquence des grandes découvertes. Les pièces maîtresses de cet empire étaient le Brésil et des territoires africains sur les côtes de l'océan Atlantique et de l'océan Indien (Angola, Guinée, Mozambique).

Ibérisme : ensemble des caractères géographiques et culturels (langues, pratiques sociales, histoire) qui différencient la péninsule Ibérique des autres terres méditerranéennes et lui donnent donc une certaine personnalité.

Lusitan ou lusitanien : de Lusitanie, nom qui désignait, à l'époque romaine, la partie occidentale de la péninsule Ibérique correspondant approximativement au Portugal actuel.

Reconquête : réoccupation politique, culturelle et religieuse de la péninsule Ibérique par les souverains chrétiens après la conquête islamique du VIIIe siècle. Le mouvement, commencé très tôt à partir des montagnes du Nord, ne s'est achevé qu'en 1492 avec la prise de Grenade.

Les vicissitudes historiques ont fait que, depuis le Moyen Âge, le Portugal est parvenu à se maintenir indépendant au flanc de son puissant voisin. De nouveaux rapports sont cependant en train de se nouer qui pourraient mettre fin à des siècles d'ignorance réciproque.

A - De la mosaïque médiévale aux deux nations modernes

▶ La péninsule Ibérique a été au Moyen Âge le théâtre des **luttes entre les deux grandes civilisations, chrétienne et islamique,** qui s'affrontaient autour de la Méditerranée. Si les **musulmans** l'ont presque totalement occupée à la fin du VIIIe siècle, de **petits royaumes chrétiens** réfugiés dans les montagnes du Nord (Pyrénées, Cantabrique) ont entrepris une **longue reconquête** qui ne s'est achevée que l'année même de la découverte de l'Amérique, en 1492.

▶ La Reconquête* a été menée simultanément au long de bandes parallèles orientées du nord au sud, par des princes souvent rivaux. Au cours des derniers siècles du Moyen Âge, la péninsule prend donc la forme d'une **mosaïque complexe de petits États indépendants** qui vont progressivement s'agglutiner pour former les nations modernes. Les princes de Castille réussiront à rassembler, sous leur couronne, l'essentiel des territoires compris entre les Pyrénées et le détroit de Gibraltar. Pendant plus de 50 ans même, à la fin du XVIe siècle et au début du XVIIe, le Portugal a été absorbé par la monarchie castillane. Pour une brève période la Péninsule était donc unifiée.

B - Un partage déséquilibré de la Péninsule

▶ Les grandes bandes territoriales médiévales auraient pu donner naissance à **trois nations méridiennes** (doc.3). Il n'en a rien été. Si la **Castille** a dû renoncer à absorber le Portugal, la politique dynastique et la force militaire ont réussi à maintenir la cohésion de tout le reste, en dépit des tentatives de la **Catalogne** pour acquérir son indépendance (doc.2).

▶ L'état politique de la Péninsule, stabilisé dès le XVIIIe siècle, parviendra jusqu'à nos jours sous cette forme très déséquilibrée de **deux États dont l'un a cinq fois la taille de l'autre.** La puissance des deux nations n'a pas toujours été proportionnelle à la place qu'elles occupent à l'extrémité du continent européen. En effet, **le Portugal a été à la tête d'un immense empire colonial*** (doc.1) qui lui a longtemps permis de rivaliser avec celui que s'était constitué l'Espagne de son côté. Le repli sur la métropole, après une **décolonisation tardive**, a replacé le Portugal dans une situation d'infériorité face à son voisin.

C - Ibérisme* et intégration européenne

▶ Si à la fin du XXe siècle les deux nations ibériques sont toujours aussi jalouses de leur indépendance réciproque, leur **intégration simultanée dans l'Union européenne** contribue à les rapprocher. En effet, la barrière physique et psychologique que dressaient les Pyrénées s'est considérablement amoindrie, et les deux peuples acquièrent des habitudes et des mentalités de plus en plus européennes.

▶ Par ailleurs, l'**intensification des relations entre le Portugal et le reste de l'Europe** passe, dans une large mesure, par l'**aménagement des réseaux de communications sur le territoire espagnol**. Ces nouvelles relations continentales accélèrent et amplifient inévitablement le **rapprochement économique des deux pays**. Une **nouvelle cohérence ibérique** pourrait donc être le fruit de l'unité économique européenne.

DOC 1 **Madère, île située au large du Maroc, l'un des derniers vestiges de l'immense empire colonial portugais.**

DOC 3 **La Péninsule au milieu du XIIIe siècle ou la mosaïque médiévale à l'origine des nations modernes.**

■ Quel rapprochement peut-on faire entre cette carte et celle de la page 295 (doc.1) ?

DOC 2

L'annexion du Portugal ou l'unité manquée de la Péninsule

En 1580, quand Philippe II fit valoir ses droits à la couronne portugaise, il possédait la meilleure armée du monde. Épuisé par plus d'un siècle de navigations périlleuses et par l'exode vers ses comptoirs* d'Orient ou les riches terres du Brésil, le Portugal subit la domination étrangère. Il l'acceptait à la condition toutefois que soit respectée la séparation théorique des deux royaumes et de leurs empires coloniaux respectifs. En principe, l'union monarchique du Portugal et de l'Espagne ne devait rien changer à la langue, aux institutions, à l'autonomie locale, à la monnaie du royaume portugais, et sous le règne du premier monarque espagnol, il en fut ainsi. Mais progressivement, les rois et les ministres espagnols pratiquèrent au Portugal, comme en Galice et en Catalogne, une politique d'assimilation et la bourgeoisie portugaise se montra de plus en plus inquiète du déclin de la puissance maritime et coloniale lusitane*. Profitant de la révolte de la Catalogne et soutenus par Richelieu, les Portugais se soulevèrent le 1er décembre 1640 contre Philippe IV d'Espagne, et le duc de Bragance fut proclamé roi.

D'après A. A. Bourdon, *Encyclopædia Universalis*, article Portugal.

■ Quelles sont les principales causes qui ont conduit à l'indépendance du Portugal au XVIIe siècle ?

2 L'Espagne : les contrastes d'un territoire

OBJECTIFS

Connaître la grande diversité géographique de l'Espagne

Comprendre que les grandes oppositions internes de l'Espagne sont souvent compliquées de disparités régionales

Des Pyrénées et de l'Atlantique au détroit de Gibraltar, l'Espagne offre une diversité géographique extrême qui va bien au-delà des nuances ou même des différences que l'on peut observer dans le domaine méditerranéen.

A - Tous les faciès géographiques de la péninsule

▶ Si la péninsule Ibérique est généralement considérée comme une **terre méditerranéenne**, ensoleillée, accueillante pour le touriste, il faut cependant savoir qu'elle est aussi soumise à d'**autres influences climatiques** (atlantiques, continentales) qui altèrent, dans beaucoup de régions, les effets du climat méditerranéen.

▶ Bien que l'Espagne n'occupe pas l'ensemble de la Péninsule, elle en présente pratiquement tous les faciès, du finistère* océanique de Galice, aux régions quasi sahariennes du Sud-Est (doc.1). Elle possède à la fois de hautes **montagnes alpines** (Pyrénées et chaînes Bétiques), les **plateaux élevés des mesetas* intérieures**, et tout un chapelet de **plaines littorales**.

B - Opposition entre l'intérieur et les périphéries

Tout concourt à accuser les oppositions entre une Espagne intérieure et sa périphérie.

▶ La **difficulté des relations avec l'extérieur**, la **rudesse du climat** accusé par l'altitude et l'isolement topographique, les conditions historiques du peuplement ont fait des régions intérieures un **domaine peu peuplé**, livré à une **agriculture pluviale*** peu performante et à un **réseau urbain très déséquilibré**. Fruit du centralisme politique, **Madrid** concentre l'essentiel de la vie urbaine des immenses mesetas intérieures.

▶ À l'opposé, les **périphéries ouvertes** depuis longtemps au commerce méditerranéen, puis atlantique, connaissent un dynamisme qui n'a fait que s'amplifier avec le temps. Enrichies par une **agriculture irriguée méditerranéenne,** qui alimente l'Europe tempérée, ou par une **ancienne et prospère activité industrielle**, ces régions forment une ceinture de fortes densités, avec un chapelet de villes importantes, d'intenses **secteurs touristiques** et un réseau dense de voies de communications.

C - Une autre opposition : le Nord et le Sud

▶ Aux contrastes entre l'intérieur du pays et les périphéries espagnoles s'ajoute une opposition entre le Nord et le Sud.

▶ Depuis longtemps, la **Catalogne** est une région active, enrichie par le commerce maritime et l'industrie textile. **Barcelone**, rivale de Madrid, est forte de tout un environnement industriel en pleine mutation (doc.3).

▶ **L'autre Nord**, celui de la façade atlantique, a concentré l'essentiel des industries lourdes et métallurgiques du pays. Ce sont les **Asturies** et le **Pays basque**, plus proches des régions de vieille industrie de l'Europe tempérée que des rivages ensoleillés de l'Andalousie. Malgré la crise, ils conservent un **potentiel économique important**. Entre les deux pôles principaux de l'industrie espagnole, le couloir de l'Èbre, qui les unit, rassemble tout un faisceau de voies de communications.

▶ À l'opposé sont les **Suds pauvres**, ceux des **montagnes de la Meseta méridionale** et de l'**Andalousie**, vidés de leurs populations dans les années 1960 lors d'un mouvement d'émigration d'une ampleur considérable.

▶ Mais la géographie des disparités à l'intérieur du territoire espagnol ne saurait se résumer à ces grandes oppositions simplificatrices. Il est des déserts dans le Nord et des régions du Sud revivifiées par le tourisme et une agriculture pionnière : la **Costa del Sol** (doc.2 et 4) en est l'exemple le plus éclatant.

VOCABULAIRE

Agriculture pluviale : agriculture qui se contente de l'eau apportée par les pluies et qui n'a donc besoin d'aucun complément hydrique pour assurer la pousse des plantes.

Finistère : (ou finisterre) extrémité d'un continent où sont venues s'arrêter les migrations provenant de l'intérieur des terres. C'est un espace qui s'avance dans la mer et qui dispose d'une accessibilité réduite. La Galice est un finistère au même titre que la Bretagne ou la Cornouaille britannique.

Meseta : terme espagnol désignant les hauts plateaux intérieurs de la Péninsule compris entre les alignements montagneux qui compartimentent le pays. Ces surfaces souvent très horizontales atteignent fréquemment entre 600 et 1 000 m d'altitude. La Meseta nord correspond aux provinces de la Vieille Castille historique, alors que la Meseta sud occupe la plus grande partie de la Nouvelle Castille.

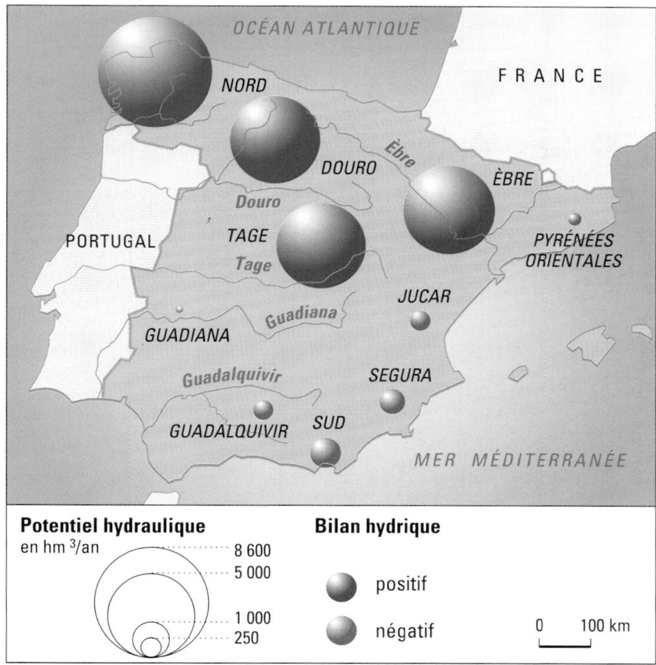

DOC 1 La dissymétrie hydraulique de l'Espagne.

■ Quelles sont les principales raisons de la dissymétrie du bilan hydrique de l'Espagne ?

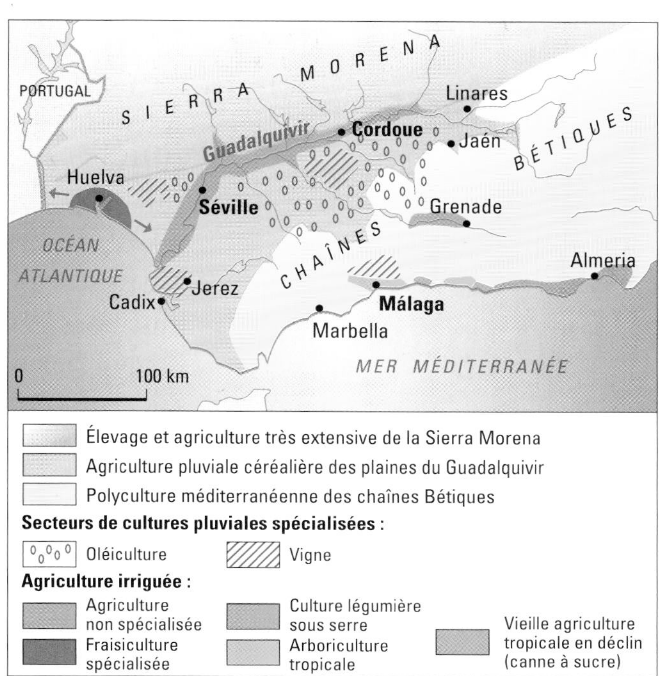

DOC 2 L'agriculture pionnière en Andalousie.

DOC 3

La concurrence pour l'espace autour de Barcelone

Bloquée vers l'intérieur par le massif du Tibidabo, Barcelone doit s'étendre le long du littoral. La place disponible semble encore assez abondante dans le delta du Llobregat, mais l'avancée urbaine doit se faire au détriment d'une riche agriculture périurbaine irriguée; par ailleurs de grandes surfaces sont déjà occupées par des industries et par l'aéroport. On soulève en effet ici le problème des concurrences spatiales qui se manifeste maintenant tout au long de cette étroite frange côtière. Au nord, (...) l'agglomération de Barcelone est relayée par un chapelet de foyers touristiques qui ont même colonisé les premières pentes des reliefs littoraux. Mais cette étroite plaine (...) est aussi une contrée d'agriculture intensive dont les terrains sont dévorés par les constructions. Aussi les versants se couvrent-ils de terrasses réaménagées et de serres où sont produits les légumes du marché proche, ainsi que le quart des fleurs coupées de tout le pays. Au-dessus, les croupes boisées des reliefs bien arrosés sont de plus en plus mités par les résidences secondaires de la bourgeoisie barcelonaise.

André Humbert, *L'Espagne*, Nathan, 1997.

DOC 4 Petite station balnéaire et cultures sous serre de la Costa del Sol.

■ Comment s'exprime dans les doc. 3 et 4 la concurrence autour du sol littoral ?

Les mises en tourisme d'un littoral : l'Espagne

▶ L'Espagne est, aujourd'hui, une destination touristique de première importance, notamment pour les Européens.

▶ Différents types de tourisme (tourisme balnéaire, culturel, sports d'hiver...) s'y sont multipliés. Cependant, les littoraux restent les espaces les plus sollicités. Ils nécessitent des aménagements complexes.

▶ Plusieurs générations de stations balnéaires se côtoient sur le littoral méditerranéen espagnol.

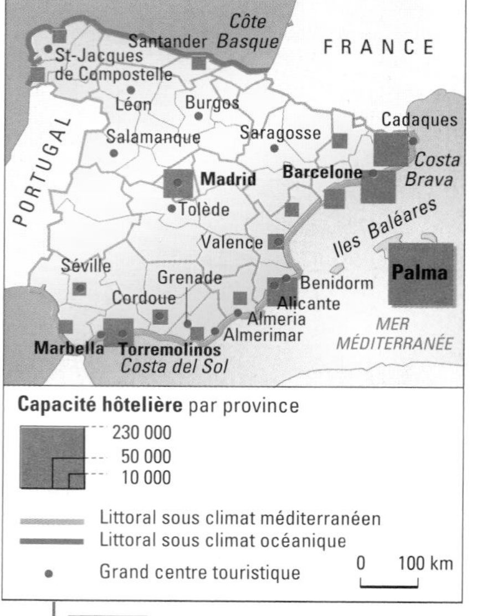

DOC 1 **Le tourisme en Espagne.**

DOC 2 **Du village de pêcheurs au lieu touristique : Cadaquès.**
Ce village s'est doté d'aménagements touristiques et balnéaires à partir des années 1960.

DOC 3

La Costa Brava : invention d'un lieu, invention d'un nom

Il y a à peine 15 ans, rares étaient ceux qui avaient parcouru la Costa Brava et guère plus nombreux ceux qui l'avaient entendu nommer. Il y a 45 ans, ce nom lui-même n'existait pas; toute la partie du littoral catalan située au nord de Barcelone, était appelée « Costa de Llevant ». (...)
L'accord est difficile à faire sur les circonstances, le lieu et la date du « baptême » de la « Costa Brava ». Lorsque ce nom aujourd'hui fameux eut passé les frontières, on s'accorda à en attribuer la paternité au journaliste F. Agullo. C'est dans le journal *La Veu de Catalunya* du 10 juin 1908 que ce nom fut imprimé pour la première fois (...).
« Costa Brava » est donc un nom récent, une étiquette littéraire adoptée et vulgarisé par les agences de voyage et les slogans publicitaires.

D'après Y. Barbaza, *Le paysage humain de la Costa Brava*, A. Colin, Paris, 1966.

DOC 4 **Benidorm, une station balnéaire apparue dans les années 1970.**

DOC 5 **Almerimar, station balnéaire récente construite dans les années 1980.**
Le choix d'un habitat dispersé et d'équipements touristiques luxueux (golf, port de plaisance…) a été privilégié.

QUESTIONS

■ **Doc 1** - Définissez, à partir de la carte, les grandes caractéristiques du tourisme en Espagne.

■ **Doc 3** - La diffusion du tourisme transforme les lieux. En quoi le cas de la « Costa Brava » est-il exemplaire ?

■ **Doc 2, 4 et 5** - Quels traits caractéristiques distinguent ces trois stations touristiques ? Quels choix représentent-elles en matière d'aménagement touristique ?

■ **SYNTHÈSE** - Chacune de ces stations illustre une façon différente de mettre en tourisme le littoral espagnol depuis la fin de la Seconde Guerre mondiale. Quel choix d'aménagement chacune de ces stations traduit-elle ? De quelle manière peut-on, aujourd'hui, en apprécier les conséquences ?

3 L'Espagne : de l'autonomie régionale à l'intégration européenne

OBJECTIFS

Connaître le rôle de plus en plus grand que joue l'Espagne sur la scène internationale

Savoir que l'Espagne est passée d'un État très centralisé à un régime d'autonomie régionale presque fédéral

Avec la fin du franquisme, l'Espagne est entrée dans une période de mutations au cours de laquelle elle s'est, à la fois, transformée en une fédération de Communautés régionales autonomes, et intégrée à l'Europe communautaire.

A - Du centralisme madrilène aux Communautés autonomes

▶ La **tradition centralisatrice** de la monarchie espagnole, reprise et renforcée par le **régime franquiste*** issu de la guerre civile, a renforcé le **pouvoir unificateur de Madrid,** pourtant située à l'écart des régions les plus actives du pays.

▶ Ce centralisme est en réalité contrecarré par de **puissants mouvements autonomistes** dans les **provinces périphériques**. Ces tendances ne sont pas récentes ; en effet, la monarchie n'avait souvent réussi à imposer son autorité qu'en échange de franchises et de l'octroi de régimes particuliers qui respectaient de **forts particularismes culturels**. La plus rétive des provinces a toujours été la **Catalogne** qui n'a jamais accepté d'être gouvernée depuis la Castille de laquelle tout la séparait, le relief mais surtout les intérêts économiques. D'autres régions ont entretenu, ou redécouvert, leurs différences, comme le **Pays basque**, la **Galice** ou le **Pays valencien**.

▶ La fin du régime franquiste a provoqué dans tout le pays un vaste mouvement favorable à l'instauration d'une **large autonomie régionale**. La nouvelle constitution du régime monarchique libéral actuel a officialisé cette **décentralisation politique** qui a fait de l'Espagne un véritable **État fédéral** constitué de **17 régions autonomes** de tailles très différentes (doc.1). Les compétences des « gouvernements » régionaux sont très larges dans les domaines économiques et culturels.

B - L'Europe et le dynamisme espagnol

▶ L'Espagne n'a rejoint la Communauté européenne qu'en 1986; mais elle avait, depuis la fin des années 1950, tissé des **liens économiques très forts avec l'Europe prospère** (France, Allemagne, Benelux) qui faisait travailler des **émigrés espagnols** et lui envoyait chaque année des dizaines de millions de **touristes**. L'argent qui s'est ainsi déversé sur le pays a contribué de façon décisive à son **décollage économique**. L'Espagne s'est dotée d'une **industrie moderne** et d'une **agriculture très productive** dont les produits ont envahi les marchés européens.

▶ L'admission de l'Espagne dans le club européen a ouvert plus largement encore les débouchés européens à une **Espagne redoutée de ses partenaires méditerranéens** (Italie, France, Grèce), pour lesquels elle est un concurrent sévère dans le domaine agricole. Mais l'Espagne sait aussi tirer d'autres avantages de son intégration européenne en attirant sur ses régions les plus défavorisées les **crédits communautaires de développement** (FEDER*).

C - Dans le concert des nations

▶ Depuis 1986, l'Espagne a retrouvé une influence perdue sur le plan international. Très active au sein des organismes communautaires de Bruxelles ou de Strasbourg, elle a fait un retour remarqué dans le concert des nations où son influence va grandissant (doc.2). Elle s'efforce d'y occuper le devant de la scène en organisant des conférences internationales, les **jeux olympiques** (doc.3) ou une **spectaculaire exposition universelle.** Elle mène aussi une **diplomatie très active en direction des pays de son ancien empire colonial d'Amérique latine** avec lesquels elle désire établir des relations économiques et culturelles privilégiées.

VOCABULAIRE

FEDER : Fond européen de développement régional. Les crédits accordés sur ce fond, par l'Union européenne, sont d'autant plus importants que les régions qui en bénéficient sont considérées comme sous-développées.

FRANQUISME : régime politique autoritaire et centralisateur né de la guerre civile qui a ravagé l'Espagne de 1936 à 1939. Le régime franquiste a pris fin en 1975, à la mort du général Franco qui l'avait mis en place et qui avait conduit le pays pendant presque 40 ans.

DOC 1 **Les nouvelles Communautés autonomes espagnoles et le réseau urbain.**

DOC 2

L'Espagne dans le concert des nations bien au-delà de l'Europe

Mais le pas décisif que vient de faire l'Espagne vers une Europe, dont elle n'avait été séparée que par de malheureuses circonstances historiques, lui permet maintenant de se retourner sans amertume sur son passé. Ne voit-on pas la puissance du symbole ? L'Espagne vient de construire sa première ligne de TGV ; or, celle-ci ne relie pas Madrid à l'Europe mais à Séville : Séville, la porte océane de la période la plus glorieuse ; Séville par les yeux de laquelle l'Espagne entière regarde au-delà des mers pour y retrouver sa vocation universelle. L'Exposition universelle de 1992 a été voulue, à la fois comme un anniversaire – le demi-millénaire de l'embarquement de Colomb – et comme l'affirmation que la nouvelle Espagne peut servir de trait d'union entre ses anciennes possessions et le vieux continent.

André Humbert, *L'Espagne*, Nathan, 1997.

DOC 3 **Barcelone avec au premier plan la colline et le village olympiques.**

4 Le Portugal, une périphérie européenne dynamique

OBJECTIFS

Connaître les traits majeurs de l'occupation du sol au Portugal

Face à l'océan Atlantique et solidement adossé à l'Espagne au sein de la péninsule Ibérique, le Portugal partage nombre des caractéristiques des pays de l'Europe du Sud. Ce pays au riche passé parvient grâce à son dynamisme à combler son retard dans l'Union européenne, qu'il a rejointe en 1986.

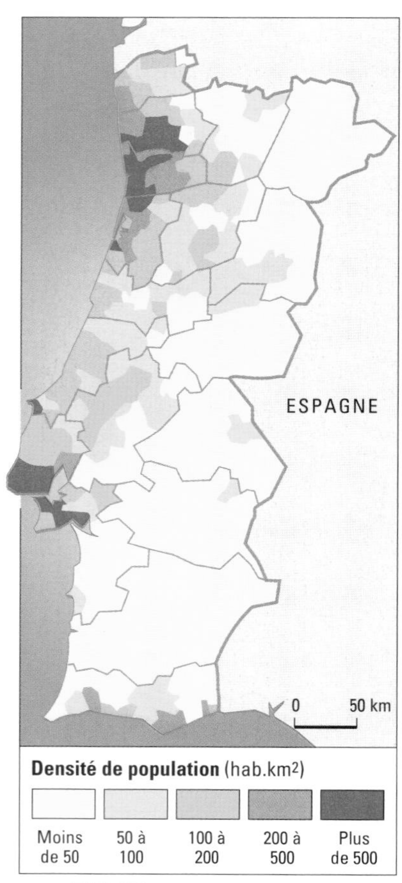

DOC 1 **Les densités de population en 1991.**

A - L'attrait de la côte

▶ Le Portugal est marqué par une première opposition, celle qui, de part et d'autre du Tage, distingue un **Portugal verdoyant et montagneux au nord** (Minho) et un **Portugal méditerranéen, peu marqué par les reliefs au sud** (Alentejo). Ce contraste est net en ce qui concerne les paysages et le peuplement.

▶ Le second trait majeur de l'organisation de l'espace est la distinction entre le **littoral, urbanisé et développé** (doc.1) et l'**intérieur, plus rural** et à l'accessibilité moindre (Tras-os-Montes). Longtemps tourné vers l'océan comme le rappellent encore les archipels de Madère, des Açores, voire le territoire de Macao, **le Portugal est aujourd'hui résolument ibérique** (le long de son unique frontière terrestre) et **européen.**

B - La modernisation accélérée de l'économie

▶ L'entrée dans la Communauté européenne a révélé les **retards portugais** et a permis au Portugal de prendre conscience de l'archaïsme de ses structures de productions, en particulier dans le domaine agricole et des services. Depuis bientôt 15 ans, le Portugal vit à l'heure de l'Europe à marche forcée (doc.3). Les **crédits communautaires** arrivent en masse pour la **modernisation des exploitations,** des usines, la **construction des infrastructures** (transport, éducation). Le Portugal fait figure de bon élève, lui qui est, dans sa totalité (comme la Grèce et l'Irlande), éligible au titre des aides pour les régions en retard de développement.

▶ Les **industries de transformation** et le **tourisme** sont les deux points forts de l'économie portugaise (doc.2). Toute la **grande région de Porto** regroupe une **multitude de PME** œuvrant dans le domaine de la chaussure, du textile ou des pièces pour automobiles, alors que c'est dans la haute vallée du Douro que sont plantées les vignes dont est issu le **vin de Porto**, autre fleuron des exportations portugaises. Le tourisme anime toute la côte avec les deux destinations principales que sont l'Algarve (au sud) et l'île de Madère.

C - La bipolarisation du réseau urbain

▶ Le PIB portugais n'intervient que pour **1,2 % du PIB communautaire** même si le Portugal connaît depuis 1985 la croissance la plus forte de l'Union européenne. L'**adaptation de l'économie** se lit dans ses structures : les agriculteurs ne représentent plus que 11,5 % des actifs (contre plus de 20 % il y a dix ans). La modernisation du pays est particulièrement visible à **Lisbonne** (2,5 millions d'hab.) et à **Porto** (1,2 million d'hab.), les deux seules métropoles de rang européen.

▶ Lisbonne (doc.4), la capitale, profite de l'**Exposition mondiale de 1998** pour réhabiliter son centre (en redéployant son industrie lourde) et renforcer son aura internationale. **Porto l'industrieuse** tisse ses relations avec l'Espagne qui est le principal débouché de l'économie portugaise. L'avantage du bas coût de la main-d'œuvre s'estompant, le Portugal joue la carte de la compétitivité. Il souhaite s'affirmer en Europe du Sud comme le **lien privilégié entre l'Afrique, l'Amérique et l'Union européenne,** en se servant des communautés portugaises, éparpillées dans le monde, comme relais.

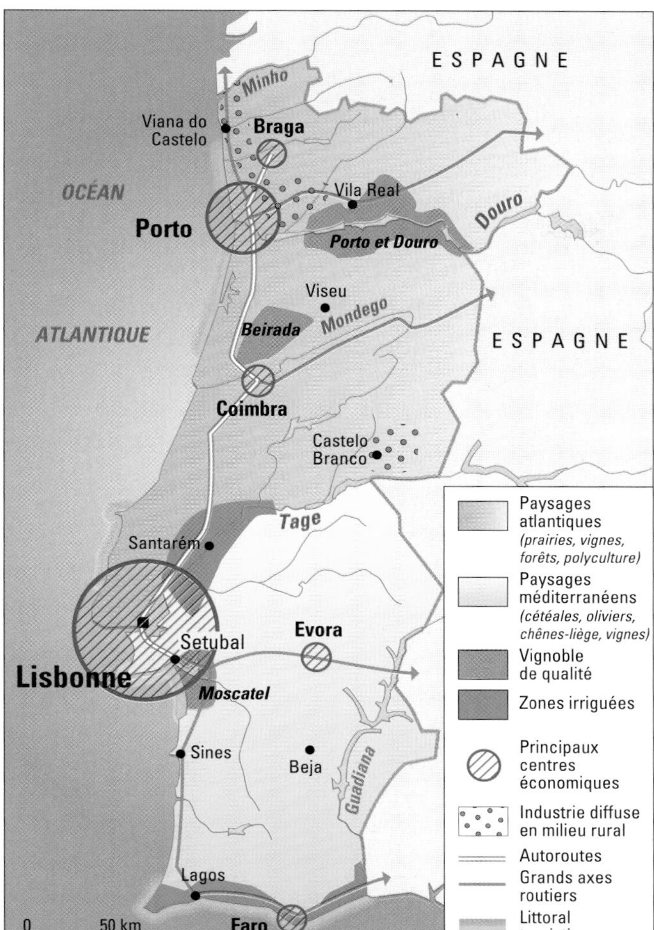

DOC 2 **L'économie portugaise.**

DOC 3

Le Portugal et la course à l'euro

Pour sa participation au noyau dur des pays fondateurs de la monnaie unique européenne, devenue « un grand dessein national », le Portugal resserre les rangs. Le gouvernement socialiste d'Antonio Guterres a présenté le 13 février au Parlement une résolution qui réaffirme la détermination du Portugal de participer, dès le 1er janvier 1999, à la troisième phase de l'Union économique et monétaire (UEM). (...)
Le Premier ministre n'a pas de doutes : l'entrée des pays fondateurs de l'euro sera décidée sur la base des seuls critères de Maastricht et tous les pays remplissant les critères économiques et financiers de convergence se qualifieront pour l'UEM. « Le Portugal va remplir les critères et je suis sûr qu'il serait impossible que l'UE fasse autre chose que respecter intégralement les traités et la souveraineté des États membres. »
Le dernier rapport économique de la Commission européenne confirme la reprise de l'économie portugaise et les progrès enregistrés en matière de convergence nominale. Plaçant le Portugal parmi les douze pays susceptibles de passer à la monnaie unique, il vient renforcer la position du Premier ministre.
Fort du soutien unanime de tous les partis politiques, Antonio Guterres va tout faire pour empêcher un « directoire de pays riches » de décider du sort du Portugal autrement qu'en fonction des critères communs. « Des années difficiles nous attendent », avertit le Premier ministre, pour qui la seule façon pour un pays périphérique de résister aux aspects négatifs de la globalisation de l'économie – l'exclusion sociale et la pauvreté – est d'être intégré dans le noyau dur d'un bloc régional fort.

A. Flucher Monteiro, *Le Monde*, 25 février 1997.

DOC 4
Lisbonne.
La Sé cathédrale domine le Tage et la mer de Paille où stationnent les navires desservant le port industriel et commercial de la capitale portuguaise.

- Quelle place occupe le port de Lisbonne dans le contexte maritime européen et mondial ?
- Quels sont les types d'industrie qui occupent la rive méridionale du Tage ?

Le Portugal : le NPI de l'Union européenne ?

- La grande région de Porto concentre les forces vives de l'industrie portugaise.
- Les établissements industriels sont nombreux dans la vallée du Rio Ave. Les entrepreneurs sont à l'affût de nouveaux marchés ; ils jouent sur la rapidité et la souplesse de leur outil de production et profitent de salaires compétitifs au sein de l'Union européenne.

DOC 1 **Paysage industrialo-rural dans le Nord du Portugal.** L'espace rural est densément occupé et concentre usines et ateliers.

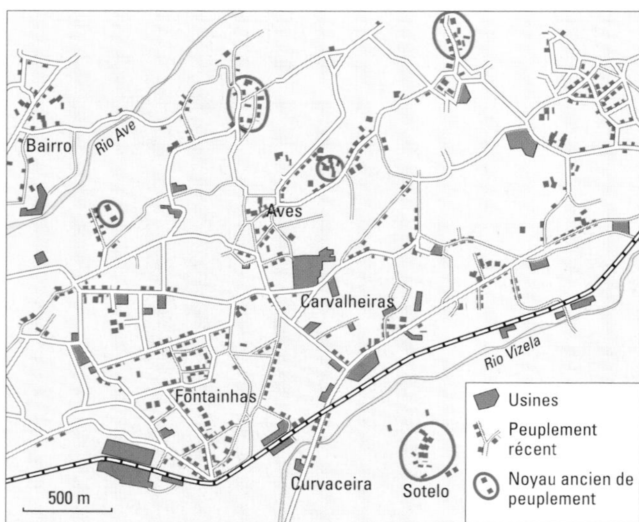

DOC 3 **Urbanisation et industrialisation diffuses dans la région du Rio Ave.**

DOC 2

La nébuleuse industrielle autour de Porto

L'industrie est toujours disséminée en multiples ateliers semi-artisanaux, autonomes ou de sous-traitance, et complétés par un travail à domicile généralisé. Mais certaines de ces unités de production sont aujourd'hui très modernes, même dans les secteurs classiques d'activité de la région : textile, confection, chaussure, meuble, liège. La proximité des ports et l'importance des marchés régionaux a en outre multiplié depuis les années 1960 des unités plus importantes sur de nouveaux créneaux de production : textile d'ameublement, équipement et montage automobile (São João de Madeira, Ovar), électronique (Braga), caoutchouc (Valença, Santo Tirso), chimie lourde et engrais, pâte à papier et kraft (Aveiro, Estarreja, Viana do Castelo), alors que de petits chantiers navals ont su s'adapter et pu se maintenir (Aveiro, Vila do Conce, Viana do Castelo). Mais les productions principales restent le liège (Feira), le travail du bois (de Paredes à Amarante) et surtout le textile, dont la concentration est maximale dans la vallée de l'Ave.

F. Guichard, *Géographie du Portugal*, Masson, Paris, 1990.

QUESTIONS

- **Doc 1 et 3** - Où se situent les usines par rapport aux anciens noyaux de peuplement et aux voies de communication ?
- **Doc 1** - Au regard de la photo, comment peut-on qualifier ce paysage industriel ? Est-il rural ou urbain ?
- **Doc 2** - Comment caractériser les activités présentes dans la région en terme de branche industrielle ?
- **Doc 1 à 3** - Quel facteur explique souvent la localisation des industries textiles dans les vallées ?
À quelles autres régions de l'Europe méditerranéenne est-il possible de comparer la régions industrielle de Porto ?
- **SYNTHÈSE** - Dans quelle mesure l'expression « nouveau pays industrialisé » (NPI) utilisée habituellement pour décrire certains pays d'Asie du Sud-Est, peut-elle servir pour qualifier le Portugal ? Vous semble-t-elle opportune ? Justifiez votre réponse.

L'Espagne et le Portugal

L'essentiel

▶ **L'Espagne** est un pays de forts contrastes entre l'intérieur et les périphéries, entre le Nord et le Sud.

▶ Une nouvelle organisation politique, fondée sur une large autonomie des régions et l'adhésion à l'Union européenne, a modifié profondément la situation politique de l'Espagne depuis le début des années 1980.

▶ Le dynamisme espagnol s'exprime aussi à l'extérieur, sur la scène internationale où ce pays, longtemps replié sur lui-même, joue aujourd'hui un rôle de plus en plus actif.

▶ **Le Portugal**, petit pays européen, est marqué par les influences méditerranéennes et atlantiques. Le dynamisme de son économie lui permet de combler en partie son retard au sein de l'Union européenne. La conquête du marché espagnol est son principal défi.

Les notions clés

- Meseta
- Opposition littoral/intérieur
- Péninsule Ibérique

voir Vers le bac n° 7 *p. 330*

Les chiffres clés

	Espagne	Portugal
INDICATEURS PHYSIQUES		
Superficie en km²	504 782	92 390
Altitude maximale	3 481 m (Mulhacen)	1 993 m (Torre)
INDICATEURS DE PEUPLEMENT		
Population (en millions)	39,3	9,90
Densité (hab./km²)	78	107
Taux d'urbanisation	76 %	68 %
INDICATEURS DÉMOGRAPHIQUES		
Taux de natalité	9 ‰	10,7 ‰
Taux de mortalité	9 ‰	9,9 ‰
Taux de mortalité infantile	7,2 ‰	7,9 ‰
Espérance de vie à la naissance	81 ans	78 ans
INDICATEURS ÉCONOMIQUES		
Monnaie	Peseta	Escudo
PNB par habitant ($)	13 280	9 370
Répartition de la population active		
Agriculture	11	17
Industrie	33	34
Services	56	49
Taux de chômage	22,5 %	7,1 %
Part dans le commerce mondial	2 %	0,5 %
INDICATEURS POLITIQUES		
Régime politique	Monarchie constitutionnelle	Démocratie parlementaire
Entrée dans l'Union européenne	1986	1986
PRINCIPALES AGGLOMÉRATIONS		
(en millions d'hab.) (capitale)	Madrid : 3 Barcelone : 1,6	Lisbonne : 2,5 Porto : 1,2

CHAPITRE 17

L'Italie et la Grèce : vies parallèles ?

- Les péninsules grecque et italienne constituent deux foyers majeurs de la civilisation européenne. C'est à partir de leurs rivages que les civilisations méditerranéennes furent diffusées en direction des Celtes, des Germains et des Slaves. La Grèce et l'Italie, États modernes, revendiquent les deux illustres héritages de la culture hellénique et de la latinité. Quelles en sont les manifestations politiques culturelles, touristiques ?
- Aujourd'hui, presque tout suggère l'idée d'un parallèle gréco-italien : la construction étatique du XIXe siècle, l'irrédentisme des premières décennies du XXe siècle, l'ouverture au grand large par l'émigration et par la marine marchande, les structures économiques, les problèmes de protection du patrimoine historique, l'attraction touristique liée à l'ensoleillement des étés et à la richesse culturelle. Cependant, la frontière entre l'Orient et l'Occident les partage. Comment se traduit-elle ?
- La vocation européenne est précoce en Italie, plus tardive en Grèce, mais bien réelle, malgré l'isolement au sud d'une péninsule balkanique troublée.

PLAN DU CHAPITRE

L'atmosphère de ce port crétois résume tous les charmes de la Méditerranée – chaleur des étés, luminosité, sociabilité – et explique que le tourisme ait été inventé en Italie et en Grèce par les Européens du Nord.

500 1000 m

1 Le relief de l'Italie et de la Grèce.

Autoroutes (en Italie)

Routes nationales (en Grèce)

Grand Port

Aéroport international

2 Les voies de communication de l'Italie et de la Grèce.

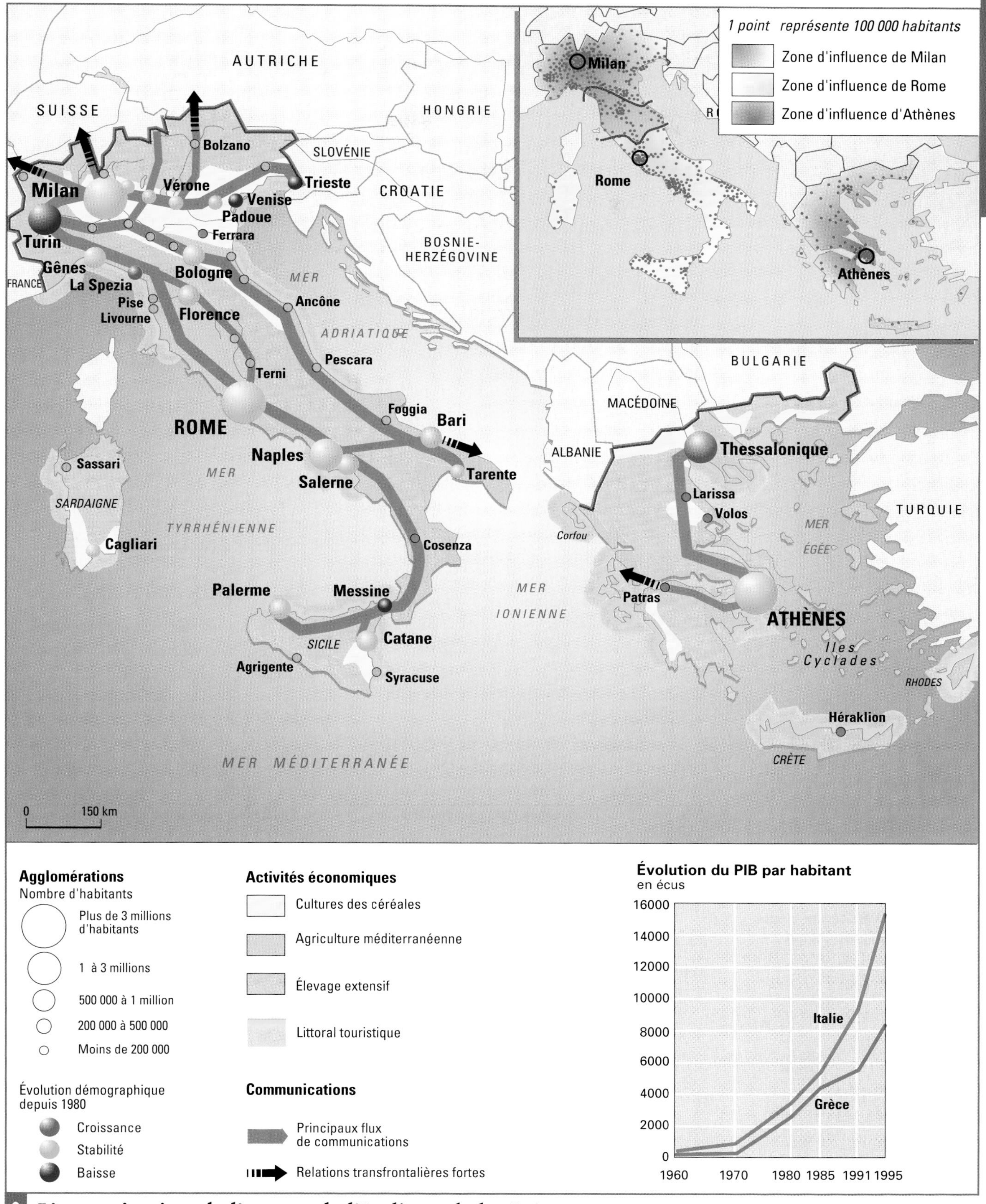

3 L'organisation de l'espace de l'Italie et de la Grèce.

1 L'Italie : un pays ouvert au monde

OBJECTIFS

Connaître les liens de l'Italie avec l'Europe et le monde

Comprendre le rôle culturel et géopolitique de l'Italie

Péninsule élancée vers le sud, l'Italie a depuis l'Antiquité joué un rôle central au cœur de l'Ancien Monde et de la Méditerranée : entre l'Europe, l'Afrique et l'Asie. Cofondatrice de l'Union européenne, l'Italie, qui fut d'abord à la traîne du Nord, joue désormais un rôle moteur.

A - Pont, obstacle ou plate-forme stratégique ?

▶ L'Italie se trouve aux **limites de l'Europe occidentale,** en contact avec les Balkans à travers l'Adriatique. Elle constitue un **prolongement de l'Europe vers le sud.**

▶ L'histoire des Italiens a toujours été liée à la Méditerranée orientale et à l'Afrique du Nord. Dans l'Antiquité, l'Italie du Sud fut la « **Grande Grèce*** », espace de colonisation grecque dont témoignent les temples qui attirent aujourd'hui les touristes. L'empire romain a unifié l'ensemble de la Méditerranée que les Latins appelaient ***Mare Nostrum****. Venise et Gênes ont fondé des **empires maritimes** (thalassocraties*) qui arrivaient jusqu'à la mer Noire. Mussolini a essayé de construire un empire colonial en Afrique.

▶ La situation géographique de l'Italie lui offre un **rôle de pont non seulement entre l'Occident et l'Orient,** mais aussi **entre le Nord et le Sud.** Pourtant, pendant la guerre froide, l'Italie a constitué un des principaux éléments de la stratégie de l'OTAN comme obstacle à l'expansion communiste à travers les Balkans.

B - La vocation européenne de l'Italie

▶ Durant plusieurs siècles en Occident, l'Église de Rome (doc.3) a été le seul élément d'unité dans un monde politique morcelé et instable : **le centre de l'Europe se trouva pendant longtemps en Italie.** Malgré son affaiblissement après son apogée économique, artistique et intellectuel de la Renaissance, l'Italie n'a jamais cessé de constituer **un des principaux foyers de la culture européenne.**

▶ **L'Italie a joué un rôle de pionnier dans la construction européenne.** Elle fut l'un des six membres fondateurs de la CECA en 1951, puis du Marché commun en 1957. En dépit de ses difficultés économiques et budgétaires actuelles, elle a tenu à participer à la monnaie unique européenne dès sa première phase, ce que justifie l'importance de son économie sur le plan mondial : l'Italie est la **cinquième puissance industrielle** du monde occidental et elle participe, à ce titre, au G7*.

C - La diaspora italienne

▶ Les Italiens ont toujours été un **peuple lié à la mer, à la recherche de la fortune à l'extérieur de leur pays** (doc.1). Les médiocres conditions économiques et sociales ainsi qu'une forte croissance naturelle de la population à la fin du XIXe et au début du XXe siècle ont poussé un grand nombre d'Italiens à l'émigration (doc.2). Une **véritable diaspora*** s'est ainsi formée aux États-Unis, avec ses communautés, ses paysages urbains caractéristiques (Little Italy), sa cuisine et sa musique, mais aussi avec des formes d'organisation sociale, parfois marginales par rapport aux lois du pays d'accueil (mafia). La cuisine italienne, diffusée par la diaspora, fait aujourd'hui partie de la culture gastronomique mondiale.

▶ Le développement de l'économie pendant et après la Seconde Guerre mondiale a fortement diminué l'émigration. À partir des années 1970, l'Italie est devenue un **pôle d'immigration.** Dans le même temps, la baisse spectaculaire du taux de natalité a mis fin à la croissance démographique de la population italienne. Ainsi, la diaspora italienne a cessé de se renouveler.

VOCABULAIRE

DIASPORA : dispersion d'une population issue de la même culture dans le monde. Le terme a été utilisé d'abord pour la diaspora juive et ensuite pour les Grecs, les Arméniens et les Chinois.

G7 : groupe des 7 pays les plus industrialisés de la planète (États-Unis, Japon, Allemagne, France, Royaume-Uni, Italie, Canada).

« GRANDE GRÈCE » : l'ensemble géographique constitué par les colonies grecques dans le sud de la péninsule italienne et en Sicile pendant l'Antiquité.

MARE NOSTRUM (Notre Mer) : nom donné à la Méditerranée et à son pourtour par les Romains.

THALASSOCRATIE : empire fondé sur la maîtrise d'un espace maritime grâce à une flotte puissante et à une série de places fortes le long des routes maritimes. Athènes et Venise constituent deux exemples de cités qui ont créé des thalassocraties.

DOC 1

Le local et le mondial

Dans ses niveaux spatiaux, l'Italien a toujours privilégié la dimension locale, la région au sens large, et le monde. Cette ouverture est un fait constant de l'histoire : à la Rome républicaine succède la Rome chrétienne, et toutes deux, débordant le cadre italien, glorifient l'universel ; les cités-États de la Renaissance lancent leurs navires à la conquête de la Méditerranée, puis du monde quand Christophe Colomb, le Génois, découvre l'Amérique ; après l'échec de Crispi, Mussolini utilisera ce sentiment mondialiste des Italiens pour mener à bien ses ambitions ; aujourd'hui encore, les petits entrepreneurs qui créent au cœur des Marches ou des Abruzzes une modeste entreprise familiale visent très rapidement un marché mondial.
L'espace italien reflète bien cet internationalisme latent. Rome, immortalisée par de nombreux films, dont ceux de Fellini, vit de ce mélange hétéroclite d'autochtones et d'étrangers, et n'est pas seulement capitale : par ses fonctions religieuses, ses témoins et le genre de vie de ses habitants, elle constitue une métropole mondiale.
Toutes les formes d'organisation de l'espace italien ne sauraient être comprises sans cette constante référence au monde, marqué de nombreux flux. Hier l'Italie envoyait ses enfants vers tous les continents, et un proverbe toscan enseigne que toute ville héberge au moins un Florentin ; cet exode a cessé, relayé par des flux de produits comme ceux du complexe de Prato, écoulés dans tout le Moyen-Orient.
En sens inverse, l'Italie, ouverte au monde, accueille sur ses plages des touristes étrangers qui créent des formes spatiales adaptées à leurs besoins et à leur culture. Et sans doute faut-il rattacher à cette vision mondialiste la politique précoce de diversification des flux énergétiques prônée par Enrico Mattei.

Géographie universelle, France, Europe du Sud, GIP/Reclus, 1990.

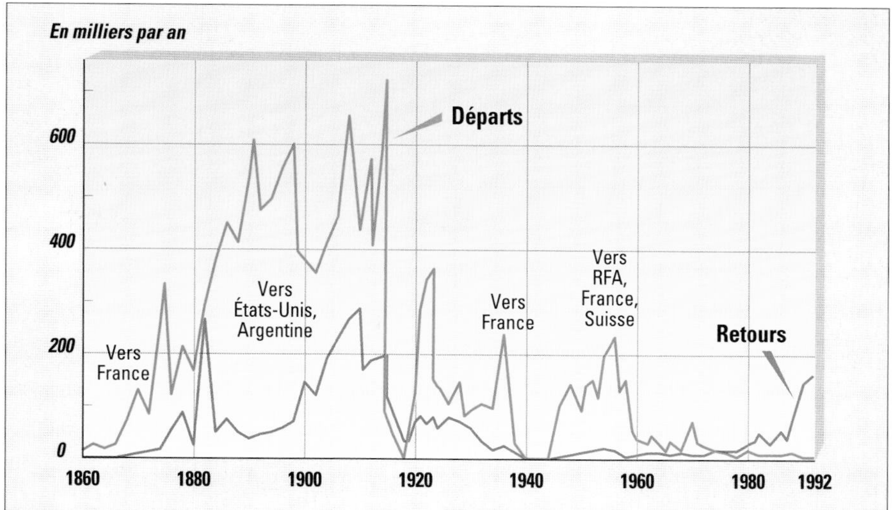

DOC 2 Les migrations internationales des Italiens depuis 1860.

DOC 3 Le Vatican, cœur de la latinité.

2 Une ou plusieurs Italie ?

OBJECTIFS

Connaître les principales villes italiennes et leur particularité

Comprendre les déséquilibres provoqués par la modernisation économique

Bien qu'atténué ces dernières années, le contraste entre les régions italiennes (en l'occurrence entre le Nord et le Sud) reste plus vigoureux que dans les autres pays européens.

A - Des régions organisées par les villes

Malgré l'**unification de l'Italie en 1871** et une construction nationale réussie basée sur l'unité linguistique et religieuse, **les identités régionales ou locales restent fortes.**

▶ La diversité régionale rend compte de la **structure équilibrée du réseau urbain italien. Rome est la capitale politique** et dispose d'une fonction internationale importante grâce au Vatican. Pourtant, sa population (3 millions d'hab.) est moindre que celle de **Milan** (3,9 millions) qui est la **véritable capitale économique** du pays (doc.2).

▶ Milan fait partie avec Turin et Gênes du « triangle industriel » qui domine l'Italie du Nord. **Turin,** ville industrielle, est dominée par FIAT, la plus grande entreprise du pays et un des géants de la construction automobile. **Gênes** est le principal port du pays et le deuxième port de la Méditerranée.

▶ À l'autre extrémité du pays, le **Mezzogiorno*** – dont la principale ville est Naples (doc.1) – présente une économie très différente : les latifundia* ont longtemps fait obstacle à son industrialisation et il a été dominé politiquement par le Nord.

▶ **L'Italie médiane,** entre le triangle industriel et le Mezzogiorno, est composée de l'**Italie du Nord-Est et de l'Italie centrale.** Avec un secteur rural dynamique, elle se caractérise par une **multitude de petites et moyennes villes,** dont certaines disposent d'un patrimoine historique prestigieux (Venise ou Florence).

B - Miracle économique et disparités régionales

▶ **L'État a été l'acteur du développement de l'économie.** Les **grands travaux publics** ont contribué au **désenclavement du pays** et au **développement du tourisme, de l'agriculture et de l'industrie.** Le secteur public contrôle encore une grande partie de la production mais son implication excessive dans l'économie est, de nos jours, contestée.

▶ **La modernisation de l'économie a accentué les disparités régionales,** puisque le développement industriel s'est concentré au Nord (doc.4). **L'État a encouragé l'investissement industriel dans le Mezzogiorno.** Des pôles industriels ont été crés dans les années 1960, comme le triangle Bari-Brindisi-Tarente. Cependant, ces « cathédrales dans le désert »* n'ont pas toujours réussi à diffuser le progrès économique dans leur arrière-pays (doc.3). En dépit de certains échecs, le **volontarisme italien** a porté ses fruits : l'Italie a pu devenir une des grandes puissances industrielles et économiques contemporaines.

C - Les difficultés actuelles

▶ La marche forcée de l'Italie vers la modernité a conduit à une **situation politique et sociale délicate.** Le **poids du secteur public** n'est pas étranger à la **mauvaise qualité de la gestion,** le *malgoverno.* Une grande partie de la production est créée par le **secteur informel* ou souterrain** de l'économie. La **corruption** et les **activités mafieuses** constituent des obstacles à l'assainissement de l'économie.

▶ Par ailleurs, la **persistance des disparités régionales** encouragent un **régionalisme de l'Italie du Nord** qui prend souvent la forme d'un véritable sécessionnisme. Dans le cadre de l'Europe des régions, l'unité italienne pourrait-elle être menacée par la montée des tensions économiques internes et par l'héritage de méfiance envers l'État centralisateur ?

VOCABULAIRE

Cathédrales dans le désert : terme employé pour décrire les énormes installations industrielles créées dans un contexte rural par le volontarisme de l'État.

Latifundia : grandes propriétés agricoles.

Mezzogiorno : le Mezzogiorno est composé de la Sicile, de la Sardaigne et de la partie de l'Italie qui se trouve au sud de Rome. Le Sud de l'Italie a longtemps connu un retard considérable par rapport au Nord à cause de ses structures archaïques. Il a fait l'objet d'efforts considérables de la part de l'État italien pour favoriser son développement industriel.

Secteur informel : activités économiques qui fonctionnent de manière plus ou moins illicite en essayant d'échapper aux contrôles des autorités publiques, au fisc et à la sécurité sociale.

DOC 1 **Chaleureuse ambiance de rue dans un quartier du vieux Naples.**

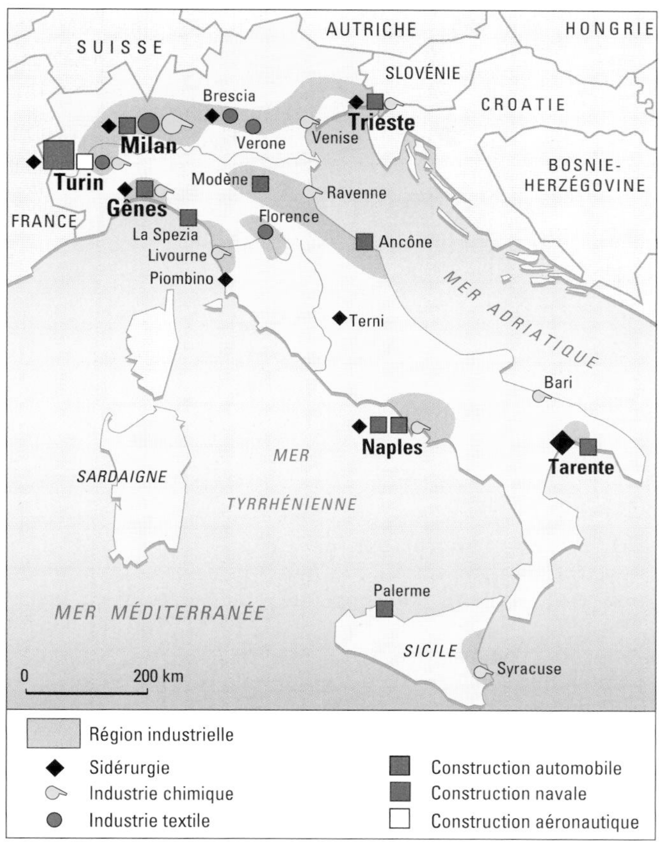

DOC 4 **L'industrialisation de l'Italie.**

DOC 2 **La galerie Victor-Emmanuel II à Milan.**
L'influence de l'Europe centrale se perçoit nettement dans la prospère capitale de l'Italie du Nord.

DOC 3

Le Mezzogiorno, l'Italie pauvre ?

Le Christ s'est arrêté à Eboli, écrit par un Turinois, témoigne, par la description des conditions de vie d'un village du Sud, de la dimension la plus choquante des disparités régionales du développement : dans ce pays pauvre, le Mezzogiorno dispose d'un revenu de vie moyen par habitant qui dépasse à peine la moitié de celui du Centre-Nord. (...) Pour une moyenne nationale du PIB par habitant définie à l'indice 100, le Mezzogiorno régional se place à l'indice 66,8. Le minimum est atteint par la province d'Avellino, en Campanie, qui n'arrive qu'à l'indice 46,8 ! Naples, capitale déchue, ne se hisse qu'à l'indice 85,2... tandis que le Centre-Nord atteint globalement l'indice 119,7.

D. Rivière, *L'Italie et l'Europe, vue de Rome. Le chassé-croisé des politiques régionales*, L'Harmattan, Paris, 1996.

■ Par quel critère évalue-t-on la différence de richesse entre le nord et le sud de l'Italie ? Est-il suffisant pour rendre compte de la réalité ?

L'Italie du Nord : une réussite et ses dangers

- L'Italie du Nord, organisée autour de la plaine du Pô, fait partie intégrante du cœur économique européen et laisse tout le Sud du pays en marge.
- Ce très fort déséquilibre de la croissance fait surgir des menaces qui, dans l'Union européenne, semblent propres à l'Italie.
- Les réponses appropriées ne peuvent être mises au point qu'à l'échelle du pays, l'Italie devant mener à bien une double harmonisation, nationale et européenne.

I. Réussite économique…

DOC 1 Un héros italien à la conquête du monde.
Les Aventures de Pinocchio – histoire d'une marionette, de Carlo Collodi (1883), est un des plus célèbres romans italiens.
Une marionette devient finalement un enfant grâce à ses qualités de cœur.
Traduit dans toutes les langues et porté à l'écran par Walt Disney, ce chef-d'œuvre appartient au patrimoine international, tout en demeurant un symbole du génie italien.

DOC 2

Benetton, une multinationale très italienne

Une croissance rapide
- 1968, une PME familiale de Trévise, au nord de Venise, dirigée par les frères Benetton, lance une gamme de vêtements très colorés pour une clientèle composée surtout de jeunes.
- 1969, première boutique ouverte à l'étranger, à Paris.
- 1989, 5 900 magasins répartis dans 82 pays, dont 360 points de vente au Japon.
- 1990, avec plus de 63 millions de pièces vendues, Benetton se diversifie et se lance sur le marché de la chaussure aux États-Unis.
- 1991, l'entreprise se tourne en direction des marchés d'Europe centrale et des pays en développement.

Une envergure internationale
Benetton possède, en 1991, 14 unités principales de production, dont la moitié sont implantées délibérément en Italie. Des milliers de petites entreprises de sous-traitance se voient confier des commandes.
La politique commerciale très efficace de la firme impose aux distributeurs associés de vendre sous licence, donc exclusivement des produits de la marque.
À force de réussite, Benetton est coté dans les bourses de Milan, mais aussi Francfort, Londres, New York…

DR

II. ...et difficultés politiques

DOC 3 Quelles régions pour la République du Nord ?

DOC 4

La Ligue : le parti de ceux qui réclament une République du Nord

Ses pouvoirs ? Tous ceux que prévoient déjà la Constituante fédérale, et surtout la fiscalité, l'éducation, la santé, l'ordre public et une partie de la politique économique. Francesco Speroni, le chef des sénateurs de la Ligue, résume la chose de façon imagée : « L'État fédéral conserve l'épée, la monnaie, la robe et le bicorne (Affaires étrangères). Le reste est de la compétence des États régionaux, en l'occurrence de la République du Nord. » (...)

Umberto Bossi, le leader de la Ligue, multiplie les provocations. Après en avoir appelé à la révolte fiscale, et menacé de mort les magistrats qui voudraient s'en prendre à son parti, il a lancé le 21 septembre un ultimatum au gouvernement. Faute d'élections (législatives) anticipées, ses hommes quitteront le Parlement, la Ligue organisera un plébiscite sur le fédéralisme et élira le premier Parlement de la République du Nord. Des menaces proférées dans ce langage ordurier qui fait la joie des troupes du Senateur. Le président de la République et le président du Conseil sont traités de voyous, une ex-ministre se voit gratifiée d'un bras d'honneur. (...) La menace est bien réelle. La Ligue n'est pas qu'une toquade, un mouvement de protestation éphémère permettant de porter le coup de grâce à l'ancien régime. En Vénétie, ancien fief démocrate-chrétien, plus de 50 % des électeurs lui sont favorables ; à Gênes, 40 %; dans le Piémont, plus de 30 %. Même dans l'Émilie rouge, même à Rome, cette « Rome la voleuse » accusée de tous les crimes par les liguistes, la Ligue commence à prendre ses marques. « Si Bossi proclamait la République liguiste du Nord, conclut Scalfaro (président de la République), ce serait un attentat constitutionnel. »

M. Tossati, *Europes*, jeudi 7 octobre 1993.

DOC 5

L'opération « main propre » vise aussi des pratiques du Nord

L'erreur a été de penser que la croisade anticorruption relevait du folklore italien, nation mafieuse par nature. On n'a pas voulu voir la nouveauté de « Mani pulite » qui vise le nord de la péninsule, région phare du capitalisme moderne. (...)

Les effets dévastateurs de « Mani pulite » sont inexplicables tant qu'on ne prend pas en compte les réactions et le jeu des partis. Exemple : la disparition soudaine de la démocratie chrétienne, illustration du syndrome italien.

1. Printemps 1993 : l'opération « Mani pulite » fait vaciller l'Italie. Le juge Di Pietro évoque le péril des arrestations en cascade. D'où sa mise en garde : « C'est une chaîne, trouvons une issue, aux hommes politiques d'agir. »
2. En réponse à Di Pietro, le gouvernement publie un décret qui convertit les peines d'emprisonnement en lourdes amendes.
3. Les jeunes militants dénoncent le coup d'éponge dont vont bénéficier les coupables.
4. Le président de la République, Scalfaro, démocrate chrétien, soutient les contestataires.
5. Les chefs de la démocratie chrétienne sont inculpés. Le parti disparaît. Suppression du sigle, effondrement électoral.
6. Novembre 1993 : Scalfaro est à son tour suspecté, discrédité. Il demande que cesse le « jeu de massacre » qui décime le milieu politique.

B. Bonilauri, *Le Figaro*, 21 octobre 1994.

QUESTIONS

■ **Doc 1 et 2** - Quel choix stratégique fait de Benetton une entreprise européenne exceptionnelle dans l'industrie du vêtement ? Pourquoi ?

■ **Doc 3** - Sur quel modèle d'organisation politique la Ligue veut-elle bâtir la République du Nord ? Quel risque politique majeur cette évolution peut-elle entraîner ?

■ **Doc 4** - De quelle fracture le succès de la Ligue est-il révélateur ?

■ **Doc 5** - Établissez le tableau des avantages et des dangers d'une telle « opération » dans la vie politique et économique du pays.

■ **SYNTHÈSE** - L'écart entre le Nord et le Sud de l'Italie est creusé, économiquement et politiquement : quels contrastes sociaux majeurs peuvent apparaître dans un tel contexte (chômage, éducation, formation, besoins, famille, loisirs, santé, etc.) ?

3 La Grèce : un pays, une identité forte, une diaspora

OBJECTIFS

Connaître la distinction entre la Grèce et l'hellénisme

Comprendre le rôle géopolitique de la Grèce et des Grecs

Les Grecs vivent intensément leur identité hellénique bien que la Grèce soit un jeune État et que nombre d'entre eux aient choisi de vivre à l'étranger.

A - L'hellénisme : réalité historique ou actuelle ?

▶ Le territoire de la Grèce actuelle ne coïncide ni avec l'espace de la Grèce antique, ni avec le territoire de l'empire byzantin. Depuis l'Antiquité, **l'hellénisme* s'est confondu avec la mer Égée et ses bordures** mais, depuis 1922, il n'y a plus de Grecs sur le littoral de l'Asie Mineure. Aux XIXe et XXe siècles, le nationalisme a provoqué l'expulsion des Grecs de toute une série de foyers historiques de l'hellénisme.

▶ En revanche, les **vagues d'émigration** ont créé des **nouvelles communautés grecques** aux États-Unis, en Australie, en Europe occidentale et en Afrique du Sud. Ainsi, malgré deux siècles de repli, l'effectif des **Grecs de la diaspora** (doc.1) équivaut à environ la moitié de la population vivant en territoire national grec. Dans un sens tant historique que géographique, l'hellénisme est une réalité plus large que l'État grec.

B - La marine marchande : nationale ou mondiale ?

▶ Les navires appartenant à des armateurs grecs, indépendamment de leur pavillon, forment **la plus importante flotte marchande au monde.** Les Grecs prolongent ainsi une **vieille tradition de marins,** de marchands et d'explorateurs dans le cadre de la mondialisation*, qui implique le développement des transports maritimes (doc.2). La marine constitue, d'ailleurs, l'un des principaux apports économiques de la Grèce à l'Union européenne.

C - L'orthodoxie au cœur de l'identité grecque

▶ L'hellénisme affirme sa présence culturelle en dehors de la Grèce par le **Patriarcat œcuménique* de Constantinople,** centre spirituel de tous les chrétiens orthodoxes, qui se trouve à Istanbul. Le patriarche de Constantinople est l'héritier d'une prestigieuse tradition, marquée par le rôle de l'Église dans l'empire byzantin et par la fonction du patriarche comme chef de la communauté chrétienne dans l'empire ottoman. La laïcité, considérée comme un *modus vivendi* en France, n'a pas de sens en Grèce, où l'orthodoxie constitue un élément fondamental de l'identité nationale.

▶ Avec la fin du communisme, **l'orthodoxie constitue un enjeu géopolitique important,** puisque les populations slaves qui vivaient derrière le rideau de fer sont orthodoxes dans leur grande majorité. Ainsi, le rôle du patriarche grec de Constantinople devient à nouveau important.

D - Le territoire grec : atout géopolitique ou casse-tête pour l'Occident ?

▶ Du fait de sa situation géopolitique balkanique et méditerranéenne, la Grèce a constitué une pomme de discorde pour les puissances européennes et mondiales. La principale route de sortie de la Russie vers l'extérieur traverse la mer Égée. Pendant la guerre froide, la Grèce partageait avec la Turquie le rôle qui consistait à empêcher l'expansion soviétique à travers la mer Égée.

▶ Tout a changé aujourd'hui. Le principal enjeu est à la fois géopolitique et géo-économique : il concerne **l'exportation du pétrole en provenance de la Russie** et des autres républiques ex-soviétiques à partir de la mer Noire. Europe et États-Unis sont ainsi impliqués dans le **bras de fer entre la Grèce et la Turquie** qui se cristallise autour de la partition de l'île de Chypre dont une partie est indépendante, soutenue par la Grèce, et l'autre occupée par la Turquie.

VOCABULAIRE

HELLÉNISME : culture actuelle et passée des Grecs à travers le monde. L'hellénisme s'incarne dans la Grèce, Chypre et dans la diaspora.

MONDIALISATION : extension à l'échelle planétaire des transports et des échanges de personnes, de biens matériels, de services, d'informations et de pratiques culturelles.

ŒCUMÉNIQUE : qui appartient à l'*oikoumenê*, en grec le monde habité.

DOC 1 Les principales concentrations de la diaspora grecque dans le monde.

■ Dans quelles parties du monde les Grecs migrent-ils ? Comment l'expliquer ?

DOC 2 Le Pirée, dans la banlieue d'Athènes. Essentiel pour le ravitaillement de la capitale grecque, ce port permet aussi la liaison avec les innombrables îles qui entourent la péninsule.

4 Les paradoxes grecs

OBJECTIFS

Connaître l'opposition entre régionalisme traditionnel et centralisme moderne en Grèce

Comprendre le rôle de la Grèce comme lien entre l'Europe et les Balkans, les pays de la mer Noire et le Moyen-Orient

Pont culturel, politique et économique entre l'Occident et l'Orient, la Grèce est partagée entre le désir de s'intégrer pleinement dans l'Europe et celui de cultiver sa différence.

A - Milieu et culture helléniques

▶ **La Grèce est entourée par la mer.** L'essentiel de son territoire est montagneux. Il se subdivise en une **multitude de petites régions** séparées les unes des autres par des barrières, mais liées aussi parfois par la mer. Ces caractères physiques rendent compte de toute une série de choix culturels. Les Grecs sont attachés à leur petite patrie*; il existe une **grande diversité de cultures locales.**

▶ Ces traits traditionnels n'ont pas été effacés par la modernité et permettent de comprendre les **attraits touristiques de la Grèce,** mais aussi les succès des Grecs dans les domaines qui exigent la compréhension de différentes cultures. Les Grecs sont à la fois balkaniques et méditerranéens. La place de la Grèce, entre l'Orient et l'Occident, chrétienne face à l'islam et orthodoxe face à la chrétienté latine, conditionne aussi leur **tempérament, indépendant et diplomate.**

▶ Si la Grèce est le pays de l'Union européenne le moins conforme à la mentalité occidentale, elle contribue au projet européen en jetant un **pont entre l'Europe occidentale et l'Europe orientale.**

B - Athènes et Thessalonique : deux destinées opposées

▶ La construction nationale au XIXe siècle a conduit à la **centralisation politique et économique** qui a transformé la géographie de la Grèce, avec la création d'un **réseau en étoile d'axes de circulation** terrestres et maritimes et avec le **désenclavement des régions de montagne.**

▶ **Athènes** (doc.1 et 2), la capitale, a vu sa population croître constamment pour arriver à concentrer **plus du tiers de la population du pays.** L'agglomération ainsi créée connaît de **graves problèmes d'urbanisme, de circulation et de pollution atmosphérique.**

▶ La deuxième ville du pays est **Thessalonique,** ancien grand port de commerce balkanique dans l'empire ottoman, grâce à sa situation au terme de la voie liant l'Europe centrale à la mer Égée. Les difficultés dans les relations diplomatiques de la Grèce avec ses voisins du Nord l'empêchent encore aujourd'hui de jouer le rôle de principal port balkanique de l'Europe.

C - L'État, instrument ou frein au développement ?

▶ Grâce à l'aide étrangère et au rôle de l'État, l'économie grecque a connu une **croissance spectaculaire** après la Seconde Guerre mondiale. Depuis les années 1980, elle avance peu, malgré le développement du tourisme, la modernisation de l'agriculture et l'aide économique de l'Union européenne. La principale raison des blocages se trouve dans la **taille démesurée du secteur public** et son mauvais fonctionnement. Une grande partie de l'économie, l'économie souterraine, échappe aux contrôles de l'État. À ces difficultés sociales et économiques s'ajoutent, pour bloquer la croissance économique, le **service d'une dette publique de plus en plus importante** (115 % du PIB) et le **financement de la course aux armements avec la Turquie.**

▶ Pourtant, les possibilités ouvertes à l'économie grecque depuis la fin de la guerre froide sont énormes. Beaucoup d'hommes d'affaires grecs ont pu les saisir, et la **pénétration commerciale et financière grecque dans les anciens pays communistes,** comme en Roumanie, en Bulgarie, en Ukraine, etc. est impressionnante.

VOCABULAIRE

PETITE PATRIE : localité ou région naturelle d'origine. Pour les Grecs, dont la grande patrie est la Grèce, les racines culturelles de la petite patrie sont préservées malgré l'émigration ou l'urbanisation. Ainsi, ils créent aux États-Unis des associations fondées sur l'origine commune de tel village du Péloponnèse ou de telle île.

DOC 1 **Le centre d'Athènes, serré au pied de l'Acropole.** Au loin, vers le sud-ouest, le port du Pirée et le golfe Saronique.

DOC 3 **Un aspect de l'agriculture traditionnelle grecque : la préparation du séchage du tabac.**

DOC 2

Athènes : démocratie, pollution, politesse et civilisation

Que vous arriviez en avion, en bateau, en auto, ce sera la déception de votre vie. La démocratie y est née. La pollution y est reine. Ville embétonnée, air pollué, mer pourrie... Attendez le coup de foudre : il viendra. (...) Faites-vous des amis grecs. Indispensable pour savoir où manger bien. Évitez les taxis : très bon marché mais déplaisants. (...) Rapportez des bougies (plus de 1 000 sortes !) achetées dans les boutiques religieuses (...). En tous lieux manifestez une politesse extrême (bonjour, au revoir, serrement de mains), entrez assez « habillés » chez les Grecs, portez un toast (dites *yassou*) à chaque fois que vous buvez et ne videz jamais votre verre entièrement, qu'il s'agisse de l'*ouzo* (boisson forte à base de raisin et d'anis) ou de vin. (...) Évitez juillet et août et faites la sieste. Souvenez-vous que le Parthénon était peint et que nombre de caryatides, statues et bas-reliefs ne sont plus que des répliques. Errez sur l'Acropole tôt le matin ou tard le soir. Dans l'Agora, qui n'est que ruines, espaces vides, pins, oliviers, myrte et laurier, prenez un guide pour mieux ressentir pourquoi vous êtes aujourd'hui civilisé.

L'Europe des villes rêvées, Athènes avec Olivier Rolin, Autrement, Paris, 1986.

Le territoire grec entre péninsule et archipel

Après plus de dix ans de lutte, la Grèce se libère de la domination ottomane et accède à la souveraineté en 1832. Le tout nouvel État se limite alors à un territoire centré sur Athènes. Celui-ci laisse de nombreuses communautés grecques au-dehors ; il est agrandi peu à peu par étapes. Ainsi les frontières actuelles du pays sont récentes. La péninsule et l'archipel sont deux particularités géographiques que la Grèce cumule et combine.

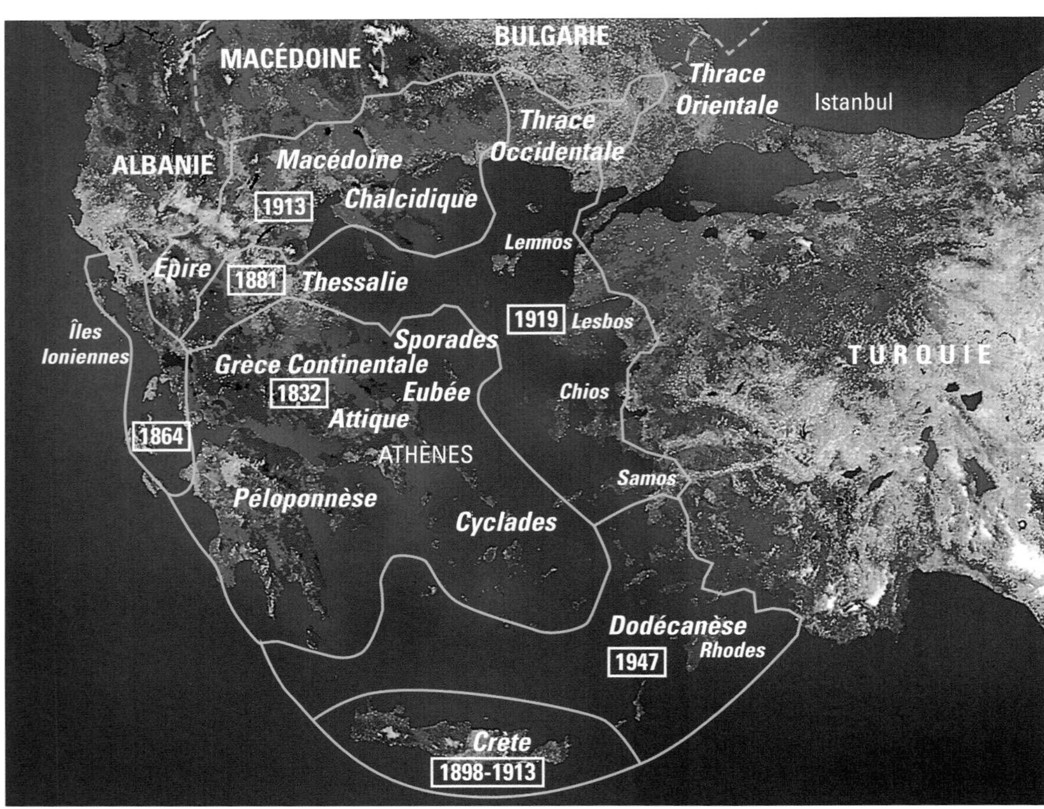

DOC 1 Image satellite de la Grèce.

QUESTIONS

Un territoire qui doit inventer une continuité

■ Quel mouvement dans l'espace l'accroissement du territoire grec décrit-il dans ses phases successives ?

■ Caractérisez l'aire de domination de la Grèce : autour de quel élément géographique important s'organise-t-elle ?

■ Quelles sont les infrastructures nécessaires à la cohésion d'un territoire aussi dispersé ? Par conséquent, quel est l'atout majeur de la capitale pour polariser l'activité de l'ensemble du pays ?

Un territoire qui relève des défis géopolitiques

■ Quelle est, outre le cas particulier de Chypre, la zone de tension naturelle entre la Turquie et la Grèce ? Quel est l'avantage stratégique de cette dernière ?

■ Où la Grèce peut-elle être encore tentée de s'agrandir aux dépens de la Turquie ?

■ Dans quelle direction la Grèce a-t-elle néanmoins choisi de développer ses activités, notamment depuis 1981 ?

L'Italie et la Grèce

Les notions clés

- Construction nationale
- Diaspora
- Géopolitique
- Patrimoine
- Péninsule
- Régionalisme
- Vocation maritime

L'essentiel

▶ L'Italie et la Grèce ont joué un rôle majeur dans la naissance des civilisations européennes qui en sont toutes, peu ou prou, les héritières.

▶ Leurs histoires ont divergé depuis la fin de l'empire romain. L'Italie est devenue un pôle culturel de l'Occident, tandis que la Grèce a été rattachée à l'Orient. Aujourd'hui, l'une est de culture majoritairement catholique, l'autre orthodoxe dans un système qui lie étroitement la nation, l'État et la religion.

▶ L'Italie a fait partie des six fondateurs de l'Union européenne en 1958. La Grèce y est entrée en 1981.

▶ Les deux péninsules sont méditerranéennes par les milieux, par les mentalités, par l'économie. Un fort contraste oppose le nord de l'Italie, industrialisé et prospère, au sud de l'Italie et à la Grèce, plus aidés dans leur développement économique par l'Union européenne.

▶ Bien desservie par un réseau de voies de communications modernes, l'Italie s'oppose à la Grèce, isolée de l'Union européenne par l'ex-Yougoslavie, et moins bien irriguée par la route et le rail.

Les chiffres clés

	Italie	Grèce
INDICATEURS PHYSIQUES		
Superficie (en km²)	301 270	131 990
Altitude maximale	4 765 m (Mont Blanc de Courmayeur)	2 904 m (Mont Olympe)
INDICATEURS DÉMOGRAPHIQUES ET DE PEUPLEMENT		
Population (en millions)	57,3	10,5
Densité (hab./km²)	190	80
Taux d'urbanisation	67 %	65 %
Taux de natalité	9,2 ‰	10 ‰
Taux de mortalité	9,6 ‰	9,4 ‰
Taux de mortalité infantile	8,3 ‰	8,3 ‰
Espérance de vie à la naissance	77 ans	78 ans
INDICATEURS ÉCONOMIQUES		
Monnaie	Lire	Drachme
PNB par hab. ($)	19 270	7 710
Répartition de la population active		
Agriculture	9	23
Industrie	32	27
Tertiaire	59	50
Part dans le commerce mondial	4,2 %	0,36 %
Rang dans le commerce mondial	6e	
INDICATEURS POLITIQUES		
Régime politique	Démocratie parlementaire	Parlementarisme monocaméral
Entrée dans l'Union européenne	1957	1981
PRINCIPALES AGGLOMÉRATIONS (en millions d'hab.) (capitale)	Milan : 3,9 Rome : 3 Naples : 2,9	Athènes : 3,7 Théssalonique : 0,74

VERS LE BAC

I. L'épreuve d'Histoire-Géographie au baccalauréat

1. Principes de l'épreuve d'Histoire-Géographie

À partir de 1999, l'épreuve écrite d'Histoire-Géographie au baccalauréat (série L, ES et S) s'organise selon les principes suivants :

- l'épreuve porte sur le programme de terminale ;
- la durée totale de l'épreuve est de quatre heures ;
- le candidat organise son temps comme il l'entend ;
- l'épreuve comporte deux parties d'inégale importance :

• **première partie ou « épreuve longue » :** trois sujets au choix de difficulté équivalente. Deux « compositions » et une « étude de documents » en histoire ou en géographie ;

• **deuxième partie ou « épreuve courte » :** le candidat a le choix entre deux croquis de géographie en réponse à un sujet donné ou deux commentaires d'un document d'histoire.

Un tirage au sort (avant l'épreuve) détermine la discipline (histoire ou géographie) faisant l'objet de la première partie ; la seconde partie porte obligatoirement sur l'autre discipline (géographie ou histoire).

L'évaluation de la copie de chaque candidat est globale ; mais la première partie serait notée sur 12 points, la seconde sur 8 points.

2. Conséquences pratiques

Pour la discipline « géographie », il est nécessaire de se familiariser avec trois types d'exercices :

la « composition de géographie » de la première partie.
La composition de géographie remplace la dissertation mais les objectifs demeurent les mêmes. Les sujets portent sur l'un des thèmes ou ensembles géographiques définis par le programme : le candidat peut s'appuyer sur des exemples librement choisis. Une des deux compositions au moins prévoit la réalisation d'un croquis (à partir d'un fond de carte) mettant en valeur la dimension spatiale du sujet.

« l'étude de documents de géographie » de la première partie.
Les documents (cinq au maximum) sont majoritairement des cartes, des croquis et des schémas mais les informations statistiques, les graphiques, les textes ne sont cependant pas exclus. Ils expriment tous des données spatiales clairement identifiables. Un même phénomène peut être représenté à différentes échelles.

L'exercice se décompose en trois temps :
– le candidat est d'abord invité à **présenter les documents** ;
– il doit ensuite **sélectionner**, **classer et confronter** les informations géographiques tirées de l'ensemble des documents et nécessaires à l'élucidation du sujet et les regrouper par thèmes ;
– il doit enfin **rédiger, de façon synthétique, une réponse argumentée** d'environ 300 mots à la problématique définie par le sujet, en faisant appel, y compris de manière critique, à l'ensemble des informations tirées des documents.

le « croquis de géographie » de la seconde partie.
En réponse à un sujet donné, le candidat réalise un croquis accompagné d'une légende organisée et expliquée en quelques phrases. Le sujet ne comporte pas de document si ce n'est, éventuellement, quelques données statistiques. Il est accompagné d'un **fond de carte**. Le candidat doit savoir **localiser**, **hiérarchiser et mettre en relation** les phénomènes représentés et **organiser la légende**.

II. Présentation du dossier Vers le bac

Si le tirage au sort détermine la géographie en **première partie**, vous faites le choix entre :

- une **composition avec croquis** (deux sujets au choix)

ou

- une **étude de documents**

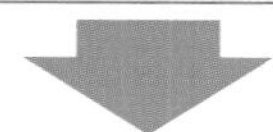

La géographie est en première partie

Vous disposez de deux heures et demie à trois heures pour réaliser :

- **Une composition avec réalisation d'un croquis**

Deux dossiers « Vers le bac » vous aident à comprendre l'architecture de la composition en géographie et la progression de sa réalisation :

« Vers le Bac n° 1 » : **Construire une composition de géographie avec croquis**.
Sujet : *Les transports en France et l'organisation de l'espace.*

« Vers le bac n° 2 » : **Structure et développement d'une composition**.
Sujet : *Les régions littorales de la France atlantique.*

Deux autres dossiers « Vers le Bac » vous préparent à la réalisation du croquis :

« Vers le bac n° 3 » : **Le croquis de localisation et le langage cartographique**.

« Vers le Bac n° 4 » : **La réalisation d'un croquis de géographie**.
Sujet : *L'approvisionnement de la France en énergie primaire.*

ou

- **Une étude de documents**

Les dossiers « Vers le bac n° 1, 2 et 5 » vous préparent à ce nouveau type d'épreuve en suivant une progression dans la maîtrise des difficultés :

« Vers le bac n° 5 » : **Se préparer à l'analyse d'un dossier documentaire**.
Sujet : *Le commerce extérieur de l'Union européenne.*

« Vers le bac n° 6 » : **Analyser un ensemble de documents**.
Sujet : *Les disparités de développement dans l'UE.*

« Vers le bac n° 7 » : **Préparer une réponse argumentée à partir d'une étude de documents**.
Sujet : *L'organisation de l'espace espagnol.*

Si le tirage au sort détermine la géographie en **deuxième partie** :

- vous réalisez un **croquis** en réponse à un sujet donné (deux sujets au choix)

La géographie est en deuxième partie

Vous disposez de une heure à une heure et demie pour réaliser :

- **Un croquis de géographie**

Les dossiers « Vers le Bac » n° 3 et 4 vous préparent à répondre aux exigences de cet exercice et aux attentes des correcteurs.

« Vers le Bac n° 3 » : **Le croquis de localisation et le langage cartographique**.
Ce dossier rappelle les outils et les règles élémentaires de la communication cartographique, ainsi que les étapes de la réalisation du croquis et de sa légende. Une **grille de figurés** vous est proposée.

« Vers le Bac n° 4 » : **La réalisation d'un croquis de géographie**.
Ces pages fournissent un exemple concret d'élaboration d'un croquis à partir d'un sujet traité.
Sujet : *L'approvisionnement de la France en énergie primaire.*

Savoir gérer la durée de l'épreuve :
Le dossier « Vers le bac n° 1 » : **Construire une composition de géographie avec croquis** vous propose un exemple de découpage chronologique des étapes de la réalisation d'une composition.

Composition

Construire une composition de géographie avec croquis

OBJECTIFS

- Connaître les différentes étapes de l'élaboration d'une composition.
- Concevoir l'insertion du croquis dans la composition.
- Apprendre à gérer le temps imparti à l'examen en s'organisant méthodiquement (ne pas dépasser 3 heures pour cette épreuve).

SUJET PROPOSÉ

Les transports en France et l'organisation de l'espace

voir chapitre 5, p. 96

(Fond de carte à utiliser obligatoirement : voir p. 332)

Méthode à suivre

1. Analyser le sujet : 10 minutes

- Prendre connaissance du contenu du sujet en repérant les **mots-clés** et les **mots de liaison** qui vont aider à saisir le thème central du sujet et ses limites spatiales.
- Expliciter le libellé en le transformant sous forme de questions qui vont orienter le sens de la réflexion et situer l'intérêt de ce sujet : ce sera la **problématique** que vous formulerez ultérieurement dans l'introduction.

2. Mobiliser ses connaissances : 15 minutes

- Procéder à un inventaire de vos connaissances sans perdre de vue la problématique.
- Trier et hiérarchiser les connaissances en différenciant les principales idées, les arguments et les exemples qui les appuient et les illustrent.
- Opérer des **regroupements** pour respecter la démarche géographique : observer et décrire en localisant à l'aide de termes précis, puis expliquer.
- Tenir compte des **échelles** dans l'analyse des espaces : on peut aller de la petite vers la grande échelle, c'est-à-dire partir de constats généraux, puis préciser les observations par des analyses plus fines.

3. Construire le plan et projeter la structure de la légende du croquis : 15 minutes

- Sélectionner et agencer les **idées-forces** pour construire la structure du devoir : ce sont généralement deux ou trois grandes idées directrices qui constituent les grandes parties ou les paragraphes de la composition conçue comme une démonstration pour répondre à la problématique initiale.
- Toute grande partie est introduite par une phrase énonçant avec concision et clarté l'**idée directrice**. Le paragraphe devra s'inscrire dans la continuité de ce fil directeur.
- Les **arguments** appuyés par un ou des **exemples** bien choisis constituent les alinéas ou sous-parties du paragraphe ; il convient aussi de les hiérarchiser.
- Chaque grande partie doit se terminer par une conclusion partielle marquant une **transition** vers le paragraphe suivant.

Conseils adaptés à ce sujet

- Les **termes du sujet** ne prêtent pas à ambiguïté. Les transports couvrent une grande diversité de modes de déplacements avec leurs infrastructures et l'activité mesurée par la circulation des flux sur les lignes. Attention au terme de liaison : quel sens donner à la préposition « et » ?
- Exemples : comment les réseaux de transport réalisent-ils le maillage de l'espace français ? Quels axes majeurs contribuent à l'accessibilité du territoire français ?

- L'inventaire doit déboucher sur des **notions** portant sur la géographie des transports : transports plurimodaux (routier, ferré, aérien, fluvial et maritime, tubulaire...) ; réseaux de transport (lignes, nœuds, mailles) plus ou moins dense ; structure ou forme du réseau (radiale, transversale...) ; connexions et intermodalité ; flux ou trafics, axes majeurs et carrefours ; structuration de l'espace (inégale accessibilité, espace polarisé, logique d'organisation du territoire, politique d'aménagement).
- Les notions s'appliqueront à des **analyses de situation** : description de réseaux (réseaux à grande vitesse...), analyse de la distribution dissymétrique des flux, description des axes majeurs sur le territoire national, différenciation de l'espace.

- Parmi les notions et les connaissances factuelles ayant fait l'objet de l'inventaire, relever celles qui aident à l'analyse du système territorial de transport constituant l'armature du territoire national : étudier les réseaux et leurs caractères évolutifs. Exemple : comment les flux circulent sur les réseaux. Faire l'analyse des axes majeurs de transport et des grands carrefours de communication. Quelles sont alors les conséquences de la répartition des réseaux et des flux pour l'organisation du territoire ?
- L'analyse doit montrer que l'espace français ne dispose pas d'une égale accessibilité, mais que les transports contribuent à une différenciation : des espaces fortement polarisés bénéficiant d'une très bonne accessibilité... et des espaces de moindre accessibilité, voire mal desservis et encore enclavés.

• **Le croquis :** il ne doit pas être conçu comme une simple illustration de la composition, venant en annexe, mais comme une construction intégrante du devoir ayant pour but de spatialiser les phénomènes, de montrer leurs interrelations et enfin de rendre compte de l'organisation évolutive de ces espaces.
• **La légende** suit la démonstration de la composition ; elle peut être conçue en 2 ou 3 rubriques pour qualifier l'espace, l'expliquer et aussi le différencier en sous-ensembles. Il faut aller à l'essentiel, choisir les types de figurés les plus appropriés pour conserver au croquis lisibilité et force de démonstration. Donner un titre au croquis (voir Vers le bac n° 3 : les règles du langage cartographique, p. 322).

➧ Le croquis doit décrire l'**organisation de l'espace français par les transports**, ce qu'illustrera le titre de la carte.

➧ La structure de la légende fera apparaître :
– **les composantes majeures du système des transports :** les principaux axes terrestres et maritimes en les hiérarchisant (axes principaux et axes secondaires), les nœuds ou carrefours également hiérarchisés (ports et aéroports, plates-formes multimodales principales).
– **la différenciation du territoire :** d'une part, les espaces fortement polarisés par les villes aux fonctions majeures et bénéficiant d'une excellente accessibilité ; d'autre part, les espaces de moindre accessibilité (maillage lâche, flux limités, éloignement des nœuds majeurs) et les territoires restant enclavés.

4. Introduction et conclusion : 10 + 10 minutes

Les préparer sur une autre feuille pour plus de clarté et d'efficacité : des idées pour l'accrochage du sujet en introduction ou pour l'ouverture du sujet en conclusion peuvent survenir au cours de la recherche dans l'étape 2 ; les noter sur cette feuille.
• **L'introduction** se compose de trois éléments :
– un accrochage du sujet en situant son intérêt soit par rapport à un thème, soit par rapport à un espace…
– une analyse de l'intitulé pour délimiter le sujet et formuler la problématique (réinvestissement du travail de l'étape 1) ;
– l'énoncé du plan de la composition retenu à partir du travail de l'étape 3.
• **La conclusion** doit être largement ébauchée avant de commencer la rédaction du devoir au propre pour éviter d'être à court de temps. Elle n'est pas un résumé du devoir, mais doit privilégier les deux objectifs suivants :
– établir un bilan de la démonstration en montrant comment on a pu répondre à la problématique de départ ;
– ouvrir sur une nouvelle problématique et envisager une évolution possible.

➧ Montrer l'actualité d'un tel sujet en rappelant la multiplication des concertations entre l'État et les collectivités régionales autour des projets d'ouverture ou de prolongement des lignes à grande vitesse, ce qui prouve que les transports rapides constituent un enjeu pour le développement des régions.
➧ Rédiger ensuite la problématique (étape 1) et formuler clairement le plan (voir travail de l'étape 3).
➧ Faire le bilan du rôle structurant des transports dans un espace français encore fortement marqué par l'héritage de l'histoire et la logique d'un État centralisateur.
➧ Ouvrir le sujet sur la nécessité de prendre en compte la logique d'aménagement concerté du territoire pour réduire les écarts entre les régions et s'interroger sur l'orientation définie par les schémas directeurs du transport routier et ferroviaire à l'échelle nationale et européenne au-delà de l'an 2000.

5. Rédaction de la composition : 1 heure
Réalisation du croquis : 30 minutes

• La réalisation du croquis doit être guidée par la légende, conçue lors de l'étape 3, et par la progression dans la rédaction des paragraphes ; celle-ci respecte le plan et les idées directrices retenues.

➧ Pour le choix des figurés de la légende, on peut partir de la grille d'aide ci-dessous etconsulter la grille de figurés du langage cartographique (p. 323).

6. Relecture du devoir : 10 minutes

➧ La relecture doit permettre de corriger les fautes d'orthographe et de grammaire.

Grille d'aide à la sélection des figurés pour la légende du croquis

Types de figurés pour :	QUALIFIER OU DIFFÉRENCIER LES RÉSEAUX DE TRANSPORTS	HIÉRARCHISER ET ORDONNER LES FLUX	DIFFÉRENCIER L'ORGANISATION DE L'ESPACE
Point	●		●
Ligne	●	●	
Aire			●

● indique une attente de figurés appropriés.

Composition

Structure et développement d'une composition

SUJET PROPOSÉ

Les régions littorales de la France atlantique

Voir chapitre 13, pages 232 à 249

INTRODUIRE, C'EST :

• De Brest à Hendaye, se déroule sur plus de 3 000 km de côtes un espace de contact entre l'océan Atlantique et le continent. Cet interface constitue l'arc central des territoires appartenant aux périphéries maritimes de l'Europe et auxquelles se rattachent les quatre régions atlantiques françaises : Bretagne, Pays de la Loire, Poitou-Charentes et Aquitaine. — **délimiter le sujet**

• Comment les régions littorales de la France atlantique valorisent-elles les atouts de leur environnement et tirent-elles parti de leur position d'ouverture océanique ? Dans une Europe où les littoraux atlantiques sont en position périphérique, quelles initiatives peuvent les intégrer aux axes dynamiques de l'Union européenne ? — **formuler une problématique**

• Les régions atlantiques sont caractérisées par la diversité de milieux inégalement occupés. À cette diversité régionale répond une multitude d'activités dont le poids économique, à l'échelle nationale et européenne, paraît modeste. Toutefois, ces régions affichent un nouveau dynamisme qui doit contribuer à leur équilibre au sein de l'Union européenne. — **énoncer un plan**

Les littoraux atlantiques constituent la plus longue et la plus diversifiée des façades maritimes de la France. Les paysages et l'inégale occupation humaine permettent de différencier plusieurs sections. — **Introduction de la première partie avec l'idée directrice**

Les paragraphes développent l'idée directrice :

• **De Bayonne à la pointe du Verdon**, se développe un cordon pratiquement continu de côtes rectilignes sur 200 km. Un bourrelet de dunes barre l'écoulement des eaux continentales isolant de nombreux lacs parallèles au littoral (lacs de Lacanau, Cazaux, Biscarosse...) ; la baie d'Arcachon constitue un site portuaire sûr. De nombreuses petites stations balnéaires anciennes et récentes ponctuent en discontinuité ce littoral.

• **De la Gironde à la Vendée**, l'alternance de promontoires et d'anses colmatées en arrière de longues flèches d'accumulation crée un milieu physique original. De nombreuses îles protègent la côte des grandes houles océaniques : Oléron, Ré, Yeu et Noirmoutier. Cette côte surdensifiée durant la saison estivale bénéficie d'un climat favorable. La Rochelle et son avant-port La Pallice forment la principale agglomération urbaine dépassant les 100 000 habitants.

• **Les côtes armoricaines** sont appréciées pour la richesse de leurs paysages. Les côtes à dominante rocheuse sont soumises aux agents d'érosion ; falaises, platiers rocheux, petits estuaires remontés par la marée se succèdent. En avant du continent, les îles du Ponant s'alignent le long d'un accident majeur, basculées face à l'Océan (Hoedic, Houat, Belle-Île, Groix). Le littoral armoricain regroupe plus de la moitié de la population des départements de la Bretagne occidentale et méridionale, notamment dans le réseau linéaire de petites et moyennes villes. Seules Lorient et Brest sont de grandes agglomérations.

• **Deux échancrures majeures** rompent le tracé de la façade atlantique : les estuaires de la Gironde et de la Loire. Elles ont fixé le site d'origine des deux seules métropoles littorales atlantiques. Mais à l'échelle des littoraux européens, leur taille reste modeste : Bordeaux et Nantes ne figurent pas dans la liste des quinze agglomérations européennes millionnaires.

L'ouverture océanique et le peuplement ancien ont favorisé une précoce mise en valeur de ces littoraux. — ***Une brève phrase de transition***

L'interface littoral a fixé de multiples activités traditionnelles et plus récentes ; certaines d'entre elles portent des signes de fragilité. — **Introduction de la seconde partie avec l'idée directrice**

• **Les activités traditionnelles d'exploitation et de transformation des richesses de la mer** marquent fortement les paysages. La présence de nombreux ports de pêche témoigne de l'activité nourricière de ce littoral. Néammoins, la pêche est en crise et la communauté mari- — ***1er paragraphe*** time, contrainte par les directives communautaires (diminution de la flotte, réglementation des instruments de pêche), cherche à améliorer les structures d'exploitation de la chaîne du froid. Les élevages marins (ostréiculture, mytiliculture...) contribuent à cette œuvre de reconquête qualitative. La production du sel, maintenue dans la presqu'île de Guérande, entend aussi défendre ce label de qualité.

2e paragraphe

● **L'activité du commerce maritime** a perdu de son importance. Les grands courants océaniques ne détournent qu'une faible partie de leur trafic au profit des ports atlantiques français. Bordeaux est au 7e rang, suivi par La Rochelle. L'estuaire de la Loire aligne sur sa rive droite un ensemble portuaire éclaté sur plusieurs sites entre Nantes et Saint-Nazaire. Autour de ces sites s'est développé le seul complexe industrialo-portuaire important de l'Ouest : raffinage à Donges, terminal méthanier à Montoir, chantiers de l'Atlantique à Saint-Nazaire... Les chantiers navals et arsenaux sont, quant à eux, gravement frappés par les mesures de reconversion.

3e paragraphe

● Les atouts de l'environnement ont fait des rivages atlantiques le **deuxième espace touristique de France**. La côte d'Aquitaine a fait l'objet d'un schéma d'aménagement intégré prenant en compte l'océan, les lacs et les forêts. De nombreuses stations récentes s'y sont développées captant des flux touristiques se dirigeant vers la France du Sud-Ouest et de l'Espagne. Les ports de plaisance se sont multipliés (port des Minimes à la Rochelle, de Pornichet en Loire-Atlantique, du Crouesty dans le Morbihan...) et alternent avec les grandes stations balnéaires : Biarritz-Anglet, Royan, Les Sables d'Olonne, La Baule...

Phrase de transition

Disposant d'un environnement de qualité et d'une population dont le niveau de formation est croissant, notamment dans le Nord-Ouest, les régions littorales atlantiques cherchent un nouveau dynamisme.

Introduction de la troisième partie avec l'idée directrice

Aujourd'hui, l'intégration des rivages atlantiques à l'Europe dynamique passe par le renforcement de leurs réseaux, la promotion de leurs activités et la préservation de leur identité.

1er paragraphe

● L'intégration aux espaces nationaux et européens passe par une meilleure **mise en réseau des territoires**. En effet, les régions atlantiques souffrent des discontinuités spatiales : l'autoroute des estuaires n'est pas encore achevée ; les axes ferroviaires à grande vitesse sont des radiales convergeant vers Paris. L'aéroport de Nantes dessert des lignes vers les capitales régionales, vers Paris, et multiplie les liaisons avec les métroples européennes. En revanche, le cabotage maritime pour les liaisons intra-régionales ou avec les États riverains atlantiques est peu développé. Les ports ne disposent pas d'un arrière-pays au tissu économique suffisamment dense et ils sont concurrencés par les places maritimes de la Manche et de la mer du Nord.

2e paragraphe

● **Des activités innovantes** trouvent un espace non saturé et une main-d'oeuvre qualifiée : transports et télécommunications (Bordeaux, Saint-Nazaire, Brest), biotechnologie (Brest, Lorient, Vannes, La Rochelle), électronique (Brest, Nantes, Bordeaux, Bayonne), plasturgie en Vendée et chantiers navals. Des parcs technologiques ont essaimé aussi bien dans les villes moyennes que dans les métropoles (Nantes-Atlanpôle, Bordeaux-Technopolis, Brest-Iroise).

3e paragraphe

● **L'aménagement et la gestion équilibrée des littoraux** sont devenus des impératifs pour le développement. L'aménagement des estuaires est particulièrement délicat car différentes échelles de compétence interfèrent. L'extension du port de Nantes-Saint-Nazaire est soumise aux directives européennes concernant la protection des zones naturelles humides. La loi littorale fait obligation de préserver une zone non constructible en arrière du trait de côte et le Conservatoire du littoral conduit une activité de protection du patrimoine paysager.

CONCLURE, C'EST :

apporter une réponse à une problématique initiale

● *Les régions littorales de la France atlantique ont su préserver leur environnement tout en le valorisant par des activités diversifiées et peuplantes. Deux grands organismes portuaires structurent cet espace mais leur puissance est limitée. Métropoles d'équilibre, Nantes et Bordeaux voudraient capter les services tertiaires de haut niveau ; elles ont réhabilité leurs paysages urbains et modernisé leurs infrastructures.*

ouvrir ou élargir le thème

● *Longtemps rivales ou indifférentes l'une à l'autre, elles coopèrent désormais au sein de l'Arc atlantique pour élaborer, au-delà d'une image, une dynamique et retrouver leur équilibre dans l'espace européen.*

Le croquis de localisation et le langage cartographique

OBJECTIFS

- Connaître les signes du langage cartographique et leur donner du sens.
- Respecter les grandes règles dans l'exécution de la carte ou du croquis géographique.
- Réaliser un croquis de localisation.

Savoir

Quels sont les moyens de la communication cartographique ?

• Une carte et un croquis auront une efficacité à condition qu'ils soient **clairement identifiés et visuellement mémorisables**. Pour atteindre ces objectifs, une bonne utilisation des règles du langage visuel est indispensable. La cartographie a ses exigences grammaticales comme le langage écrit ou oral ; on s'aidera de la grille de figurés ci-après.

• Les objets géographiques sont localisés selon **trois types ou modes d'implantation : ponctuellement, linéairement ou zonalement.** Points, lignes et aires ou zones constituent donc trois grandes catégories de figurés. Dans chacun des trois modes d'implantation d'un objet géographique, on apportera des précisions sur **ses caractères :**

• **Le caractère qualitatif** : c'est-à-dire sa nature spécifique le différenciant par rapport aux autres objets cartographiés. Pour différencier, on utilise des variables visuelles :
– la **forme** donnée aux figurés : ○ □ ▽
– leur **orientation,** (trames de hachures obliques par exemple), la **couleur**, le **grain ou texture** qui se traduit par la variation du nombre d'éléments constitutifs d'une trame : ▤ ▥ ▧ sans modifier le rapport de surface en noir ou blanc.

• **Le caractère quantitatif et ordonné** des objets sera rendu par deux variables visuelles :
– la **valeur** par la gradation de noir et de blanc : ▨ ▨ ▨ ou l'utilisation des couleurs chaudes et couleurs froides :
– la **taille** en proportionnant les figurés géométriques rendant compte de la hiérarchie des objets :

○ ○ ○ □ □ □

Méthode à suivre

Quelles sont les étapes de la réalisation du croquis et les grandes règles à respecter ?

1. Délimiter correctement le sujet

Le titre doit être court et précis.

2. Mobiliser ses connaissances et sélectionner les informations qui peuvent être cartographiées

Un croquis ne peut pas tout dire. Il faut aller à l'essentiel de l'information portant sur les caractères qualitatifs et éventuellement quantitatifs : quels sont les objets géographiques à implanter sur l'espace délimité du sujet et selon quel mode ? Quels figurés permettront de les différencier ? Quels sont ceux qui devront être hiérarchisés ou proportionnés ? Et comment ?

3. Construire la légende

Il s'agit de classer les figurés en rubriques distinctes respectant la problématique du sujet. Parfois, l'intitulé du sujet vous guidera dans le classement des informations et des figurés qui s'y rapportent. Dans le sujet proposé « L'approvisionnement de la France en énergie primaire » (voir *Vers le bac n° 4,* p. 324), il faudra classer distinctement les figurés qui se rapportent à l'approvisionnement et ceux qui donnent des informations sur la distribution et la consommation.

4. Respecter les règles de la présentation de l'information

– **le titre** est placé de préférence en haut de la feuille,
– **la légende** est placée au bas de la carte ou latéralement ou encore sur une feuille en annexe si la place fait défaut, mais **jamais au verso de la carte !**
– **l'échelle** est de type graphique ou numérique,
– **l'orientation** n'est à cartographier que si l'axe vertical de la feuille, support du croquis, ne coïncide pas avec le nord de l'espace géographique traité,
– **les écritures** sont droites et associées aux objets auxquels elles se rapportent ; hiérarchiser au besoin la taille des noms,
– **le cadre** délimite l'espace étudié.

5. Soigner la lisibilité et l'esthétique

Trop d'informations nuit à la communication : on ne peut indifféremment superposer des trames de hachurés et de symboles ponctuels. Faire attention au choix des couleurs qui doivent traduire souvent une hiérarchie (densité de population…) ou une gradation.
Par ailleurs, **la généralisation ou simplification** du fond du croquis géographique par rapport à la carte classique ne dispense pas de respecter les formes, les distances entre les points et les surfaces.

Grille de figurés du langage cartographique

Modes d'implantation / Sociétés et espace	**Ponctuelle** (les points)	**Linéaire** (les lignes, les flux, les réseaux)	**Zonale** (les aires)	***Figurés utilisés pour :***
Le milieu «donné» ou peu transformé	500 Cote d'altitude Sommet Château d'eau Volcan	Trait de côte Escarpement, falaise Cours d'eau Courbes de niveau	Haute montagne Plateau Plaine Climat tempéré océanique Climat tempéré continental	*différencier ou marquer un caractère qualitatif*
Appropriation et occupation de l'espace par les sociétés	Répartition de la population par points Ville fortifiée U Cité universitaire	+ + + + + Frontière internationale Limite administrative Front pionnier	Emprise militaire Quartiers centraux Banlieue	*différencier*
	Agglomérations en milliers d'habitants 10 20 100	**Migration** Flux majeur Flux secondaire Migration frontalière	**Densité de population** 0 50 100 300	*ordonner et quantifier*
Utilisation et gestion de l'espace par les sociétés	Mine de fer Industrie automobile Port de commerce Station balnéaire Pôle de reconversion	Ligne TGV Voie ferrée Autoroute Oléoduc Canal navigable Exportations	Céréales Cultures délicates Vignoble Zone industrielle Parc naturel	*différencier*
	Capacité de raffinage Pôle attractif Pôle répulsif	**Flux de transport ferroviaire** en milliers de voyageurs 100 70 30	**Système de production** Intensif → Extensif **Aire d'influence urbaine**	*ordonner, hiérarchiser, quantifier*

Croquis

La réalisation d'un croquis de géographie

OBJECTIFS

Voir Vers le bac n° 3, p. 322

- Restituer sur un fond de carte les connaissances relatives à un sujet du programme.
- Localiser avec exactitude les phénomènes représentés, en les hiérarchisant et en les mettant en relation.
- Organiser une légende structurée répondant au sujet et la commenter en une dizaine de lignes.
- Valoriser l'information en soignant la qualité graphique du croquis.

SUJET PROPOSÉ

L'approvisionnement de la France en énergie primaire

Voir chapitre 5, p. 102

Données statistiques sur le sujet :

DOC 1

Bilan énergétique de la France en 1995 (M tep)

	PRODUCTION	CONSOMMATION
Charbon	5,5	14,5
Pétrole	3,1	94,1
Gaz	2,7	30,3
Électricité primaire :		86,1
– Hydroélectricité	17,0	
– Nucléaire	83,7	
Énergies nouvelles	4,2	4,2
TOTAL	116,2	229,2

DOC 2

Capacité de raffinage en 1995 (M tep)

LIEUX DE RAFFINAGE	RAFFINAGE (M tep)
Dunkerque	6,2
Basse-Seine	28,2
Île-de-France	4,5
Alsace	4,0
Donges	10,0
Lyon	5,6
Marseille	27,6

Méthode à suivre

1. Le croquis

- Sur le fond de carte, localiser et nommer les sites de production nationale de sources d'énergie primaire en les différenciant.
- Représenter les principaux flux d'importation en les différenciant selon leur nature et en les hiérarchisant ; indiquer leur provenance.
- Localiser et nommer les ports récepteurs de ces flux, ainsi que les principaux complexes de raffinage en les hiérarchisant.
- Tracer les principales lignes du réseau d'oléoducs.

2. La légende

- Les informations à cartographier doivent être recensées puis classées par rubriques ou thèmes que l'on ordonnera logiquement afin d'établir une mise en relation des phénomènes étudiés.
- Il est souhaitable que chaque thème ou rubrique soit légendé par un sous-titre de formulation concise (exemple : « L'approvisionnement extérieur en énergie primaire »).
- Il faut ensuite attribuer un code à chacune des informations en puisant dans les trois modes d'implantation (ponctuelle, linéaire, zonale).

3. Le commentaire de la légende

Il s'agit pour le candidat de justifier en quelques phrases la légende qu'il propose. L'explication doit porter sur l'organisation du contenu : sélection des informations et hiérarchisation ; choix des codes graphiques (différenciation qualitative et quantitative).

En aucun cas, il ne faut donc commenter les données statistiques qui, selon les Instructions officielles, peuvent éventuellement accompagner le libellé du sujet.

CORRIGÉ PROPOSÉ

L'approvisionnement de la France en énergie primaire.

Le commentaire de la légende

La légende s'organise en trois parties :

- **L'approvisionnement à partir de la production nationale.**

La production énergétique à partir des énergies fossiles est faible et les sites de production de charbon et d'hydrocarbures sont très dispersés. Ils sont représentés par des signes à caractère ponctuel et le gisement lorrain est mis en valeur. Désormais les 9/10e de la production nationale d'énergie primaire proviennent des centrales hydroélectriques formant des bassins de production cartographiés par le signe des « aires » et surtout des centrales électronucléaires localisées par des figurés par point.

- **L'approvisionnement extérieur en énergie primaire.**

Il est nécessaire pour couvrir la consommation nationale (taux de dépendance de 49 %). Les importations sont représentées par des lignes de flux qui montrent l'importance des achats de pétrole brut d'origine géographique diversifiée. Le figuré par cercle proportionnel rend compte de sa transformation dans les complexes de raffinage localisés à proximité des ports et des grands foyers de consommation.

- **La distribution d'énergie.**

Un réseau d'oléoducs, figuré par des lignes, distribue le pétrole brut et raffiné. Cette énergie occupe une place primordiale dans la consommation nationale.

Se préparer à l'analyse d'un dossier documentaire

OBJECTIFS

- Délimiter le sujet proposé et identifier les documents.
- Dégager les idées directrices et opérer des reclassements.

SUJET PROPOSÉ

Le commerce extérieur de l'Union européenne

voir chapitre 1, pages 22 à 25

DOC 1

Parts des grandes zones dans l'ensemble des exportations mondiales

(en % de l'ensemble du commerce mondial)

	1967	1973	1980	1986	1992
Union européenne*	35,9	39,1	35,6	39,2	40,2
Reste de l'Eurafrique**	25,2	23,2	27,3	19,7	15,6
Amérique	26,1	22,3	20,2	19,4	19,9
Asie – Océanie	12,2	14,8	16	21,3	23,8
Total mondial	100	100	100	100	100

* Composition de l'Union européenne à 12 au 31 décembre 1994

** Autres pays d'Europe, Afrique et Moyen-Orient.

Source : CHELEM-CEPII

DOC 2

Évolution du solde commercial de l'Union européenne avec le reste du monde

	1983	1989	1990	1991	1992	1993
Millions d'écus	– 24 400	– 33 707	– 46 202	– 70 603	– 51 529	– 3 388

DOC 3

Détail par secteur de la part de l'Union européenne dans les exportations mondiales

(en % du commerce mondial de chaque secteur)

	1967	1973	1980	1986	1992
Industrie manufacturière	45,8	48,7	46,9	44,3	43,7
Minerais	15,2	14,4	17,7	18,5	22,7
Énergie	14,4	14,8	12,1	17,4	13,9
Agroalimentaire	24,0	26,9	30,2	35,3	42,6
Tous produits	35,9	39,1	35,6	39,2	40,2

Composition de l'Union européenne à 12 au 31 décembre 1994.

Source : CHELEM-CEPII

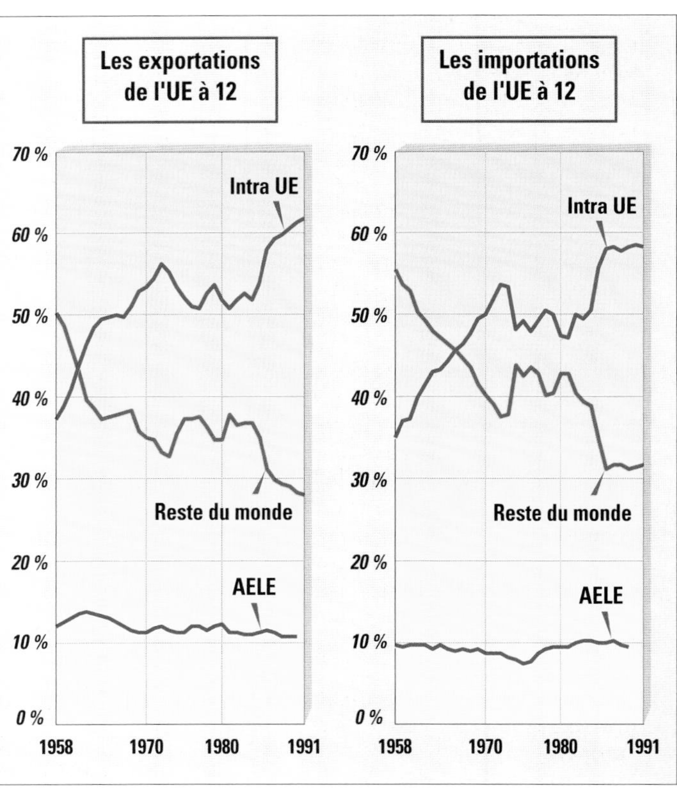

DOC 4 Évolution des échanges commerciaux de l'Union européenne avec les grandes zones économiques mondiales.

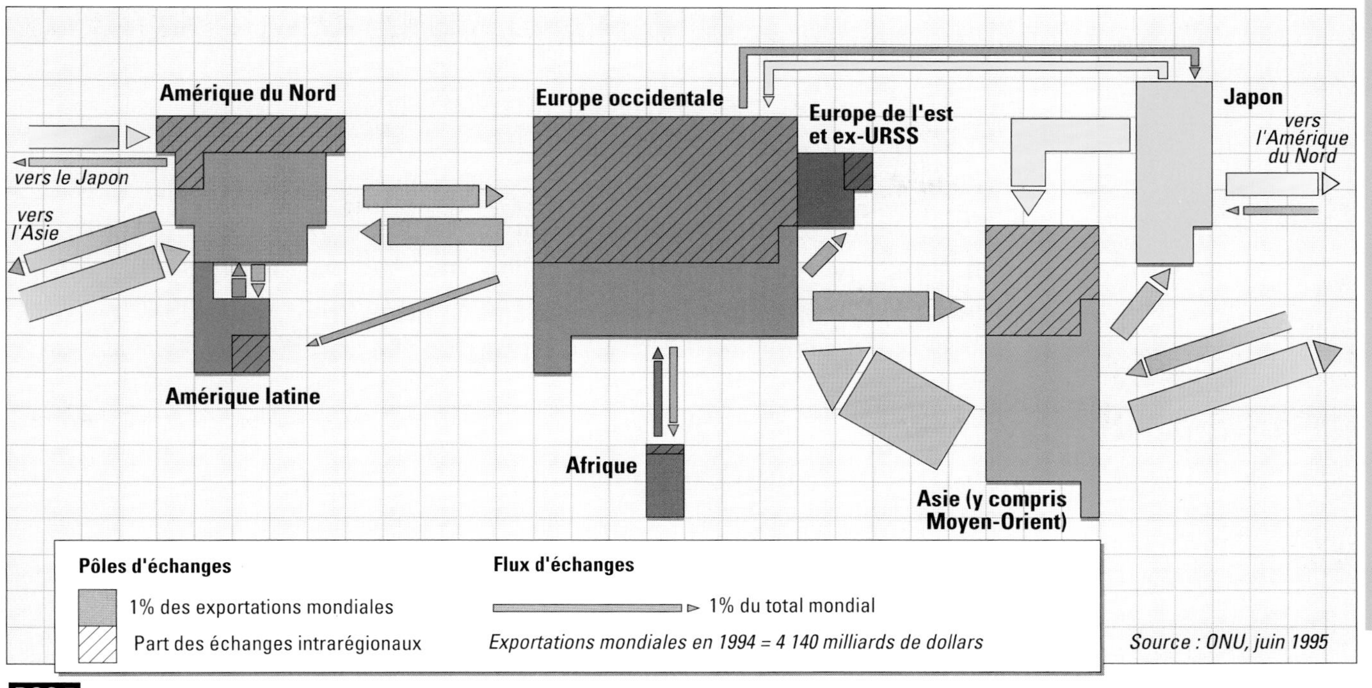

DOC 5 **Les échanges commerciaux dans le monde : pôles et flux.**

DOC 6

Préférence ou répulsion communautaire ?

Dans le secteur de l'industrie manufacturière, la préférence communautaire avait pris la forme d'une union douanière. Or celle-ci s'est graduellement affaiblie au fil des négociations du GATT puisque le « tarif extérieur commun » est devenu très faible...

Du point de vue de la politique commerciale, la préférence communautaire a ainsi largement disparu dans le secteur de l'industrie manufacturière.

Cette déficience de la politique commerciale communautaire a été aggravée par une tendance à la surévaluation, en raison des politiques monétaires mises en œuvre au sein des pays de l'Union européenne... À l'exception de la brève période de remontée du dollar au début des années 1980, le niveau général des prix européens s'est élevé de plus en plus au-dessus de la moyenne mondiale.

Croyant construire une « monnaie forte » sur le plan international, les autorités monétaires pénalisent en réalité la compétitivité des produits européens.

G. Lafay, *Revue économique*, mai 1995.

Méthode à suivre

1. Délimiter l'espace géographique et définir le thème général du sujet

- Il s'agit de l'Union européenne : à partir de quelle date ou de quel événement la Communauté économique européenne va-t-elle prendre officiellement cette nouvelle appellation ? Combien d'États membres compte-t-elle aujourd'hui ?
- La réflexion porte sur le commerce extérieur : quels produits d'échanges devez-vous exclure de votre analyse ? Vérifiez vos connaissances sur les différentes balances d'échanges.
- L'Union européenne constitue un espace économique régional dont on cherche à apprécier la puissance commerciale dans le monde : l'analyse des échanges se limite-t-elle aux seuls flux entre l'Union européenne et le reste du monde ? Quelle autre échelle géographique d'analyse doit être prise en compte ?

2. Identifier précisemment les documents

- **Dans leur nature :** les tableaux sont-ils inscrits en valeur absolue ou en valeur relative ? Les diagrammes sont-ils à courbes simples ou cumulées ? Le document 5 peut poser des problèmes d'identification : en quoi l'espace de l'UE diffère-t-il de celui de l'Europe occidentale ? Qu'appelle-t-on échanges intra-régionaux ?
- **Dans leur source :** les informations statistiques sur le commerce proviennent du FMI, du GATT (OMC), d'institutions nationales spécialisées dans les études économiques (base de données CHELEM et Centre d'Études Prospectives et d'Information Internationale : CEPII)

3. Mettre en relation les documents et opérer des reclassements

- Le dossier se compose d'une série de documents. L'analyse ne doit pas suivre systématiquement l'ordre de présentation des documents. Elle doit s'efforcer d'établir des liens, des rapprochements, des croisements révélant les idées directrices qui structurent le thème général du dossier et préparent à son traitement analytique ultérieur.
- Ce dossier sur le commerce extérieur de l'Union européenne comporte quatre parties. Opérer les regroupements de documents qui s'imposent et donner un titre à chacune de ces parties.
- Quelle expression-clé du texte (doc.6) pourrait convenir pour titrer la quatrième partie de l'étude ?

Étude de documents

Analyser un ensemble de documents

OBJECTIFS

- S'entraîner à extraire l'information essentielle de chaque document.
- Sélectionner les informations les plus pertinentes par rapport à la problématique ; déduire de nouvelles problématiques par une mise en relation des documents afin de rédiger une réponse argumentée au sujet.
- Proposer une typologie des espaces à partir de critères de différenciation.

SUJET PROPOSÉ

Les disparités de développement dans l'Union européenne

voir chapitre 1, pages 10 à 29

DOC 1

Part des différents secteurs économiques dans l'emploi en 1992 (en % du total des actifs)

	Agriculture	Industrie	Services
EUROPE 15	**5,8**	**32,6**	**61,6**
Belgique	2,9	30,9	66,2
Danemark	5,2	27,2	67,6
Allemagne	3,7	39,1	57,2
Grèce	21,9	25,4	52,7
Espagne	10,1	32,7	57,2
France	5,9	29,6	64,5
Irlande	13,7	28,1	58,2
Italie	7,9	33,1	59,0
Luxembourg	3,3	29,5	67,7
Pays-Bas	3,9	24,9	71,2
Autriche	7,1	35,5	57,4
Portugal	11,5	32,5	56,0
Finlande	8,6	27,7	63,7
Suède	3,3	26,5	69,9
Royaume-Uni	2,2	30,3	67,5

Source : Eurostat 1996

DOC 2

Les migrations intra-communautaires dans l'Union européenne

La géographie des migrations intra-communautaires est caractérisée par une forte polarisation. Des flux issus des pays périphériques les moins développés se dirigent vers le « centre », la « mégalopolis européenne », le quadrilatère compris entre Londres, Lyon, Munich et Copenhague.

Près des deux tiers (63 %) des immigrés communautaires sont originaires des pays du Sud : Italie (1,2 million), Portugal (0,9 million), Espagne (0,6 million), Grèce (0,4 million).

À l'ouest, l'Irlande (0,5 million) et les régions périphériques de la Grande-Bretagne (0,3 million) constituent un pôle secondaire de départ (...).

Par rapport à leur population nationale, l'Irlande et le Portugal, vieilles terres d'émigration outre-mer, sont les deux pays qui participent le plus à la migration intra-communautaire.

Gildas Simon,
Revue européenne des migrations internationales,
Université de Poitiers, Volume 8, 1992.

DOC 3

Crédits des fonds structurels par État membre pour la période 1994-1999 (en millions d'écus)

OBJECTIFS	B	DK	D	GR	E	F	IR	I	L	NL	A	P	FIN	S	UK
n°1 : Régions en retard de développement	730	–	13 640	13 980	26 300	2 190	5 620	14 860	–	150	184	13 980	–	–	2 360
n°2 : Régions en déclin industriel	160	56	733	–	1 130	1 765	–	684	7	300	AD	–	AD	AD	2 142
n°3-4 : Chômage de longue durée	465	301	1 942	–	1 843	3 203	–	1 715	23	1 079	AD	–	AD	AD	3 377
n°5a : Adaptation des structures agricoles	195	267	1 143	–	446	1 932	–	814	40	165	AD	–	AD	AD	450
n°5b : Développement des zones rurales	77	54	1 227	–	664	2 238	–	901	6	150	AD	–	AD	AD	817

NB : AD = à déterminer. Source : Eurostat.

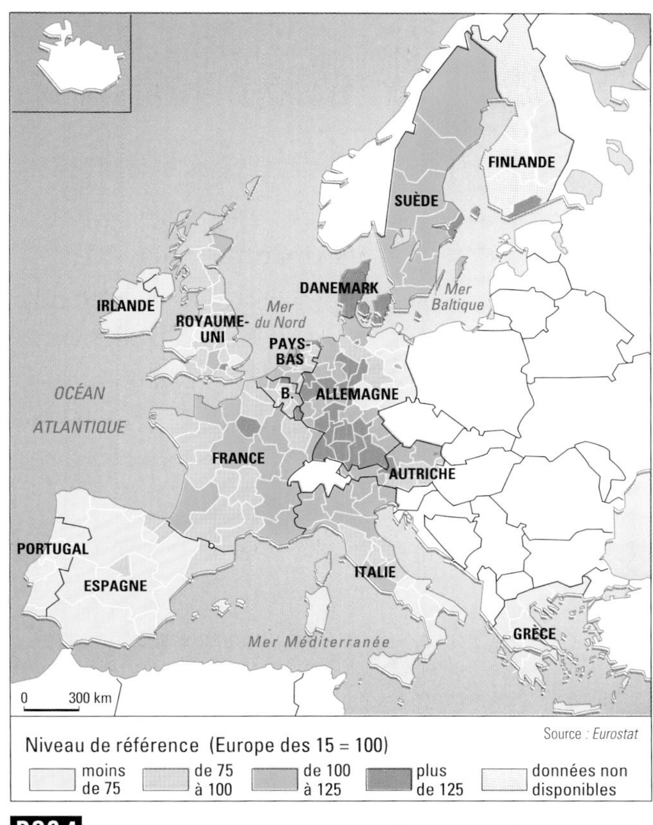

DOC 4 Le produit intérieur brut par habitant en 1993.

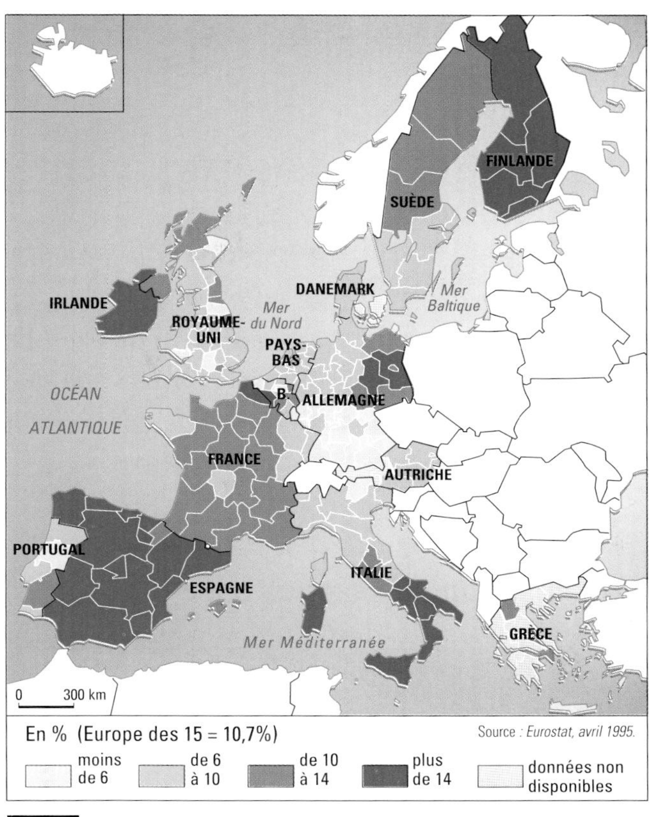

DOC 5 Le taux de chômage en 1995.

Méthode à suivre

1. Extraire l'essentiel de l'information et sélectionner les données les plus pertinentes de chaque document

Dans les tableaux statistiques

- **Les secteurs économiques dans l'emploi** (doc.1).

– Quel secteur d'activité fait apparaître les plus forts écarts de situation au sein des quinze États de l'Union européenne ?
– Quel seuil (en %) vous paraît différencier deux groupes d'États ?
– Comment interprétez-vous l'importance de l'emploi pour le secteur identifié ?

- **La répartition des crédits de fonds structurels par État membre** (doc.3).

– Qu'appelle-t-on « fonds structurels » ? En vous aidant du cours (p. 22), précisez la signification des sigles suivants : FEOGA, FEDER, FSE.
– Quelle ligne d'information vous paraît révéler le mieux les disparités au sein de l'Union européenne ? Quel seuil de crédit de fonds structurels vous paraît démarquer les disparités ? Comment peut-on expliquer l'importance des crédits octroyés à l'Allemagne ?

Dans le texte

La dynamique migratoire est révélatrice des niveaux de développement dans l'espace européen : quelles régions des pays du Sud sont émettrices de flux en Espagne ? En Italie ? Quelles régions périphériques de la Grande-Bretagne continuent à alimenter des flux migratoires ? Quelles sont les régions réceptrices qui constituent le « Centre » de l'Union européenne ?

Dans les cartes

- **La carte du PIB/habitant.** La légende apporte des données en % de la moyenne européenne : repérez les écarts par rapport à cette moyenne. Quels sont les pays et régions qui ont un faible PIB ? Quelle est leur position géographique dans l'Union européenne ? Le PIB est-il le seul indicateur pour évaluer le niveau de développement d'un pays ? Quels autres critères doit-on prendre en considération ?
- **La carte du taux de chômage.** Le tiers des régions de l'Union européenne a un taux supérieur à la moyenne européenne (10,7 %). Le taux le plus faible est relevé dans le Grand Duché de Luxembourg (2,7 %) et la région la plus touchée est l'Andalousie (33,3%). Quelles sont les autres régions sévèrement frappées par le chômage ?

2. Mettre en relation les documents et sélectionner des critères de différenciation spatiale

– Quels constats peut-on formuler en comparant la carte du PIB/hab. à celle du chômage ?
– La carte du chômage peut-elle aider à comprendre et à préciser le texte sur les migrations intra-communautaires ?
– Dans quelle mesure la carte du PIB/hab. est-elle un outil pour les décideurs dans l'attribution des crédits des fonds structurels européens ?
– Si, maintenant, vous aviez à différencier les espaces de l'Union européenne en vue de rédiger une synthèse sur les disparités, quels critères retiendriez-vous pour son élaboration ?

Préparer une réponse argumentée à partir d'une étude de documents

OBJECTIFS

- Extraire les informations essentielles d'un dossier documentaire.
- Mettre en relation ces informations pour faire apparaître les principaux thèmes du dossier. Dans le sujet proposé ci-dessous, il s'agira d'identifier les structures spatiales organisant et différenciant le territoire espagnol.
- Rédiger en réponse à la problématique du sujet une réponse écrite argumentée (environ 300 mots) se fondant sur les informations collectées.

SUJET PROPOSÉ

L'organisation de l'espace espagnol

voir chapitre 16, pages 284 à 295

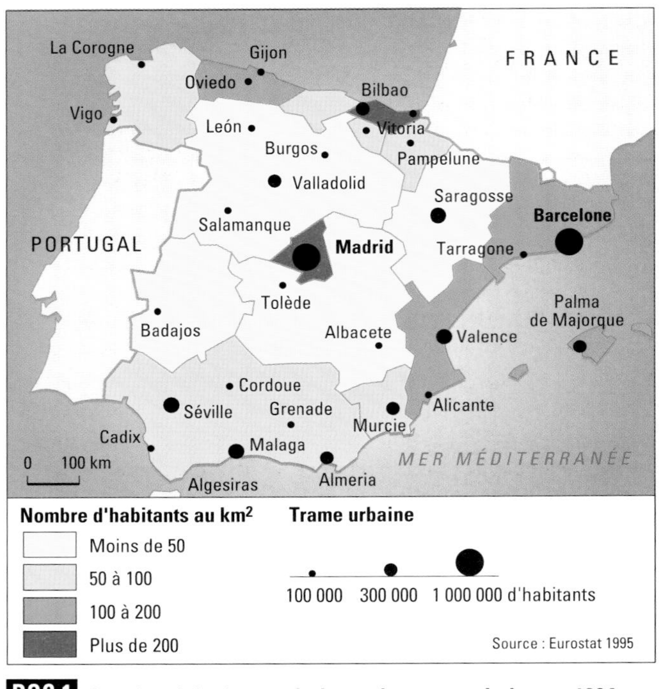

DOC 1 Les densités de population et la trame urbaine en 1994.

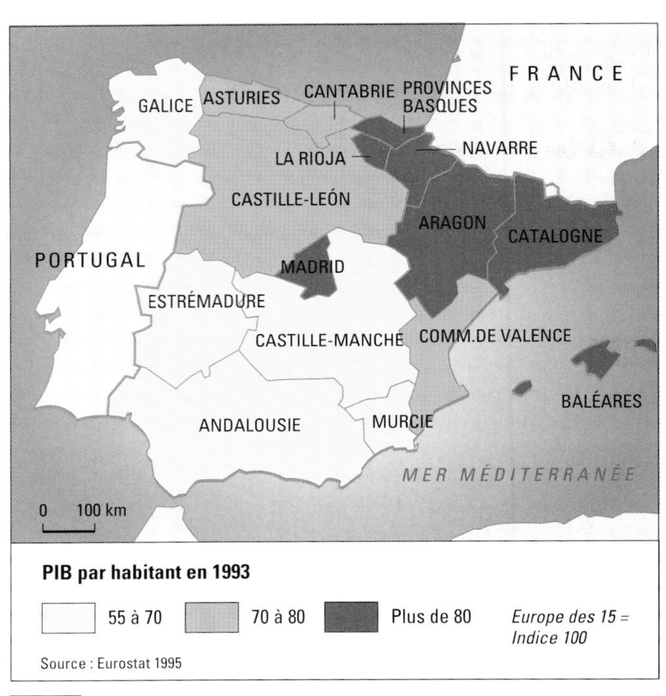

DOC 2 Le produit intérieur brut par habitant en 1993.

DOC 3

Taux de chômage des 18 régions espagnoles en 1995

PROVINCES	TAUX DE CHÔMAGE	PROVINCES	TAUX DE CHÔMAGE	PROVINCES	TAUX DE CHÔMAGE
ESPAGNE	**22,7**	**Rioja**	15,9	**Catalogne**	19,9
NORD-OUEST	*18,5*	**Aragon**	16,1	**Valence**	22,2
Galice	17,2	***Madrid***	20,7	**Baléares**	13,8
Asturie	20,9	*CENTRE*	*22,4*	*SUD*	*31,8*
Cantabrie	21,4	**Castille-Leon**	20,3	**Andalousie**	*33,3*
NORDESTE	*19,3*	**Castille-la-Manche**	20,4	**Murcie**	22,2
Pays basque	23,0	**Extremadure**	30,5	**Ceuta et Melila**	33,0
Navarre	12,6	*EST*	*20,3*	***Canaries***	23,7

Source : Eurostat.

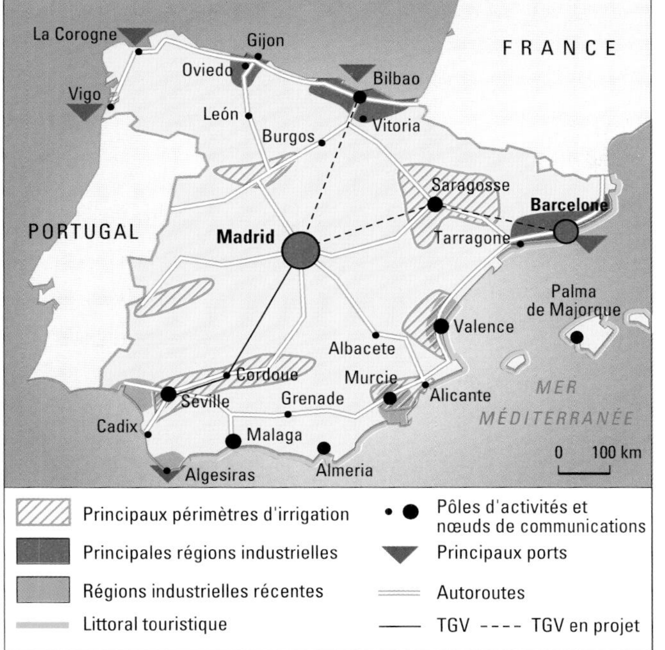

DOC 4 **Les activités et les aménagements.**

DOC 5

Deux Espagne

La supériorité, déjà ancienne, du Nord du pays sur le Sud est toujours fortement marquée. Par ailleurs, on observe un déplacement de la prospérité vers l'Est.
L'Espagne du Nord appartient déjà au groupe des régions les plus développées en Europe : la Catalogne, au 1er rang de l'Espagne, fournit 20 % du PIB, grâce au pôle industriel barcelonais, mais aussi grâce à l'agriculture et au tourisme. Le Llevant valencien la prolonge au sud : Valence est devenue une métropole régionale importante. En fait, le dynamisme de cet ensemble constitué de la Catalogne, du pays valencien, de l'Aragon et des Baléares est lié à une ouverture sur la Méditerranée, à des traditions de travail et d'activités mercantiles et à l'afflux du tourisme.
La région de Madrid se développe également ; elle bénéficie de sa position centrale et du poids de la capitale.
À l'inverse des régions en croissance, l'Espagne rurale et profonde continue à voir se creuser écarts et déséquilibres. C'est le cas d'une partie de l'Andalousie et surtout de l'Estrémadure, où les revenus agricoles restent faibles et où l'exode rural se poursuit.
Quant aux régions du Nord-Ouest : Pays basque, Galice), dont l'essor était fondé sur le charbon, la sidérurgie et la construction navale, elles traversent une crise de reconversion liée aux difficultés de ces industries traditionnelles.

Guide de l'Europe des 15, Nathan, 1995.

Méthode à suivre

1. Introduire le sujet et présenter le dossier documentaire

- **Poser la problématique du sujet.** C'est une réflexion sur l'espace et non sur l'économie espagnole ; il s'agit de s'interroger sur les caractères de l'organisation du territoire : apparaît-il uniforme ou différencié ? Les processus de dynamique territoriale contribuent-ils à atténuer ou à renforcer les inégalités spatiales ?
- **Présenter les documents dans leur nature, leur source et leur objet.** Il convient surtout d'éviter une reprise énumérative des documents ; rechercher les attributs communs : à quelle échelle géographique du territoire espagnol se rapportent les différents documents ? Quelle est la source d'information statistique commune à trois documents ? À quel type de carte appartiennent les documents 1 et 2 ? Le document 3 ? Quelle idée principale à propos de l'organisation du territoire espagnol se dégage de cet ensemble des documents ?

2. Sélectionner pour chaque document l'information principale et donner un titre significatif aux documents

Exemple :

DOCUMENT	INFORMATION RETENUE	TITRE PROPOSÉ
Carte 1	L'occupation du territoire fait apparaître une opposition entre la périphérie et l'intérieur à l'exception de Madrid en position centrale dans la structure urbaine du pays. Le seuil de 50 hab. / km^2 permet de différencier les deux Espagne.	L'opposition « intérieur-périphérie » dans l'occupation de l'espace espagnol.

etc.

3. Mettre en relation les informations retenues

- Observer les caractéristiques de l'occupation et de l'utilisation de l'espace espagnol : quels sont les traits communs aux différentes régions ? Quelles régions de l'Espagne sont fortement différenciées par la distribution de la richesse et de l'emploi ?
- Regrouper l'ensemble de ces observations. Combien d'ensembles spatiaux ou de structures spatiales peut-on identifier ? Proposer une expression qualifiant chaque structure.
- Quels processus contribuent à la dynamique territoriale ? Cette dynamique accentue ou atténue-t-elle les différences spatiales ?

4. Rédiger une réponse argumentée (environ 300 mots)

- Il s'agit de répondre à la problématique du sujet en se fondant sur les thèmes identifiés lors de la mise en relation des cinq documents.
- Pour le sujet proposé, la réponse doit mettre en évidence les contrastes de l'organisation du territoire espagnol en élaborant une typologie des régions ou structures spatiales :

– Quelles sont les régions développées et dynamiques ?
– Quels sont au contraire les espaces marqués par des handicaps ? On pourra distinguer deux sous-ensembles en tenant compte de la nature des difficultés.
– Quel concept de l'organisation de l'espace peut-on appliquer au cas de l'Espagne ?
– Dans quelle mesure la dynamique spatiale ou les processus qui dynamisent l'espace renforcent-ils les déséquilibres ? Quel est l'impact des grandes agglomérations urbaines ? Celui des flux migratoires ?

FONDS DE CARTES À DÉCALQUER

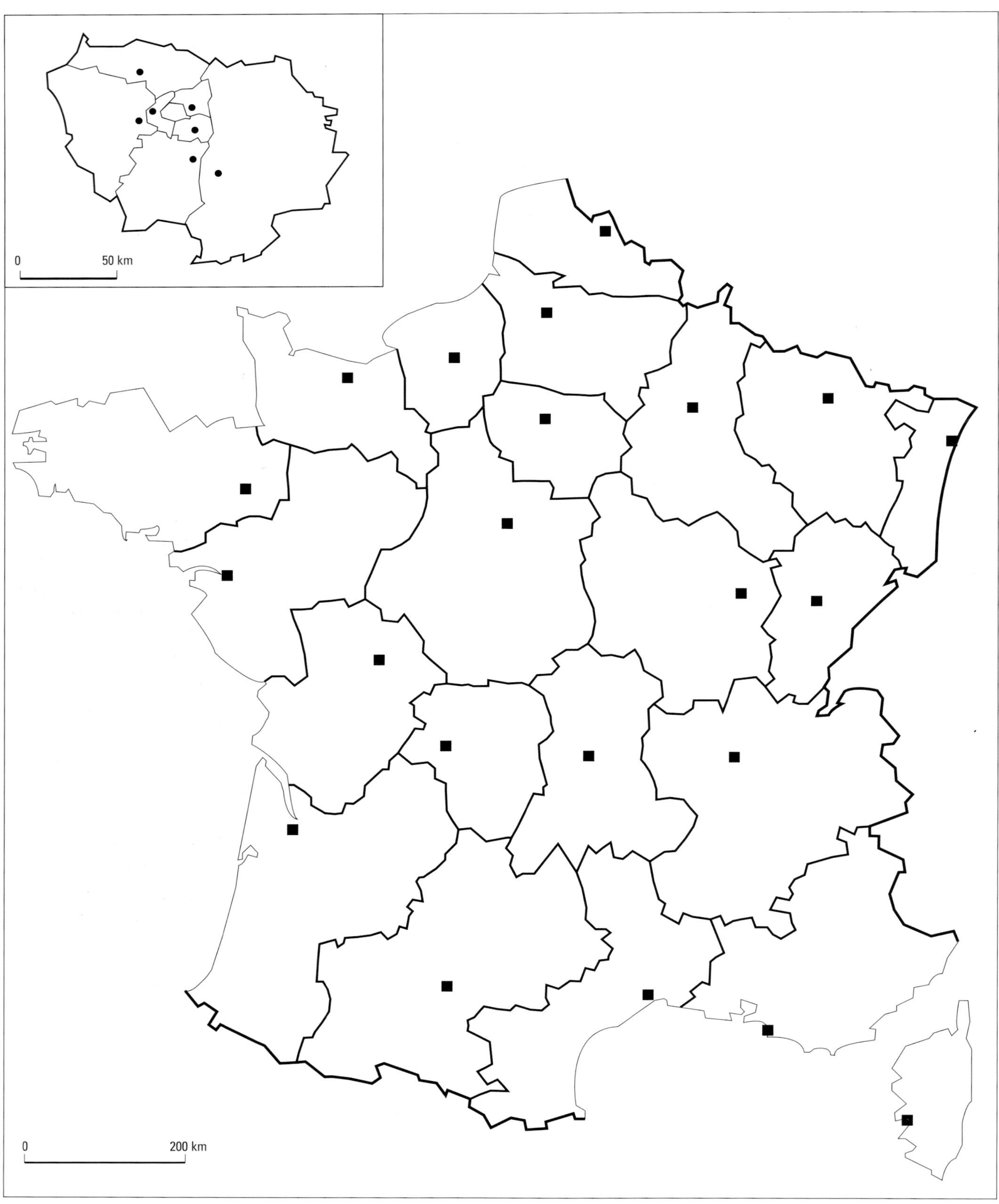

0
200 km

INDEX

LISTE DES PRINCIPALES CARTES

Gardes

Chapitre 1

Chapitre 2

Chapitre 3

Chapitre 4

Chapitre 5

Chapitre 6

Chapitre 7

Chapitre 8

Chapitre 9

Chapitre 10

Chapitre 11

Chapitre 12

Chapitre 13

Chapitre 14

Chapitre 15

Chapitre 16

Chapitre 17

Vers le bac

Crédits photographiques

Couverture : G. Bassignac/Gamma

8 : 1. S. Cordier/Explorer – **8-9 :** 2. M. Daniels/Gamma – **9 :** 3. P. Ancenay/Pix – **11 :** h. J.-P. Couran/Explorer ; b. W.T. Sullivan et Hansen, Planetarium/SPL/Cosmos – **25 :** 2. Euronews CNN – **28 :** M. SAT – **31 :** Y. Arthus-Bertrand/Altitude – **34 :** 1. Giraudon – **37 :** 1. Ch. Simon/Médialp – **39 :** 2. F. Perrin/Cosmos ; 4. F. Henry/REA – **40 :** 1. AFP – **41 :** 2. G. Dagli-Orti – **43 :** 4. P. Ancenay/Pix – **45 :** 2. J.-P. Surles ; 3. J.-L. Charmet – **49 :** Takashi/Moredia – **52 :** 1. Dassonvile/Rapho – **53 :** 3. Y. Arthus-Bertrand/Altitude ; 4. Jim Pickerell/Rapho – **54 :** 1. ESA – **55 :** 4. W. Stevens/Gamma ; 5. H. Donnezan/Rapho – **57 :** 2. A. Nogues/Sygma ; P. Robert/Sygma – **59 :** 5. P. Le Segretain/Sygma – **63 :** 1. Explorer/CNES/Dist Spot Image ; 3. Chareton/Pix – **64 :** 3. R. Blum/Diaf ; 4. D. Vaughan/SPL – **68 :** 1. A. Philippon/Explorer – **68-69 :** 2. Jimagine/Altitude – **69 :** 3. M. Chevret – **70 :** Thierry Leconte/Diaf – **75 :** 3. IGN – **79 :** 6. Bill Wassman/Rapho ; 7. Ph. Ledru – **81 :** 4. A. Soldeville/Rapho – **83 :** 1. Aigl'azur – **84 :** 1. M. Giraudon ; 2. M. Nascimento/REA vendeur du journal *Le Lampadaire* – **88-89 :** M. SAT – **93 :** 5. Sygma – **95 :** 3. Ph. Royer/Explorer ; 4. G. Biollay/Diaf – **97 :** 4. Marine Photo DK – **99 :** 3. F. Ivaldi – **101 :** 3. Joubert/REA – **105 :** 3. Y. Arthus-Bertrand/Altitude – **108 :** TDR, *La Vie du rail*/Recoura – **110-111 :** Y. Arthus-Bertrand/Altitude – **113 :** IGN – **115 :** 3. P. Sittler/REA ; 4. R. Passmore/Fotogram-Stone – **117 :** 3. D. Faure/Diaf – **118-119 :** Y. Arthus-Bertrand/Altitude – **121 :** P. Blot – **123 :** P. Blot – **125 :** 3 et 4. IGN – **127 :** 1. Atelier R. Castro/S. Denissof – avant : S. Cuisset, 8 rue H. Glotin 56100 Lorient – après : Renders Infographie, 221 rue Lafayette 75010 Paris – **130-131 :** M. Gotin/Scope – **135** : 2. R. Hemon/Pix – **137 :** 4. N. Quiau/Gamma – **141 :** 8. S. Coffie/Fotogram-Stone – **143 :** 1. J.-Ch. Gérard/Diaf – **145 :** 4. J.-D. Sudres/Diaf – **148-149 :** A. Da Silva/Photothèque Ph. Guignard – **153 :** 1. Y. Arthus-Bertrand/Altitude – **155 :** 1. J.-M. Charles/Rapho – **157 :** 2. Mairie de Compiègne – **159 :** 1. Pratt-Pries/Diaf – **161 :** 4. M. Chevret ; 8. P. Parrot/Sygma – **164 :** 1. J.-C. N'Diaye/Imapress – **165 :** 3. J.-N. Desoye/Rapho/Black Star –**166-167 :** G. Gerster/Rapho – **175 :** 1. H. Donnezan/Rapho ; 4. Bluntzer/Diaf – **182-183 :** Y. Arthus-Bertrand/Altitude – **184 :** 1. M. SAT – **187 :** 2. J.-M. Charles/Rapho – **190 :** 1. IGN – **191 :** 2 et 3. M. Chevret – **193 :** SNCF, Centre audiovisuel/Banques d'images – **195 :** 3. D. Reperant explorer ; 4. Y. Arthus-Bertrand/Altitude – **197 :** 3. Y. Arthus-Bertrand/Altitude – **202-203 :** Conseil Général Pas-de-Calais – **204 : :** M. SAT – **207 :** 1. S. Bellet/Reflexion – **209 :** Guignard – **211 :** 2. Max Lerouge – **212 :** 1. Roger-Viollet ; 4. D.R. Mairie de Bruay-la-Buissière – **213 :** 5. Chrétien/Mairie de Bruay-la-Buissière – **214 :** Artaud-Frères Éditeurs/As de Cœur – **216-217 :** R. Rothan/Avidiasol – **218 : :** M. SAT – **221 :** 1. R. Berton/A. Humbert ; 3. IGN – **223 :** 1. R. Berton/A. Humbert – **225 :** 1. Y. Arthus-Bertrand/Altitude – **227 :** 1. IGN – **228 :** 3. A. Humbert – **229 :** 4. A. Humbert – **230 :** 6. IGN ; 7. A Humbert – **232-233 :** D. Mar – **234 :** M. SAT – **237 :** 1. L. Roulland/Altitude – **239 :** 4. Christophe L. – **241 :** 2. Y. Arthus-Bertrand/Altitude – **243 :** 4. Roques/LPO – **245 :** 3. Airbus Industrie ; 4. Y. Arthus-Bertrand/Altitude – **250-251 :** J.-P. Bajard/Editing – **252 :** 1. M. SAT – **255 :** 1. Y. Arthus-Bertrand/Altitude ; 2. A. Kubasci/Explorer – **257 :** 1. IGN ; 4. C. Delpal/Explorer – **259 :** 1. Aerial/Aix-en-Provence ; 2. G. Sioen/Rapho – **261** : 1. IGN – **263 :** 1. J. Damase/Explorer ; 2. Berenguier/Jerrican Air – **264 :** 1. Kharbine-Tapabor – **265 :** 4. IGN ; 5. Arnal/Medialp – **266 :** 1. DPA/Explorer ; 2. J.-P. Jauffret/Port autonome de Marseille – **268-269 :** J. Hawkes/ Fotogram-Stone Images – **273 :** 3. M. Leech/Presse-sports ; 4. E. Bouvet/Gamme – **275 :** 2. Dessin/Daily Express ; 3. T. Graham/Sygma – **277 :** 2. C. Freire/Rapho ; 3. Rosenfeld/Images LTD/Diaf – **278 :** 1. CNES/Dist. Spot Image/Explorer – **279 :** 6. T. Pupkewitz/Rapho – **281 :** 1. S. Benbow-Cosmos – **284-285 :** Y. Arthus-Bertrand/Altitude – **289 :** 1. C. Vaisse/Hoa-Qui – **291 :** 4. A. Humbert – **292 :** 2. Y. Benazet/Pix – **293 :** 4. Y. Raga/Explorer ; 5. A. Humbert – **295 :** Paisajes Españoles/Fotografias Aereas – **297 :** 4. S. Boiffin Vivier/Explorer – **298 :** 1. Thuan-Sipa – **300-301 :** R. Robert/Harding/Explorer – **305 :** 3. G.-A. Rossi/Altitude – **308 :** 1. United Colors of Benetton – **311 :** 2. M. Bertinetti/Rapho – **313 :** 1. Simmons/Sipa Image ; 3. G. Prévélakis – **314 :** 1. M. SAT –

Cartes IGN p. **75**, **113**, **125**, **190**, **227**, **261**, **265**.

Édition : Delphine Dourlet
Conception de la maquette : François Huertas, Annie Le Gallou
Maquette : Annie Le Gallou
Couverture : Double File
Cartographie : AFDEC
Graphiques et Schémas : Graffito, Jean-Pierre Magnier
Iconographie : Michèle Kerneïs

Imprimé en Italie par G. Canale & C. S.p.A. - Borgaro T.se (Turin)
N° de projet 10037881 (I) 30 (csba 90)
Avril 1997